国家“十二五”规划重点图书

中国地质局
青藏高原1：25万区域地质调查成果系列

中华人民共和国

区域地质调查报告

比例尺1：250 000

阿牙克库木湖幅

(J45C003004)

项目名称: 新疆1：25万阿牙克库木湖幅(J45C003004)区域地质调查

项目编号: 200013000149

项目负责: 黎敦朋　王向利

报告主编: 黎敦朋　李新林　王向利

报告编写: 黎敦朋　李新林　王向利　周小康
杜少喜　戴新宇　王欣欣　高小平
王耀峰　张　飙　崔继岗　管六民

编写单位: 陕西省地质调查院

单位负责: 宋小文(院长)
张拴厚(院总工程师)

实施单位: 西安地质矿产研究所

中国地质大学出版社
ZHONGGUO DIZHI DAXUE CHUBANSHE

内 容 提 要

新疆1：25万阿牙克库木湖幅(J45C003004)区域地质调查，系中国地质调查局以国土发(1999)509号文(任务书编号：0100161098)下达陕西省地质调查院的国土资源大调查项目。

参照造山带填图的新方法，应用遥感等新技术手段，经过3年的野外地质调查和室内综合研究，本报告对所获资料进行了全面系统的分析与总结。报告由文字部分和地质图组成。

通过野外地质调查，首次在东昆仑原划奥陶系祁漫塔格群第一亚群中发现了早志留世笔石化石组合；首次在祁漫塔格山南缘黑山-那棱格勒断裂带(东昆北断裂带)中发现蛇绿岩残片；在区调找矿等方面取得了一系列重大进展；首次建立了测区"一带两块"的构造区划与地层系统和两个构造岩浆岩带；较系统地论述了测区的地层、岩石的物质组成、建造特征和10个世代的构造变形特征，详细论述了祁漫塔格早古生代沟弧盆体系、库木库里盆地从渐新世开始的3个阶段演化过程和青藏高原所经历的7个脉动式隆升阶段，并研究了高原隆升引起的气候干燥、生物灭绝、荒漠化等多种环境效应，总结了测区的矿产、动植物、旅游等国土资源分布特征，为国土资源的开发提出了合理的建议。

图书在版编目(CIP)数据

中华人民共和国区域地质调查报告. 阿牙克库木湖幅(J45C003004)：比例尺1：250 000/黎敦朋，李新林，王向利等著. —武汉：中国地质大学出版社，2013.10

ISBN 978-7-5625-2824-1

Ⅰ.①中…
Ⅱ.①黎…②李…③王…
Ⅲ.①区域地质-地质调查-调查报告-中国②湖泊-地质调查-调查报告-新疆
Ⅳ.①P562

中国版本图书馆CIP数据核字(2012)第051081号

中华人民共和国区域地质调查报告
阿牙克库木湖幅(J45C003004) 比例尺1：250 000　　　黎敦朋　李新林　王向利　**等著**

责任编辑：胡珞兰　刘桂涛　　　责任校对：戴　莹

出版发行：中国地质大学出版社(武汉市洪山区鲁磨路388号)　　　邮政编码：430074
电　话：(027)67883511　　传　真：67883580　　E-mail：cbb @ cug.edu.cn
经　销：全国新华书店　　　http://www.cugp.cug.edu.cn

开本：880毫米×1 230毫米 1/16　　字数：440千字　印张：13.625　图版：6　附件：1
版次：2013年10月第1版　　印次：2013年10月第1次印刷
印刷：武汉中远印务有限公司　　印数：1-1 500册

ISBN 978-7-5625-2824-1　　定价：480.00元

前　言

青藏高原包括西藏自治区、青海省及新疆维吾尔自治区南部、甘肃省南部、四川省西部和云南省西北部，面积达260万km^2，是我国藏民族聚居地区，平均海拔4 500m以上，被誉为地球第三极。青藏高原是全球最年轻、最高的高原，记录着地球演化最新历史，是研究岩石圈形成演化过程和动力学的理想区域，是“打开地球动力学大门的金钥匙”。

青藏高原蕴藏着丰富的矿产资源，是我国重要的资源后备基地。青藏高原是地球表面的一道天然屏障，影响着中国乃至全球的气候变化。青藏高原也是我国主要大江大河和一些重要国际河流的发源地，孕育着中华民族的繁生和发展。开展青藏高原地质调查与研究，对于推动地球科学研究、保障我国资源战略储备、促进边疆经济发展、维护民族团结、巩固国防建设具有非常重要的现实意义和深远的历史意义。

1999年国家启动了“新一轮国土资源大调查”专项，按照温家宝总理“新一轮国土资源大调查要围绕填补和更新一批基础地质图件”的指示精神。中国地质调查局组织开展了青藏高原空白区1∶25万区域地质调查攻坚战，历时6年多，投入3亿多，调集25个来自全国省（自治区）地质调查院、研究所、大专院校等单位组成的精干区域地质调查队伍，每年近千名地质工作者，奋战在世界屋脊，徒步遍及雪域高原，完成了全部空白区158万km^2共112个图幅的区域地质调查工作，实现了我国陆域中比例尺区域地质调查的全面覆盖，在中国地质工作历史上树立了新的丰碑。

新疆1∶25万阿牙克库木湖幅（J45C003004）区域地质调查项目，由陕西省地质调查院承担，工作区位于新疆维吾尔自治区巴音郭楞蒙古自治州若羌县，东与青海省毗邻，南和西藏自治区接壤。目的是以活动论、板块构造理论为指导，以构造解析为手段，在查明不同地质体组成、时代的基础上，调查和研究不同演化阶段、不同体制的变质变形特征，构造类型及演化过程，探讨阿尔金断裂带运动学、动力学机制；对中、新生代盆地充填、埋藏形成演化历史进行专题调查，探讨阿尔金断裂带活动对其的控制作用，探讨中新生代以来的古地理、古生态环境的变化及与青藏高原隆升的关系；重塑测区及邻区大地构造演化的面貌和过程。

新疆1∶25万阿牙克库木湖幅（J45C003004）区域地质调查工作时间为2000年1月至2002年12月，累计完成地质填图面积为14 700km^2，实测剖面150km，地质路线2 800km，采集各类样品2 665件，全面或超额完成了设计工作量。主要成果有：①首次在东昆仑原划奥陶系祁漫塔格群第一亚群中发现了早志留世笔石化石组合；②首次在祁漫塔格山南缘黑山-那棱格勒断裂带（东昆北断裂带）中发现蛇绿岩残片；③在区调找矿方面取得了一系列重大进展；④首次建立了测区“一带两块”的构造区划与地层系统和两个构造岩浆岩带；⑤较系统地论述了测区的地层、岩石的物质组成、建造特征和10个世代的构造变形特征，详细论述了祁漫塔格早古生代沟弧盆体系、库木库里盆地从渐新世开始的3个阶段演化过程和青藏高原所经历的7个脉动式隆升阶段，并研究了高原隆升引起的气候干燥、生物灭绝、荒漠化等多种环境效应；⑥总结了测区的矿产、动植物、旅游等国土资源分布特征，为国土资源的开发，提出了合理的建议。

2003年4月，中国地质调查局组织专家对项目进行最终成果验收，评审认为，报告章节齐全、重点突出、内容丰富、信息量大，论证有据，有新发现和新进展，全面完成了任务书和设计书所规定的任务。按照中国地质调查局区域地质调查成果报告质量等级评分标准，《阿牙克库木湖幅》被评为89.5分(良好级)。

参加报告编写的主要有黎敦朋、李新林、王向利、周小康、杜少喜、戴新宇、王欣欣、高小平、王耀峰、张飙、崔继岗、管六民，最后由黎敦朋、李新林、王向利编纂定稿。主要填图人员有黎敦朋、李新林、王向利、周小康、戴新宇、高小平、王耀峰、王欣欣、杜少喜、崔继岗、张飙、王根宝、常宏、管六民等。后勤及其他人员有周青刚、张宏凡、郗伟、石明利、关志武、胡忠民、卢华等。陈丽荣、冯华、王炜红、张娟完成了计算机制图工作，傅周启、肖爱芳、湛燕琳完成了计算机文字录入、修改和排版工作。在整个项目实施和报告编写过程中，得益于中国地质调查局、西安地质矿产研究所、乌鲁木齐工作总站等许多单位和领导的大力协助和支持，特别是得到了“青藏高原北部空白区基础地质调查与研究”项目的负责人李荣社教授级高级工程师的热情指导，得到了陕西省地质调查院张拴厚总工程师，王北颖教授级高级工程师，王根宝、樊晶、张月树高级工程师等的大力支持和悉心指导。同时新疆地质调查院、青海地质调查院提供了宝贵资料，项目质量监审专家张雪亭、阿成业、朱伟元、张志勇等在项目的不同工作时期提出了宝贵建议，相邻图幅王永和、马华东、李江、拜永山等高级工程师提供了大量的调研成果，在此表示诚挚的谢意。

为了充分发挥青藏高原1∶25万区域地质调查成果的作用，全面向社会提供使用，中国地质调查局组织开展了青藏高原1∶25万地质图的公开出版工作，由中国地质调查局成都地调中心与项目完成单位共同组织实施。出版编辑工作得到了国家测绘局孔金辉、翟义青、陈克强及王保良等一批专家的指导和帮助，在此表示诚挚的谢意。

鉴于本次区调成果出版工作时间紧，参加单位较多，项目组织协调任务重以及工作经验和水平所限，成果出版中可能存在不足与疏漏之处，敬请读者批评指正。

“青藏高原1∶25万区调成果总结”项目组

2011年7月

目 录

第一章　绪　论

第一节　目标任务

为了提高青藏高原北部空白区基础地质调查研究程度，为“西部大开发”提供资源战略基地和基础资料，中国地质调查局以国土发(1999)509 号文(任务书编号:0100161098)，委托陕西省地质调查院承担阿牙克库木湖幅(J45C003004)1∶25 万区域地质调查项目。2002 年为加强大调查项目的管理和综合研究工作，成立了“青藏高原北部空白区基础地质调查与研究”实施项目，实施单位为西安地质矿产研究所，“新疆 1∶25 万阿牙克库木湖幅(J45C003004)区域地质调查(子项目任务书编号:基[2002]001 — 11，子项目编号:200013000149)”属于其子项目。

本项目目标任务如下：

(1)应用地学新理论、新方法、新技术三新技术手段，查明不同地质体组成、时代，调查和研究不同演化阶段、不同体制的变形变质特征、构造类型和演化过程，合理划分测区的构造单元，建立地层、岩浆岩序列和构造格架。

(2)注重超高压、高压变质岩和蛇绿岩带分布、时代、成因的调查研究，探讨阿尔金断裂带运动学、动力学机制。

(3)对中新生代盆地充填、埋藏形成演化历史进行专题调查，探讨阿尔金断裂带活动对其的控制作用，探讨中新生代以来的古地理、古生态环境的变化及与青藏高原隆升的关系，重塑测区大地构造演化的面貌和过程。

填图面积 14 688km^2。工作年限:2000 年 1 月至 2002 年 12 月。2000 年 7 月提交总体设计书，2002 年 7 月提交野外验收成果，2002 年 12 月提交最终成果。

第二节　自然及经济地理概况

一、地理位置与交通情况

测区范围:东经 88°30′—90°00′，北纬 37°00′—38°00′。行政区划隶属于新疆维吾尔自治区巴音郭楞蒙古自治州若羌县，东与青海省毗邻，南与西藏自治区接壤(图 1 - 1)。

图幅东部距 315 国道 100km，距格尔木市 750km，北距乌鲁木齐市 1 405km。图幅内仅有稀疏的汽车压道，未经任何修筑，凹凸不平，汽车只能缓慢通行，遇雨雪天气经常陷车，甚至交通中断。总之，图幅远离交通干线，交通极端困难。

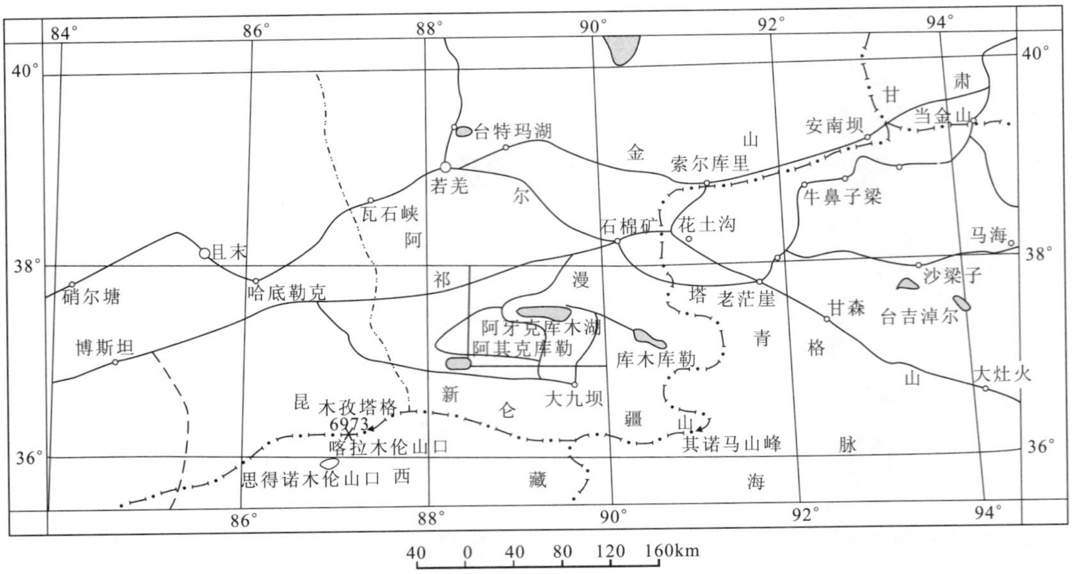

图 1-1　交通位置图

1　2　3　4　5　6　7　8　9　10

1. 县；2. 村镇；3. 省界；4. 县界；5. 公路；6. 汽车便道；7. 山峰；8. 山隘；9. 湖泊；10. 调查区范围

二、自然经济地理概况

测区属于藏北高原中低山—丘陵—盆岭地貌区，总体地势北高南低，呈“两山一谷一盆”格局：北部为尤素甫阿勒克谷地、中北部为祁漫塔格山区、中南部为库木库里盆地、南部为阿尔格山。测区最低海拔 3 395m，最高海拔 5 642m，一般海拔 3 800～4 500m。测区中北部祁漫塔格山主要山峰均在 5 000m 以上，常年白雪皑皑、冰雪覆盖。

区内水系总体不发育，季节性河流较多，中北部祁漫塔格山区有阿特阿特坎河、鸭子泉河、大沙河等淡水河；中南部库木库里盆地有皮提勒克河、依协克帕提河、色斯克亚河等咸水河。各主要河流冬、春季封冻，夏季解冻。分布于库木库里盆地南北两隅的阿其克库勒湖、阿牙克库木湖为高原不冻咸水湖。

调查区属青藏高原气候分区北羌塘高寒带干旱气候小区，年平均气温 1.6℃，7 月气温最高，平均气温 13.5℃，极端最高温度达 42℃；1 月温度最低，平均气温－12.4℃，极端最低温度－29.5℃；昼夜温差高达 20℃，素有“早穿棉袄午穿纱，围着火炉吃西瓜”的民谚；一年没有四季之分，只有冷半年和暖半年之别，日照期长，年平均日照时数 3 318.8 小时，紫外线辐射强烈；年降雨量在中北部为 20～100mm，中南部为 200～350mm，且一半以上为固态降雨(雪、冰雹)，降雨量由北向南增加；每年 7 月是洪水期；四季大风，沙尘暴天气每年达 160 天左右；空气稀薄，含氧量只有内地的(60%～70%)；水的沸点只有 70～82℃，属于典型的高原大陆荒漠干旱气候。

测区祁漫塔格山主脊以南地区属新疆维吾尔自治区阿尔金山国家级自然保护区范围。测区北部干旱缺水，动物相对稀少，沿山前冲洪积平原和较大沟谷植被相对发育，在阿特阿特坎河畔、鸭子泉河谷地有季节性草场分布；而南部阿尔格山山前冲洪积平原有大九坝高原草场，植被发育，动物众多。区内植物主要有低矮灌丛和草本植物，计有红柳、驼绒藜、点地梅、异叶青兰、羊茅、针茅、雪莲等 250 余种，动物有藏羚羊、野牦牛、野驴、狼、棕熊、艾虎、狐狸、老鼠、鼠兔等，夏季湖泊中有海鸥、棕头鸥等各种水鸟数以千万。

新疆维吾尔自治区若羌县、青海省茫崖镇人口以汉族、维吾尔族、回族为主，另有少数蒙古族、哈萨克族、壮族等少数民族。

工作区为高原无人区，无固定居民，仅在阿特阿特坎河畔、鸭子泉河谷地夏季有少量游动牧民。在鸭子泉沟设有阿尔金山国家级自然保护区管理站一个，有两位工作人员，其他地区渺无人烟。

第三节　测区以往地质研究简史

调查区位于青藏高原腹地高寒缺氧无人区，受交通、生活等自然条件的制约，地质工作程度甚低，属于典型的地质空白区。

总结几十年来本区的地质工作，大体可以划分两个阶段：20 世纪 50—70 年代为零星路线地质和矿产调查阶段；80—90 年代为 1∶100 万区域地质调查、科学考察和部分专题研究阶段。测区地质调查研究历史及主要成果见表 1-1。

通过近半个世纪广大地质工作者的不懈努力，测区的地质研究程度逐步提高，积累了一批地质矿产资料，为本次区调工作奠定了基础。

表 1-1　测区地质调查研究历史简表

序号	工作时间（年）	工作单位或作者姓名	项目名称或成果名称	主要成果	出版单位及时间（年）	备注
1	1958—1960	库巴地质队	若羌—库木库里一带路线找矿及矿点检查	通过路线调查发现了一批矿点，并进行了初步评价	内部出版，1960	基础调查
2	1965	新疆军区建设兵团和新疆石油管理局	阿牙克库木湖盆地路线地质调查	初步建立了盆地的地层序列和构造格架，创立了石马沟组、石壁梁组和红梁组	内部出版，1966	
3	1982—1985	新疆地质矿产局区调队 6 分队	若羌县幅 1∶100 万区域地质调查	初步查明了地层、岩石类型，将区内地层划分为中元古界—第三系，创立了祁漫塔格群等地层单位，初步建立了构造框架，发现了铜、石膏等矿产	内部出版，1985	
4	1988	中国科学院青藏高原科考队	喀喇昆仑山-昆仑山地区地质演化	通过路线地质考察，调查了考察区的地层、岩石、构造，取得了一批重要的实验测试数据	科学出版社，1990	
5	1992—1994	新疆地质矿产局第一区调队	阿尔格山一带 1∶50 万甚低密度化探	分析了 Au、Ag、Cu、Pb、Zn 等 30 多种元素，初步查明了地球化学背景，圈定了一批地球化学异常，对今后的地质找矿有很好的指导意义	内部出版，1995	
6	1995—1999	中国国土资源航空物探遥感中心	青藏高原中西部航磁调查	首次获得了测区高质量航磁基础资料和图件，圈定了一批航磁异常，在基础地质研究方面取得重要进展，对资源评估取得新认识	地质出版社，2001	
7	1985	新疆区调队孙巧缡 南京古生物研究所张遴信	新疆阿尔格山早二叠世地层及䗴类动物群研究	通过对 1∶100 万区调所采集的䗴类化石进行研究，建立了䗴化石带，将碧云山组、喀尔瓦组时代厘定为早二叠世	内部出版，1985	专题研究与总结
8	1985—1988	新疆地质矿产局	新疆维吾尔自治区区域地质志	对新疆各区的地层、构造、岩浆岩、变质作用进行了全面系统的总结	地质出版社，1993	
9	1990	肖兵、王务实等	新疆古生界	对新疆古生代地层进行了全面描述、对比和厘定	地质出版社，1990	

续表 1-1

序号	工作时间(年)	工作单位或作者姓名	项目名称或成果名称	主要成果	出版单位及时间(年)	备注
10	1992	中国科学院地质研究所姜春发、杨经绥等	昆仑开合构造	描述了昆仑的地层、花岗岩、蛇绿岩等的物质组成,讨论了昆仑“三次”开合作用	地质出版社,1992	专题研究与总结
11	1999	中国科学院地质研究所沈超远等	新疆东昆仑祁漫塔格地区晚三叠世火山岩成因初探	描述了晚三叠世火山岩的岩石学、地球化学特征,探讨了它的成因	大地构造与成矿学,1999	
12	1999	中国科学院地质研究所杨金中等	新疆东昆仑鸭子泉蛇绿岩的基本特征及其大地构造意义	鸭子泉祁漫塔格群中发现海西期蛇绿岩,认为鸭子泉一带可能代表东昆仑祁漫塔格地区晚古生代的板块俯冲带	现代地质,1999	
13	1999	中国科学院地质研究所李日俊等	东昆仑铁石达斯群发现放射虫动物群	在原划奥陶系的铁石达斯群(现称祁漫塔格群)硅质岩中发现早石炭世放射虫	科学通报,2000	
14	1999年	中国科学院地质研究所杨金中等	新疆东昆仑祁漫塔格群火山岩建造成因初析	通过地球化学研究表明:祁漫塔格群火山岩形成于海沟-岛弧环境	新疆地质,2000	
15	1996—2000	中国科学院地质研究所李继亮等	新疆昆仑-阿尔金地区大地构造格局、蛇绿岩及其与成矿的关系	通过对西昆仑、东昆仑、阿尔金地区蛇绿岩、岩浆岩的岩石学、地球化学的研究,提出了昆北、昆南、羌塘为大陆增生所形成,并探讨了与矿产的关系	内部出版,2001	

第四节 工作概况

一、工作方法

为提高图幅质量,项目以《区域地质调查总则》、《1:250 000 区域地质调查技术要求(暂行)》等为指导,充分运用地学新理论、新方法、新技术,对不同遥感解译区、不同地质构造单元、不同地质体分别采用了不同的工作方法(表 1-2),保证了图幅质量。

表 1-2 项目各构造单元地质特征与主要工作方法一览表

构造单元		柴达木陆块南缘	祁漫塔格结合带	东昆北陆块带
地质特征	主要岩石类型	浅变质碎屑岩、碎屑岩、碳酸盐岩、构造岩、侵入岩、火山岩等	蛇绿岩、构造岩	碎屑岩、蒸发岩
	构造变形特征	褶皱、断裂发育	断裂发育	褶皱发育、断裂中等发育
	古生物面貌	生物化石稀少	未见古生物化石	生物化石稀少
	变质作用	浅变质	中浅变质	未变质
	岩浆作用	花岗岩发育、火山作用较强烈	蛇绿岩零星出露	未见岩浆作用
	第四系发育程度	比较发育	中等发育	发育
	成矿作用	成矿作用弱	偶见与超基性岩有关的成矿作用	砂砾岩型铜矿与蒸发岩成矿作用强烈
遥感解译程度		遥感解译程度中等	遥感解译程度差	遥感解译程度好
工作方法		岩性、岩相、构造、地貌、遥感综合调查方法	岩性、构造、遥感综合调查方法	岩性、沉积相、地貌、矿产、遥感综合调查方法

二、工作过程

项目工作过程见表 1-3,完成主要实物工作量见表 1-4。

表 1-3 项目工作过程一览表

时 间	工 作 内 容
2000 年 1—4 月	资料收集、整理、消化、吸收,出队前业务、安全学习
2000 年 5—6 月	地质踏勘,初步了解测区地层、岩浆岩、变质作用、构造等基本特征和遥感解译情况,初步进行填图单元划分,初步建立遥感解译标志
2000 年 7—9 月	祁漫塔格山区地质填图、实测剖面工作
2000 年 10 月至 2001 年 3 月	编写总体设计书,进行年度资料综合整理工作
2001 年 4—9 月	阿牙克库木湖以南地区地质填图、实测剖面与专题研究工作
2001 年 10 月至 2002 年 3 月	年度资料综合整理工作
2002 年 4—5 月	阿其格湖地区地质填图、实测剖面与专题研究工作,野外验收前资料综合整理,编绘野外地质图,编写地质简报
2002 年 6 月	野外资料验收
2002 年 7 月	野外调查补课
2002 年 8—12 月	全面资料综合整理,编写区调报告、专题研究报告,同时进行地质图数据库建库工作
2003 年 1—6 月	区调报告审查、修改、出版,原本档案汇交

表 1-4 完成实物工作量一览表

项 目	单位	设计工作量	完成工作量	完成率(%)
1∶25 万地质调查	km^2	14 688	14 700	100
(1∶2 000)~(1∶5 000)实测地质剖面图	km	80	150	187
1∶10 万路线地质调查	km	2 500	2 800	112
标本、薄片样	件	700	844	121
定量光谱样	件	800	836	105
稀土分析样	件	50	122	244
岩石化学样	件	100	115	115
微古样	件	20	93	465
人工重砂样	件	10~20	20	133
水质分析样	件	10	10	100
同位素测年样	组	8	8	100
电子探针样	件	10	13	130
化石样	件	100	387	387
热释光	件	10	10	100
包体分析样	件	50	54	108
粒度分析	件	30	32	107
化学样(矿产)	件		70	
氧化全铁	件		51	
槽探	m^3		100	
地质点	个		1 932	
地质照片	张		450	

第五节　质量评述

一、严格执行有关规范和技术要求

严格执行1∶25万区域地质调查有关规范和技术要求，严格按照批准的设计书操作，并按质量管理体系运行。

二、路线控制程度

根据批准设计书和测区的实际情况，对北部祁漫塔格山地质构造复杂区路线调查平均间距控制在3～5km，对南部库木库里新生代盆地构造简单区路线调查平均间距放稀为8～10km，图幅野外调查路线总长度2 800km，平均每平方千米路线调查长度达0.19km，控制了各类地质体，达到了设计要求。

三、剖面控制程度

图幅共测制沉积岩、变质岩、侵入岩、火山岩、第四系、构造等各类剖面37条，剖面总长度达150km，所有组级正式地层单位、构造-地层单位、非正式地层单位、侵入岩、火山岩及构造带等均有比例尺不小于1∶5 000的实测剖面1～3条控制，达到了设计要求。

四、对矿化体的控制程度

我们在该项目的地质调查过程中始终很重视矿产调查工作。对克其卡勒克铜矿等已知矿点，按矿种选择25%进行检查；对填图中发现的矿化点，进行了认真的追溯圈定，并采样分析作出初步评价；对矿化较好的矿点，通过追溯圈定填制大比例尺地质草图，根据地表观察或浅部槽探工程，初步了解了矿(化)体的展布、规模、产状、质量、蚀变及矿化特征，对矿化体的控制程度较高。

五、对样品的控制程度

每个地质单元都有标本(薄片)、岩石化学、定量光谱、稀土分析等1～3套基本样品控制；每个侵入体和火山岩都有人工重砂样、同位素年龄样品控制；对电子探针、化石等样品视具体情况与解决地质问题进行采集，且将样品送权威单位分析，因此，图幅样品布置合理，控制程度高，样品质量可靠。

六、质量管理

我们建立健全了三级质量管理制度，持之以恒地开展经常性和阶段性质量检查，资料自检、互检率达100%，对原始资料抽查率大于30%，陕西省地质调查院质量管理办公室对原始资料抽查率大于15%，原始资料详实，质量可靠。

2001年7月21—25日，中国地质调查局西北项目管理办公室组织专家到野外进行了原始资料和实地抽查，野外生产阶段图幅原始资料综合评分为93.0分，属优秀级。

2002年6月10日至6月25日在青海省花土沟、新疆维吾尔自治区若羌县，“青藏高原北部空白区基础地质调查与研究”实施单位西安地质矿产研究所组织有关专家，对祁漫塔格-阿尔金片区1∶25万区调项目进行了野外验收，通过室内资料检查和野外实地抽查，本图幅综合得分91.3分，被评为优秀。

总之，项目原始资料真实、齐全、准确，符合野外实际情况，原始资料规范，日常整理及时，图件勾绘准确合理，质量管理制度完善，质量体系运行正常，符合 1∶25 万区域地质调查有关规范和技术要求。

第六节　项目建制与人员分工

本项目由陕西省地质调查院承担。2000 年王根宝任项目负责，黎敦朋任技术负责，王向利任行政负责，李新林、常宏任大组长，技术人员有周小康、张飙、戴新宇、高小平、王耀峰、王欣欣、管六民，后勤人员有周青刚、张宏凡、郗伟、石明利、关志武、胡忠民。

2001 年项目负责王根宝同志因工作调动，黎敦朋任项目负责兼技术负责，王向利任副项目负责，李新林任第二技术负责，周小康任大组长，技术人员杜少喜、崔继岗调入项目工作。2002 年杜少喜被任命为第三技术负责，高小平、王耀峰、崔继岗、周青刚、张宏凡、石明利、关志武、胡忠民等同志因工作需要调出本项目。

本报告第一章由黎敦朋编写，第二章由李新林、黎敦朋编写，第三章由王向利、李新林编写，第四章由杜少喜、戴新宇编写，第五章由周小康、黎敦朋编写，第六章由李新林编写，第七章由王向利、黎敦朋编写，第八章由黎敦朋编写；报告附图由李新林、王向利、周小康、杜少喜等编绘，陈丽荣、冯华、王炜红、张娟完成了计算机制图工作；傅周启、肖爱芳、湛燕琳完成了计算机文字录入、修改和排版工作；最后全文由黎敦朋、李新林纂稿，杜少喜、王向利编辑、校对。

第二章　地　层

第一节　概　述

工作区位于阿尔金地块以南、东昆中结合带以北的中央造山带之东昆仑西段北带，地层区划隶属华北地层大区的秦祁昆地层区之东昆仑-中秦岭地层分区。

对于像昆仑这样一个复杂的中央造山带的地层研究，要牢固树立起活动论的思想，充分认识到地壳是不断发展演化的。控制地层沉积的构造环境就如控制沉积作用的岩相古地理一样，在同一地区的不同时代，其岩相古地理是变化的；同一时代在不同地区，其岩相古地理可能是相同的。类似地，同一地区在不同地质时代，所处的构造环境可能是不同的，它们可能分属于不同的大地构造单元；不同地区在地质历史演化长河中，也可能曾处于同一构造单元之中。因此，我们认为对于经历多期、多阶段演化的复杂造山带应以动态的观点，以时间断代为准绳，建立不同时代的断代地层区划。

根据测区大地构造演化特点，我们初步认为测区在中元古代属于柴达木古陆的组成部分，地层区划属于柴达木古陆地层小区。新元古代早中期，经过格林威尔运动，工作区附近的柴达木古陆与羌塘古陆等古老陆核，聚合为全区统一的中国联合古陆（Rodiner 的一部分），属于统一地层区；新元古代晚期至早古生代，可以划分为北部柴达木陆块南部大陆边缘、中北部祁漫塔格结合带、中南部东昆北陆块 3 个地层小区；晚古生代，测区属东昆北统一陆块地层小区；中新生代全区为统一的华北板块的组成部分，总体可分为北部祁漫塔格山间盆地和南部库木库里盆地两个地层小区。

现依据本次区域地质调查成果及青藏高原北部空白区地质调查新进展及《新疆维吾尔自治区岩石地层》、《青海省岩石地层》、《青海地质志》、《国际地层指南》、《中国地层指南》等成果，根据上述动态地层划分原则，测区地层划分见表 2-1、图 2-1。

测区地层包括长城系、蓟县系、青白口系、奥陶系、志留系、泥盆系、石炭系、二叠系、三叠系、侏罗系、新近系、第四系，地层时代跨度大、岩石类型复杂，经历了多期构造变形和变质作用的叠加、改造。测区地层变形、变质作用在垂向上由过渡基底到沉积盖层逐渐减弱，在平面上由南向北增强。鉴于它们在变形变质、古生物方面的差异，遵照地层指南、结合测区实际情况，在岩石地层单位的建立和划分上应区别对待。对于古生界—新生界成层有序弱变形浅变质或未变质的地层，建立沉积岩石地层单位（群、组、段）；对于中上元古界等受变形变质作用影响较大，原始地层沉积界面和地层叠置关系已遭破坏、岩石地层单位界面为剪切面理接触、地层层序难以恢复的“大有序小无序”的中等变形变质地层建立构造-岩石地层单位（岩群、岩组、岩段）；对于“大无序小无序”的构造混杂岩带的混杂岩建立非正式构造-岩石地层单位；对于特殊岩石地层体及新划分的地层单位，在不具备建组条件下，亦建立正式地层单位。测区共建立了 3 个（岩）群级、13 个（岩）组级地层单位、4 个段级地层单位和 6 个非正式构造地层单位（表 2-1）。

表 2－1 阿牙克库木湖幅地层划分表

断代	柴达木南缘地层小区	祁漫塔格结合带	东昆北地层小区
级别	地层分区		
一级	华北地层大区		
二级	秦祁昆地层区		
三级	东昆仑地层分区		
四级	柴达木南缘地层小区	祁漫塔格结合带	东昆北地层小区
第四系	第四系(Q)		
新近系	油沙山组(N_2y)		红石梁组(N_2h) 石壁梁组(N_1s)
古近系			石马沟组(E_3s)
白垩系			
侏罗系	大煤沟组($J_{1-2}d$)		
三叠系	鄂拉山组(T_3e) 鸭子泉-鸭子大坂构造混杂岩(P—T)Y^{TM}		
二叠系			马尔争组(P_2m)
石炭系	缔敖苏组(C_2d) 鸭子大坂硅质岩(Si)		
泥盆系			布拉克巴什组(D_2b)(未出露)
志留系	白干湖组(S*b*)；鸭子泉火山岩组(Sy)		
奥陶系	滩间山群：阿特阿特坎灰岩组[(O—S)*at*] 阿达滩碎屑岩组[(O—S)*a*]	阿牙克库木湖蛇绿混杂岩[(Nh－O)]AY^{TM}	
寒武系			
震旦系			
南华系			
青白口系	冰沟岩群：丘吉东沟岩组(Qn*q*)		
蓟县系	冰沟岩群：狼牙山岩组(Jx*l*)		
长城系	金水口岩群小庙岩组(Ch*x*)		

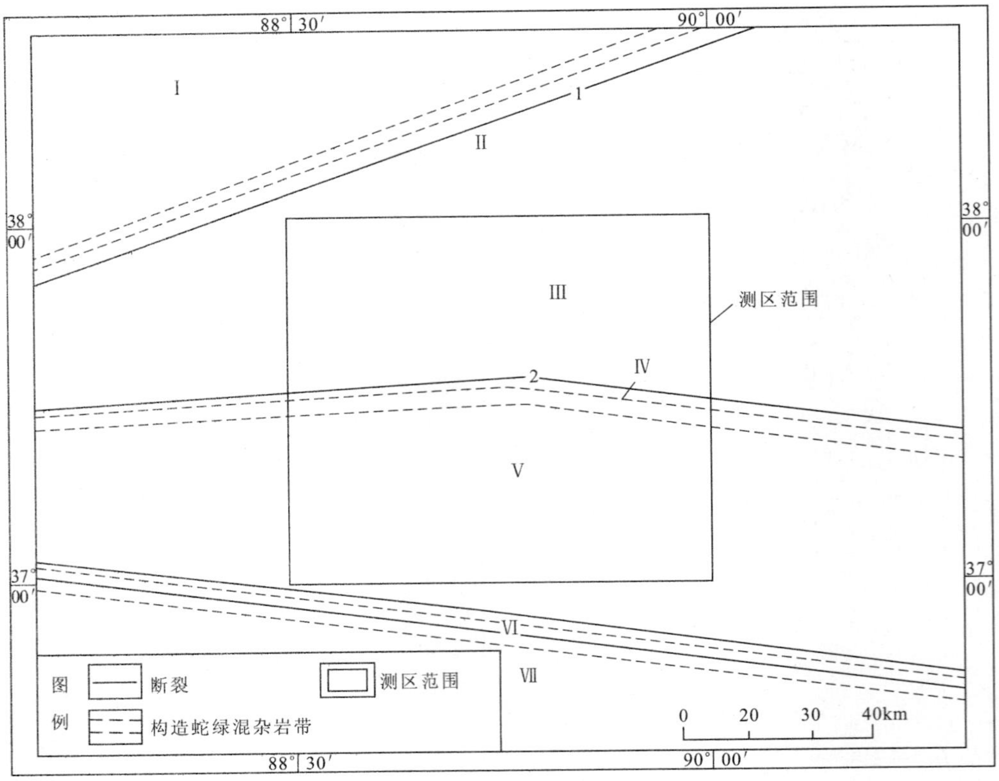

图 2-1　测区及邻区南华纪—志留纪构造地层单元划分示意图

Ⅰ.阿尔金陆块；Ⅱ.阿南结合带；Ⅲ.柴达木陆地；Ⅳ.祁漫塔格结合带；Ⅴ.东昆北陆块；Ⅵ.东昆中复合结合带；Ⅶ.东昆南结合带；1.茫崖-库牙克断裂；2.黑山-那陵格勒断裂

第二节　元古宇

测区中元古界柴达木古陆由长城系金水口岩群小庙岩组中浅变质陆源碎屑岩、变质基性火山岩(过渡基底)和蓟县系冰沟岩群狼牙山岩组镁质碳酸盐岩组成，分布于测区西北部祁漫塔格山白干湖西的托格热萨依—巴什尔希一带，地层呈北东—南西向展布；另外在祁漫塔格山北麓石牙子沟—什子沟也有零星分布。其出露面积约 2 200km²，占测区总面积的 16%。

新元古代早中期测区为统一的中国联合古陆(Rodiner 的一部分)，属于统一地层区，以青白口系冰沟岩群丘吉东沟岩组浅变质的陆源碎屑岩、中基性火山岩与火山碎屑岩为主，零星分布于测区西北部祁漫塔格山白干湖一带，地层呈北东—南西向展布，其出露面积约 30km²，占测区总面积的 2%。

一、长城系

金水口岩群小庙岩组(Chx)

小庙群由庄庆兴等 1986 年创建于都兰县小庙地区，指“原金水口组的第四岩组，主要为石英岩、云母石英片岩、黑云斜长片麻岩夹大理岩的组合。相当数量的石英岩的出现是本群的主要识别标志，经受混合岩化的小庙群以平行不整合伏于未受混合岩化的冰沟群之下。”

小庙群虽为一地方性年代地层单位，但所指岩性宏观特征、组合方式、层位含义明确、清晰，自创建以来除其时代归属有变更外，沿用至今，1997 年青海岩石地层清理降群为组，修订为小庙组，隶属于金水口(岩)群之上部。

本报告沿用青海岩石地层清理划分方案,小庙岩组指位于白沙河岩组中、高级变质岩系之上、断层或平行不整合于狼牙山组之下的一套以石英质岩石为主的变质岩系,主要为石英岩、云母石英片岩、变长石石英岩夹黑云斜长片麻岩与大理岩等,底以大量石英质岩石或片岩的始现或断层与白沙河岩组分界,顶以平行不整合面与狼牙山组分界。

金水河口岩群小庙岩组是测区出露最古老的岩石地层单位,位于图幅西北部古拉木萨依—柯可卡尔德一带,呈北东—南西向展布。

区内小庙岩组代表性剖面位于新疆若羌县托格热萨依河(图 2-2),剖面位置:N37°45′22″、E88°41′50″。

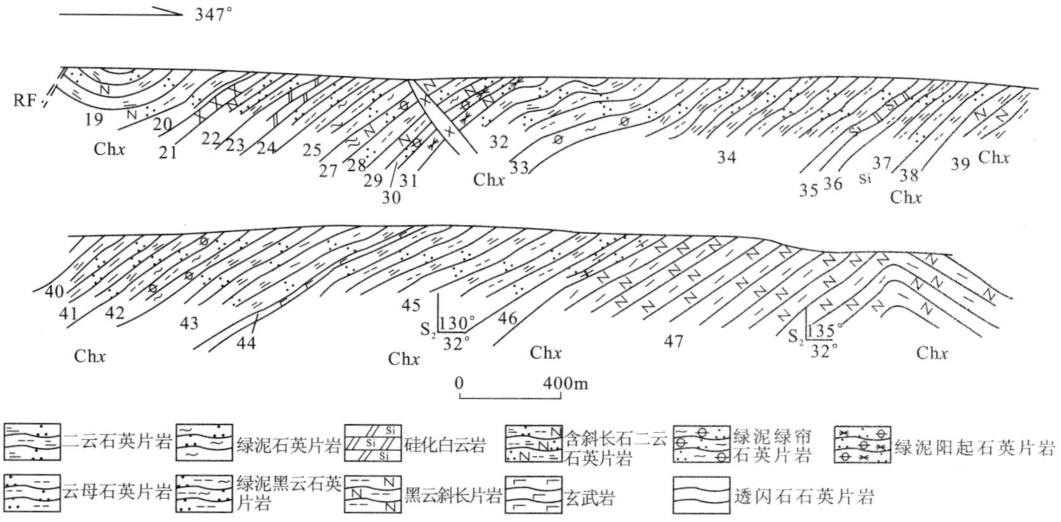

图 2-2　新疆若羌县托格热萨依小庙岩组实测地质剖面

新疆若羌县托格热萨依河小庙岩组实测地质剖面:

上覆地层:冰沟岩群狼牙山岩组

——————　片理接触　——————

小庙岩组(Ch*x*)	**2 743.08m**
19. 含斜长石二云石英片岩	71.31m
20. 灰白色石英片岩夹石英岩	60.18m
22. 灰色黑云石英片岩	38.92m
23. 白色条带状大理岩	40.53m
24. 灰黑色黑云石英片岩	47.08m
25. 淡绿色黑云绿泥石英片岩	78.34m
27. 淡绿色黑云斜长片岩	73.25m
28. 灰黑色二云石英片岩	48.66m
29. 灰色斜长黑云石英片岩	26.88m
30. 淡绿色绿泥阳起石英片岩	17.92m
31. 暗绿色钠长阳起绢云石英片岩	19.53m
32. 灰色二云石英片岩	300.87m
33. 淡绿色绿帘绿泥石英片岩	54.62m
34. 浅灰色二云石英片岩	532.00m
35. 灰白色硅化大理岩	23.85m

36.绿色片理化绿泥石玄武岩	29.81m
37.浅灰色云母石英片岩	107.31m
38.浅灰白色含黑云母石英岩	59.62m
39.灰色二云石英片岩	123.80m
40.淡绿色绿泥绿帘石英片岩	61.90m
41.灰色二云石英片岩	61.90m
42.淡绿色绿泥绿帘石英片岩	130.66m
43.浅灰色二云石英片岩	236.84m
44.暗绿色蚀变玄武岩	9.98m
45.灰色二云石英片岩	318.64m
46.灰白色含透闪石石英岩	58.68m
47.浅灰色黑云斜长石英片岩	110.00m

(未见底)

小庙岩组岩石组合以云母斜长石英片岩、二云石英片岩、绿帘绿泥石英片岩、斜长黑云石英片岩为主，夹绿片岩、变玄武岩、大理岩透镜体。剖面上该岩性组合变化小，以发育石英片岩、云母石英片岩为特征。

小庙岩组在测区未见底，但在苏吾什杰幅南部与测区接图相邻部位见小庙岩组上覆于金水口岩群下岩段白沙河岩组混合花岗岩、片麻岩、变粒岩之上，两者之间为片理接触，小庙岩组与上覆狼牙山岩组为片理接触。

该岩组韧性剪切变形较强，主要发育 S_1 流劈理、S_2 褶劈理、S_3 褶劈理，其中以 S_2 褶劈理最为发育，原岩沉积构造已被剪切面理彻底改造置换，经历了高绿片岩相变质作用，系一套强变形中等变质的岩石组合。

小庙岩组区域上主要沿柴达木盆地南缘分布，岩性在区域上较为稳定、延伸较远，特别是石英岩在区域上延伸较为稳定，是柴达木南缘进行岩石地层对比的重要标志。

二、蓟县系—青白口系

冰沟岩群：包括狼牙山岩组和丘吉东沟岩组两个地层单位。

1.狼牙山岩组(Jx*l*)

狼牙山组由青海省地质研究所、青海省第一地质队(1975)创名于格尔木市野马泉地区的狼牙山。原义指巴音果勒下游狼牙山一带出露的一套轻微变质的碳酸盐岩夹碎屑岩地层。由下而上划分为两个岩组，对应为震旦系全吉群的砂页岩组和白云岩组。

青海省区测队(1971)将出露于都兰县冰沟地区金水口(岩)群之上的以碳酸盐岩为主夹碎屑岩的变质地层创名为“冰沟组”，代表上震旦统。王云山、庄庆兴等(1978)将冰沟组改称“冰沟群”，时代归属蓟县纪。将狼牙山组改称“狼牙山群”，并由下而上划分为石英岩、灰岩夹板岩组和碳酸盐岩组，归属震旦系。青海省地层表编写小组(1980)沿用狼牙山群，代表祁漫塔格地区的震旦系—青白口系，划分为上、中、下 3 个岩组：上岩组以碳酸盐岩为主，富含叠层石；中岩组以碎屑岩为主夹碳酸盐岩；下岩组以碳酸盐岩为主夹碎屑岩，产叠层石。庄庆兴、孙广智等(1980 — 1982)在研究东昆仑山野马泉—白沙河地区前震旦系剖面时，再次对狼牙山群进行了研究，认为狼牙山群可以和冰沟群对比，将其一分为二，由下而上建立了“岩心库组”和“巴音果勒组”。庄庆兴等(1986)重新测制了都兰地区的冰沟剖面，查明原冰沟群第二岩组与第三岩组间为平行不整合接触。将平行不整合面以上的以碎屑岩为主的第三岩组重新命名为“丘吉东沟群”，将平行不整合面以下的第一岩组和第二岩组称“冰沟群”，两者均归属中元古界。这样，冰沟群被分解成两个地层单位——狭义的冰沟群和丘吉东沟群。

青海省岩石地层清理研究认为狼牙山群所包含的“岩心库组”和“巴音果勒组”，两者宏观岩性特征、组合方式基本一致，不易区别，实为同一岩石地层单位，故将“狼牙山群”降群为组，并将狼牙山组与丘吉东沟组合并称冰沟群。

青海省地层清理后的狼牙山组指平行不整合于小庙组之上、丘吉东沟组之下一套以浅变质的镁质碳酸盐岩、碳酸盐岩组合为主夹细碎屑岩的地层序列，富含叠层石、微古植物。顶底均以平行不整合面分隔。正层型为青海省地研所庄庆兴等(1986)重测的格尔木市野马泉狼牙山剖面。

测区狼牙山岩组出露于祁漫塔格山白干湖北西侧和石牙子沟一带，构造作用和受岩体侵蚀影响，地层分布零星，出露面积较小，约为 $50km^2$，地层呈北东—南西向展布。

新疆若羌县石牙子沟狼牙山组实测地质剖面(图 2-3)，剖面位置：N37°42′11″、E89°44′48″。

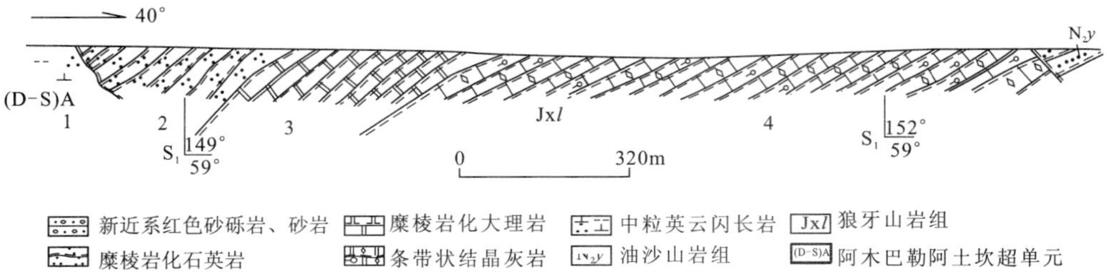

图 2-3 新疆若羌县石牙子沟狼牙山岩组实测地质剖面图

上覆地层：新近系油沙山岩组

～～～～～～～～ 不整合接触关系 ～～～～～～～～

狼牙山岩组(Jx*l*)	**631.3m**
4.浅灰色、深灰色条纹状、条带状结晶灰岩	391.3m
3.灰白、白色糜棱岩化白云质大理岩	79.8m
2.浅灰、灰黑色糜棱岩化石英岩	160.2m

———————— 侵入接触关系 ————————

志留纪—泥盆纪阿木巴勒阿土坎超单元中粒英云闪长岩

剖面上狼牙山岩组下部为糜棱岩化石英岩，上部为糜棱岩化白云质大理岩及结晶灰岩，以富含镁质碳酸盐岩为特征。由于该岩组位于阿木巴勒阿土坎超单元外接触带，岩石硅化、大理岩化等蚀变强烈。在测区西部白干湖地区狼牙山岩组以大理岩及结晶灰岩为主，且厚度较薄。

剖面上狼牙山岩组未见底，上被阿木巴勒阿土坎超单元覆盖。在测区西部白干湖地区狼牙山岩组与下伏小庙岩组、上覆丘吉东沟岩组均为剪切面理接触。

该岩组受韧性剪切变形改造极为明显，原岩沉积构造被剪切面理彻底改造置换，岩石中糜棱面理发育，岩石多为变晶糜棱岩。

区域上狼牙山岩组主要为浅变质的镁质碳酸盐岩、钙质碳酸盐岩与石英岩组合，且含有较丰富的叠层石化石；测区的狼牙山岩组岩石组合基本可与区域上的狼牙山岩组对比，但未发现叠层石化石。

2. 丘吉东沟岩组(Qn*q*)

丘吉东沟组最先由庄庆兴等(1986)建群于都兰县丘吉东沟一带，指原冰沟组第三岩组，“它是一套以碎屑岩为主的地层，厚逾 1 500m，据其岩石组合可分 3 个岩组：即下岩组、中岩组、上岩组。3 个岩组分别为砾岩(包括硅质岩、硅质板岩)—砂板岩—碳酸盐岩的层序，是本区前寒武系的最高层位”。

“丘吉东沟群”为一地方性年代地层单位，但所指岩性特征较为明显，沿用至今。青海省岩石地层清理沿用之，并降群为组。

丘吉东沟组现在定义指平行不整合于狼牙山组之上一套浅变质的以碎屑岩为主夹硅质岩、镁质碳酸盐岩的地层，富含叠层石及微古植物。底以平行不整合面为界，顶界不明。正层型为庄庆兴等 1986 年测制的都兰县丘吉东沟剖面。

测区青白口系丘吉东沟岩组（Qb*q*）分布于狼牙山岩组东南部白干湖断裂带北侧，沿断裂带呈北东—南西向展布，出露宽度约 2～3.5km，长 55km，出露面积约 110km^2。

本次工作丘吉东沟岩组（Qb*q*）实测地质剖面位于托格热萨依，剖面位置：N37°47′45″、E88°43′57″，描述如下。

新疆若羌县托格热萨依河丘吉东沟岩组实测地质剖面（图 2-4）：

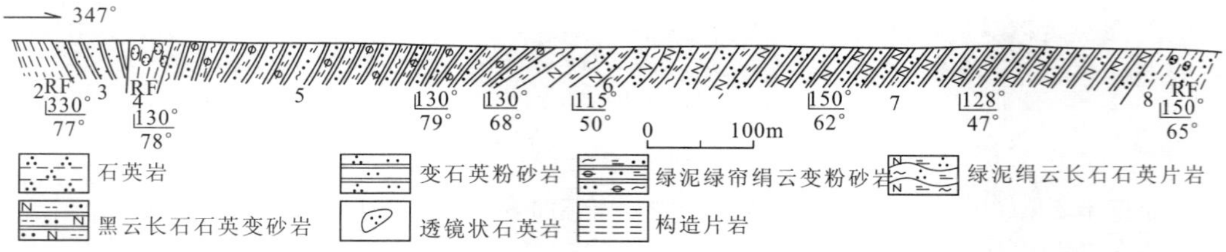

图 2-4　新疆若羌县托格热萨依河丘吉东沟岩组实测地质剖面图

上覆地层：志留系白干湖岩组

══════ 断层接触 ══════

丘吉东沟岩组（Qb*q*）	**925.22m**
3. 深灰色、灰色石英粉砂岩夹薄层石英岩	168.07m
══════ 断层接触 ══════	
5. 浅灰色泥质石英粉砂岩夹绿色片理化凝灰岩、玄武岩	353.95m
6. 浅灰色绿泥绢云长石石英片岩（板岩）	99.04m
7. 深灰色黑云长石石英变砂岩夹绿色凝灰变砂岩	304.16m

══════ 断层接触 ══════

下伏地层：狼牙山岩组

剖面上丘吉东沟岩组岩石组合为浅变质的黑云长石石英变砂岩、凝灰变砂岩、石英粉砂岩、石英岩夹凝灰岩、玄武岩。总体表现为浅变质、低成熟度的陆源碎屑岩夹玄武岩为特征。丘吉东沟岩组与下伏狼牙山岩组为面理接触，与上覆滩间山组均为断层接触。

该岩组受构造改造较强，大部分地区层理（S_0）已被剪切面理彻底置换，岩石中糜棱岩化极为发育，在弱变形域可见变余砂质结构、变余凝灰质结构，变余组构中岩屑成分较多，反映岩石成熟度较低，其沉积环境活动性增强。该岩组从白干湖向西南延伸，地层中玄武岩夹层由东北向西南数量增多，在西南大沙河北见较多火山角砾岩，一般玄武岩、火山角砾岩厚几十米至近百米，表明由东向西火山活动增加。

区域上丘吉东沟岩组由测区向东至青海省冰沟、丘吉东沟一带岩性为含碳硅质板岩、粘板岩、粉砂板岩，青海省都兰县一带出露为灰黑色、灰绿色条带状粉砂质板岩，石英岩夹粉砂岩，在青海省丘吉东沟正层型剖面为一套以浅变质的碎屑岩为主夹硅质岩镁质碳酸盐岩，含叠层石：*Spicaphyton qiujidonggouenes*，区域上极不稳定，多呈岩片或断块状出现。测区青白口纪丘吉东沟岩组主要岩石组合基本一致，不同的是出现了一定数量的变质玄武岩夹层。

第三节 下古生界

新元古代晚期至早古生代，测区可以划分为北部柴达木陆块南缘、中北部祁漫塔格结合带、中南部东昆北陆块3个地层小区。

北部柴达木陆块南缘主要为大陆边缘楔沉积、与祁漫塔格洋俯冲消减作用有关的岛弧火山岩和弧后盆地沉积，分布于测区中部大沙沟—祁漫塔格山—皮亚孜勒塔格山一带，地层展布由西部的北东向逐渐变为东部的北西西—北东东向，出露总面积约4 800km²，占测区总面积的33.4%。

中北部祁漫塔格结合带，分布于祁漫塔格山以南，主体部分被新生代沉积覆盖，零星出露一些变质橄榄岩、堆晶杂岩、大洋拉斑玄武岩等蛇绿岩残片。

中南部东昆北陆块的物质组成，被新生界或其他地层覆盖未出露。

一、奥陶系

滩间山群(*OT*)：由青海省地层表编写小组(1980)创名，创名地点在大柴旦镇滩间山。原始定义指："分布于赛什腾山万洞沟及滩间山一带，主要为浅变质碎屑岩，上部见有变中性火山岩，间夹生物碎屑灰岩。后者含腕足类、珊瑚及海百合茎化石。与下伏全吉群、上覆下石炭统为断层接触。"

1964年，朱夏等将出露于柴达木西南缘铁石达斯一带的碳酸盐岩称"铁石达斯灰岩群"。

1980年，青海省地层表编写小组将铁石达斯灰岩群涵义扩大，将分布在祁漫塔格山东北侧、铁石达斯山、契盖苏河至乌图美仁河一带碳酸盐岩、绿片岩系夹火山岩的地层称"铁石达斯群"。将分布于赛什腾山万洞沟及滩间山一带，主要为一套浅变质碎屑岩夹火山岩和变砂屑生物碎屑灰岩的地层称"滩间山群"，时代定为中晚奥陶世。

1982年，新疆地质局区测大队第六分队王嘉衍等对分布于新疆境内祁漫塔格青海省地层表编写小组命名为滩间山群的西延地层命名为祁漫塔格群，细分为4个亚群。

1985年，《新疆维吾尔自治区区域地质志》将祁漫塔格群与青海对比为铁石达斯群。

1991年，青海省地质矿产局在《青海省区域地质志》认为铁石达斯群、滩间山群为同物异名，对柴北缘、柴南缘地区的奥陶系—志留系统一使用滩间山群。滩间山群现指分布于柴达木盆地北缘、西南缘的一套浅变质碎屑岩、中酸性火山岩夹生物碎屑灰岩、白云质大理岩组成的地层序列，顶部出露不全或被牦牛山组不整合覆盖，未见顶。正层型为大柴旦镇滩间山剖面。

1991年，新疆岩石地层清理重新使用祁漫塔格群这个地层单位。

显然前人所建立的滩间山群、铁石达斯群、祁漫塔格群为同物异名，根据命名由优先原则使用滩间山群，建议停用铁石达斯群、祁漫塔格群。

通过本次区调的野外调查和研究，前人所建立的滩间山群或祁漫塔格群包括了不同时代的浅变质碎屑岩、中酸性火山岩及基性—超基性岩，根据古生物化石和同位素测年资料，其时代包含了奥陶纪、志留纪和三叠纪等，根据地层指南和地层清理，对其进行了解体，将其重新厘定为奥陶系滩间山群(*OT*)、志留系白干湖岩组(S*b*)和鸭子泉组(S*y*)、石炭系鸭子大坂硅质岩(Si)、三叠系鄂拉山组(T_3e)、蓟县系狼牙山岩组(Jx*l*)和南华系—奥陶系阿牙克库木湖蛇绿混杂岩[(Nh—O)AY^{TM}]。

滩间山群是指从祁漫塔格岩群中解体出志留系白干湖岩组(S*b*)弧后盆地沉积、志留系鸭子泉火山岩(S*y*)、石炭系鸭子大坂硅质岩(Si)、三叠系鄂拉山组(T_3e)陆内裂谷火山岩、蓟县系狼牙山岩组(Jx*l*)碳酸盐岩和南华系—奥陶系阿牙克库木湖蛇绿混杂岩[(Nh—O)AY^{TM}]后剩余的以陆源碎屑岩和碳酸盐岩为主的地层单位。解体后的滩间山群分布于鸭子大坂—鸭子泉—阿特阿特坎河—

带，向东延伸出测区进入库朗米担其提幅。滩间山群按岩性组合可分为下部阿达滩碎屑岩组（O*a*）和上部阿特阿特坎灰岩组（O*at*）两个非正式地层单位。

1. 阿达滩碎屑岩组（O*a*）

阿达滩碎屑岩组是解体后的滩间山群中新建立的一个地层单位，指位于前寒武系之上，阿特阿特坎灰岩组之下的一套以陆源碎屑岩与中酸性火山岩为主的地层序列。阿达滩碎屑岩组分布于鸭子泉东—阿特阿特坎河一带，地层呈近东西向展布，出露面积约 400km²。与上覆阿特阿特坎组为断层接触。

典型剖面位于阿特阿特坎河畔，剖面位置：N37°32′13″、E89°55′00″，叙述如下。

新疆若羌县阿特阿特坎河滩间山群阿达滩碎屑岩组实测地质剖面（图 2－5）：

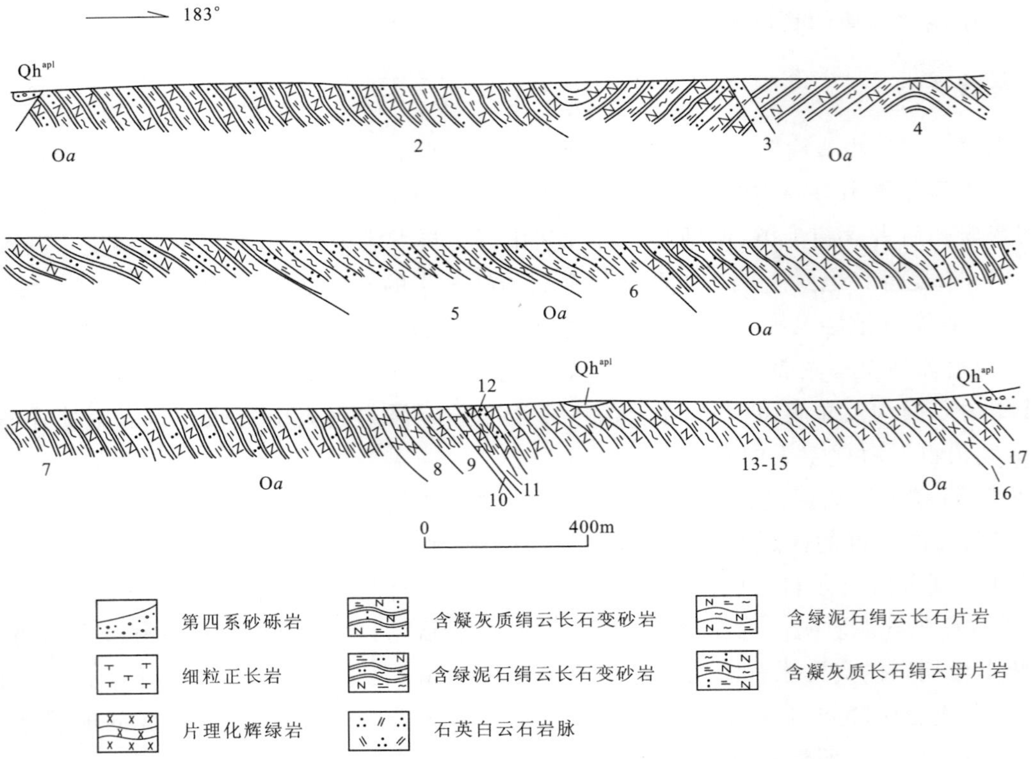

图 2－5　新疆若羌县阿特阿特坎河滩间山群阿达滩碎屑岩组实测地质剖面图

上覆地层：阿特阿特坎灰岩组

═════════　断层接触　═════════

滩间山群阿达滩碎屑岩组（O*a*）	**4 019.57m**
8. 浅绿色绿泥绢云石英片岩夹凝灰质绢云长石变砂岩	1 170.07m
7. 浅绿、绿色绿泥绢云长石变砂岩夹绿泥绢云长石片岩	1 622.25m
6. 浅灰色凝灰质长石绢云片岩	92.64m
5. 浅灰色绿泥绢云石英片岩夹含凝灰质绢云长石变砂岩	295.16m
4. 浅灰色含凝灰质长石绢云变砂岩夹浅灰色含凝灰质长石绢云片岩	105.24m
3. 浅灰色含绿泥石绢云长石变砂岩	734.21m

（未见底）

剖面上阿达滩碎屑岩组主要为一套碎屑岩、含火山碎屑岩沉积建造，其岩石组合为绿泥绢云长石变砂岩、绿泥绢云长石片岩、含凝灰质绢云长石变砂岩、浅灰色含凝灰质长石绢云片岩，为一套低绿片岩相的浅变质陆源碎屑岩与火山碎屑岩岩石组合。

阿达滩碎屑岩组构造变形较强，原生沉积组构几无保存，以流劈理、褶劈理发育为特征。

阿达滩碎屑岩组区域岩性组合稳定，局部地方火山岩含量增多。

2. 阿特阿特坎灰岩组(O*at*)

阿特阿特坎灰岩组是解体后的滩间山群中新建立的一个地层单位，指位于阿达滩碎屑岩组之上的一套以碳酸盐岩为主的地层序列。阿特阿特坎灰岩组分布于阿特阿特坎河东岸，地层呈近东西向展布，出露面积约 50km²。阿特阿特坎灰岩组与下伏阿达滩碎屑岩组、上覆新近系油沙山岩组均呈断层接触。

测区典型剖面位于阿特阿特坎河东岸，剖面位置：N37°51′29″、E89°56′43″，叙述如下。

新疆若羌县阿特阿特坎河东岸滩涧山岩群阿特阿特坎灰岩组实测地质剖面(图 2－6)：

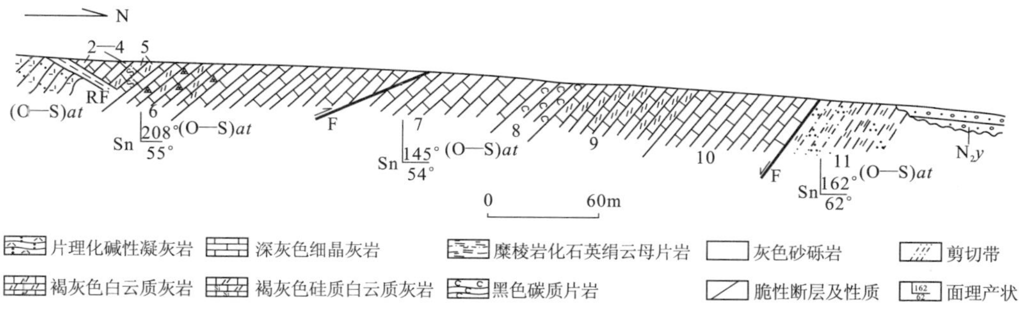

图 2－6　新疆若羌县阿特阿特坎河东岸滩涧山岩群阿特阿特坎灰岩组实测地质剖面图

上覆地层：新近系油沙山岩组

══════════　断层接触　══════════

滩间山群阿特阿特坎灰岩组(O*at*)	**167.82m**
3. 灰色白云质灰岩	3.85m
4. 深灰色结晶灰岩	8.64m
5. 褐红色硅质白云岩	9.36m
6. 碎屑岩化白云质灰岩	14.40m
7. 深灰色结晶灰岩	69.25m
8. 灰黑色碳质片岩	7.00m
9. 深灰色白云质灰岩	25.80m
10. 深灰色结晶灰岩	29.52m

══════════　断层接触　══════════

下伏地层：滩间山群阿达滩碎屑岩组

剖面上阿特阿特坎灰岩组主要为一套碳酸盐岩、镁质碳酸盐岩沉积建造，其岩石组合为灰白色结晶灰岩、深灰色白云质灰岩夹碳质板岩、硅质白云岩岩石组合。

阿特阿特坎灰岩组构造变形较强，原生沉积组构已消失殆尽，地层中构造样式以发育顺层韧性剪切面理为特征，组内发育顺层掩卧褶皱。

阿特阿特坎灰岩组分布面积较小，区域岩性组合稳定。

二、志留系

1. 鸭子泉火山岩组(Sy)

鸭子泉火山岩组(非正式地层单位)是从祁漫塔格群或原滩间山群中解体出来的位于阿达滩碎屑岩组之上的一套与早古生代俯冲作用有关的中基性岛弧火山岩、熔岩建造,其分布于鸭子泉东南的鸭子大坂-鸭子泉构造混杂岩带的鸭子泉段,以弱变形的块体存在于构造混杂岩的基质之中,岩块受构造作用呈北东向展布,出露面积约 $50km^2$,与其他地层呈断层接触。

测区鸭子泉火山岩组典型剖面位于鸭子泉自然保护站东南 10km,剖面位置:N37°50′57″、E89°43′10″,描述如下。

新疆若羌县鸭子泉东鸭子泉火山岩组实测地质剖面(图 2-7):

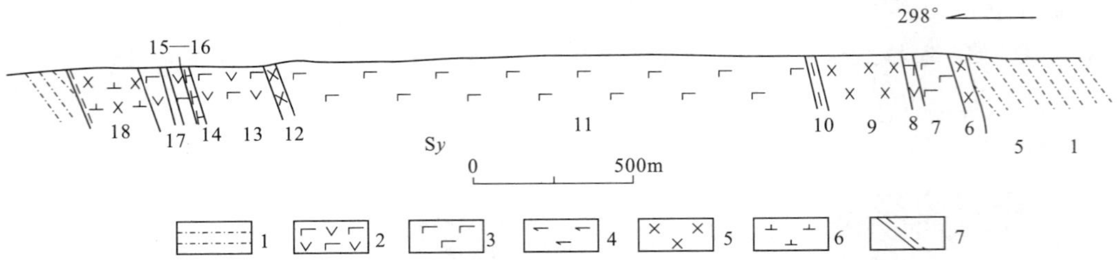

图 2-7　新疆若羌县鸭子泉东鸭子泉火山岩组实测地质剖面图

1. 糜棱岩;2. 玄武安山岩;3. 玄武岩;4. 辉长岩;5. 堆晶辉长岩;6. 堆晶辉石岩;7. 堆晶辉橄岩

上覆鸭子大坂-鸭子泉构造混杂岩

══════ 断层接触 ══════

鸭子泉火山岩组(Sy)	**1 659.1m**
6—7. 灰绿色变玄武岩,上部为绿色中粒辉长岩顺层侵入	29.7m
8—10. 灰绿色角闪安山玄武岩,下部为辉长岩、辉石岩顺层侵入	181.2m
11—12. 灰绿—绿色变玄武岩,底部为中细粒辉长闪长岩顺层侵入	1 007.7m
13—14. 绿色玄武安山岩,下部为浅绿色细粒闪长玢岩顺层侵入	158.9m
15—16. 灰绿色玄武安山岩,下部为绿色中粗粒辉长岩顺层侵入	79.9m
17—18. 浅灰绿色玄武安山岩,中下部为中细粒辉长闪长岩顺层侵入	201.7m

══════ 断层接触 ══════

下伏鸭子大坂-鸭子泉构造混杂岩构造片岩

鸭子泉火山岩组主要岩石组合为变玄武岩、角闪安山玄武岩、玄武安山岩(图版Ⅳ-4),夹较多的顺层侵入辉长岩、辉石岩、辉长闪长岩、闪长玢岩脉。受构造混杂作用,地层层序不清,以构造块体形式存在于鸭子大坂-鸭子泉构造混杂岩带中,与其他地层块体呈断层接触。

经岩石化学、微量元素和形成环境分析研究(见第三章),鸭子泉火山岩组形成于岛弧环境,它是祁漫塔格洋志留纪开始向北俯冲消减形成的柴达木南缘火山岩浆带的主要组成部分,随着今后工作的进一步深入,在柴达木南缘地区必将发现更多与祁漫塔格洋志留纪俯冲消减作用有关的火山岩。

2. 白干湖组(Sb)

白干湖组是本次区调工作从原祁漫塔格群(青海称为滩间山群)中解体出来新建的岩石地层单位。它是指含 *Monoclimacis griestoniensis*(Nicol),*Monograptus priodon*(Bronn),*Monograptus* sp.,*Streptograptus* cf. *becki* 等志留纪笔石化石的复理石建造。它分布于测区中、北部大沙河—

白干湖—鸭子泉一带的白干湖断裂带与鸭子泉断裂带之间，构造线受断裂作用在平面上呈“S”形展布。

测区白干湖组在大沙沟一带出露较好。建组层型剖面位于测区西部大沙河北，剖面位置：N37°53′33″、E89°37′35″，描述如下（图2-8）。

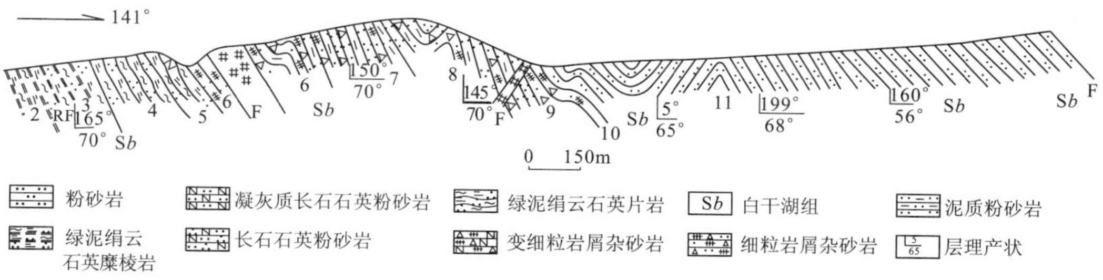

图2-8　新疆岩羌县大沙河白干湖组实测地质剖面图

新疆若羌县大沙沟白干湖组实则剖面：

（未见顶）

白干湖组（*Sb*）	**1 565.9m**
11. 灰绿色薄层状粉砂岩	633.4m
10. 灰绿色中层状岩屑杂砂岩与绿色薄层状粉砂岩互层夹细粒杂砂岩	22.9m
9. 灰黑色中层状岩屑杂砂岩与灰绿色薄层状粉砂岩、粉砂质泥岩互层	111.6m
8. 灰黑色中—厚层状岩屑杂砂岩夹灰绿色薄层状泥质粉砂岩	151m
7. 灰黑色中—厚层状岩屑杂砂岩与泥质粉砂岩互层，夹凝灰质长石石英细砂岩	198m
6. 灰黑、灰绿色中—厚层状、块状岩屑杂砂岩，夹绿色薄层状粉砂岩	184.5m
5. 灰绿色绢云石英片岩	114m
4. 灰绿色绿泥绢云石英片岩	147m
3. 灰绿色绿泥钠长石英千枚岩	3.5m

══════ 韧性剪切带 ══════

（未见底）

白干湖组按岩石特征岩性可分为上、下两部分。下部岩性主要为灰黑—灰绿色中—厚层状岩屑粉砂岩，灰绿色中厚层状泥质粉砂岩、灰绿色中层状凝灰质长石石英细砂岩，灰绿薄层状粉砂质泥岩，灰绿色绿泥绢云石英片岩；上部岩性主要为灰黑—绿色中层状岩屑砂岩、灰绿薄层粉砂岩、灰绿色粉砂质板岩、灰绿色含凝灰质板岩的一套浊积岩组合。白干湖组与西部冰沟岩群及东部滩间山群均为断层接触，上部与上覆侏罗系大煤沟组、新近系上新统油沙山组呈角度不整合接触关系。

白干湖组岩石成分成熟度较低、鲍马序列发育、碎屑粒度分布区间宽、概率累积曲线斜率低、发育深海浮游生物——笔石、岩石微量元素等特征，反映其形成于大陆斜坡浊积岩扇中扇环境，结合其东部鸭子泉发育岛弧火山岩，说明志留纪白干湖岩组属拉张环境下的弧后盆地沉积环境形成。

本次区调工作首次在白干湖组下部采集到 *Monoclimacis griestoniensis*（Nicol），*Monograptus priodon*（Bronn），*Monograptus* sp.，*Streptograptus* cf. *becki*（图版Ⅴ-1至图版Ⅴ-4）等笔石动物化石组合（详见本章第七节生物群特征及地质年代对比），相当于特里奇阶，时代为早志留世晚期。

本次区域地质调查工作首次在柴达木盆地南缘划分出志留系。依据测区对原滩间山群研究可知：沿柴达木盆地南缘、北缘分布的原划祁漫塔格群或滩间山群至少有一部分属志留纪地层，这对祁漫塔格地区地层划分对比提供了重要资料。

三、阿牙克库木湖蛇绿混杂岩[(Nh—O)AY^{TM}]

祁漫塔格结合带是本次 1∶25 万区调从祁漫塔格山南缘与东昆仑北坡之间新发现蛇绿混杂岩，在测区阿牙克库木湖北的黑山首次发现了堆晶杂岩和大洋拉斑玄武岩残片，在后期构造改造的鸭子大坂构造混杂岩带中发现有变质橄榄岩、大洋拉斑玄武岩岩块，结合柴达木南缘存在的志留纪鸭子泉火山岩组和志留纪—早中泥盆世俯冲碰撞型花岗岩带的存在，显然，在祁漫塔格山南缘与东昆仑北坡之间存在一条早古生代的结合带，我们命名为“祁漫塔格结合带”，其组成物质经岩石学、地球化学对比研究其属蛇绿混杂岩，我们建立“阿牙克库木湖蛇绿混杂岩”(非正式地层单位)。

阿牙克库木湖蛇绿混杂岩总体沿那陵格勒河至阿牙克库木湖北侧的东昆北断裂带(那陵格勒断裂带)延伸，由于后期构造作用，主体部分隐伏于中新生代库木库里盆地之下，只在测区阿牙克库木湖北侧的黑山出露孤立露头，在印支期鸭子大坂构造混杂岩带中含有变质橄榄岩、大洋拉斑玄武岩等蛇绿混杂岩块体。

阿牙克库木湖蛇绿混杂岩分布于测区阿牙克库木湖北黑山一带，出露面积约 7.5km^2，主要岩石类型为灰绿色、暗绿色玄武岩，灰绿色辉绿岩，灰绿色辉长岩，堆晶辉长岩，堆晶辉石岩，深绿色橄辉岩。阿牙克库木湖蛇绿混杂岩下部被石炭纪孤立山单元(二长花岗岩)侵入，上部被第四系松散堆集物不整合覆盖。阿牙克库木湖蛇绿混杂岩实测地质剖面位于新疆若羌县阿牙克库木湖北侧黑山，剖面位置：N37°37′46″、E89°12′29″，描述如下。

新疆若羌县黑山阿牙克库木湖蛇绿混杂岩实测地质剖面(图 2－9)：

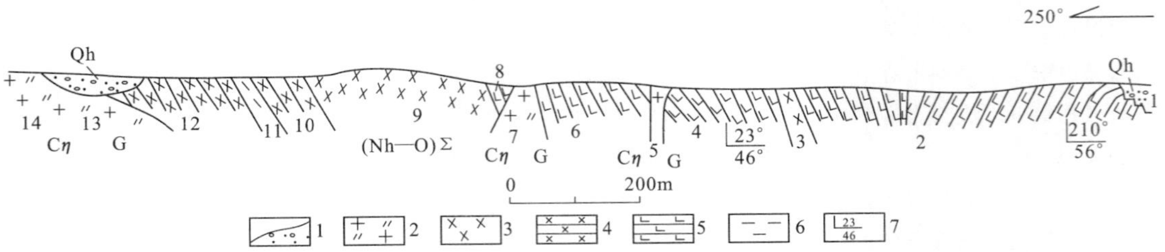

图 2－9　新疆若羌县黑山阿牙克库木湖蛇绿混杂岩实测地质剖面图

1. 第四系松散砂砾石层；2. 二长花岗岩；3. 辉长岩；4. 条带状堆晶辉长岩；5. 玄武岩；6. 堆晶辉石岩；7. 岩层产状

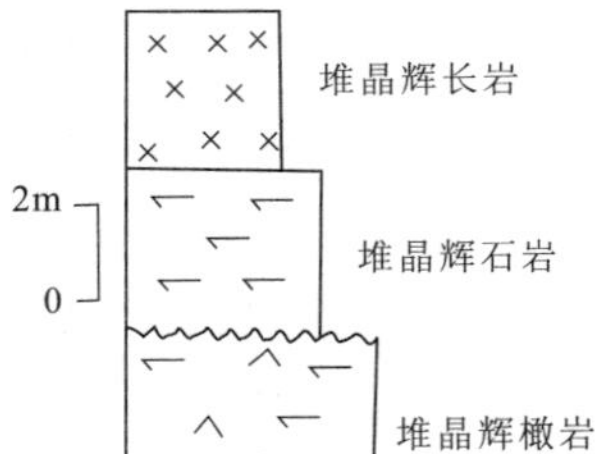

图 2－10　堆晶岩基本层序示意图

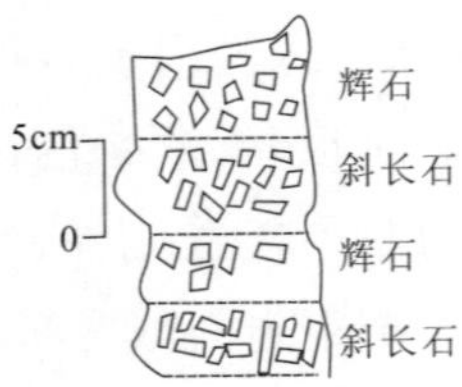

图 2－11　堆晶结构示意图

阿牙克库木湖蛇绿混杂岩由堆晶辉橄岩、堆晶辉石岩、堆晶辉长岩和枕状玄武岩等组成，以发育堆晶结构的超镁铁质堆晶岩、镁铁质堆晶岩为显著特色，发育堆晶结构(图 2－10、图 2－11，图版Ⅰ－1、图版Ⅰ－2、图版Ⅳ－6)。超镁铁质堆晶岩、镁铁质堆晶岩呈总体有序，内部无序特征，其出露宽度达 1.3km。枕状玄武岩(图版Ⅳ－3)位于堆晶岩上部，出露宽度约0.2km，以发育枕状构造区别于鸭子泉、鸭子大坂构造混杂岩带所见的中基性火山岩。玄武岩岩枕多分布于层面，一般 20cm×20cm×30cm 大小，为椭球状、不规则状，呈下平上突状，表面多具冷凝边。

阿牙克库木湖蛇绿混杂岩总体构造变形较弱，岩石发育 S_1 片理，S_1 片理产状 210°∠56°、23°∠46°，总体呈北西—南东向走向，不发育剪切基质，枕状玄武岩基本未变形，而堆晶岩系之间有规模不大的糜棱岩分布。

阿牙克库木湖蛇绿混杂岩中基性火山岩、基性—超基性岩的岩石组合及其岩石学、岩石化学、稀土元素、微量元素等特征均说明其为蛇绿岩套组成部分，为古洋壳残片物质。

此外，在测区鸭子大坂发现了宽 2～4m、长 35～80m 凸透镜状超基性岩、暗绿色大洋拉斑玄武岩，其与阿牙克库木湖蛇绿混杂岩中的蛇绿岩同属古洋壳残片——蛇绿岩的一部分。鸭子大坂现今北东向构造线与黑山近东西向构造线不协调是由于鸭子泉构造带改造作用及阿木巴勒阿土坎超单元、库木布拉格超单元的侵吞就位共同作用的结果。由于第四系覆盖，黑山-那陵格勒断裂带未出露其他地层岩性。

本次工作对在黑山堆晶辉长岩、侵入黑山堆晶岩和玄武岩中的二长花岗岩及鸭子泉侵入安山玄武岩（岛弧火山岩）中的辉长岩进行了锆石 U－Pb 测年，黑山堆晶辉长岩中的锆石 U－Pb 测年获得(2 380±12)Ma 的上交点年龄和(816±10)Ma 的下交点年龄；侵入黑山堆晶岩和玄武岩中的花岗闪长岩中的锆石 U－Pb 测年获得(1 090±26)Ma 的上交点年龄和(312±9)Ma 的下交点年龄；鸭子泉侵入安山玄武岩（岛弧环境）中的辉长岩锆石 U－Pb 测年获得(405.3±1.0)Ma 的权重平均值。

因此，蛇绿岩形成时代为南华纪—奥陶纪，与罗迪尼亚（Rodiner）超大陆解体的年龄相当；与俯冲花岗岩年龄和弧后盆地化石确定蛇绿岩构造就位时代为志留纪—早中泥盆世可配套。

第四节 上古生界

晚古生代，测区中北部属柴达木统一陆块地层小区，零星出露一些深海硅质岩和海陆交互相陆源碎屑岩，及来自东昆南陆块的碳酸盐岩夹陆源碎屑岩推覆体。

一、泥盆系

布拉克巴什组(D_2bl)：由新疆区测大队张玉谦、赵明镜、焦生瑞于 1977 年创名。原始定义：指一套浅海相碎屑岩、千枚岩、硅质岩和中酸性火山岩夹玄武岩、苦橄岩的复杂沉积组合，时代为中泥盆世。

1977 年，新疆区测队曾亚参、肖世禄、赵明任、赵子允、许培春(1981)均将其划为布拉克巴什群，《西北地区区域地层表 · 新疆维吾尔自治区分册》(1981)仍划归布拉克巴什群。

《新疆古生界》(下)(1991)中曾亚参、肖世禄曾将该群改为布拉克巴什组。

1996 年，新疆地层清理采用了布拉克巴什组的划分方案。新疆区测队(1966)创名的卡拉塔什群(S—D)和新疆第二地质大队汪玉珍在新疆南疆西部地质图、矿产图说明书中(1985)划分的塔木群与布拉克巴什组均为同物异名，停止使用。

中泥盆统布拉克巴什组分布于测区西南部的阿其克库勒湖东南地区，出露面积约 10km²。以阿其克库勒湖东中泥盆统布拉克巴什组剖面介绍如下（图 2－12），剖面位置：N37°00′60″、E88°36′46″。

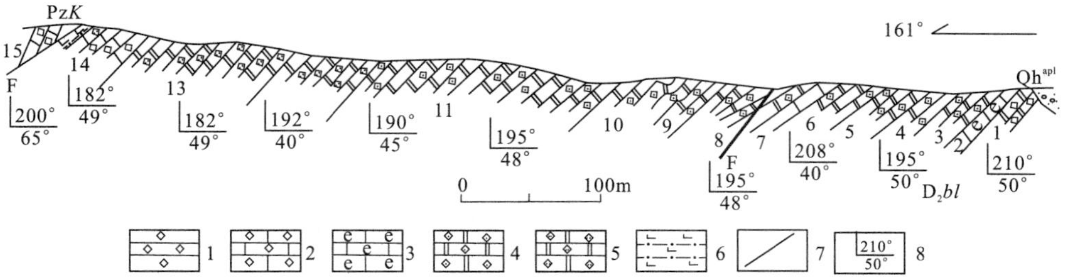

图 2－12 新疆若羌县阿其克库勒湖东中泥盆统布拉克巴矿组实测地质剖面图

1. 亮晶灰岩；2. 结晶灰岩；3. 含屑灰岩；4. 结晶白云岩；5. 粉晶白云岩；6. 钙质糜棱岩；7. 断层；8. 层理产状

新疆若羌县阿其克库勒湖东中泥盆统布拉克巴什组实测地质剖面：

上覆地层：马尔争组灰白色亮晶灰岩

断层接触

布拉克巴什组(D_2bl)	**4 605.1m**
13. 灰白色结晶灰岩，含珊瑚 *Favosites* sp. *Favosites* cf. *kulukensis*, *Disphyllun* sp. *Hunanophrentis* sp.，*Coenites* sp.，*Parastriatopora* sp.	573.9m
12. 深灰黑色中厚层细晶灰岩	1 260.4m
11. 灰色厚层细晶灰岩	1 266.3m
10. 灰黑色中层细晶灰岩	261.2m
9. 灰色厚层微晶灰岩夹砂质灰岩	91.6m
8. 灰黑色厚层细晶灰岩夹团块状角砾灰岩，含珊瑚 *Favosites* sp.，*Disphyllun* sp.，*Parastriatopora* sp.	406.3m
7. 灰黑色块状角砾灰岩	10.7m
6. 灰黑色厚层细晶白云岩	122.4m
5. 灰色厚层砂屑细晶白云岩，含石松 Lycopsida，螺 *Meekospira* sp.	286.6m
4. 灰黑色厚层细晶白云岩	98.1m
3. 灰白色厚层细晶白云岩	147.9m
2. 灰黑色薄—中层细晶灰岩，含珊瑚 *Cladopora* sp.	53.5m
1. 灰黑色厚层粉晶白云岩	26.2m

（未见底）

剖面中主要岩性为浅灰色中—厚层状结晶灰岩，浅灰色厚层状细晶—微晶白云岩夹块状角砾灰岩、含棘屑微晶灰岩，含有石松、珊瑚、螺等化石(图版Ⅴ-7至图版Ⅴ-9)。布拉克巴什组未见底，与上覆马尔争组呈断层接触，总厚度超过4 605.1m。

布拉克巴什组可见小型波纹层理、重力滑塌构造。通过区域构造调查研究布拉克巴什组以推覆构造型式存在，其实质为一外来的异地地层系统，根据推覆方向，其来源于东昆南地区。

布拉克巴什组主要为一套灰色、灰黑色粉晶，细晶碳酸盐岩-镁质碳酸盐岩建造，夹团块状角砾灰岩，属于台缘斜坡相-陆棚相的陆缘稳定碳酸盐岩建造。

布拉克巴什组在测区岩性稳定，向东南出现少量板岩。

二、石炭系

测区石炭系包括鸭子大坂硅质岩(Si)非正式地层单位和缔敖苏组(C_2d)正式地层单位。

1. 鸭子大坂硅质岩(Si)

鸭子大坂硅质岩是指从祁漫塔格群或原滩间山群中解体出来的位于下古生界之上的一套含早石炭世放射虫的硅质岩，其系新建的一个非正式地层单位。它分布于鸭子泉东南的鸭子大坂-鸭子泉构造混杂岩带中，以弱变形的块体存在，岩块受构造作用呈北东西向透镜状、长条状展布，出露面积约$10km^2$，与其他地层呈断层接触。

鸭子大坂硅质岩在鸭子大坂-鸭子泉构造混杂岩带中主要分布于鸭子泉一带。鸭子大坂硅质岩一般为厚5～120m、长20～5 000m的透镜状，长条状构造岩块。其岩性为细晶硅质岩夹碳硅质板岩，反映为一套大陆裂解的深海沉积建造。

2000年，李日俊等在《科学通报》报道在本书所建的鸭子大坂硅质岩中分离出可靠的早石炭世放射虫化石(详见本章古生物特征及地层划分对比一节)，为本区地层划分对比提供了重要依据。

2. 缔敖苏组(C_2d)

缔敖苏组由青海省第一地质队于1978年创名于格尔木市哈是托(缔敖苏)南山。原始定义指分布于祁漫塔格—布尔汉布达山的中、晚石炭世地层，为海陆交互相沉积，以灰岩为主，下部为砾岩、砂岩及中酸性凝灰岩，含腕足类化石。与下伏大干沟组、上覆四角羊沟组均为假整合或整合接触。

青海省区域地层表编写组(1980)在四角羊沟—缔敖苏划分出四角羊沟组及缔敖苏组，两者为整合接触，时代为中石炭世。

新疆地质局区调大队六分队王嘉桁(1982)在阿牙克库木湖地区沿用青海省的四角羊沟组一名，时代晚石炭世。新疆地质局区调大队三分队(1982)在阿其克库勒湖地区将该套地层划分为阿其克库勒组，该组相当于上石炭统上部层位。

刘广才(1987)在哈是托(缔敖苏)将这套地层划分为四角羊沟组及缔敖苏组，时代为晚石炭世。

《西北地区区域地层表·青海省分册》(1980)将祁漫塔格地区的上石炭统划分为"四角羊沟组"(上部)及"缔敖苏组"(下部)。

1982 年，新疆地质局区调大队赵子允在阿其克库勒地区启用"阿其克库勒组"代表"四角羊沟组"上部层位。

新疆地层清理认为缔敖苏组、四角羊沟组和阿其克库勒组为同物异名，停止使用"四角羊沟组"与"阿其克库勒组"，保留缔敖苏组。

青海地层清理将四角羊沟组与缔敖苏组归并，统称缔敖苏组，时代为晚石炭世。

缔敖苏组现在指分布于祁漫塔格地区，主要由一套灰色、灰白色、灰红色碳酸盐岩组成，底部为杂色碎屑岩的地层序列，含有孔虫、腕足类及珊瑚等化石，与下伏大干沟组或哈拉郭勒组为平行不整合接触(或整合于老地层之上)；以上覆打柴沟组深灰色灰岩的始现与本组整合为界，或不整合于洪水川组之下。

测区缔敖苏组只出露于祁漫塔格山北部独立山一带，出露面积约 10km²。只出露了缔敖苏组中下部地层。现将独立山剖面介绍如下，剖面位置：N37°44′14″、E89°52′13″。

新疆若羌县独立山石炭系缔敖苏组地质实测剖面(图 2－13)。

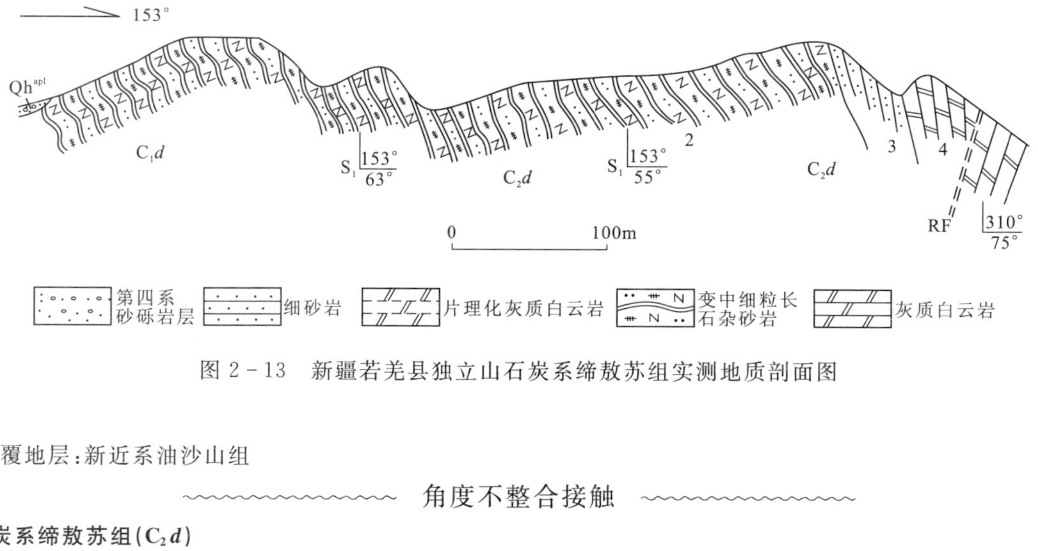

图 2－13　新疆若羌县独立山石炭系缔敖苏组实测地质剖面图

上覆地层：新近系油沙山组

～～～～～～～～ 角度不整合接触 ～～～～～～～～

石炭系缔敖苏组(C_2d)　　555.32m

4. 灰色中—薄层状方解石化白云岩　　54.90m

3. 深灰色绿泥石化变细砂岩　　44.17m

2. 灰绿色中—细粒长石变质杂砂岩　　456.25m

(未见底)

缔敖苏组在剖面主要岩石组合为浅绿色、灰色中细粒砂岩，粉砂质板岩，灰白色中薄层状白云岩。该地层下部为中细粒长石砂岩、粉砂岩、碳质板岩等碎屑岩，上部为碳酸盐岩。剖面上缔敖苏组按岩性组合可分为上、下两部分。下部为碎屑岩，上部为碳酸盐岩，岩石中变余砂屑结构、板理发育，沿板理面有绿泥石、绢云母等片状矿物定向分布，岩石发生弱变质，主体构造线近东西向延伸。

缔敖苏组与上覆新近系油沙山组为角度不整合接触关系，下部未见底。

缔敖苏组碎屑岩为杂砂岩，主要为长石杂砂岩，总体表现为成分成熟度、结构成熟度较低，属近源滨浅海相碎屑岩-碳酸盐岩沉积。

缔敖苏组沿祁漫塔格山北麓分布广泛，测区岩性较稳定，向东在青海境内碳酸盐岩增加。

三、二叠系

在阿其克库勒湖—碧云山一带分布着一系列以逆冲推覆体（飞来峰）形式存在的异地地层系统。测区只出露外来的异地地层系统——主要为碳酸盐岩建造夹少量陆源碎屑岩，包括泥盆系、二叠系，其中二叠系布青山群为马尔争组（P_2m）。其出露面积约 300km²，占测区总面积的 2%。

马尔争组（P_2m）

青海省第一区调队（1982）将布青山群中上部划分为砂岩火山岩组及灰岩组。

1988 年，青海省区调队又将其命名为碎屑岩组和碳酸盐岩组。1991 年，青海省地质矿产局创名马尔争组，用以代表这两个岩组沉积，青海省地层清理沿用之。

马尔争组现在指分布于布青山地区，位于树维门科组之上的地层体。下部为灰—灰绿色变火山岩、岩屑砂岩夹硅质岩及灰岩；上部为灰—深灰色、玫瑰色灰岩偶夹砂砾岩，含腕足类及珊瑚等化石，与下伏树维门科组灰岩整合接触，与上覆格曲组、贵德群为平行不整合或不整合接触。

马尔争组（P_2m）分布于青石山南，剖面位置：N37°00′10″、E88°46′54″（图 2－14）。

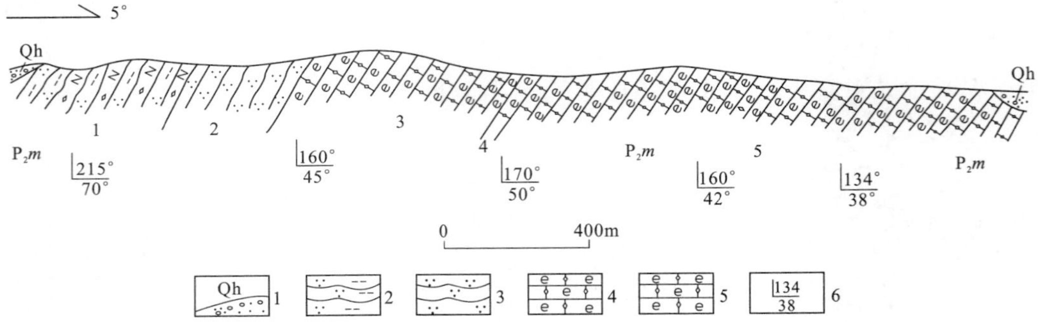

图 2－14　新疆若羌县青石山南中二叠统马尔争组实测地质剖面图

1. 第四系砂岩层；2. 方解石黑云斜长石英片岩；3. 石英岩；4. 亮晶生物碎屑灰岩；5. 亮晶生屑内碎屑白云质灰岩；6. 层理产状

新疆若羌县青石山南中二叠统马尔争组实测地质剖面：

上覆地层：第四系冲洪积砂砾层

～～～～～～～～～～ 角度不整合接触 ～～～～～～～～～～

中二叠统马尔争组（P_2m） **1 956.4m**

1. 灰色云母石英片岩　432.6m
2. 灰黑色石英岩　284.3m
3. 灰白色亮晶白云质灰岩夹生物碎屑灰岩、角砾灰岩，含丰富的䗴 *Parafuslina gigantean*（Deprat），*Parafuslina yunnanica* Sheng，*Parafuslina* sp.，*Schagerina* sp.，*Schagerina tschernyschewi*（Schellwien），*Schagerina chihsiaensis* Lee　332.4m
4. 玫瑰红色亮晶白云质灰岩　20.3m
5. 灰白色亮晶白云质灰岩，含丰富的䗴 *Misellina* sp.，*Misellina claudiae*（Deprat），*Schagerina* sp.，*Schubertella* sp.，*Pamirina* sp.，*Eoparafusulina* sp.，*Schubertella simplex*（Deprat）　886.8m

（未见底）

马尔争组可分为上、下两部分。下部为亮晶生物碎屑灰岩夹内碎屑白云质灰岩；上部为灰黑色石英岩、灰色方解石黑云石英片岩，含丰富的䗴、珊瑚、螺、海百合茎等化石（图版Ⅵ-1至图版Ⅵ-4）。未见底，与第四纪冲洪积物为不整合接触，总厚度1 956.4m。

马尔争组上部以浅变质的碎屑岩、化学沉积组合为主，属浅海陆棚相沉积；下部为碳酸盐岩建造，属温暖浅海的开阔台地-台缘斜坡相，地质构造较为稳定。属被动陆缘沉积。

马尔争组岩性稳定，区域变化小，局部地方出现较多生物礁灰岩。

四、鸭子泉-鸭子大坂构造混杂岩[(P—T)Y^{TM}]

鸭子泉-鸭子大坂构造混杂岩是本次区调新建立的一个非正式构造地层单位。其指分布于鸭子泉—鸭子大坂一带由绿泥石石英构造片岩、绿泥绢云构造片岩、碳质构造片岩、碳质石英构造片岩、糜棱岩等剪切基质包绕蛇纹石化变质橄榄岩、玄武岩、安山玄武岩、辉绿岩、硅质岩、大理岩等刚性块体组成的构造混杂岩。

鸭子泉-鸭子大坂构造混杂岩带构造混杂岩出露于祁漫塔格山鸭子泉—鸭子大坂一带，构造线呈北东—南西向延伸，被新生代盆地分隔为鸭子泉构造混杂岩带和鸭子大坂构造混杂岩带两部分。

鸭子泉构造混杂岩分布于鸭子泉以东地区，出露宽7～17km、长约45km；其平面构造形态表现为以剪切基质环绕刚性块体，以主干断裂为骨架，形成强弱构造域相间排布的网络状的构造面貌。与西部白干湖组、东部滩间山群阿达滩碎屑岩组均为断层接触，整体推覆于志留系白干湖组之上；该混杂岩组物质成分极为复杂。其由辉长岩、辉绿岩、玄武岩、安山玄武岩、安山岩和硅质岩、浅变质陆源碎屑岩等刚性块体组成。刚性块体的规模不一，从数千米到几厘米甚至显微尺度均可见及，各刚性块体也呈北东—南西向展布，它们之间由剪切基质分隔，以韧-脆性断层接触。刚性块体以玄武岩，安山玄武岩，安山岩岩块、岩片为主，玄武岩不发育枕状构造，以发育气孔、杏仁构造为特征。剪切基质主要由长英质糜棱岩、绿泥石英构造片岩、绿泥钠长阳起石构造片岩、钠长绿泥绿帘石构造片岩、绢云石英构造片岩等组成。鸭子泉一带构造混杂岩东与下伏滩间山群呈断层接触，西部接触界线被第四系覆盖。

鸭子大坂一带构造混杂岩分布于鸭子大坂到回头沟一带，呈北东—南西向展布，以变质橄榄岩、辉长岩、安山玄武岩和基底大理岩片等刚性块体和绿泥石英构造片岩或长英质糜棱岩剪切基质等物质组成。各刚性块体也呈北东—南西向展布，其规模不一，从数千米到几米不等，刚性块体以基底大理岩片出露最多，变质橄榄岩、辉长岩位于其次，安山玄武岩出露最少，而基底大理岩片、岩块以强烈发育顺层卧掩褶皱为特征。各刚性块体之间以绿泥石英构造片岩或长英质糜棱岩接触。该构造蛇绿混杂岩以含较多的变质橄榄岩为特色。鸭子大坂一带构造蛇绿混杂岩东与志留纪—泥盆纪阿木巴勒阿土坎超单元花岗岩和蓟县系狼牙山岩组大理岩、石英岩呈断层接触，西与白干湖组浅变质陆源碎屑岩和志留纪—泥盆纪库木布拉克超单元花岗岩为断层接触。

综上所述，鸭子泉-鸭子大坂构造混杂岩根据物质来源差异和构造变形特征可分蛇绿岩岩块（岩片）、放射虫硅质岩岩块（岩片）、岛弧火山岩岩片、大理岩岩片等刚性构造块体（可能还有一部分属基底岩片物质存在）和剪切基质两部分共同组成，分别处于强、弱构造域中。鉴于鸭子泉-鸭子大坂构造混杂岩规模较大，我们建立“鸭子泉构造混杂岩带构造混杂岩”这个非正式地层单位来描述它。

鸭子泉构造混杂岩带卷入构造变形的最新地层为石炭系（李日俊，1999），且其被未卷入构造变形的三叠纪火山岩不整合覆盖，因此，鸭子泉构造混杂岩形成于二叠纪—三叠纪。

第五节　中生界

中新生代全区为统一的华北板块的组成部分，可分为北部祁漫塔格山间盆地和南部库木库里盆地两个地层小区，北部祁漫塔格陆相火山岩和山间盆地红层沉积，南部库木库里断陷盆地湖相沉积。

中生界只出露于祁漫塔格山地区，划分为三叠系鄂拉山组和侏罗系大煤沟组。

一、三叠系

鄂拉山组(T_3e)

1976年，由青海省地层表编写小组以“群”创名，指“分布于昆仑区、西秦岭分区之陆相火山碎屑岩为主的上三叠统。因青海省兴海县鄂拉山一带该地层甚发育，而取名称鄂拉山群”。

青海省地质研究所编图组(1981)将东昆仑—中秦岭地区之上三叠统称为八宝山组。青海省第三地质队(1988)在兴海县在日沟地区，将不整合于隆务河群之上的陆相火山岩，划分为虎达组、德亥龙组、在日沟组。地层清理认为3个组的划分依据不足。

鄂拉山群其实质为一组级岩石地层单位，故青海省地层清理降群为组，称“鄂拉山组”。

为本次工作从祁漫塔格群中解体出来新建的鄂拉山组，分布于测区阿牙克库木湖北鸭子大坂一带，指不整合于鸭子泉-鸭子大坂构造混杂岩之上的以一套火山碎屑岩、火山熔岩为主的三叠纪陆相火山岩建造。

鄂拉山组出露面积约23km²，呈椭圆状、不规则分布。测区典型剖面位于鸭子大坂，剖面位置：N37°42′14″、E89°29′19″。

新疆若羌县鸭子大坂鄂拉山组实测地质剖面(图2-15)。

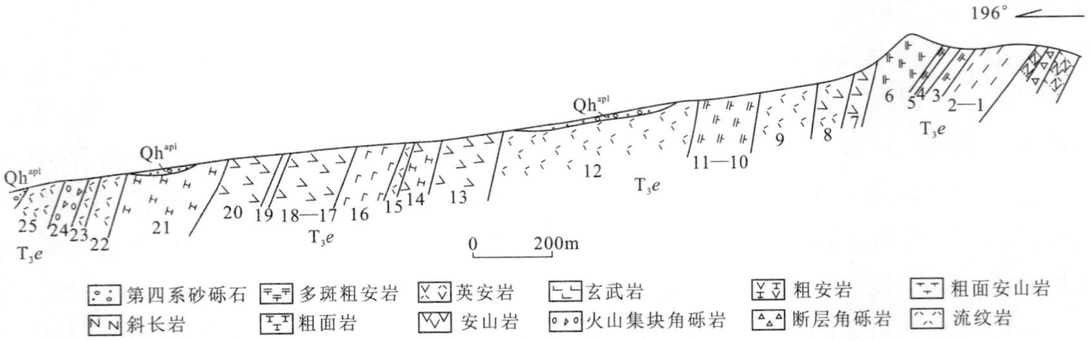

图2-15　新疆若羌县鸭子大坂鄂拉山组实测地质剖面图

上覆地层：第四纪松散堆积

～～～～～～～～～～　角度不整合接触　～～～～～～～～～～

鄂拉山组(T_3e)	**2 124.04m**
25. 暗红色块状流纹岩	97.90m
24. 红色块状集块岩	54.31m
23. 灰黑色块状流纹岩	20.71m
22. 暗红色块状流纹岩	59.70m

21. 灰黑色块状粗面岩	215.06m
20. 灰绿色块状安山岩	132.06m
19. 灰绿色块状粗面岩	8.61m
18—17. 灰绿色块状安山岩	159.90m
16. 灰色块状玄武岩	119.14m
15. 砖红色块状流纹岩	18.92m
14. 暗红色块状粗面安山岩	70.94m
13. 灰绿色块状安山岩	349.18m
11—10. 暗红色块状粗安岩	131.99m
9. 灰白色块状流纹岩	137.28m
8. 暗红色块状英安岩	118.22m
7. 灰绿色块状安山岩	26.49m
6. 砖红色块状粗安岩	227.32m
5. 深暗红色块状多斑粗安岩	5.59m
4. 砖红色块状粗安岩	43.91m
3. 深暗红色块状多斑粗安岩	34.94m
2—1. 暗红色块状粗安岩	91.87m

═══════════ 断层接触 ═══════════

下伏地层鸭子泉-鸭子大坂构造混杂岩

鄂拉山组主要岩性为暗红色块状流纹岩、粗安岩、粗面岩、英安岩，暗绿色玄武岩火山集块角砾岩，晶屑凝灰岩及少量闪长玢岩，花岗闪长玢岩等组成，与下伏鸭子泉-鸭子大坂构造混杂岩为不整合接触关系或断层接触。

鄂拉山组火山岩总体表现为 3 个演化旋回，即从中、基性火山岩→酸性火山岩的喷发旋回，为一套陆相火山岩，可见 3 个火山相：溢流相(流纹岩、玄武岩、粗面岩、英安岩、粗安岩)、爆发相(晶屑凝灰岩、火山集块岩)、次火山岩(闪长玢岩、花岗闪长岩)。

从喷发相火山角砾集块岩、晶屑凝灰岩及次火山岩闪长玢岩、花岗闪长岩分布范围判断火山口位于鸭子大坂南 4km，以中心式喷发为主，溢流式喷发为次。

鄂拉山组玄武岩、安山玄武岩在 $TiO_2-K_2O-P_2O_5$图解(Pearce 等，1925)均落入大陆玄武岩区。

鄂拉山组前人(车自成等，1995)获得 209Ma(全岩 Rb－Sr 年龄)，本次区域地质调查获单矿物锆石 U－Pb 年龄为 197Ma，因此将鄂拉山组火山岩时代定为晚三叠世末。

二、侏罗系

大煤沟组($J_{1-2}d$)

由王万统等 1960 年创名于乌兰县怀头他拉乡大柴旦东 80km 处的大煤沟，将其划分为：A—G 7 个岩组。

顾知微(1962)根据青海石油局地质处 102 队 1959 年提供的资料，将红柳沟系进一步划分为：红柳沟群和清水河群，并分别归下侏罗统及中侏罗统下部。

青海省石油局(杨藩、狄恒恕)1972 年将原定红柳沟群和清水河群改名为小煤沟组及沿用大煤沟组。

青海煤田物探测量队(1974)将这套含煤地层引用小煤沟组、大煤沟组，在其上部创名石门沟组(李佩娟等，1988 年)。魏彬炎(1978)沿用“大煤沟组”名称，将杨藩等(1973)的“大煤沟组上界下移 254.3m，下移部分沿用石门沟组”。李佩娟、何元良(1988)依据化石进一步划分为小煤沟组、比煤组、火烧山组、用煤组、甜水沟组。以上划分均系依生物对大煤沟组的肢解，青海省地层清理沿用王万统等所创大煤沟组。红柳沟组为大煤沟组的同物异名，又未推广使用，建议停用。其他地层单位均是生物地层单位，故停用。

大煤沟组($J_{1-2}d$)分布于测区阿牙克库木湖西北部吊草滩东约 5km 的山脊上出露，出露面积较小，约 $3km^2$。

测区大煤沟组实测地质剖面位于新疆若羌县吊草滩，剖面位置：N37°44′14″、E88°47′39″。

新疆若羌县吊草滩侏罗系大煤沟组实测地质剖面(图 2－16)。

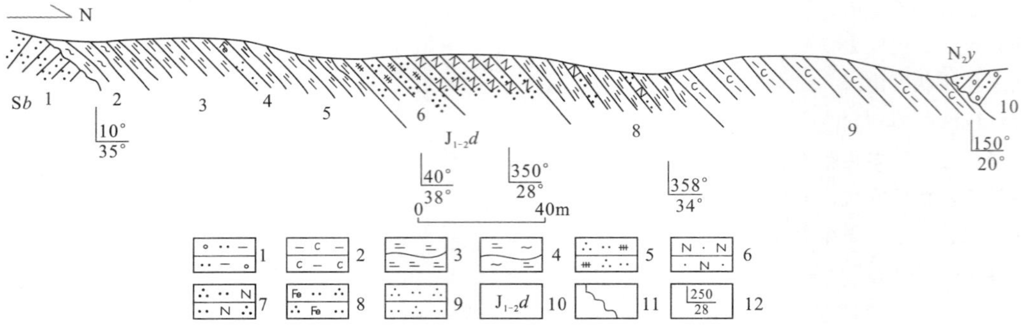

图 2－16　新疆若羌县吊草滩侏罗系大煤沟组实测地质剖面图

1.新近系半固结含砾粉砂质泥岩；2.碳质板岩；3.绢云千枚岩；4.绿泥滑云石英片岩；5.石英杂砂岩；6.长石砂岩；7.长石石英粉砂岩；8.铁质石英粉砂岩；9.石英砂岩；10.地层代号；11.角度不整合；12.岩层产状

上覆地层：新近系油沙山组

～～～～～～～～　角度不整合接触　～～～～～～～～

侏罗系大煤沟组($J_{1-2}d$)　　　207.72m

6.灰褐色碳质页岩夹煤线　　　77.04m

5.灰褐色泥质页岩夹灰褐色薄层变长石石英粉砂岩　　　50.22m

4.黄绿色薄层长石砂岩　　　24.53m

3.灰色薄层中—细粒石英砂岩夹青灰色泥质页岩　　　12.13m

2.青灰色绢云绿泥千枚岩　　　43.80m

～～～～～～～～　角度不整合接触　～～～～～～～～

下伏地层：志留系白干湖组砂板岩

大煤沟组岩性主要为褐色碳质页岩夹少量煤线、青灰色绿泥绢云千枚岩、黄绿色薄层中粒长石砂岩、灰色薄层变中—细粒石英杂砂岩。大煤沟组与下伏白干湖组、上覆新近系油砂山组砂砾岩均为角度不整合接触关系，侏罗系大煤沟组地层在区内出露不全。

大煤沟组地层中发育水平层理、平行层理，页岩中页理单层厚 2～5mm，砂岩、粉砂岩单层厚 2～5cm。

大煤沟组所含植物化石有：*Todites williamsoni*，*Phoenicopsis* sp.，*Podozamites lanceolatus*，*Cladophlebis* sp.，*Desmiophyllum*；孢粉：*Pinus* sp.，*Cedrus* sp.，*Pseudopicea* sp.，*Podocarpus* sp.，*Protopinus* sp.，*Palaeoconiferus* sp.等。根据大煤沟组所含化石及区域地层对比，其时代应为早中侏罗世。

区域上大煤沟组由测区向北至若羌县索尔库里以南阿拉巴斯地区下部粒度较细，为灰黑色碳质页岩及土黄色页岩，上部粒度变粗，为黄绿色、灰绿色、灰色砾岩，砂岩、粗砂岩及灰黑色碳质页岩互层并夹可采煤层；向西之苦海山一带碳质减少，主要为土黄色页岩，并夹灰岩透镜体，总体为一套山间或断陷盆地沉积的河湖相的含煤碎屑岩建造。

第六节　新生界

新生代全区为统一的华北板块的组成部分，可分为北部祁漫塔格山间盆地和南部库木库里盆地两个地层小区，北部祁漫塔格陆为山间盆地红层沉积，南部库木库里为断陷盆地河湖相沉积。

第四纪冲积、洪积、沼泽沉积、湖积等沉积物在测区各地分布较为广泛。

一、古近系

石马沟组（E_3s）由新疆石油管理局创建，将测区花条山一带中下部灰褐色、红色、暗红色砾岩夹红色、灰白色砂岩及土黄色泥岩；上部为灰绿色泥岩、砂岩及灰黑色泥岩、页岩的一套地层命名为石马沟组，新疆区调队在阿牙克库木湖以北1∶25万区调填图时将其命名为花条山组，本次区调根据其岩石组合特征及所含化石将其重新厘定为石马沟组，进一步划分为上、下两个岩段。时代定为渐新世。

石马沟组分布于测区南部白土滩、花条山、亚鲁古祖、大黑山、条石山一带，地层总体走向呈北西西—南东东向，位于库木库里盆地复式向斜南翼。

1. 石马沟组下段（E_3s^a）

分布于测区南部白土滩、亚鲁古祖、大黑山、条石山一带。石马沟组下段主要岩石类型为褐红色中层状钙质岩屑砂岩、褐红色薄层状钙质粉砂质泥岩，其次为杂色含砾粗砂岩、砂砾岩等。石马沟组下段（E_3s^a）下部未见底，与上覆石马沟组上段（E_3s^b）为整合接触关系。测区石马沟组下段典型剖面位于花条山，剖面位置：N37°17′05″、E88°30′47″描述如下。

新疆若羌县花条山石马沟组下段（E_3s^a）实测剖面（图2－17）。

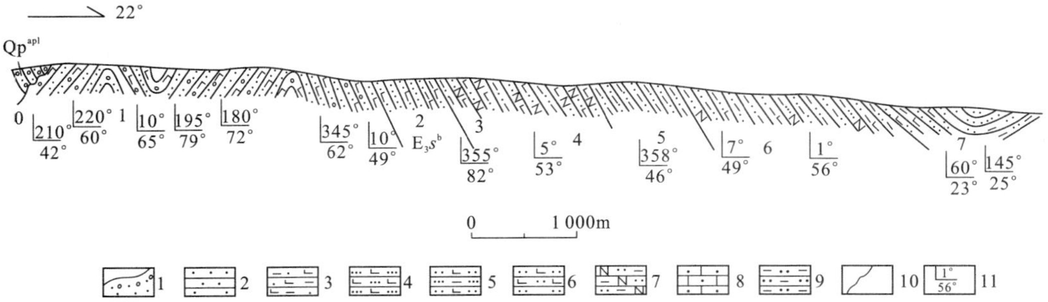

图2－17　新疆若羌县花条山古—新近系石马沟组及石壁梁组实测地质剖面图

1.第四系冲洪积砂砾层；2.中—细砾岩；3.钙质复成分砾岩；4.含砾钙质细砂岩；5.钙质细砂岩；6.钙质粉砂岩；7.钙质长石粉砂岩；8.砂屑灰岩；9.粉砂质泥岩；10.角度不整合；11.层理产状

上覆地层：石马沟组上段（E_3s^b）砂岩

——————　整合接触关系　——————

石马沟组下段（E_3s^a）　**489.45m**

1.灰色、土黄色中厚层状块状复成分中砾岩、砂砾岩、含砾砂岩与钙质粉砂岩不等厚互层　489.45m

（未见底）

花条山石马沟组下段岩层中发育平行层理、槽状层理、块状—均匀层理，可见弱底面冲刷构造、块状构造，岩层单层厚1～1.3m。岩石基本层序自下而上为中厚层状复成分砾岩、中—厚层状钙质含砾砂岩、砂岩→浅灰黄色薄层状钙质粉砂岩，岩层厚度比为 3∶5∶1。基本层序下部灰色中厚层状钙质复成分砾岩，砾石主要成分为白云质灰岩，生物碎屑灰岩、粉砂岩、石英岩、板岩等成分较为复杂，砾石直径 2～25mm，分选差，砾石磨圆度为次圆—次棱角状，砾石含量 50%左右，颗粒支撑；填隙物为方解石、砂状碎屑物，方解石含量 15%～20%，砂状碎屑物 20%～30%，呈基底式胶结。基本层序底面具弱的冲刷构造，显示块状均匀层理，岩层单层厚 40～200cm，局部夹粉砂岩透镜体，具平行层理、斜层理；基本层序下部中—厚层状钙质含砾砂岩成分与基本层序相似，砾石粒径为连续过渡，显示粒序层理，单层厚 1～3.0m；基本层序顶部为浅黄色薄层状钙质粉砂岩、细砂岩岩石，主要碎屑物成分为岩屑(泥岩、板岩、泥晶灰岩、中酸性岩、基性熔岩)、长石(钾长石、斜长石)、石英等，粒径范围 0.03～0.25mm，岩屑 25%～35%、长石 10%～15%、石英 15%～20%，碎屑物多呈次圆状，方解石、粘土矿物呈基底—孔隙式胶结，方解石含量 20%～25%。钙质粉砂岩具平行层理、薄层状构造，生物钻孔、虫迹发育。

石马沟组下段局部地段可见大型斜层理、槽状层理、流水波痕等，显示河道沉积特征。底面冲刷构造、斜层理、滞留砾石显示花条山处石马沟组下段古流向 345°、0°、300°，总体为北西向。

石马沟组下段粗砂岩粒度分析显示：岩石碎屑粒径平均值 1.33～2.66ϕ，粒度标准差 0.54～0.907，偏度 0.137 5～0.357 1，尖度 1.016～1.37，说明岩石整体分选中等—较好，粒度偏粗。粒度分布概率累计曲线特点主要由跳跃和悬浮总体组成，牵引总体极少量。跳跃总体含量大，跳跃总体含量大于 10%～90%，粒度分布范围宽为 −0.3～3ϕ；曲线斜率 40°～55°、分选性差—中等；悬物总体含量低，含量 4%，粒度分布范围大于 3ϕ，分选性差，曲线斜率 40°左右；两者接合点(截点 S)大约为 3ϕ。砂岩粒度范围，沉积物分选及粒径变化、偏度反映其为河流沉积。花条山一带石马沟组下段岩石组合从下至上粒度逐渐变细，岩层基本层序反映其为退积型层序，岩石组合特征、沉积构造反映其为冲积扇边缘相。

在白土滩石马沟组下段为浅褐色复成分钙质中—细砾岩、中—厚层状钙质含砾粗砂岩与褐红色钙质粉砂岩不等厚互层偶夹褐红色钙质粉砂质泥岩，岩石基本层序自下而上为厚层状、块状复成分砾岩→厚层状含砾砂岩、砂岩→薄层钙质粉砂岩，地层厚度大于 489.45m；向东至大黑山、黑石崖一带，下部为厚层状、块状复成分中—粗砾岩夹含砾粗砂岩、粉砂质泥岩透镜体，中—粗砾岩中可见大量的漂砾，砾石成分与白土滩相似，呈次圆—次棱角状，砾石直径一般 1～47mm，最大 1 900mm，砾石大小混杂堆积，无分选，向上逐渐变为复成分中—厚层状中—细砾岩、含砾砂岩、褐红色中—薄层钙质粉砂岩、褐红色薄层粉砂质钙质泥岩不等互层，岩层基本层序中—细砾岩、砂砾岩→含砾砂岩、钙质砂岩→粉砂质钙质泥岩、泥岩，该处地层厚度大于 1 779.76m，滞留砾石、斜层理显示古流向为 4°、5°、0°、350°，总体显示为由南向北，在白泉河上游条石山一带，石马沟组下段(E_3s^a)地层由下部的灰绿色中—厚层状中—粗砾岩、含砾粗砂岩、细砂岩与褐红色中层状钙质泥岩、粉砂质泥岩不等厚互层，向上逐渐变为中—厚层状细砾岩、含砾粗砂岩、细砂岩与褐红色泥岩、粉砂质泥岩不等厚互层，岩石基本层序自下而上为砾岩→砂岩→泥岩、粉砂质泥岩，地层厚度 782.12m，岩层中沉积构造与花条山相似。

由以上白土滩、大黑山、条石山等地石马沟组下段岩石组成、组构及沉积构造可知：石马沟组下段为冲洪积扇环境，以大黑山向西至白土滩、向北东至条石山岩石砾石直径呈扇状逐渐变小，地层厚度逐渐变薄，古流向在大黑山总体近由南向北的古流向，花条山古流向北西向，总体以大黑山向花条山、条石山呈扇状散开，反映当时冲洪积扇根在大黑山，而条石山、白土滩的石马沟组下段为冲洪积扇缘部分，岩石碎屑由下至上粒径由粗变细，基本层序为退积型层序，物源来自于盆地南部昆仑山(且地塔格山)一带，盆地南部抬升较快。

2. 石马沟组上段(E_3s^b)

石马沟组上段(E_3s^b)分布于测区南部白土滩、亚鲁古祖、大黑山、条石山一带，总体近东西向展布。石马沟组上段主要岩石类型为褐红色中层状钙质岩屑砂岩、褐红色薄层状钙质粉砂质泥岩，其次为杂色含砾粗砂岩、砂砾岩、含铜砂砾岩等。与下伏石马沟组下段、上覆石壁梁组上段均为整合接触关系，测区石马沟组下段典型剖面位于花条山。

新疆若羌县花条山石马沟组上段实测地质剖面(见图 2－17)。

上覆地层：石壁梁组上段(N_1s^b)粉砂岩

——————— 整合接触关系 ———————

石马沟组上段(E_3s^b) **388.65m**

2.灰色中—厚层状钙质粉砂岩夹灰色中层状含砾钙质细砂岩，偶夹灰黄色钙质薄层泥灰岩 388.65m

——————— 整合接触关系 ———————

下伏地层：石马沟组下段砂砾岩

石马沟组上段岩石基本层序自下而上为灰色中层含砾钙质细砂岩→中层状钙质粉砂岩。基本层序下部为灰色中厚层状含砾钙质细砂岩中，砾石含量 15％～20％，砾石主要由砂岩、白云岩、灰岩、石英岩等，砾石成分较为复杂，砾石直径 2～4mm，砾石磨圆较好、呈次圆状—次棱角状，砾石分选中等；基质为砂质结构，碎屑物主要为岩屑(石英岩、板岩、千枚岩、灰岩等)、长石、石英、黑云母等，碎屑物粒径 0.05～0.25mm，其中岩屑 15％～40％、长石 4％、石英 10％～20％、黑云母 5％～10％，碎屑呈次棱角状，钙质、泥质、铁质呈基底—孔隙式胶结。中厚层状含砾钙质细砂岩发育平行层理、斜层理、槽状层理、粒序层理等。基本层序底部可见冲刷构造，基本层序上部灰色钙质粉砂岩中碎屑物主要为岩屑(泥晶灰岩、白云岩、石英岩、硅质岩、板岩、千枚岩、变粉砂岩)、黑云母、长石、石英等，碎屑物粒径 0.05～0.25mm，呈次棱角—次圆状，岩屑 40％～70％、石英 15％～20％、长石 5％～10％、黑云母 3％～15％，呈颗粒—杂基支撑，钙质、泥质、铁质以孔隙式—基底式胶结，其中以钙质为主，含量 15％～30％，灰色钙质粉砂岩中发育平行层理、斜层理，岩石单层厚 40～200cm，钙质粉砂岩为基本层序的主要组成部分，局部地段可见钙质粉砂岩上部有薄层泥灰岩、泥岩，但极不发育。

岩石粒度分析显示：石马沟组上段岩石碎屑粒径分布范围较宽－1～4ϕ，碎屑粒径平均值为 1.5～1.9ϕ，粒度标准差 0.85～0.99，偏度－0.115～0.038，尖度 0.9～0.99，说明岩石分选中等、粒度累积曲线负偏—近对称、累积曲线峰态中等。岩石粒度累积曲线特点说明：碎屑主要由跳跃总体和悬浮总体组成，牵引总体极不发育。跳跃总体为主要成分，曲线斜率 35°～45°，分选中等，跳跃总体含量 80％～90％；悬移总体含量为 10％左右，粒径区间 2.75～4ϕ，曲线斜率 20°～40°，分选较差。两者之接的结合点(截点)是过渡的、大约在 2.70～3.0ϕ 之间。

花条山处石马沟组下段地层岩石组合及沉积构造，粒度分析表明石马沟组上段属三角洲前缘相。

区域上石马沟组上段岩石在西部花条山一带为灰绿色、褐红色中—厚层状钙质粉砂岩夹灰色中层状含砾细砂岩、砂砾岩、泥岩，顶部夹有含铜砂砾岩，岩石基本层序由下至上为含砾砂岩→钙质粉砂岩→泥岩、泥灰岩，地层厚度 388.65m；在大黑山一带为褐色中层状钙质岩屑砂岩，褐红色薄层状粉砂质钙质泥岩夹杂色含砾粗砂岩、砂砾岩透镜体，夹有含铜砂砾岩，地层厚度 2 675.42m，砂砾岩→砂岩、粗砂岩→粉砂质钙质泥岩；再向北东条石山一带为中厚层状粗砂岩、褐红色灰绿色薄层状粉砂质钙质泥岩、钙质泥岩夹灰绿色中—厚层状含细砾粗砂岩、粗砂岩，岩石基本层序自下而上为含细砾粗砂岩→钙质粉砂岩、砂岩→泥岩，地层厚度为 596.7m。石马沟组上段岩石组合、沉积构造、岩石化学成分等反映其属三角洲前缘相，且地层岩石从大黑山到花条山、条石山碎屑物粒度有变细趋势，岩石氧化-还原环境指数反映出从大黑山到条石山、花条山水体有变深的趋势，另外石马沟组由下向上碎屑粒度总体由粗至细，也反映石马沟组上段由下部至上部水体逐渐变深。石马沟组上段测区各地相似的基本层序反映其为水体逐渐加深的退积型层序。

石马沟组上段底部为一含铜层位。

二、新近系

测区新近系为中新世石壁梁组(N_1s)和上新世红石梁组(N_2h)，分布于东昆北陆块的阿牙克库木湖南部红土梁—梯子梁—百泉河—盟布拉格山一带，总体上呈近东西向展布。

1. 石壁梁组(N_1s)

石壁梁组由新疆石油管理局1956年创建，其指红石梁一带与下部石马沟组为整合接触关系，中、下部为灰褐色、红色、暗红色砾岩夹红色、灰白色砂岩及土黄色泥岩，上部为灰、灰黑色砂岩与砾岩互层夹棕红色泥岩条带岩石组合。1982年新疆区调队在阿牙克库木湖以北1∶100万区调填图时将其命名为红石梁组。本次1∶25万区调根据其岩石组合特征、区域地层对比及所含化石将其重新厘定为石壁梁组，划分为石壁梁组下段(N_1s^a)、石壁梁组上段(N_1s^b)两个岩段，时代为中新世。

石壁梁组分布于测区南部红土梁—梯子梁—百泉河—盟布拉格山一带，平面上总体呈北西西—南东东向展布，分布于大黑山至花条山背斜以北、库木库里复式向斜以南地区。

1)石壁梁组下段(N_1s^a)

石壁梁组下段分布于红土梁—梯子梁—白泉河—盟布拉格山一带，总体位于库木库里盆地复式向斜南翼，花条山次级向斜及大黑山次级背斜南北两翼。测区典型剖面位于花条山，剖面位置：N37°17′05″、E88°30′47″。

新疆若羌县花条山石壁梁组实测地质剖面(见图2-17)。

上覆地层：石壁梁组上段(N_2s^b)

——————整合接触关系——————

石壁梁组下段(N_2s^a)	**1 793.07m**
5. 暗红色薄层钙质细—粉砂岩与暗紫色中层状粉砂质钙质泥岩不等层互层	385.50m
4. 暗红色中—厚层状钙质长石粉砂岩夹灰色薄层状粉砂质钙质泥岩，偶夹厚层含砾砂岩、厚层状砂岩	1 075.39m
3. 灰绿色中—厚层状钙质粉砂质泥岩夹黑色薄层透镜状钙质粉砂岩，含植物根、茎、叶等化石碎片	332.18m

——————整合接触关系——————

下伏地层：石马沟组下段粗砂岩

石壁梁组下段主要岩性为褐红色、灰绿色中层状钙质粉砂岩，钙质长石粉砂岩，褐红色粉砂质钙质泥岩，局部可见含砾砂岩透镜体、浅绿色含铜砂砾岩、砂岩透镜体，浅绿色含铜砂砾岩、砂岩透镜体位于石壁梁组下段(N_1s^a)底部。石壁梁组下段(N_1s^a)与上覆石壁梁组上段及下伏石马沟组下段均为整合接触关系。

石壁梁组下段(N_1s^a)岩石基本层序可分为两种。第一种基本层序自下而上为钙质长石粉砂岩→薄层状粉砂质钙质泥岩，下部灰黑色薄—中层状中发育平行层理，常见包卷层砾、斜层理、对称波痕(图版Ⅰ-3、图版Ⅰ-4)，偶见雨痕、泥裂；上部为褐红色薄层状粉砂质钙质泥岩中发育水平面层理，另外在该种基本层序底部局部地段可见含砾砂岩、粗砂岩，底面有冲刷构造，但不常见，均属退积基本层序。岩石中砂岩主要为钙质长石粉砂岩、钙质长石石英砂岩、钙质长石岩屑砂岩等，岩石中碎屑物主要为岩屑(泥晶灰岩、微晶灰岩、中酸性熔岩，基性熔岩、泥岩、板岩、硅质岩、石英岩)、长石、黑云母等。第二种基本层序自下而上为褐红色薄层状粉砂质钙质泥岩→褐红、灰色、灰绿色中—薄层状钙质粉砂岩、细砂岩，下部褐红色薄层状粉砂质钙质泥岩中发育水平层理，向上变为褐红、灰色、灰绿色中—薄层状钙质粉砂岩、细砂岩，发育平行层理、斜层理、沙纹层理。岩石中砂岩、泥岩岩石学特征与第一种岩层基本层序类型相似，属进积型基本层序。

石壁梁组下段下部及上部主要为中—薄层状钙质粉砂质泥岩、钙质泥岩，中层状钙质粉砂岩，含有植物茎、叶化石，发育水平层理、平行层理、沙纹层理，见有对称的浪成波痕，岩石组合及沉积构造，反映其为浅湖-半深湖亚相；石壁梁组下段中部为中—厚层钙质长石粉砂岩夹薄层状粉砂质钙质泥岩及厚层状含砾砂岩、砾岩、粗砂岩透镜体，发育平行层理、块状层理，见交错层理、斜层理、雨痕、虫迹、冲刷构造，岩石沉积组合及沉积构造反映其为三角洲前缘-滨湖相沉积环境。

石壁梁组下段（N_2s^a）下部、上部以第一种基本层序为主，中部主要发育第二种基本层序，反映出该段下部为湖侵体系域，中部为湖退体系域，上部为湖侵体系域，岩石沉积组合及沉积构造反映出石马沟组下段由下部至上部水体由深—浅—深的一个完整过渡。

岩石粒度分析反映石壁梁组下段（N_2s^a）岩石碎屑平均粒径为 2.52～3.23ϕ，粒度标准差 0.5～1.1，偏度－0.218～0.133，尖度 0.712～0.93，说明岩石总体分选较好至分选中等，沉积物粒度分布属负偏—正偏。粒度分布概率累积曲线的特点是：碎屑粒度分布范围较宽 0～4.9ϕ，跳跃总量大，悬移总量 88％～93％，一般曲线斜率 43°～50°，分选性中等—较好，粒度范围 0.75～3.75ϕ；悬移总量一般为 5％～7％，曲线斜率 20°～30°，分选性较差，粒度分布范围大于 3.75ϕ。牵引总量较少或无，含量小于 3％，曲线 20°～25°、分选性差，岩石中 Fe_2O_3、FeO 含量及 Fe^{3+}/Fe^{2+} 比值可知，Fe^{3+}/Fe^{2+} 比值介于 0.5～3，多数为 1 左右，综合岩石颜色为褐红色、灰黑色、绿色等，反映其沉积环境为弱氧化-弱还原-还原环境。与岩石沉积组合、沉积构造所反映的环境相当。

石壁梁组下段岩石地层厚度：花条山为 1 793.07m、大黑山北为大于 395m、条石山为 541.3m，由东向西地层厚度由厚变小（岩石中滞留砾石、斜层理指示古流向 320°、305°、15°、23°等），总体显示古流向由南往北，说明此时盆地碎屑物源主要来自于盆地花条山南或西南方，盆地沉积中心位于花条山以北。

综上所述，石壁梁组下段为一套山间盆地陆相三角洲前缘-浅湖亚相碎屑岩红层建造。

石壁梁组下段底部有亚鲁古祖布拉格、克其乐克含铜砂岩型铜矿点，是区内一重要含铜层位。

2）石壁梁组上段（N_1s^b）

石壁梁组上段主要分布于红土梁—梯子梁—白泉河—盟布拉格山一带，测区花条山为其典型剖面，描述如下。

新疆若羌县花条山石壁梁组上段实测地质剖面（见图 2－17）。

（未见顶）

石壁梁组上段（N_1s^b）	**2 328.74m**
7. 暗红色、灰色厚—中层状钙质岩屑长石细砂岩，红色薄中层状钙质粉砂岩	532.11m
6. 暗紫红色薄层状钙质粉砂岩与层状粉砂质钙质泥岩互层，夹灰色厚层中-细砂岩透镜体	1 796.63m

——————　整合接触关系　——————

下伏地层：石壁梁组下段

石壁梁组上段主要岩性组合为灰白、紫红色灰绿色中—薄层状钙质粉砂岩，薄层状含粉砂质钙质泥岩，中层状钙质细砂岩透镜体。石壁梁组上段（N_1s^b）与上覆红石梁组、下伏石壁梁组下段均为平行整合接触关系，石壁梁组上段发育水平层理、平行层理、斜层理（图版Ⅰ－6），见槽状层理，岩层单层厚砂岩、粉砂岩为 5～15cm，泥岩、粉砂质钙质泥岩 2～100m。岩层基本层序自下而上为钙质泥岩、粉砂质钙质泥岩→中—薄层状钙质粉砂岩、细砂岩。下部为钙质泥岩、粉砂质钙质泥岩韵律状互层，发育平行层理；上部为中—薄层状钙质粉砂岩、细砂岩，钙质粉砂岩发育平行层理、斜层理。钙质泥岩、钙质粉砂岩中常见夹有厚度 1～3m，长度十几米至几十米的上凸下平或上平下凸中—厚层状透镜体，透镜体中发育斜层理、板状层理，为水平砂坝或水平分流河道产物。地层岩石主要为细粒钙质长石岩屑砂岩、钙质岩屑长石砂岩，砂岩碎屑物主要为岩屑（泥岩、板岩、中酸性熔岩、基性熔岩、灰岩、硅质岩、砂岩）、长石、石英、黑云母等。

石壁梁组上段岩石组合、沉积构造及岩石组构及化学特征反映其属浅湖-三角洲前缘相的沉积环境。区域上花条山、大黑山、条石山一带岩石基本层序由下至上为粉砂质钙质泥岩、钙质泥岩→钙质砂岩、粉砂岩，属进积型层序，地层厚度分别大于 2 328.74m、大于 1 576m、大于 1 101.64m，地层厚度总体上自西向东由厚变薄。石壁梁组上段斜层理等显示古流向为 NE、N、15°、350°，显示自花条山南、西南向北、北东向；测区石壁梁组上段岩石在花条山、大黑山主要以中—厚层状钙质粉砂岩、砂岩夹钙质粉砂质泥岩为主，在大黑山东北部条石山主要以粉砂质钙质泥岩、钙质泥岩夹中—薄层状细砂岩为主，区域上显示由西南花条山、大黑山向条石山岩石碎屑粒径有由粗变细的趋势，反映其盆地自花条山、大黑山→条石山湖水有变深的趋势。

总之，石壁梁组上段岩层基本层序反映其属湖退体系域的进积型层序。石壁梁组上段岩石组合、沉积构造、地层厚度、碎屑粒径等变化情况说明盆地此时物源主要来自于花条山西南，可能反映出此时盆地西南抬升较快。

2. 红石梁组(N_2h)

红石梁组由新疆军区建设兵团和新疆石油管理局 1956 年创建于阿牙克库木湖以南 10km 碱土梁一带，为以土黄色、黄绿色、灰色为主的砂岩、砂质泥岩夹多层石盐及石膏，新疆区调队在阿牙克库木湖以北 1∶100 万区调将其命名为碱土梁组，本次 1∶25 万区调根据其岩石组合将其重新厘定为红石梁组，时代定为上新世。

红石梁组分布于阿牙克库木湖以南、风尘口—梯子梁—大黑山以北的从西部红石梁到东部皮提勒克河的广大地区，地层分布自西向东呈扇状散开，总体呈东西向展布，出露面积约 3 500km^2，是测区布尔汗布达-库木库里隆起带出露面积最大的地层单位。红石梁组岩石组合以新疆若羌县碱土梁红石梁组实测地质剖面(图 2－18)叙述如下，剖面位置：N37°25′18″、E89°05′24″。

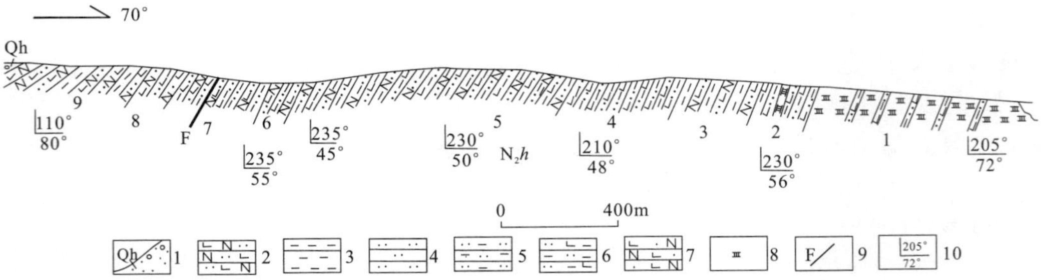

图 2－18　新疆若羌县碱土梁红石梁组实测地质剖面图

1. 第四系冲洪积物；2. 钙质长石粉砂岩；3. 泥岩；4. 粉砂岩；5. 泥质粉砂岩；6. 钙质泥质粉砂岩；7. 钙质长石砂岩；8. 石膏；9. 断层；10. 层理产状

上覆地层：第四纪更新世冲洪积物

～～～～～～～～～～　角度不整合接触　～～～～～～～～～～

红石梁组(N_2h)　　**1 717.13m**

9. 灰色薄—中层状钙质长石粉砂岩与浅红色薄层钙质泥岩互层，偶夹砂砾岩　　40.52m
8. 灰色薄—中层状粗—细粒钙质长石砂岩与浅红色中厚层状粉砂质泥岩不等厚互层　　4.66m
7. 灰色薄层状钙质长石粉砂岩与浅红色薄层钙质泥岩互层　　25.98m
6. 灰色中—厚层状粗—细粒钙质长石砂岩夹砖红色中层状钙质长石粉砂质泥岩　　28.53m
5. 灰色薄层状长石钙质粉砂岩与浅红色钙质长石粉砂质泥岩，偶夹薄层状石膏　　527.02m
4. 砖红色中层状钙质粉砂质泥岩、褐红色钙质泥岩互层　　322.38m
3. 砖红色中—厚层状细粒钙质长石细砂岩与钙质粉砂岩、灰色中层钙质泥岩互层　　150.84m
2. 灰色厚层状钙质粉砂岩，灰色中厚层状钙质粉砂质泥岩夹灰白色薄层状石膏层　　130.03m

1. 灰白色巨厚层膏盐层状夹砖红色中—厚层状钙质粉砂岩，钙质粉砂质泥岩　487.17m

——————　整合接触关系　——————

下伏地层：石壁梁组上段

红石梁组下部为灰色、灰白色块状石膏及薄层石盐，灰色厚层状钙质粉砂岩，灰色中厚层状粉砂质泥岩夹灰色薄层状泥灰岩，灰白色薄层状石膏；红石梁组上部以灰—砖红色薄—厚层状粗—细粒钙质长石砂岩、粉砂岩、粉砂质泥岩、泥岩为主夹粗砂岩。红石梁组与下伏石壁梁组上部呈平行整合接触关系，与上覆第四纪更新世冲洪积物半固结砂砾岩、砂岩（Qp^{3apl}）为角度不整合接触关系，测区西部红石梁组由于断层破坏、第四纪冲洪积物覆盖，地层出露不全，东部碱土梁地段地层出露相对较全。

红石梁组发育水平层理、平行层理、斜层理及粒序层理。褐红色灰色钙质粉砂岩、细砂岩为中—厚层状，单层厚 20～80m，褐红色粉砂质钙质泥岩，钙质泥岩为中—薄层状，单层厚 10～30cm，岩组中常见灰色中—厚层状钙质粉砂岩、细砂岩透镜体，透镜体厚度几十厘米至几米，长度十几米，发育斜层理、板状层理。岩层中发育两种基本层序。第一种基本层序为正粒序，自下而上为灰色厚层状粒序层理、斜层理、水平层理细砂岩→浅褐红色中层状平行层理钙质粉砂质泥岩或砖红色中层平行层理泥质粉砂岩→粉砂质泥岩→中层石膏层，属退积型基本层序。第二种基本层序自下而上为褐红色中层状泥岩，发育水平层理→灰色中层平行层理钙质粉砂岩→灰色中层状斜层中—细砂岩或块状石膏层→钙质泥岩、粉砂质泥岩→钙质粉砂岩，为逆粒序，属进积型基本层序。

红石梁组主要岩性组合在测区东、西部稍有差异，测区西部红石梁一带红石梁组岩石组合为砖红色中—薄层状钙质长石细砂岩、砂岩与砖红色粉砂质钙质泥岩、钙质泥岩不等厚互层，夹杂色中厚层状砂砾岩、砾岩，发育平行层理、钻穴及虫迹，可见斜层理、粒序层理等，地层厚度大于 3 021.95m，古流向北北东向，自下而上岩石碎屑粒度逐渐变粗，杂色中厚层状砂砾岩夹层增多、厚度逐渐增大，受断层及第四系覆盖影响，此段红石梁组出露不全，以现存的岩石组合、沉积构造分析其属三角洲相；东部主要岩性为土黄色中—厚层状钙质粉砂岩、粉砂质钙质泥岩、钙质泥岩夹膏盐层。其中在硝代亚一带红石梁组主要岩石组合为土黄色中—厚层状粉砂质泥岩、钙质粉砂岩夹钙质细砂岩，偶夹石膏薄层，以钙质粉砂岩为主，发育平行层理，偶见斜层理，地层厚度大于 1 005m，地层岩石组合及沉积构造反映其为湖泊相三角洲平原亚相-三角洲前缘亚相-浅湖亚相沉积环境。向北至碱土梁一带红石梁组下部为灰色、灰白色块状石膏及薄层石盐，灰色厚层状钙质粉砂岩，灰色中厚层状粉砂质泥岩夹灰色薄层泥灰岩，灰白色薄层石膏，以细碎屑岩—化学沉积为主，红石梁组上部以灰色—砖红色薄—厚层粗—细粒钙质长石砂岩、粉砂岩、粉砂质泥岩、泥岩为主夹粗砂岩，以细—粗碎屑岩沉积为主，地层总厚度大于 1 716.48m，地层岩石组合、沉积组构反映其为浅湖相沉积环境。此外，在碱土梁以东长沙梁一带红石梁组顶部为砂砾岩、砾岩夹砂岩透镜体，砂岩中发育平行层理、斜层理，属三角洲平原亚相分流河道微相，属山间（山前）磨拉石建造。

前述第一种退积型基本层序主要位于地层中部（第 2—4 层），第二种进积型基本层序位于地层上部及下部，反映红石梁组早期、晚期属湖退体系域，中期为湖侵体系域。

综上所述，测区红石梁组岩石组合下部以细碎屑岩—化学沉积到上部的细碎屑—粗碎屑沉积岩及岩石基本层序反映自下而上水体深度逐渐变浅，至西部红石梁向东碱土梁、硝代亚一带地层岩石组合、沉积构造、地层厚度、古流向等综合反映出测区自西向东盆地水体逐渐加深，盆地物源来自于测区西部、西南部，湖盆中心位于硝代亚—百泉河一带。

总之，从红石梁组岩石组合、沉积构造、粒度分析、微量元素、岩石成分分析测区红石梁组为浅湖亚相-三角洲前缘环境、沉积物来源于盆地西南方向，湖盆中心位于硝代亚—百泉河一带。

3. 油沙山组（N_2y）

青海石油管理局科学研究所 1959 年在柴达木盆地西部油沙山地区，将一套储油砂岩层命名为

"油沙山岩系"。原义指："介于狮子沟岩系与干柴沟岩系不整合(盆地边缘)或整合面间，代表中新世晚期—上新世早期，由棕红色为主的泥质粉砂岩、砂质泥岩、含油砂岩夹砂砾岩透镜体及疙瘩状泥灰岩组成的地层。"

徐仁、宋之深、周和仪(1958)将油沙山岩系称红峡口统。1964 年，裴文中、周明镇、郑家坚在《中国的新生界》一书中改称油沙山组。1964 年，裴文中等将柴达木盆地东部这地层称下大红沟组。1973 年，青海省石油管理局地质研究所，依据古生物的地质年代，将油沙山组进一步细分为上油沙山组、下油沙山组。1991 年，青海省地质矿产局在《青海省区域地质志》中，将上、下油沙山组合并称油沙山组，青海省地层清理沿用。红峡口统为年代地层单位，下大红沟组为油沙山组同物异名单位，已停用。

油沙山组现在指整合或局部不整合于干柴沟组之上、狮子沟组之下一套由棕红色、棕黄色等泥质粉砂岩，含油砂岩，泥岩夹疙瘩状泥灰岩，少量砂砾岩透镜体，局部夹薄层石膏组成的地层序列。底以棕红色碎屑岩的出现与干柴沟组分界，顶以灰色、黄绿色粗碎屑岩的始现与狮子沟组分界。

测区上新统油沙山组出露于测区库木布拉格以西地区，位于祁漫塔格与皮亚孜勒克塔格山之间及皮亚孜勒克塔格山以北的广大地区，出露面积约为 298km²。

上新统油沙山组典型剖面位于测区北部阿特阿特坎河西侧扣达克拉克，剖面位置：N37°58′38″、E89°52′06″。

新疆若羌县扣达克拉克新近系油沙山组实测地质剖面(图 2－19)如下。

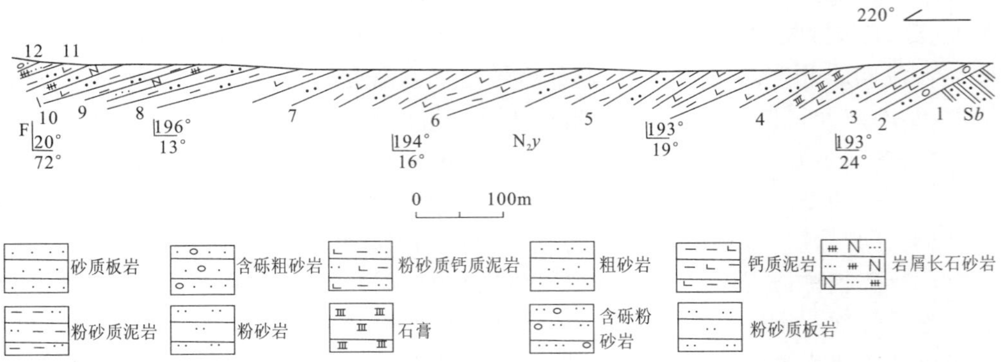

图 2－19　新疆若羌县扣达克拉克新近系油沙山组实测地质剖面图

上覆地层：第四纪松散堆积(Qp^{3apl})

～～～～～～～～～　角度不整合接触　～～～～～～～～～

油沙山组(N_2y)	**2 897.88m**
12. 褐红色含钙粉砂岩、含砾粗砂岩、砂砾岩夹泥岩	43.21m
11. 褐红色薄层状粉砂质泥岩与褐红色中—粗粒砂岩互层	88.66m
10. 褐红色薄层状粉砂质钙质泥岩加中—薄层状钙质粉砂岩，中粗砂岩屑长石砂岩	358.90m
9. 褐红色薄层状粉砂质泥岩夹褐红色中层状粗—中粒岩屑长石砂岩	225.57m
8. 褐红色薄层状粉砂质钙质泥岩夹薄层石膏	140.11m
7. 褐红色薄层状粉砂质钙质泥岩夹钙质粉砂岩	506.20m
6. 褐红色薄层状粉砂质钙质泥岩夹钙质粉砂岩、薄层状石膏	86.54m
5. 褐红色薄层状粉砂质钙质泥岩夹中薄层钙质粉砂岩	608.59m
4. 褐红色薄层状粉砂石钙质泥岩夹石膏薄层及中薄层状钙质粉砂岩	317.60m
3. 浅褐红色薄层状粉砂质钙质泥岩及薄层状钙质粉砂岩	474.16m
2. 浅褐红色含细砾粉砂岩及粉砂质泥岩、褐红色铁质结核	48.34m

角度不整合接触

下伏地层：志留系白干湖组

油沙山组岩石按粒度可划分上、中、下 3 部分，下部为褐红色中—厚层状含细砾砂岩、粉砂岩夹褐红色铁质结核；中部为褐红色薄层粉砂质钙质泥岩夹褐红色中—薄层状钙质粉砂岩及薄层石膏；上部为褐红色中—厚层状块状砂砾岩、砾岩、褐红色中层状钙质粉砂岩夹褐红色薄层钙质泥岩。上新统油沙山组与下伏滩间山群、侏罗系大煤沟组均为不整合接触关系，与上覆地层第四纪冲洪积物为不整合接触关系。

油沙山组底部褐红色砂砾岩、泥岩、铁质结核为底部风化壳。

油沙山组下部—中上部为褐红色粉砂质钙质泥岩夹钙质粉砂岩、薄层石膏，岩层单层厚度泥岩为 2～5mm、粉砂岩 4～13cm、石膏单层厚度为 3～8mm，岩层中发育水平层理、平行层理、小型交错层理。地层基本层序自下而上为钙质粉砂岩→粉砂质钙质泥岩、粉砂质泥岩→粉砂岩、砂岩，反映下部为湖水逐渐加深的退积层序，上部为水体逐渐变浅的进积层序，岩石沉积组合沉积构造反映出其古环境为三角洲-浅湖相。油沙山组顶部砂砾岩、砾岩、砂岩、泥岩中砂砾岩、砾岩底部常见底面冲刷构造，发育粒序层理，砾石混杂堆积、无分选，磨圆度差，呈次棱角状—棱角状，砾石成分复杂。砂岩、泥岩中可见平行层理、斜层理，泥岩多呈透镜状，属洪积扇-三角洲相环境，为山前磨拉石建造。

油沙山组中部岩石组合、沉积构造、粒度分析反映其为三角洲相-浅湖相，底部及顶部的岩石沉积组合及沉积构造反映其为洪积扇-三角洲环境，该组岩石从下部到上部岩石组合、基本层序反映其水体由浅→深→浅的过程。

三、第四系

测区第四系皆为陆相，具有高原特色，分布相当广泛，通过本次 1∶25 万区调工作，基本查明了测区第四系的基本特征，按成因类型划分为冲积、洪积（洪冲积）、湖积、沼泽堆积、化学沉积、冰积等。

测区第四系主要有中更新统、上更新统、全新统。中、上更新统以冲洪积为主，全新统为各种沉积均有。

1. 中更新统（Qp^{2apl}）

分布于测区西南角拐子梁及库木布彦山风尘口一带，出露面积 450km^2，岩性主要为灰色半固结中—细砾岩，灰色半固结砂岩等岩性组成，岩性单一，由下至上粒度由粗变细，地层厚度 1 521m。

风尘口、拐子梁中更新世地层出露海拔高程为 4 500～5 000m，属一套山间磨拉石建造(图 2－20)。

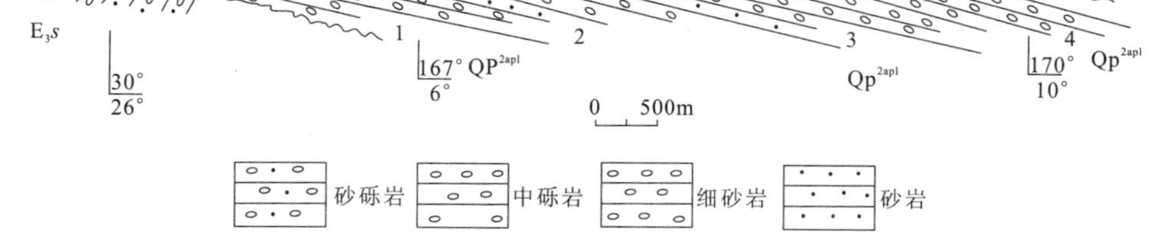

图 2－20 新疆若羌县拐子梁中更新统实测地质剖面图

中更新统（Qp^{2apl}）与下伏古近系石马沟组、红石梁组为角度不整合接触，在拐子梁上覆地层为全新统冲洪积物。

2. 上更新统(Qp^{3apl})

分布于测区东昆北陆块的阿牙克库木湖以西、南部及拐子梁东部皮亚孜勒克塔格山以北山前、山间盆地，一般分布于海拔 4 200～4 500m 高程，主要岩性为松散、半固结砂砾石层，砂、粉砂等，为冲洪积环境，属山前-山间磨拉石建造，地层厚度一般 20～80m，最厚 150m。

上更新统(Qp^{3apl})与下伏中更新统(Qp^{2apl})为角度不整合接触，与上覆全新统为角度不整合接触。

3. 全新统(Qh)

测区全新统成因类型较齐全，主要有洪积、冲积、河口堆积、冰碛、沼泽沉积、化学沉积等，一般厚度 10～20m，最厚 70～100m，不整合于老地层之上。

1)冲积(Qh^{al})

冲积物多处于河床及河漫滩阶地上，为砾、砂砾、亚砂土、粘土，厚度数米至数十米不等，与下伏老地层为角度不整合接触。在鸭子泉、大沙沟分别见Ⅲ、Ⅳ级阶地(图 2－21)。

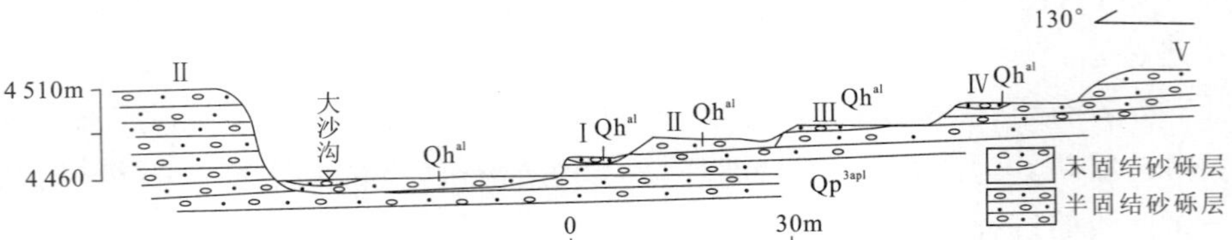

图 2－21　新疆若羌县大沙沟Ⅴ级阶地质剖面图

在大沙沟以南及风尘口一带的冲积物是砂金主要含矿层位。

2)河口堆积(Qh^{mcm})

分布于测区较大水系河流出口处，呈半圆锥或扇状，单个河口堆积出露面积为 70km^2，河堆积地表坡度 5°～7°，主要由碎石、砾石、砂、亚粘土组合，分选不好，砾石磨圆度较差，与冲洪积互为过渡，彼此交替，厚度几十米。

3)冲洪积(Qh^{apl})

广泛分布于测区河谷、平原、山间洼地中，多为洪积扇、洪积锥，由砂、砾、粘土组成，一般高出河床数米至数十米，与冲积物呈渐变过渡。

4)沼泽沉积(Qh^{f}、Qh^{ch})

发育于阿牙克库木湖现代湖盆、洼地，分为沼泽泥类沉积、沼泽化学沉积两类。

沼泽泥类沉积(Qh^{f})：主要由有机碳、淤泥构成，厚度十几米至几十米，甚至近百米。

沼泽盐类沉积(Qh^{ch})：主要以膏盐、泥类沉积为主，厚度几米至十几米。

5)现代冰碛物(Qh^{gl})

分布于测区祁漫塔格山主峰和克蒙列克山主峰，属山岳—山谷冰川，测区冰碛物分布于海拔 4 800m以上地区，呈舌状分布，冰碛物由大小混杂的漂砾、砾石、泥沙组成。

6)风积物(Qh^{eol})

主要分布于测区阿牙克库木湖东南岸，在鸭子泉北有少量分布，沉积物以风积砂为主，呈沙丘、沙垄，一般高 3～70m，成分以长石、石英为主，分选性较好，测区沙丘为移动性沙丘。

测区还有残坡积、坡积等成因类堆积，但分布局限，厚度较小，不再赘述。

第七节　生物群特征及地质年代对比

一、生物群特征

测区古生物化石稀少，分布不均匀，主要门类有笔石、䗴、腕足、珊瑚、孢粉，此外有少量放射虫、介形类、植物、有孔虫类等化石；分布区域主要集中于东昆中复合结合带的异地地层系统中和库木库里盆地新生代沉积中；分布时代主要集中在晚古生代和新生代。

1. 志留纪笔石

在2001年野外工作中，首次在白干湖地区原划奥陶系祁漫塔格群第一亚群浊积岩中，发现早志留世笔石化石，化石产地有两处。

第一处产地位于白干湖南15km的大沙沟北岸，地理坐标：N37°41′11″、E88°38′01″。笔石产于祁漫塔格群第一亚群浊积岩下部，剖面中笔石丰度较低，在5km长的剖面中仅采集到5块化石，鉴定出 *Torngnigraptus* cf. *arcuatus*(Barrade)。在笔石产出层位未发现其他化石。

第二处产地位于黑石口西3km的大沙沟南岸，地理坐标：N37°37′41″、E88°31′51″。笔石产地岩性为灰绿色中层岩屑杂砂岩与灰色中层粉砂质板岩、灰黑色薄层粉砂质泥板岩互层，笔石产于灰黑色薄层粉砂质泥板岩中，笔石有 *Monoclimacis griestoniensis* (Nicol)，*Monograptus priodon* (Bronn)，*Monograptus* sp.，*Streptograptus* cf. *becki*(Barrande)，该处笔石丰度高，分异度低，采集的60多块样品中仅鉴定出4个种。

1)笔石描述

(1)格雷斯顿单栅笔石 *Monoclimacis griestoniensis* (Nicol)［图2-22(a)，图版Ⅴ-2、图版Ⅴ-3］。

描述：有10余块标本，笔石体细直，最长一段55cm，但均未保存始部。近始部宽0.2mm，向上

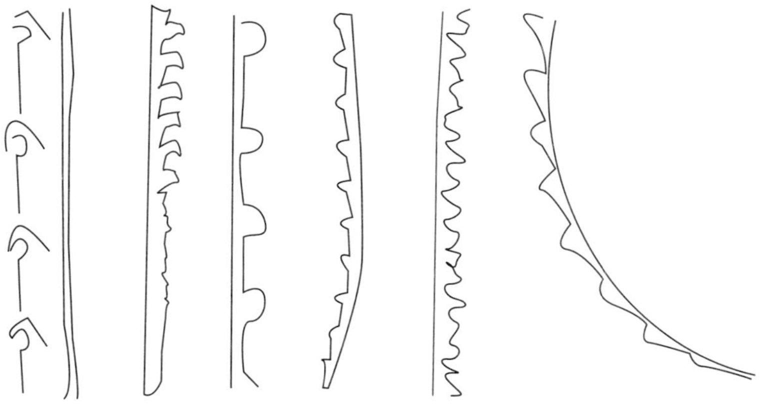

图2-22　笔石

(a)*Monoclimacis griestoniensis*(Nicol)，(×10)；(b)*Monograptus priodon*(Bronn)，(×4)；(c)*Monograptus* sp.，(×5)；(d)*Streptograptus* cf. *becki*(Barrande)，(×5)；(e)*Streptograptus* cf. *becki* (Barrande)，(×3)；(f)*Torngnigraptus* cf. *arcuatus*(Barrade)，(×4)

均匀增宽，10cm 处宽 0.35mm，20cm 处宽 0.5mm，30cm 处宽 0.70mm，40cm 处宽 0.90mm，保持至末部，胞管单栅笔石式，口穴浅，不足笔石体宽的 1/5，背缘外伸并向下延，弯于口穴之外，背缘壁与笔石轴交角约 60°，胞管排列密度稍有变化，近始部 10mm 内 13 个，近末部变稀为 11 个。

该种在世界各地的笔石体宽度稍有不同，在英国的模式标本宽仅 0.7mm，捷克的标本宽 0.8～0.9mm，中国紫阳的标本宽 1mm，德国的标本宽为 1.1mm，当前标本在此变化范围之内，与捷克所产笔石体宽度相近。

(2)锯形单笔石 *Monograptus priodon*(Bronn)[图 2-22(b)，图版Ⅴ-1]。

描述：有两段碎片，分别长 15cm 和 23cm，笔石体硬直，宽 1.8mm。胞管单笔石式，口缘外伸，先斜向上，然后向下弯折形成钩，具口尖。伸出部分占笔石体宽的 1/2，10mm 内 11 个胞管。

与本种特征相近的一些笔石，如 *M. praecedens* 笔石体宽达 4mm；*M. priodon* 及一些亚种大多在 2～3mm 宽，其中有的亚种胞管排列较密，有的笔石体近始部宽度变化快慢略有差别。当前标本虽仅保存一小段，在笔石体宽度和胞管密度上与紫阳所产 *M. priodon* 还是很相近的。

(3)单笔石未定种 *Monograptus* sp.[图 2-22(c)]。

描述：仅一个长 5cm 的碎片，笔石体宽 0.25mm。胞管保存不很清楚，背缘圆润近球形，但向下被腹缘截切形成口尖还是内卷，看不清楚。当前标本胞管始端较细，连接处呈细线状，仅占笔石体宽的 1/3，属于单笔石的可能性很大。

(4)贝克卷笔石比较种 *Streptograptus* cf. *becki*(Barrande)[图 2-22(d)、(e)]。

描述：有 5 段碎片，长 6～12cm 不等，笔石体细，近始部稍向腹侧弯曲，以后变直，宽 0.5mm 左右。胞管外伸内卷，占笔石体宽度的 1/2，相邻胞管掩盖极少，10mm 内 13～17 个胞管。

当前标本诸多特征与中欧和中国的 *S. becki* 大体一致，只是胞管排列较密，且变化较大，也有可能属于几个不同的种，这里仅作比较加 cf.。

(5)弓形汤尼笔石比较种 *Torngnigraptus* cf. *arcuatus*(Barrade)[图 2-22(f)]。

描述：仅 1 个标本，笔石体强烈向背弯曲，长 6cm，始部细线状，逐渐向后加宽，第 3 个胞管处宽达到 0.3mm，第 8 个胞管处宽度最大为 0.6mm。胞管近三角形，相邻胞管掩盖很少，第 2 个和第 3 个胞管保存有微向外伸的口尖，5mm 内有 6 个胞管。

当前标本的外形和胞管特征与捷克的 *T. arcuatus* 接近，差别在当前标本胞管间掩盖更少。

2)笔石时代归属

黑石口西大沙沟笔石共见 *Monoclimacis griestoniensis*，*Monograptus priodon*，*Monograptus* sp.，*Streptograptus* cf. *becki* 四种。其中 *Monoclimacis griestoniensis* 个体数量超过 1/2，就该种属而论，在晚特里奇期 *M. griestoniensis* 带之前笔石体大多短小而略弯，从该带开始出现细长而直的类型，以后该属分异明显，与各种直长的类型共生在一起，笔石体宽度均超过 1mm，其中较细的类型又有弯曲的趋势，因此，不论从何种角度来看，都符合 *M. griestoniensis* 带的特征。

Monograptus priodon 也是特里奇晚期非常常见的笔石，过去人们认为它的时限不超过 *M. griesfouieusis*带，后来在其下的 *M. crispus* 带也有出现。

Streptograptus cf. *becki* 的时限较长，在欧洲多见于整个特里奇早期及艾朗末期 *S. sedgwickii* 带，在中国紫阳特里奇晚期也有出现。

白干湖南大沙沟北岸笔石仅有 1 块，鉴定为 *Torgnigraptus* cf. *arcuatus*，该种在捷克历程颇长，在 *M. crispus* 带一直到 *O. spiralis* 均有分布。

综上所述，这些笔石的时代属早志留世晚期无疑，可与南秦岭的陡山沟组和北祁连的肮脏沟组所含笔石对比。

3)意义

前人将祁漫塔格群划归奥陶纪，部分属早石炭世，早志留世笔石化石的发现，表明祁漫塔格群中至少有一部分地层归属下志留统。因此，祁漫塔格群解体是必然的，志留纪笔石化石的发现为本区地层划分对比、地质构造演化提供了重要证据。

2. 泥盆纪珊瑚

布拉克巴什组含珊瑚 *Favosites* sp.，*Favosites* cf. *kulukensis*，*Disphyllun* sp.，*Hunanophrentis* sp.，*Coenites* sp.，*Cladopora* sp.，*Parastriatopora* sp.等化石（图版Ⅴ-7至图版Ⅴ-9），大部分为中泥盆世化石，有少量早泥盆世的孑遗分子（*Cladopora* sp.，*Coenites* sp.，*Parastriatopora* sp.），其时代属中泥盆世，也可能有部分属早泥盆世。

3. 石炭纪放射虫

2000年，李日俊等在《科学通报》报道在鸭子大坂硅质岩中分离出可靠的放射虫化石，经鉴定有 *Astroentactinia*? *mirousi* Gourmelon (C_1)，*As.* cf. *biaciculata* Nazarov(D_3—C_1)，*Archocyrtium* cf. *diductum* Deflandre(C_1)，*Ar.* aff. *diductum* Deflandre(C_1)，*Deflandrellium*? sp. (D_3—C_1)，*Entactinia vulgaris* Won(C_1)，*En.* cf. *additiva* Foreman(D_3—C_1)，*En.*? sp.，*Entactiosphaera palimbola* Foreman(D_3—C_1)，*Pylentonema*? sp. (D_3—C_1)，*Triaenosphaera* sp. (C_1)（图2-23）等共计4个属，3个种，3个相似种和1个亲近种，显然，鸭子大坂硅质岩属早石炭世沉积是确定无疑的。

4. 二叠纪䗴

马尔争组下部含丰富的䗴类化石，个体较大的䗴主要有 *Parafuslina gigantean*(Depart)，*P. yunnanica* Sheng，*P. yabei* Hanzwana，*P. quasigruperensis* Sheng.，*Paraschwagerina* sp.，*Pseudofusulina kueichowensis* Sheng.，*P.* sp.，*Schwagerina chihsiaensis* Lee，*S. tschernyschewi* (Schellwien)，*S.* sp.，其中以 *Parafuslina*，*pseudofusulina* 最多，它们为我国中二叠世栖霞阶中最为常见的属种。*P. gigantea* 在华南地区见于广西宜山德胜中二叠世茅口组底部层位，在青海产于曲麻莱县毛盖赛巴西、格尔木唐古拉山区沱沱河弄加巴挪宝山中二叠统地层中。*P. yunnanica* 在华南地区见于贵州望谟紫松乡中二叠世茅口组底部层位，在青海省产于曲麻莱腆加里加苟、玛沁县中二叠统地层中。*P. kueichowensis* Sheng 在华南地区见于贵州望谟紫松乡中二叠世栖霞组，*S. chihsiaensis* Lee，*S. tschernyschewi*(Schellwien)也是华南地区中二叠世栖霞阶中、上层位。个体较小的䗴类比较少，且单调，仅有 *Misellina claudiae* (Deprat)，*M.* sp.，*Schwagerina.*，*Schubertella* sp.等，并以前者为主，其为华南地层区、新疆塔里木地层区等地中二叠世栖霞阶下部的重要化石 *Misellina claudiae* 带的典型分子。因而含化石的这套层位应相当于中二叠世栖霞阶下部层位。

5. 新生代孢粉组合

库木库里盆地古近纪—新近纪河湖相沉积中孢粉化石比较丰富，主要有裸子植物(*Gymnospermae*)和被子植物(*Anglospermae*)的花粉，偶见蕨类植物(*Pteridophyta*)孢子，其属种繁多。古近纪—新近纪不同时期，孢粉化石的分布并不均衡，旱生植物孢粉众多，松科具双气囊花粉较为发达，禾本科植物花粉和阔叶树花粉也有一定含量。植被随着时间的推移和环境的变化而不断发展演变，形成了多个孢粉组合。

通过详细研究，库木库里盆地古近系—新近系可以划分7个孢粉组合，详述如后。由于盆地孢粉化石种类繁杂，故将各种归并为属后在进行统计分析。

1)藜粉属-管花菊粉属-松粉属组合

产于石马沟组下段，分布于大黑山、花条山、白土滩等地，花粉百分含量如下：

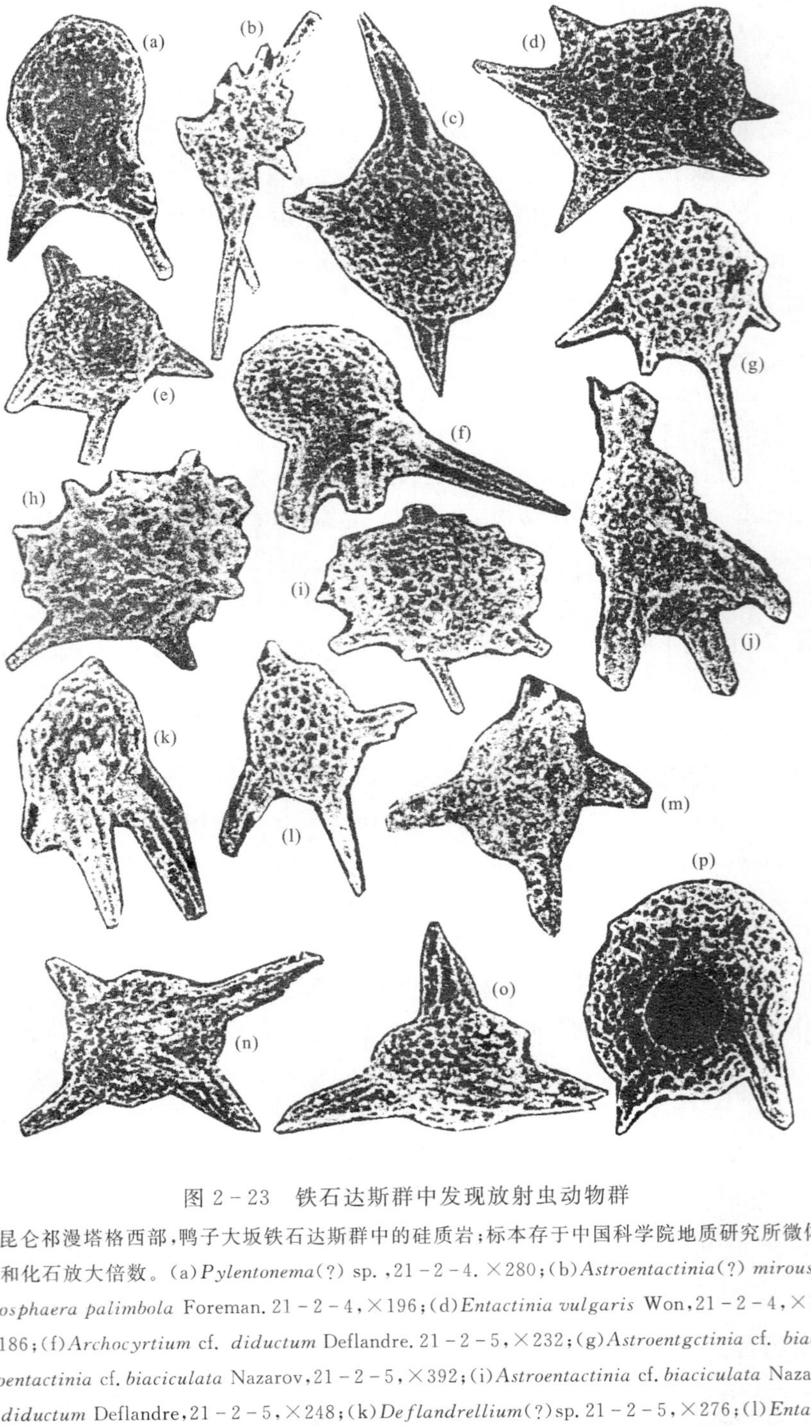

图 2-23　铁石达斯群中发现放射虫动物群

所有样品均为采自东昆仑祁漫塔格西部，鸭子大坂铁石达斯群中的硅质岩；标本存于中国科学院地质研究所微体古生物实验室；化石名之后依次为样品号和化石放大倍数。(a)*Pylentonema*(?) sp. ,21-2-4. ×280；(b)*Astroentactinia*(?) *mirousi* Gourmelon, 21-2-4,×208；(c)*Entactinosphaera palimbola* Foreman. 21-2-4,×196；(d)*Entactinia vulgaris* Won,21-2-4,×160；(e)*Triaenosphaera* sp. ,21-2-4,×186；(f)*Archocyrtium* cf. *diductum* Deflandre. 21-2-5,×232；(g)*Astroentgctinia* cf. *biaciculata* Nazarov. 21-2-5,×168；(h)*Astroentactinia* cf. *biaciculata* Nazarov,21-2-5,×392；(i)*Astroentactinia* cf. *biaciculata* Nazarov,21-2-5,×179；(j)*Archocyrtium* aff. *diductum* Deflandre,21-2-5,×248；(k)*Deflandrellium*(?)sp. 21-2-5,×276；(l)*Entactinia* cf. *additiva* Foreman ,21-2-5,×226；(m) *Entactinia*(?) sp. ,21-2-5,×196；(n) *Entactinia* cf. *additiva* Foreman ,21-2-5,×110；(o)*Triaenosphaera*(?) sp. ,21-2-5,×203；(p)*Pylentonema*(?) sp. ,21-2-5,×232

裸子植物 2.6～14.3

Pinus(松粉属)2.0～14.3

Picea(云杉粉属) 0～2.4

Ephedra(麻黄粉属)0～0.6

被子植物 85.7～97.4

Ulmus(榆粉属)0～0.6

Caryophyll(石竹粉属) 0～36.4

Tamarix(柽柳粉属) 0～0.6

Solanaceae(茄粉属)0～0.6

Gramineae(禾木粉属)0～1.6

Leguminosae(豆粉属)0～2.0

Tubu(管花菊粉属)9.0～27.3

Artemisia(蒿粉属)3.9～10.4

Chenopod(藜粉属)18.2～81.9

Nitraria(白刺粉属) 0～7.1

孢粉组合面貌:

(1)被子植物花粉占优势,裸子植物花粉次之,无菌藻类、苔藓植物、蕨类植物孢粉出现。

(2)被子植物花粉中,以藜粉属 18.2%～81.9%为主,次为管花菊粉属 9.0%～27.3%、石竹粉属 0～36.4%、蒿粉属 3.9%～10.4%等,有少量豆科、禾本科、茄科植物花粉,偶见少量榆粉属的阔叶植物花粉。

(3)裸子植物花粉比较单调,以松粉属 2.0%～14.3%为主,有少量云杉粉属、麻黄粉属花粉。

(4)各类孢粉统计特征是草本植物花粉占 85.0%～97.0%,其中藜科、菊科、石竹科、麻黄科等旱生植物花粉占 85.7%～92.9%;木本植物花粉仅占 3.0%～15.0%,其中针叶植物花粉占 1.9%～14.3%,阔叶植物花粉小于 0.7%。

2)藜粉属-管花菊粉属-松粉属-云杉粉属组合

产于石马沟组上段,分布于大黑山、花条山、白土滩等地,花粉百分含量如下:

裸子植物 4.0～37.7

Pinus (松粉属)0～22.7

Picea(云杉粉属)0～13.4

Abies(冷杉粉属)0.4～4.0

Cedrus(雪松粉属) 0～1.4

Tsuga(铁杉粉属)0～0.8

被子植物 62.3～96.0

Betula(桦粉属)0～4.0

Caryophyll(石竹粉属)0～8.0

Tamarix(柽柳粉属)0～0.4

Gramineae(禾木粉属)0.8～1.4

Polygonum(蓼粉属)0～0.7

Tubu(管花菊粉属)8.4～24.0

Artemisia(蒿粉属)10.9～12.6

Chenopod(藜粉属)36.0～57.0

Nitraria(白刺粉属)0～4.0

孢粉组合面貌:

(1)被子植物花粉依然占优势,裸子植物花粉较前一组合大为增多,无菌藻类、苔藓植物、蕨类植物孢粉出现。

(2)被子植物花粉中,以藜粉属 36.0%～57.0%为主,次为管花菊粉属 8.4%～24.0%、蒿粉属 10.9%～12.6%等,有少量禾木科、蓼粉属、柽柳粉属植物花粉,偶见少量桦粉属的阔叶植物花粉。

(3)裸子植物花粉种类较前一组合有所增加,以松粉属 0～22.7%为主,云杉、冷杉粉属有显著增加，雪松、铁杉粉属植物花粉有少量出现。

(4)各类孢粉统计特征是草本植物花粉占62.2%～92.0%，其中藜科、菊科、白刺粉属等旱生植物花粉占61.2%～84.0%；木本植物花粉占8.0%～37.8%，其中针叶植物花粉占4.0%～37.2%，阔叶植物花粉小于4.0%。

与前一孢粉组合相比较，这一组合以含较多的松科植物花粉，尤以云杉粉属含量较高，旱生植物花粉减少与前一孢粉组合区分开来。本组合层段下部层位的云杉粉属含量较高，为13.4%，上部层位的云杉粉属较少。

3)松粉属-云杉粉属组合

产于石壁梁组下段，分布于红石梁、亚鲁古祖布拉克等地，花粉百分含量如下：

裸子植物 99.5～99.8

Pinus(松粉属)90.4～97.8

Picea(云杉粉属)0.6～9.2

Cedrus(雪松粉属)0～0.3

Tsuga(铁杉粉属)0～0.8

被子植物 0.2～0.5

Salix(柳粉属)0～0.1

Tubu(管花菊粉属)0～0.3

Artemisia(蒿粉属)0～0.4

Nitraria(白刺粉属)0～0.3

孢粉组合面貌：

(1)裸子植物花粉占绝对优势，被子植物花粉数量很低，无菌藻类、苔藓植物、蕨类植物孢粉出现。

(2)裸子植物花粉急剧增加，全为松科植物，松粉属90.4%～97.8%，植物花粉占90%以上，云杉、冷杉粉属有显著减少，雪松、铁杉粉属植物花粉有少量出现。

(3)被子植物花粉中，偶见少量蒿粉属、管花菊粉属、白刺粉属、柳粉属植物花粉。

(4)各类孢粉统计特征是木本植物花粉占98.7%～99.6%，其中针叶植物花粉占98.5%～99.6%，阔叶植物花粉小于9.2%。草本植物花粉含量小于1.3%。

与前一孢粉组合相比较，这一组合以含乔木为特征，花粉浓度大(830～4 498 粒/100g)。

4)藜粉属-蒿粉属-云杉粉属组合

产于石壁梁组上段，分布于红石梁、亚鲁古祖布拉克等地，花粉百分含量如下：

裸子植物 5.8～47.7

Pinus(松粉属)3.0～14.3

Picea(云杉粉属)0～29.8

Abies(冷杉粉属)0～4.5

Cedrus(雪松粉属)0～6.1

Ephedra(麻黄粉属)0～2.3

被子植物 52.3～94.2

Betula(桦粉属)0～4.5

Gramineae(禾木粉属)0～6.8

Ranunculus(毛茛粉属)0～2.2

Tubu(管花菊粉属)0～18.2

Artemisia(蒿粉属)3.3～25.0

Chenopod(藜粉属)23.8～90.3

孢粉组合面貌：

(1)被子植物花粉又占据优势，裸子植物花粉较前一组合大为减少，无菌藻类、苔藓植物、蕨类植物孢粉出现。

(2)被子植物花粉中，以藜粉属23.8%～90.3%为主，次为蒿粉属3.3%～25.0%、管花菊粉属0～18.2%等，有少量禾本科、毛莨粉属植物花粉，见少量桦粉属的阔叶植物花粉。

(3)裸子植物花粉种类较前一组合大大减少，以云杉粉属0～29.8%为主，松粉属3.0%～14.3%次之，冷杉、雪松粉属植物花粉有一定含量，麻黄科植物也有少量出现。

(4)各类孢粉统计特征是草本植物花粉占51.2%～93.7%，其中藜科、菊科等旱生植物花粉占51.2%～93.6%；木本植物花粉占6.3%～48.8%，其中针叶植物花粉占5.8%～47.6%，阔叶植物花粉小于4.5%。

与前一孢粉组合相比较，这一组合以旱生草本植物花粉又逐渐兴起，而松科植物逐渐衰败为特征，山地寒带植物云杉数量有所增加。

5)藜粉属-菊科-云杉粉属组合

产于红石梁组下段，分布于碱土梁等地，花粉百分含量如下：

裸子植物 16.8～22.0

Pinus(松粉属)7.1～8.0

Picea(云杉粉属)9.7～11.0

Abies(冷杉粉属)0～2.0

Ephedra(麻黄粉属)0～1.0

被子植物 78.0～83.2

Betula(桦粉属)0～12.9

Ulmus(榆粉属)0～2.0

Tamarix(柽柳粉属)0～2.0

Solanaceae(茄粉属)2.0～4.2

Gramineae(禾木粉属)4～6.5

Polygonum(蓼粉属)0～1.0

Tubu(管花菊粉属)9～12.9

Artemisia(蒿粉属)15～27.4

Chenopod(藜粉属)14.5～43.0

Cyperaceae(莎草粉属)0～3.2

Typha(香蒲粉属)0～1.6

孢粉组合面貌：

(1)被子植物花粉依然占优势，裸子植物花粉较前一组合略有减少，无菌藻类、苔藓植物、蕨类植物孢粉出现。

(2)被子植物花粉中，以藜粉属14.5%～43.0%为主，次为菊科的管花菊粉属8.4%～24.0%、蒿粉属15%～27.4%等，禾本科、茄粉属、桦粉属植物花粉占一定比例，出现了一些莎草粉属、香蒲粉属湿地植物花粉，有少量蓼粉属、榆粉属、柽柳粉属植物花粉。

(3)裸子植物花粉种类和数量较前一组合都减少，以云杉粉属9.7%～11.0%为主，松粉属7.1%～8.0%次之，冷杉粉属、麻黄粉属植物花粉有所减少。

(4)各类孢粉统计特征是草本植物花粉占65.5%～77.0%，其中藜科、菊科、麻黄粉属等旱生植物花粉占54.8%～68.0%，莎草粉属、香蒲粉属湿地植物花粉占0～4.8%；木本植物花粉占23.0%～34.5%，其中针叶植物花粉占16.8%～21.0%，阔叶植物花粉小于12.9%。

与前一孢粉组合相比较，这一组合以含较多的松科、藜科、菊科植物花粉，出现一定数量的桦粉属、榆粉属等阔叶植物花粉为特征。

6)云杉粉属-蒿粉属-藜粉属-桦粉属组合

产于红石梁组上段下部，分布于硝代亚、鸭子沟等地，孢粉百分含量如下：

蕨类植物 0～1.0

Polypodiaceae(水龙骨孢属) 0～1.0

裸子植物 46.8～66.6

Pinus (松粉属)17.7～27.7

Picea(云杉粉属)20.8～44.4

Abies(冷杉粉属)0～1.0

Cedrus(雪松粉属)0～6.3

Tsuga(铁杉粉属)0～9.1

被子植物 33.4～53.2

Betula(桦粉属) 1.0～27.3

Ulmus(榆粉属)0～1.0

Gramineae(禾木粉属)0～2.1

Tubu(管花菊粉属)0～11.1

Artemisia(蒿粉属)6.3～11.4

Chenopod(藜粉属)0～36.5

Cyperaceae(莎草粉属)0～4.5

孢粉组合面貌：

(1)裸子植物花粉占优势，被子植物花粉有所减少，出现极少量的蕨类植物孢子，无菌藻类、苔藓植物孢粉。

(2)裸子植物花粉种类较前一组合约增加 1 倍，以云杉粉属 20.8%～44.4%为主，松粉属 17.7%～27.7%次之，冷杉、铁杉粉属植物花粉有所增加，无麻黄粉属花粉。

(3)被子植物花粉中，以藜粉属 0～36.5%、桦粉属 1.0%～27.3%为主，次为蒿粉属(蒿粉属) 6.3%～11.4%、管花菊粉属 0～11.1%等，有少量禾本科、榆粉属和莎草粉属植物花粉。

(4)各类孢粉统计特征是木本植物花粉占 38.5%～83.5%，其中针叶植物花粉占 46.9%～66.7%，阔叶植物花粉占 2.1%～27.3%；草本植物花粉占 16.5%～61.5%，其中藜科、菊科等旱生植物花粉占 13.6%～49.1%；孢粉浓度很低，只有 7～32 粒/100g。

与前一孢粉组合相比较，这一组合以松科发育特征为主，尤以云杉粉属植物花粉含量最高，旱生植物花粉含量较少与前一孢粉组合区分开来，但总的孢粉浓度很低。

7)藜粉属-云杉粉属-松粉属-禾本粉属组合

产于红石梁组上段上部，分布于碱土梁、硝代亚等地，花粉百分含量如下：

裸子植物 19.1～25.7

Pinus (松粉属)9.5～22.6

Picea(云杉粉属)3.6～39.6

Abies(冷杉粉属)0～5.7

Cedrus(雪松粉属)2.4～5.1

Ephedra(麻黄粉属)0～1.3

被子植物 74.3～80.9

Betula(桦粉属)0～8.3

Carpinus(鹅尔枥粉属)0～1.2

Salix(柳粉属)0～1.9

Ulmus(榆粉属)0～2.4

Caryophyll(石竹粉属)0～6.0

Tamarix(柽柳粉属)0～2.6

Solanaceae(茄粉属)0～2.6

Gramineae(禾木粉属)5.1～16.7

Leguminosae(豆粉属)0～1.2

Tubu(管花菊粉属)1.9～4.8

Artemisia(蒿粉属)1.9～8.3

Chenopod(藜粉属)17.0～48.7

Nitraria(白刺粉属)0～1.3

Cyperaceae(莎草粉属)0～1.2

Typha(香蒲粉属)0～1.2

孢粉组合面貌:

(1)被子植物花粉依然占优势,裸子植物花粉较前一组合大为增多,无菌藻类、苔藓植物、蕨类植物孢粉出现。

(2)被子植物花粉中,以藜粉属17.0%～48.7%为主,次为禾本科5.1%～16.7%,管花菊粉属1.9%～4.8%、蒿粉属1.9%～8.3%等,有少量蓼粉属、柽柳粉属植物花粉,偶见少量桦粉属的阔叶植物花粉。

(3)裸子植物花粉种类较前一组合有所增加,以松粉属0～22.7%为主,云杉、冷杉粉属有显著增加,雪松、铁杉粉属植物花粉有少量出现。

(4)各类孢粉统计特征是草本植物花粉占62.2%～92.0%,其中藜科、菊科、白刺粉属等旱生植物花粉占61.2%～84.0%;木本植物花粉占8.0%～37.8%,其中针叶植物花粉占4.0%～37.2%,阔叶植物花粉小于4.0%。

与前一孢粉组合相比较,这一组合含较多的松科植物花粉,尤以云杉粉属含量较高,旱生植物花粉减少与前一孢粉组合区分开来。本组合层段下部层位的云杉粉属含量较高,为13.4%,上部层位的云杉粉属较少。

二、地质年代对比

小庙岩组未采集到化石,区域上在柴达木南缘格尔木县图关仁拉陵杜炊金水口岩群小庙岩组下部的白沙河岩组中获全岩Rb-Sr的年龄值为1 549.3Ma、1 666Ma的变质年龄,依据区域地层对比暂将测区小庙岩组置于中元古代长城系。

前人曾在格尔木市野马泉狼牙山剖面采集到丰富的叠层石化石,主要有*Anabaria* cf. *divergens*, *Baicalia rara*, *Boxonia dentate*, *Chihsienella* cf. *nodosaria*, *Colonnella discreta*, *Conicodomenia* cf., *Conophyton annanbaense*, *C.* cf. *habuquieerensis*等化石,依据区域地层对比将测区狼牙山岩组时代定为蓟县纪。

丘吉东沟岩组目前未获得准确的年龄资料,暂置于青白口纪。

在原滩间山群区域上采集到*Rhabdotetradium*, *Maclurites*等奥陶纪化石;在灰岩中采集到珊瑚*Plasmoporella* sp., *Agetolites* sp., *Catnipora* sp., *Faristella* sp.;藻类:*Epiphyton* sp.等化石,特别是前人在测区东邻土窑洞大理岩中采集到海百合茎*Cyclocyclicus*化石,将其时代定为奥陶纪。滩间山群在测区东部被泥盆纪陆相牦牛山岩组不整合覆盖,说明滩间山群属前泥盆纪无疑。

此外，滩间山群在测区被单矿物锆石年龄为(388.6±0.7)Ma的海西期阿特阿特坎超单元[(S—D)A]侵入，也说明其为前泥盆纪的沉积物。

鸭子泉组本次区调在侵入安山玄武岩(岛弧火山岩)中的辉长岩进行了锆石U-Pb测年，获得(405.3±1.0)Ma的权重平均值(见第三章)，经区域研究、对比分析，其应形成于志留纪。

白干湖组在本次区调工作首次采集到 *Monoclimacis griestoniensis*(Nicol)，*Monograptus priodon*(Bronn)，*Monograptus* sp.，*Streptograptus* cf. *becki* 等笔石化石组合，相当于特里奇阶，时代为早志留世晚期。

布拉克巴什组含珊瑚 *Favosites* sp.，*Favosites* cf. *kulukensis*，*Disphyllun* sp.，*Hunanophrentis* sp.，*Coenites* sp.，*Cladopora* sp.，*Parastriatopora* sp.，石松 Lycopsida，螺 *Meekospira* sp. 等化石，大部分为中泥盆世化石，有少量早泥盆世的孑遗分子(*Cladopora* sp.，*Coenites* sp.，*Parastriatopora* sp.)，其时代属中泥盆世，也可能有部分属早泥盆世。

鸭子大坂硅质岩中的放射虫化石，经鉴定有 *Astroentactinia*? *mirousi* Gourmelon(C_1)，*As*. cf. *biaciculata* Nazarov(D_3—C_1)，*Archocyrtium* cf. *diductum* Deflandre(C_1)，*Ar*. aff. *diductum* Deflandre(C_1)，*Deflandrellium*? sp. (D_3—C_1)，*Entactinia vulgaris* Won(C_1)，*En*. cf. *additiva* Foreman(D_3—C_1)，*En*.? sp.，*Entactiosphaera palimbola* Foreman(D_3—C_1)，*Pylentonema*? sp. (D_3—C_1)，*Triaenosphaera* sp.(C_1)(见图2-23)等共计4个属，3个种，3个相似种和1个亲近种，显然，鸭子大坂硅质岩属早石炭世沉积是确定无疑的。

马尔争组下部含丰富的䗴类化石，个体较大的䗴主要有 *Parafuslina gigantean*(Depart)，*P. yunnanica* Sheng，*P. yabei* Hanzwana，*P. quasigruperensis* Sheng，sp.，*Paraschwagerina* sp.，*Pseudofusulina kueichowensis* Sheng，*P*. sp.，*Schwagerina chihsiaensis* Lee，*S. tschernyschewi*(Schellwien)，*S*. sp.，其中以 *Parafuslina*，*Pseudofusulina* 最多，它们为我国中二叠世栖霞阶中最为常见的属种。*P. gigantea* 在华南地区见于广西宜山德胜中二叠世茅口组底部层位，在青海产于曲麻莱县毛盖赛巴西、格尔木唐古拉山区沱沱河弄加巴挪宝山中二叠统地层中。*P. yunnanica* 在华南地区见于贵州望谟紫松乡中二叠世茅口组底部层位，在青海省产于曲麻莱胰加里加荀、玛沁县中二叠统地层中。*P. kueichowensis* Sheng 在华南地区见于贵州望谟紫松乡中二叠世栖霞组，*S. chihsiaensis* Lee，*S. tschernyschewi*(Schellwien)，也是华南地区中二叠世栖霞阶中、上层位。个体较小的䗴类比较少，且单调，仅有 *Misellina claudiae*(Deprat)，*M*. sp.，*Schwagerina*.，*Schubertella* sp. 等，并以前者为主，其为华南地层区、新疆塔里木地层区等地中二叠世栖霞阶下部的重要化石 *Misellina claudiae* 带的典型分子。因而含化石的这套层位应相当于中二叠世栖霞阶下部层位。

鄂拉山组前人(车自成等，1995)获得209Ma全岩Rb-Sr年龄，本次区域地质调查获单矿物锆石U-Pb年龄为197Ma，因此将鸭子大坂火山岩时代定为晚三叠世末。

大煤沟组所含植物化石有：*Todites williamsoni*，*Phoenicopsis* sp.，*Podozamites lanceolatus*，*Cladophlebis* sp.，*Desmiophyllum*；孢粉：*Pinus* sp.，*Cedrus* sp.，*Pseudopicea* sp.，*Podocarpus* sp.，*Protopinus* sp.，*Palaeoconiferus* sp.，根据大煤沟组所含化石及区域地层对比其时代应为早—中侏罗世。

石马沟组含介形类化石 *Eucypris paraserrata*(近锯形真星介)，*E. mutilis*(多边真星介)等。石马沟组下段孢粉组合以藜粉属-管花菊粉属-松粉属组合为特征。石马沟组下段、上段岩石饱粉组合特征与柴达木盆地干柴沟组下段孢粉组合带特征相似，依据石马沟组所含介形类化石及孢粉组合特征将其时代对比定为渐新世。

石壁梁组(N_1s)含介形虫 *Candoniella suzini*(苏氏小玻璃介)，*C. folicaceus*(叶小玻璃介)，*Eucypris flexilis*(安宁小玻璃介)。石壁梁沟组下段孢粉以松粉属-云杉粉属组合为特征，石壁梁沟组上段孢粉组合以藜粉属-蒿粉属-云杉粉属组合带为特征。石壁梁沟组下段、上段孢粉含量及组合特征与柴达木盆地下干柴沟组孢粉组合特征相似，依据石马沟组所含介形类化石、植物化石、孢粉组合特征将其时代对比定为中新世。

红石梁组含有介形类化石 *Cpris subglobosa*（近球形金星介），*Limnocythere* aff. *prasalowi*（普氏湖花介），*L . lenui*（软弱湖花介），*L. iliensis*（伊梨湖花介），*C . infragilis*（坚毅小璃介），*Cyclocypris regularis*（规则球形介），*I. errabundis*（浪游土星介），*Candona rostrata*（后弯玻璃介），*Potadond arcuatus*（弓形河星介），*Candoniella aucta*（秀丽小玻璃介），*Ilyocypris kitons*（奇台土星介）及腹足类 *Corbicula largillieri*（湖兰蚬），*Corbicula fluminea*（河兰蚬），*Gyraulus coretus*（肥大小旋螺）及 *Rodentia* get. et sp. indet（齿齿目）等化石。红石梁组下段孢粉组合以藜粉属-菊科-云杉粉属组合带为特征，红石梁组上段孢粉组合以自下而上为云杉粉属-蒿粉属-藜粉属-桦粉属组合带、藜粉属-云杉粉属-松粉属-禾本粉属组合带为特征。红石梁组孢粉组合特征和生物面貌基本可以与柴达木盆地上油沙山组对比，时代属上新世早期，红石梁组上段含大量孢粉组合，以含大量藜科、蒿粉科、松科植物孢粉为代表，总体可与狮子沟组对比，时代属上新世晚期。综合红石梁组所含介形类、腹足等化石将其时代定为上新世。

油沙山组地层岩石组合可与该组正层型柴达木盆地油沙山剖面粉砂岩、泥岩、砂岩、砂质泥岩夹泥灰岩、砾岩透镜体等岩石组合进行对比，地层中含有介形类化石：*Cyprideis littoralis*，*Eucypris* sp. ，*Cyprinotus schooliosa*，含轮藻 *Charites molassisca*，时代为中新世晚期—上新世早期，测区油沙山组地层岩石组合相当于标准剖面中上段，时代为上新世。

第八节 志留纪弧后盆地与新生代陆相盆地沉积及演化

一、志留纪弧后盆地沉积

东昆仑祁漫塔格山中南部发育志留纪鸭子泉组岛弧火山岩，在其北部发育深水相的志留系白干湖组浊积岩，表明志留系白干湖组属祁漫塔格弧后盆地沉积，这对研究本区地质构造演化具有重要意义。

1. 岩石学特征

志留系白干湖组浊积岩根据粒度变化，划分为上、下两部分。白干湖组下部浊积岩主要为中—厚层状岩屑杂砂岩局部夹含砾砂岩、中层状凝灰质长石石英粉砂岩、薄层粉砂质泥岩夹（含黄铁矿）碳质板岩；白干湖组上部浊积岩主要为中层状长石石英砂岩、薄层状凝灰质粉砂岩，粉砂质板岩夹碳质板岩。白干湖组浊积岩在宏观上呈韵律层，韵律层厚度一般 10～80cm，表现为“复理石”特征。白干湖组从下部到上部碎屑粒度逐渐由粗变细，层厚逐渐变薄，砂岩逐渐减少，板岩（页岩）逐渐增加，反映水体逐渐变深。

浊积岩中的砂岩大都是杂砂岩，主要为岩屑砂岩、长石石英砂岩、凝灰质长石石英粉砂岩等，粒度分布范围 0.05～1.5mm，碎屑为岩屑（泥岩、板岩、粉砂岩、片岩、火山岩等）、长石、石英、长石晶屑、石英晶屑等，岩屑 1%～20%，长石 10%～30%，石英 45%～60%，呈棱角状—次圆状，杂基含量 15%～25%，颗粒—杂基支撑，钙质、硅质、铁质、泥质呈孔隙式—基底式胶结。总体表现为结构成熟度和成分成熟度较低。

2. 鲍马序列组合特征

通过野外地质调查，白干湖组下部浊积岩鲍马序列主要有 ABC、AE、BC、BE、BCE 段组合，以中厚层砂岩为主，均以鲍马序列 A 段或 B 段开始，D 段不发育，E 段较薄；白干湖组上部浊积岩鲍马序列主要有 AE、BC、BCE、BCD、BCDE、CDE 段组合，薄—厚层砂岩为主，大部分以鲍马序列 A 段或 B 段开始，少量从 C 段开始，D 段发育，E 段出现频率较高。鲍马序列统计特征见表 2－2，鲍马序列主要结构见图 2－24。

表 2－2　白干湖组鲍马序列统计特征表

层位	鲍马序列各段平均厚度(mm)及百分比(%)					鲍马序列类型及百分比(%)						砂页岩比	近源指数(%)	浊积相
	A	B	C	D	E									
下部	320	473	240	—	107	ABC	AE	BC	BE	BCE	—	9.61	60.0	中扇 B 相
	28.1	41.5	21.0	—	9.4	10	10	50	10	20	—			
上部	298	335	191	158	177	AE	BC	BCD	BCE	BCDE	CDE	4.63	57.1	中扇 C 相
	14.9	33.5	23.9	9.9	17.8	28.6	28.6	14.3	7.1	7.1	14.3			

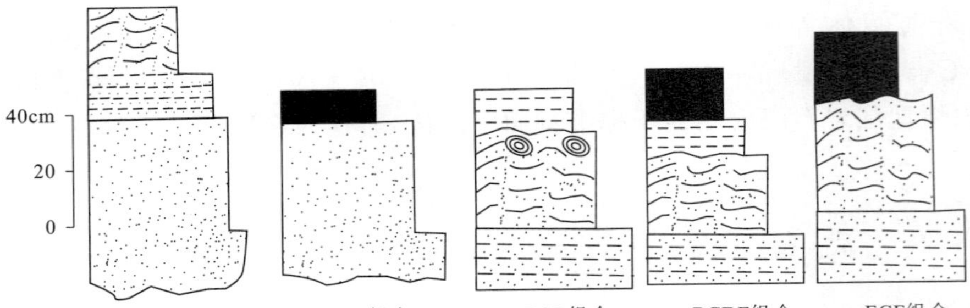

图 2－24　白干湖主要鲍马序列结构图

鲍马序列中沉积构造发育：A 段底部常发育冲刷、印模、工具痕等构造，一般冲刷面凹凸不平，重荷模、压刻痕具有较强的方向性，A 段下部表现为粒序层理，A 段上部表现为块状层理；B 段显示为平行层理；C 段为波纹层理、包卷层理和泄水构造；D 段为平行层理；E 段发育水平纹理，偶见生物逃逸构造。

3. 粒度分布特征

经粒度分析，白干湖组浊积岩碎屑含量 75%～85%，杂基含量 15%～25%，碎屑平均值 3.152～3.810ϕ，杂基粒径主要集中在 6ϕ（图 2－25）。粒度标准差 0.821 8～1.520、偏度

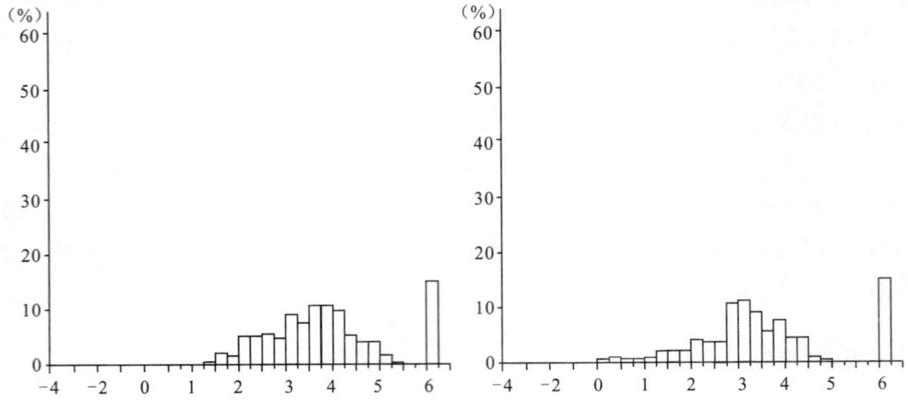

图 2－25　白干湖组粒度分布频率直方图

－0.741 7～0.753 2、尖度 2.707～3.429。粒度分布概率累积曲线见图 2－26，其特点是粒度分布区间很宽，悬移总体含量大，分选差，而且曲线斜率低，一般悬移总体含量大于 85%，粒度分布范围是 1.5～4.5ϕ，一般曲线斜率 30°～40°；跳跃总体无或含量低，分选稍好，一般含量小于 10%，粒度分布范围是 0.8～1.5ϕ，一般曲线斜率 50°左右；跳跃总体向悬移总体呈过渡接触，S 截点分布较宽。

4. 古流向特征

白干湖组下部发育冲刷构造、冲刷印模构造、工具痕、波状层理、包卷层理等指示古流向构造。根据野外统计，白干湖组古流向 320°～50°（图 2－27），总体向北，没有优势方位，呈扇形分布，是浊流沉积的典型标志之一。

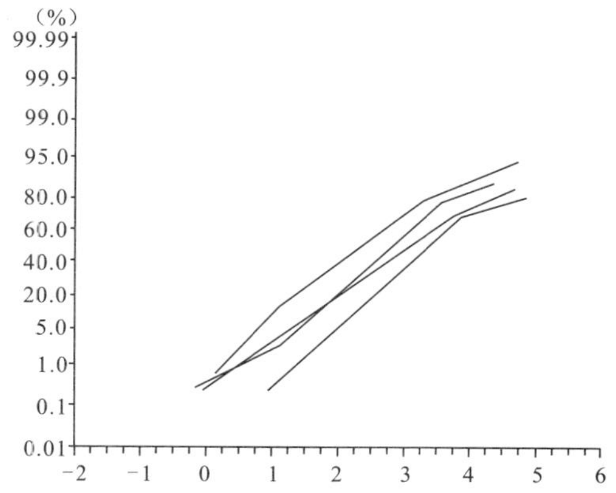

图 2－26　粒度分布概率累积曲线图

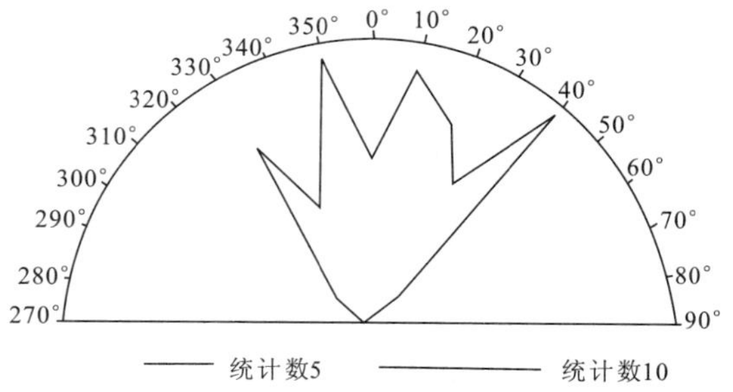

图 2－27　白干湖组古流向玫瑰花图

5. 沉积环境

根据白干湖组岩石结构成熟度和成分成熟度较低、发育鲍马序列、粒度分布区间很宽、粒度分布概率累积曲线斜率低、古流向呈扇形分布，发育有海相深海浮游生物化石（笔石），可以确定其为海相浊积岩。

白干湖组下部浊积岩主要为中—厚层状粗—细粒岩屑杂砂岩局部夹细砾岩、中层状中—细粒长石石英杂砂岩夹碳质页岩，砂页岩比 9.61∶1，近源指数 60.0%，根据 Walker 和 Mutti 于 1967 年提出的浊积相分类，其形成于浊积扇中扇环境，属浊积相的 B 相；白干湖组上部浊积岩主要为中层状中—细粒长石石英杂砂岩、薄层状细粒凝灰质杂砂岩与页岩，砂页岩比 4.63∶1，近源指数 57.1%，根据 Walker 和 Mutti 于 1967 年提出的浊积相分类，其形成于浊积扇中扇环境，属浊积相的 C 相。因此，东昆仑祁漫塔格山志留纪白干湖组形成于大陆斜坡浊积扇中扇环境，属浊积相的 B、C 相，从下到上浊积扇向海推进，水体逐渐变深，岩石粒度逐渐变细。

二、新生代陆相盆地沉积及演化

库木库里盆地位于新疆维吾尔自治区若羌县东南部东昆仑西段的青藏高原北缘，夹持于祁漫塔格南缘断裂和阿尔额山之间，地理坐标：东经 88°—91°、北纬 36°50′—37°40′之间。库木库里盆地呈菱形，东西长约 250km，南北宽约 70km，呈东西向展布，面积约 17 500km²（图 2－28）。

它是由渐新世开始断陷，上新世末褶皱隆升造山，更新世—全新世又下降，在盆地东北部阿牙克库木湖和西南部阿其克库勒湖两隅接受沉积，至目前尚未消亡的阿牙克库木湖以南、阿其克库勒湖以北、库木布彦山以东、布伦台以西的新生代山间断陷高位盆地。盆地的萌生、发展、消亡与印度板块向欧亚板块俯冲碰撞作用的远程效应有关。

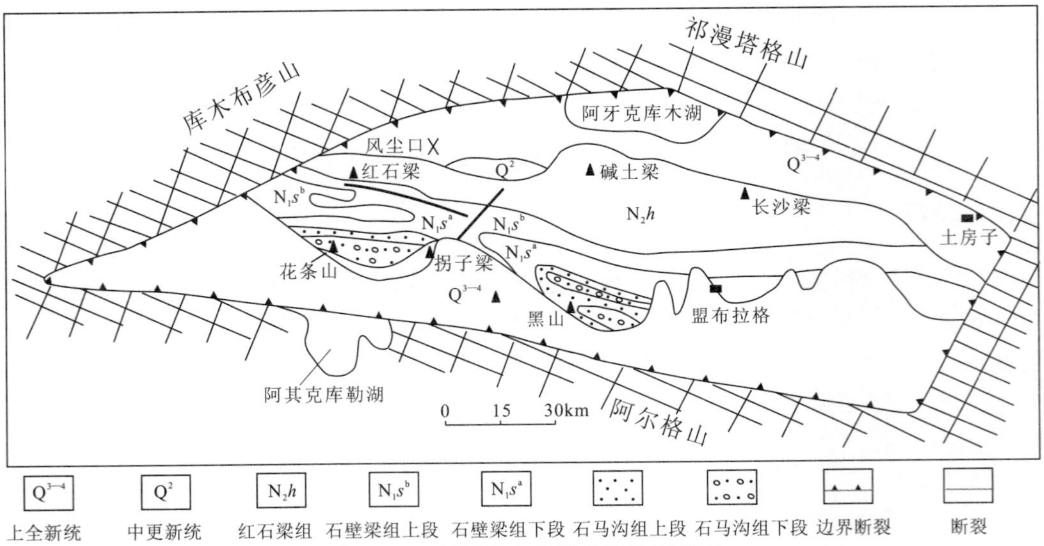

图 2－28　新疆库木库里盆地地质简图

根据岩石组合、生物组合、相标志特征、剖面结构类型、碎屑物结构等宏、微观标志，以及地层内部结构、空间配置关系，从中可以识别出 10 种微相、6 种亚相，归并为冲积扇、河流、湖泊三角洲、浅湖和半深湖 5 种相（表 2－3）。

表 2－3　古近纪—新近纪沉积相划分表

相	亚相	微相	岩石组合	原生沉积构造	生物组合	其他
半深湖			深灰色含碳泥岩、粉砂质泥岩	水平层理	植物叶片	单层厚度 5～20cm，横向延伸远
浅湖			粉砂岩、粉砂质泥岩、石膏、石盐等	水平层理、平行层理、对称波痕	植物叶片、介形虫、腹足类	
湖泊三角洲	湖泊三角洲前缘	远岸砂坝	长石石英细砂岩、粉砂岩	平行层理、波状层理、干涉波痕	生物碎片	平板状砂体，单层厚度 20～60cm，横向延伸较远
		近岸砂坝	中粗粒砂岩、细砂岩	平行层理、斜层理、块状层理	垂直钻孔	下平上凸砂体、单层厚度 50～120cm，横向延伸不远
		分流间湾	泥岩、粉砂质泥岩	水平层理	水平遗迹化石、完整植物化石	单层厚度薄，横向延伸不远
		水下河道	含砾砂岩、中粗粒砂岩	大型斜层理、粒序层理、冲刷构造		下凸上平砂体，强烈底冲刷
	湖泊三角洲平原	洪平原	粉砂质泥岩、粉砂岩	水平层理、透镜状层理	植物碎片、平面遗迹	
		天然堤	粉砂岩、细砂岩	小型交错层理	植物碎片	
		分流河道	细砾岩、含砾砂岩	大型交错层理、平行层理、粒序层理		下凸上平砂体，强烈底冲刷
河流	辫状河	心滩	中细砾岩、含砾砂岩、粗砂岩、粉砂岩	槽状层理、大型交错层理、粒序层理、		透镜状砂体，延伸不远
冲积扇	扇缘	扇缘	中细砾岩、含砾砂岩、粗砂岩	块状层理、平行层理		砾岩厚度大
		扇上水道	细砾岩、含砾砂岩、粗砂岩	槽状层理、大型交错层理、正粒序层理、底冲刷		强烈底冲刷

沉积相的变化表现为在纵向上和平面上的变化，它们均具有一定的变化规律。

1. 沉积相展布特征

1）沉积相的纵向变化特征

古近纪—新近纪沉积相在纵向上的变化如图 2－29。石马沟组在花条山剖面上明显表现为由

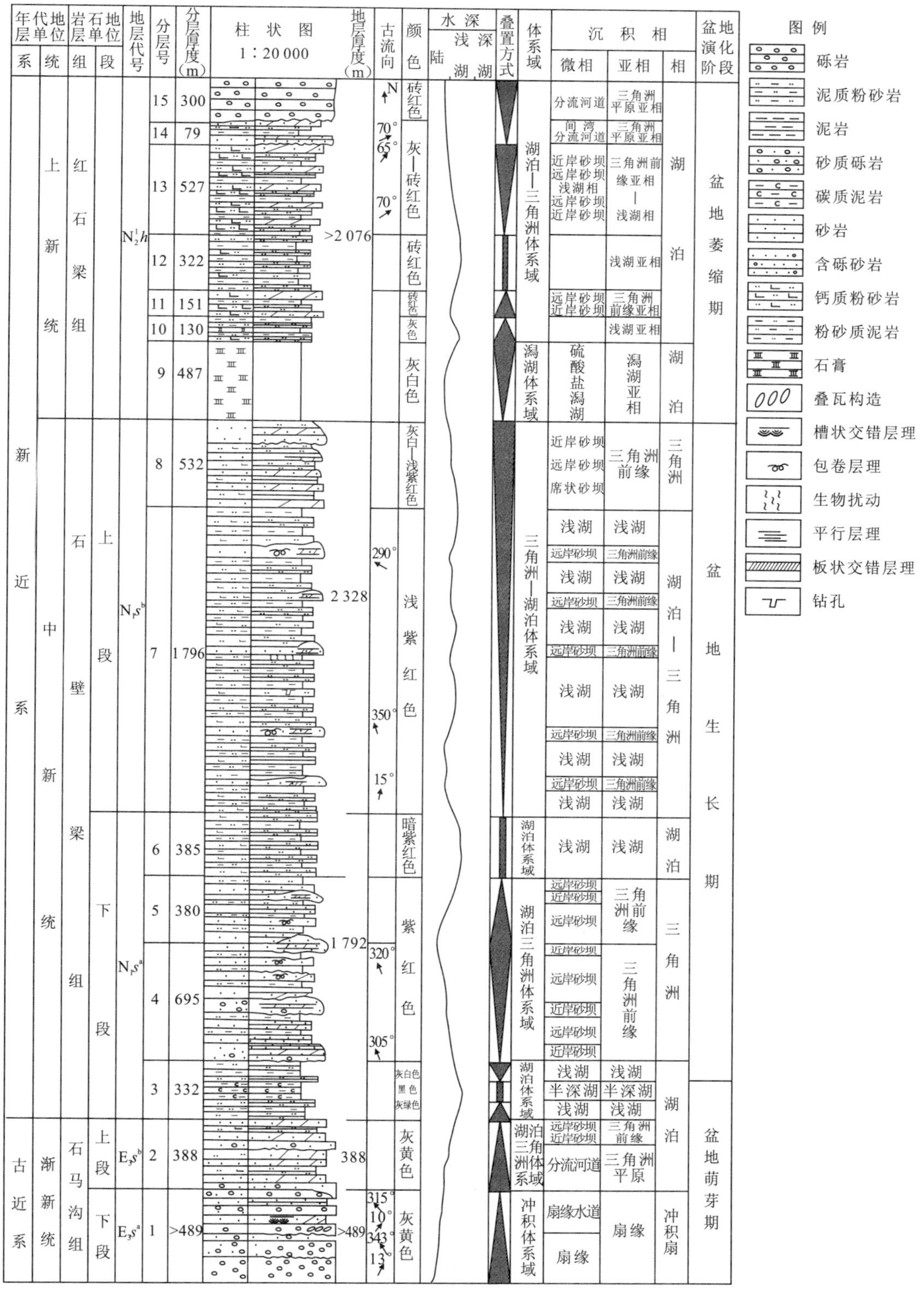

图 2-29 古近系—新近系综合地层柱状图

下部的冲积扇相和上部的湖泊三角洲相组成。相剖面上自下而上分为扇缘、扇上水道、河流、湖泊三角洲平原亚相和湖泊三角洲前缘亚相，在靠近沉积中心的亚鲁古祖布拉格一带出现了有限的浅湖粉砂质泥岩沉积，总体反映了水体从早至晚变深的特点，反映盆地开始发育。

石壁梁组则显示了两个由半深湖、浅湖向湖泊三角洲相演化的特点。与石马沟组相比，该组沉积相所反映的粒度偏细、层理规模变小，浅湖相中出现了碳酸盐岩、高盐沉积，表明盆地演化趋于成熟、稳定的特点。

红石梁组仅在盆地中心出现湖相沉积，以石膏、碳酸盐岩等化学岩类和细碎屑岩为特色，并出现浅湖相至湖泊三角洲前缘亚相的频繁交替(图 2－30)；而在盆地边缘均为三角洲到冲积相沉积，且以扇中亚相扇上水道、扇上堤等粗碎屑为主，反映为构造活化期盆地逐渐萎缩消亡的过程。

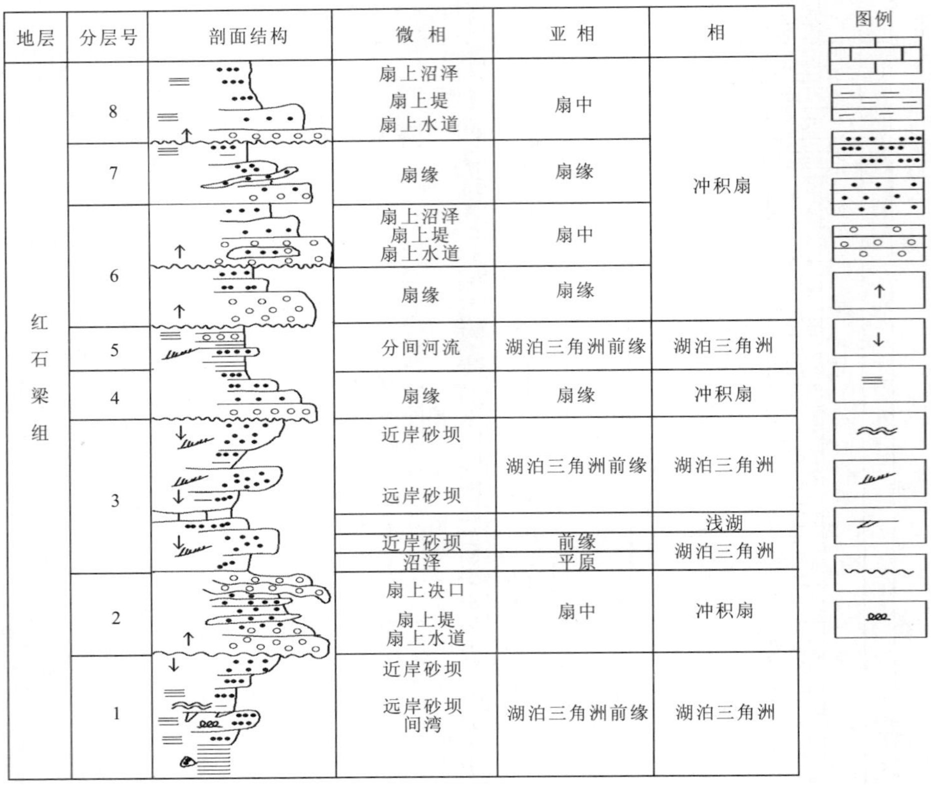

图 2－30 乱石沟地区红石梁组剖面结构图

2)沉积相的横向展布特征

石马沟组沉积相在平面上展布如图 2－31。石马沟组分布于红石口—盟布拉格以南，大沟岔—

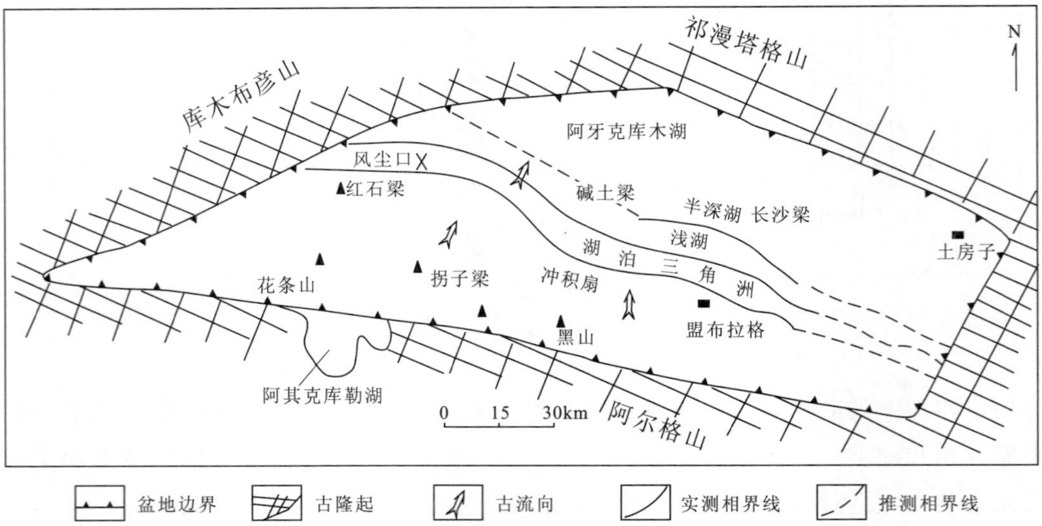

图 2－31 石马沟组相平面展布图

阿其格库勒以北地区，其他地区未出露。拐子梁—大黑山以南为大规模的冲积扇体，内部可见扇上水道、扇上决口及扇沼等微相组合，碎屑物成分以盆地南缘的上古生界碳酸盐岩为主。槽状交错层理的槽轴方向近南北向；在测区石马沟组未发现湖泊相沉积，可能其埋藏于现在石马沟组以北地区，没有露出地表。同时在石马沟组未发现向南、向东的古流向标志，可能是没有出露地表所致。

石壁梁组沉积相在平面上的展布特征如图 2－32。由于石壁梁组北部向北倾伏，其北部地区未出露地表，相平面展布在平面上呈不完整形态，总体上呈半同心环状分布，沉积相为三角洲相、浅湖、半深湖相，未发现冲积扇相。浅至半深湖相分布于梯子梁—大黑山北侧，皮提勒克河以西。据南北向的路线剖面控制及古流相标志分析，红石梁以南也存在面积不大的浅湖相。

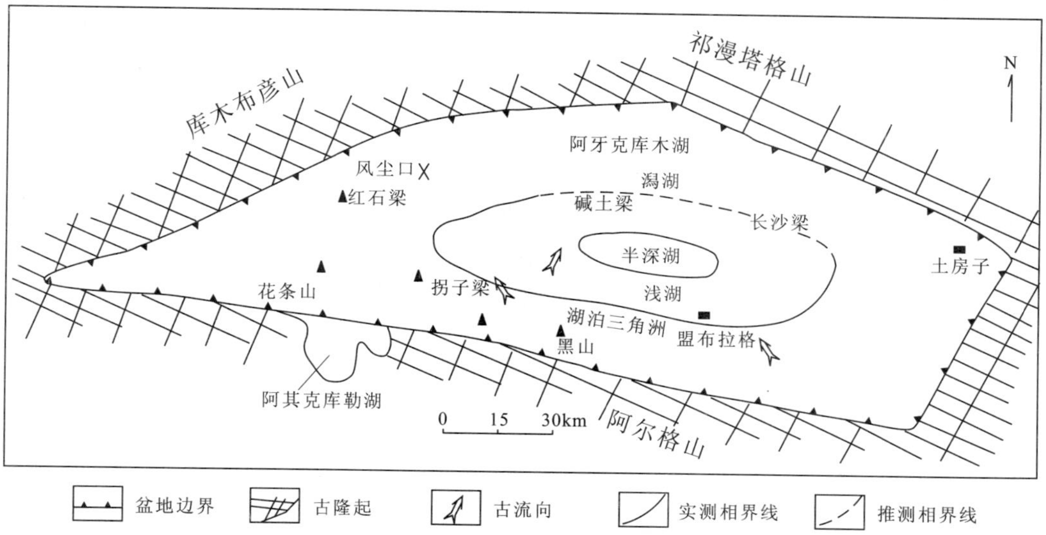

图 2－32 石壁梁组相平面展布图

红石梁组沉积相在平面上的展布特征如图 2－33。仅见于红石梁、梯子梁—大黑山以北地区，红石梁以北乱石沟一带和碱土梁以东地区主要表现为冲积扇、湖泊三角洲相组合，在梯子梁以北、碱土梁以南浅湖相、潟湖相构成。从古流向、物源和西侧的湖泊三角洲相形态指示库木布彦山为重

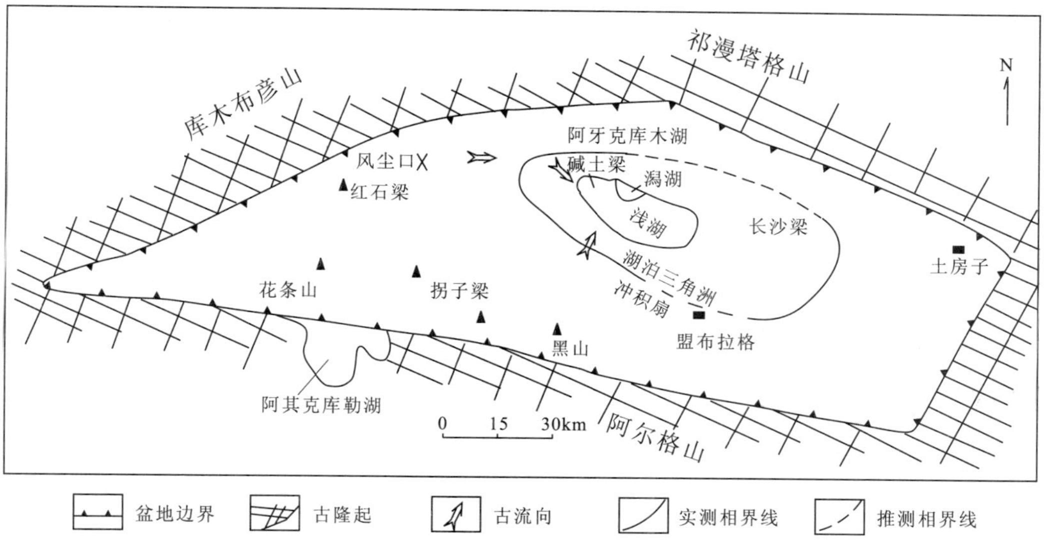

图 2－33 红石梁组相平面展布图

要的碎屑物供给区。古流向是研究盆地古地理和结构的重要方法，它有助于确定沉积走向、古坡向和物源区。根据剖面和路线地质填图所测定的波痕、大型槽状层理的槽轴及交错层理前积纹层倾向等指向构造的统计分析，不同时期有不同的古流向体制。

石马沟组古流向以单向为主，变化范围从345°～30°，总体表现为由南向北（见图2-31）；石壁梁组古流向与石马沟组古流向相似，变化范围从305°～15°，基本表现为由南向北（见图2-32）；红石梁组古流向体制发生了显著变化，古流向转为65°～70°方向，由原来的南北向变为以东南方向为主（见图2-33）；更新世、全新世古流向变化较大，总体表现为向盆地边缘发散。

2. 盆地的古流向体制和古地理格局

从古流向体制分析可以得出：渐新世—中新世（石马沟组—石壁梁组）古地势表现为南高北低，而北部地区地形与盆地高差可能较小；上新世（红石梁组）盆地周围的古地理格局发生了较大的变化，盆地古流向由原来的南北向转为东西向，表明盆地地势变为西高东低，西部出现冲积相、湖泊三角洲相沉积，东部地区主要表现为湖相沉积，也说明古地势是西高东低的。

3. 盆地的陆源碎屑特征与物源区构造背景分析

1）盆地的陆源碎屑成分特征

测区的陆源碎屑岩类包括砾岩、砂岩、粉砂岩。

（1）砾岩。主要分布于黑山、白土滩和花条山一带石马沟组下段，库木布彦山风尘口—乱石沟、阿牙克库木湖南的长沙梁等地的红石梁组中（表2-4）。

表2-4　古近系—新近系砾岩特征表

地层单位	岩石名称	出露位置	砾石成分	结构	
				砾径（mm）	磨圆度
红石梁组	中—细砾砾岩	红石梁	砂岩、生物灰岩、砂砾岩	2～12	浑圆
	中—细砾岩屑砾岩	风尘口—乱石沟	砂岩、砂砾岩、花岗岩、石英岩	2～15	次棱角状—次圆状
石马沟组	中—粗砾岩屑砾岩	黑山、白土滩和花条山	生物灰岩、白云岩、砂砾岩、砂岩、泥岩、板岩	2～500	次棱角状

主要有长石岩屑砂岩、岩屑长石砂岩、岩屑杂砂岩和长石石英砂岩。它们往往作为一个基本层序或旋回的开始，可构成河道、近岸沙坝、远岸沙坝、天然堤等多种微相，是古近系—新近系沉积的主要类型。现将库木库里盆地砂岩特征列于表2-5。镜下统计显示，区内砂岩碎屑含量明显偏低，岩屑含量介于20%～56%，且多含2%～3%的灰泥铁尘杂基，成分成熟度低。岩屑成分主要有泥岩、千枚岩、板岩和火山岩，但各岩石地层所含岩屑成分又有差异。红石梁组为含铁泥岩、板岩、千枚岩和安山岩；石壁梁组出现了花岗岩；石马沟组大量出现的石灰岩、白云岩岩屑有别于其他地层。基本可以反映物源区以物理风化作用占主导地位、搬运距离不大、具重力流和牵引流搬运的双重特点。值得一提的是石马沟组中上部可见1%～5%的方沸石胶结物，是进一步划分岩石地层单位的微观标志。

（2）砂岩、粉砂岩。为新生界的主要岩石类型，一般为灰绿色、黄褐色韵律状产出，常见有钙质粉砂岩、泥质粉砂岩和岩屑粉砂岩。粉砂成分可分为单矿物石英、长石、云母和复成分（泥岩、千枚岩、板岩、火山岩、碳酸盐岩），胶结物多为方解石，其次为绿泥石、石膏、硅质等。成分成熟度为不成熟至准成熟，反映了搬运距离不太远和风化作用不彻底的特点。

表 2-5 古近系—新近系砂岩成分特征表

地层单位	岩石名称	样品数	碎屑(%)			岩屑		胶结物		杂基	
			石英	长石	云母	成分	含量(%)	成分	含量(%)	成分	含量(%)
红石梁组	岩屑长石砂岩	1	46	30	4	泥岩、火山岩等	20	石膏	24	—	—
	长石岩屑砂岩	6	32	27	—	泥岩、火山岩等	41	石膏	10	泥铁尘	3
	长石岩屑杂砂岩	2	31	26	—	泥岩、火山岩等	43	铁质	9	灰泥铁质	15
石壁梁组	长石岩屑砂岩	2	42	25	3	碎屑岩、变质岩、火山岩	30	钙质	16	—	—
	长石岩屑砂岩	5	30	30	4	碎屑岩、变质岩、火山岩	36	钙质	28	铁尘	1
	长石岩屑砂岩	5	35	25	4	碎屑岩、变质岩、火山岩	36	钙质	28	铁尘	1.5
	长石岩屑杂砂岩	1	25	30	1	碎屑岩、变质岩、火山岩	44	钙质 硅质	20	铁泥质	15
石马沟组	长石岩屑石英砂岩	6	53	20	4	碳酸盐岩	23	钙质 铁质	14 1	灰泥	3
	岩屑长石砂岩	11	25	45	1	碳酸盐岩	29	钙质 硅质 方沸石	9 2 1	灰泥铁尘	2
	长石岩屑砂岩	23	35	25	2	碳酸盐岩	38	钙质 方沸石	15 2	灰泥	3
	长石岩屑杂砂岩	2	20	22	2	碳酸盐岩	56	钙质 方沸石 绿泥石	15 4 1	灰泥铁尘及酸性熔岩	15

综上所述,石马沟组碎屑成分主要为碳酸盐岩,其次为砂砾岩、砂岩、泥岩、板岩、石英岩,显示物源主要来自于沉积岩,而且主要是碳酸盐岩地层,反映与南部晚古生代沉积建造一致。石壁梁组碎屑成分主要为砂砾岩、砂岩、泥岩,其次为碳酸盐岩、板岩、石英岩,显示物源主要来自于碎屑岩;而红石梁组碎屑成分中花岗岩所占比例有较大增加,结合古流向分析其物源来自于盆地西部。

2)盆地的陆源碎屑结构特征

一般将磨圆度、分选性、填隙物性质及含量作为岩石结构成熟度的衡量标准。根据薄片观察,现将库木库里盆地古近系—新近系碎屑岩结构类型统计结果列于表 2-6。

表 2-6 古近系—新近系碎屑岩结构类型统计表

地层单位	样数及含量	分选性				磨圆度			胶结类型		
		好	较好	中等	差	棱角	次棱角	次圆	孔隙	基底	镶嵌
红石梁组	样数	4	2	2	6	7	5	2	6	3	2
	含量(%)	29	14	14	43	50	36	14	55	27	18
石壁梁组	样数	5	3	1	—	2	7	1	9	—	—
	含量(%)	56	33	11	—	20	70	10	100	—	—
石马沟组	样数	23	5	12	6	10	21	15	37	4	5
	含量(%)	50	11	26	13	21	46	33	80	9	11

从表 2-6 可以看出，碎屑岩分选性较好，磨圆度以次棱角状为主，胶结类型以孔隙式占优势，少量基底式胶结，结构成熟度中等至较好。石马沟组结构成熟度中等，分选性好者占 50%，次棱角至次圆状可达 80%，胶结类型以孔隙式占优势；石壁梁组结构成熟度高，分选性好者占 56%，较好者占 33%，次棱角状达 70%，全为孔隙式胶结；红石梁组结构成熟度低，分选性差者占 43%，棱角状占 50%，基底式胶结占 27%，显示近源高密度流产物。

综上所述，石壁梁组结构成熟度最高，石马沟组结构成熟度其次，红石梁组结构成熟度最低并显示近源高密度流特征，总体表现为盆地演化早晚期碎屑岩成熟度较低，盆地演化中期碎屑岩成熟度较高。

3）盆地物源区构造背景分析

石马沟组碎屑成分以碳酸盐岩为主，而红石梁组碎屑成分中花岗岩所占比例有较大增加，结合古流向分析，盆地早期物源来自于盆地南部的昆中结合带及其南部，盆地晚期物源来自于盆地西部的库木布彦山。

我们对石马沟组、石壁梁组、红石梁组砂岩的碎屑成分在 Q－F－L 图解上进行投点，结果均投入再旋回造山带物源区（图 2-34），表明盆地物源区构造背景以再旋回造山带为显著特征。

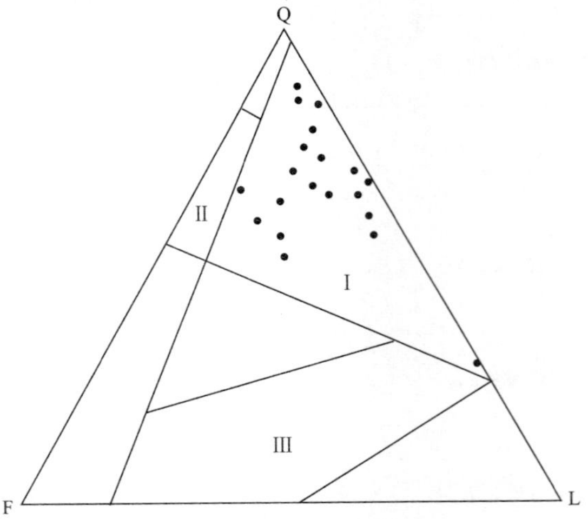

图 2-34　砂岩 Q－F－L 图解

Ⅰ. 再旋回造山带；Ⅱ. 大陆板块；Ⅲ. 岩浆岛弧型

4）盆地的形成演化过程

通过盆地充填地层、层序地层、沉积相、古流向体制与古地理格局和物源区构造背景分析，库木库里盆地从渐新世形成，大致经历了渐新世—早中新世盆地萌芽阶段、中中新世—晚中新世盆地的生长发育阶段，上新世盆地萎缩阶段 3 个演化阶段（图 2-35）。

（1）渐新世—早中新世盆地萌芽阶段。为盆地初始充填阶段，由于青藏高原的快速隆升，导致高原内部产生扇形开裂，发生差异升降，使库木库里地区周缘控盆断裂下陷，库木库里盆地开始萌芽，首先在盆地南部花条山—大黑山一带接受了石马沟组下段冲积扇、河流相沉积，随着盆地的稳定沉降，陆源碎屑物源源不断地向盆地由南向北输

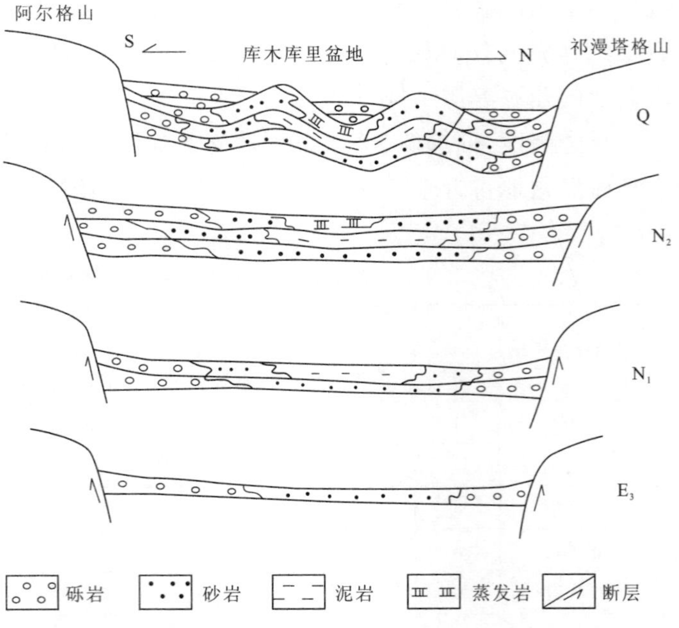

图 2-35　库木库里盆地形成演化过程模式图

送，在冲积相之上沉积了石马沟组上段三角洲相沉积和石壁梁组下段下部湖相沉积，盆地范围不断扩大，盆地水体由南向北依次加深，沉积环境逐渐由强氧化环境转化为还原环境，气候逐渐由寒冷干燥转变为温暖潮湿。

经过比较长时间的风化剥蚀作用，在石马沟组上段沉积了 3～5 层砂砾岩型铜矿化层，形成本区重要的含矿层位。

(2)中中新世—晚中新世盆地的生长阶段。随着盆地早期沉积物的逐渐充填淤平，盆地逐渐趋于成熟，在盆地边缘接受了三角洲相沉积，盆地中心为浅湖、半深湖相沉积，沉积中心在梯子梁—大黑山之北，总体上反映为粒度较细、成熟度较高的稳定型沉积建造。由于高原的振荡隆升作用，由早到晚盆地经历了两个由浅水到深水演化的湖侵到湖退体系演化序列。该阶段盆地范围最大，沉积物分布最广，碎屑物粒度最细，总体为半氧化到还原环境，气候表现为温暖半干旱。

(3)上新世盆地的萎缩阶段。上新世受高原快速隆升作用的影响，盆地逐渐萎缩，一方面沉积范围缩小，另一方面湖水逐渐变浅，在盆地中心出现了潟湖相膏盐沉积，在盆地边缘为三角洲到河流、冲积扇粗碎屑沉积，表现为湖退沉积组合。由早到晚，沉积物由细变粗，沉积环境由还原到氧化，气候表现为炎热干燥。

该阶段形成了石膏、石盐等丰富的蒸发盐类矿产。在上新世末，受青藏运动影响，全区最终上升为陆。

第九节　重要地层界线及重要地质问题讨论

一、重要地层界线讨论

1. 上元古界冰沟岩群与下古生界地层界线讨论

根据区域已有资料分析本区缺失南华纪—震旦纪沉积，中上元古界冰沟岩群与下古生界白干湖组之间受后期构造改造表现为断层接触，虽然该界面经构造改造，但从地层缺失、建造差异、构造样式、变形变质等比较分析，可以确定该不整合接触界面的存在，它是塔里木运动的结果。

2. 上泥盆统与下伏地层界线讨论

在东邻青海省茫崖镇南奥陶系—志留系滩间山群与上覆含上泥盆统的黑山沟组呈角度不整合接触，不整合面凹凸不平，不整合面之上为山麓—河湖相磨拉石沉积，它是加里东运动的结果，它使祁漫塔格地区结束了海相发展历史褶皱隆起成陆。

二、重要地质问题——祁漫塔格群的解体

祁漫塔格群(原滩间山群)包含了蓟县纪碳酸盐岩，奥陶纪大陆边缘楔陆源碎屑岩和碳酸盐岩、古生代蛇绿岩、志留纪岛弧火山岩、志留纪弧后复理石浊积岩、三叠纪陆相火山岩等复杂的不同时代、不同环境、不同生物面貌的物质组成，根据测区的祁漫塔格群的解体，划分为狼牙山组、滩间山群、蛇绿岩、鸭子泉组、白干湖组、鄂拉山组，其中鸭子泉组、白干湖组为本次工作新建的地层单位。鉴于祁漫塔格群(原滩间山群)分布区域广，其物质组成可能有差异，因此，祁漫塔格的解体还有待于进一步完善。

第三章 岩浆岩

测区岩浆岩分布较为广泛，岩石种类多，侵入活动频繁。从中元古代—古生代—中生代均有岩浆活动，超基性岩、基性岩、中性岩、酸性岩均有出露，且以古生代中—酸性岩为广，其时、空展布受区域断裂控制，具有一定的规律性。按岩浆岩所形成的构造环境、时代等划分托格热萨依构造岩浆岩带和祁漫塔格构造岩浆岩带(图 3-1)。测区构造岩浆岩带自西向东在时间上有从早到晚之演化趋势。测区两个构造岩浆岩带中，共圈定百余个侵入体，出露面积约 1 100km^2，占测区总面积的7.5%。

对于岩浆岩，采用国际地质科学联合会(IUGS)火成岩分类委员会(Streckeisen，1973；Le Maitre，1989)推荐的深成岩类实际矿物定量分类方案和邱家骧等岩浆岩分类方案进行分类、命名，且对于同源岩浆演化形成的侵入体，建立了单元、归并了超单元等岩石谱系单位，将形成于大体相同环境、时代大致相当的岩浆岩的空间组合，归并为同一构造岩浆带。

下面对测区岩浆岩按不同构造岩浆岩带分述如下。

第一节 托格热萨依构造岩浆岩带

托格热萨依构造岩浆岩带出露于测区西北角托格热萨依—巴什尔希一带，呈北东向展布于白干湖断裂以西。该岩浆岩带以早古生代晚期酸性岩浆侵入活动为主，中、新元古代基性火山活动次之。早古生代晚期巴什尔希超单元共划分单元 6 个、16 个侵入体，属加里东晚期板块内部花岗岩；中、新元古代基性火山岩分为早期的中元古代基性火山岩和新元古代基性火山岩。

一、中、新元古代基性火山岩

托格热萨依—巴什尔希一带的中、新元古代基性火山岩，层位隶属于前震旦纪小庙岩组、丘吉东沟岩组，变质较浅，依据其成分特征、构造环境及其形成时代可分为中元古代基性火山岩、新元古代基性火山岩。

1. 中元古代基性火山岩

中元古代基性火山岩分布于中元古代金水口岩群小庙岩组。受区域变形变质作用及构造变形变质作用影响，主要岩石类型有变玄武岩、钠长阳起片岩、阳起方解石绿泥钠长绿帘片岩等。在变形变质作用较强地段变质为钠长阳起片岩、阳起方解石绿泥钠长绿帘片岩；在变形变质作用较弱地段，可见变玄武岩块体。火山岩一般出露宽度 3～25m，长几十米至数千米不等。与小庙岩组二云母片岩、黑云母片岩为片理面接触。小庙岩组的基性火山岩由于遭受变形变质作用改造，其火山机构、喷发韵律和喷发旋回已无法恢复，本书仅对基性岩岩石类型、地球化学特征及形成环境作如下探讨。

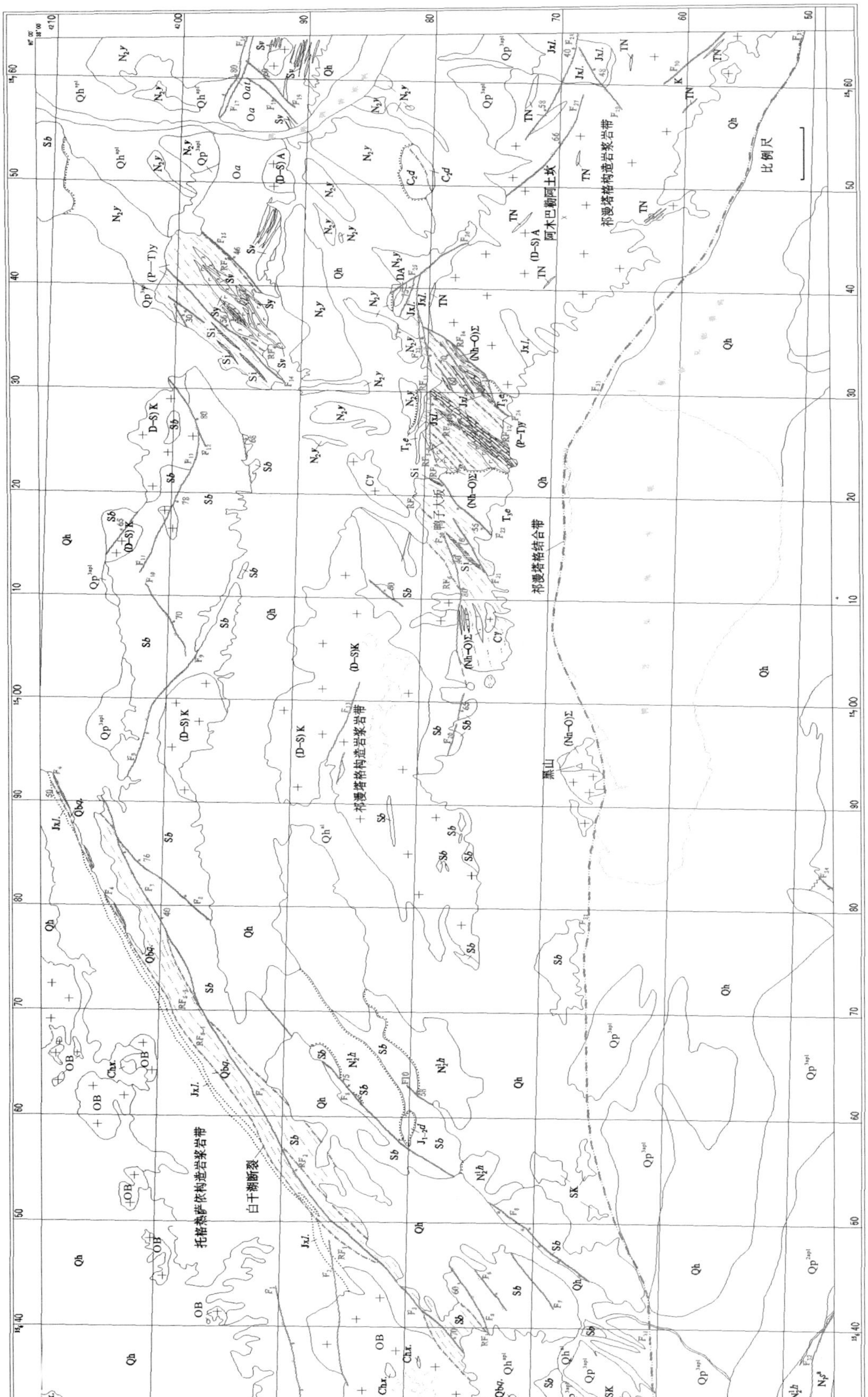

图3-1 阿牙克库木湖幅构造岩浆岩带分布图

图例

Qh 全新统；Sb 志留系白干湖组；(D—S)K 泥盆纪—志留纪库木拉格超单元；Qp^{3eol}/Qp^{3al} 更新统；Oat 奥陶系阿特阿特坎组；(D—S)A 泥盆纪—志留纪阿巴勒阿土坎超单元；N_1 新近系；Oa 奥陶系阿达滩组；Sv 志留纪阿特阿特坎基性岩脉；$J_{1-2}d$ 侏罗系大煤沟组；(Nh—O)Σ 南华纪—奥陶纪黑山构造蛇绿混杂岩；地质界线；(P—T)y 鸭子泉-鸭子大坂构造混杂岩；Qbq 青白口系丘吉东沟组；脆性断层及编号；T_3e 三叠系鄂拉山组；Jxl 蓟县系狼牙山组；韧性断层及编号；C_2d 石炭系缔敖苏组；Chx 长城系小庙岩组；片理化带及编号；Si 石炭系鸭子大坂硅质岩；TN 三叠系小尖山岩脉；航卫片解译区域断裂；Sy 志留系鸭子泉组；Cγ 石炭纪花岗岩；OB 巴什尔希超单元

1)岩石类型

变玄武岩　岩石呈暗绿色、绿灰色，一般呈长透镜状，具斑状结构、鳞片粒状变晶结构，块状构造。斑晶为自形板柱状斜长石，粒径2～4mm，斑晶含量5%～10%，基质具含长结构及粗玄结构，基质中矿物粒径0.1～0.5mm，主要组成矿物成分：斜长石40%～45%、阳起石25%～30%、绿泥石25%～30%及残留辉石和金属矿物等，其中斜长石呈自形长条状，杂乱分布，其空隙被残留阳起石、绿泥石、金属矿物所充填，局部阳起石中间辉石残留。岩石蚀变强烈，主要表现为辉石阳起石化、绿泥石化等。

钠长阳起片岩　岩石呈暗绿色、绿灰色，具粒状—纤柱状变晶结构，片状构造。主要组成矿物：阳起石大于80%、钠长石15%～20%，绿泥石、绿帘石少量，其中阳起石呈柱状变晶结构，粒径0.1～0.5mm，且定向平行分布，钠长石呈粒状变晶结构，粒径0.01～0.05mm，绿帘石、绿泥石等片状矿物沿片理面定向分布，岩石呈片状构造。

阳起绿泥钠长绿帘片岩　岩石呈灰绿色、绿色，显微鳞片、纤状—粒状变晶结构，变余凝灰质结构，片状构造。主要矿物：绿帘石30%～35%、阳起石10%～15%、绿泥石15%～20%、钠长石20%～25%、方解石10%～15%、石英5%～10%。其中钠长石、方解石、绿帘石及石英呈不等粒变晶结构，钠长石粒径大小不一，一般为0.03～0.3mm，部分具残余晶屑结构，方解石呈粒状变晶结构，粒径大小不一，多为0.03～0.4mm，绿帘石呈显微粒状变晶，粒径0.05～0.5mm，呈断续条纹状集合体，定向平行分布。石英为粒状变晶，粒径0.05～0.5mm，呈次棱角状及次圆状，少数为尖棱角状，保留变余晶屑结构；绿泥石为显微鳞片结构，片理面定向平行分布；阳起石为纤状及束状变晶且大致定向分布，岩石呈片状构造。经原岩恢复阳起绿泥钠长绿帘片岩原岩为基性凝灰岩。

绿帘钠长阳起片岩　岩石呈深灰—灰绿色，显微鳞片—纤状变晶、粒状变晶、变余凝灰质结构，片状构造。主要矿物：阳起石45%～50%、黑云母10%～15%、钠长石20%～25%、绿帘石10%～15%、石英5%，其中阳起石呈纤状、柱状变晶，粒径0.1～0.5mm，黑云母片径小于0.2mm×1mm，黑云母、阳起石等片、柱状矿物沿片理面呈定向平行分布。钠长石及钠黝帘石化斜长石、绿帘石呈不等粒变晶结构，长石粒径0.05～0.3mm，绿帘石及石英粒径小于0.1mm；岩石具变余凝灰结构，部分长石呈棱角状，可见已次闪石化的暗色矿物晶屑，片理面不平坦。从岩石变余凝灰结构及残余组构分析，其原岩为基性凝灰岩。

2)岩石地球化学特征

小庙岩组中玄武岩岩石化学成分、CIPW标准矿物计算及特征值见表3-1。由表可以看出，小庙岩组中玄武岩 SiO_2 含量为51.17%，属基性岩类，岩石 Al_2O_3、Na_2O+K_2O 含量较高，分别为17.12%、5.68%，K_2O/Na_2O 为1.85，属钾质型，σ值为3.95，属钙碱性岩，玄武岩A/CNK为1.22，属铝饱和型。玄武岩固结指数(SI)为18.5，反映其分离结晶程度较高，分异较好。采用Wright(1969)的AR-SiO_2图判别，样品落入过碱性岩区(图3-2)，采用Irvin(1971)的硅-碱图判别，样品

表3-1　小庙岩组岩石化学成分、特征值及CIPW矿物表

野外样品编号	岩石名称	小庙岩组岩石化学成分												
		SiO_2	TiO_2	Al_2O_3	Fe_2O_3	FeO	MnO	MgO	CaO	Na_2O	K_2O	P_2O_5	LOI	Σ
D0403-GS5	绿片岩化玄武岩	51.17	1.49	17.12	3.21	8.85	0.08	6.04	3.70	1.99	3.69	0.20	2.20	99.74

野外样品编号	岩石名称	小庙岩组岩石化学成分特征值						
		F_1	F_2	F_3	σ	SI	A/CNK	FeO^*/MgO
D0403-GS5	绿片岩化玄武岩	0.552	−1.121	−2.339	3.95	18.5	1.22	1.9

野外样品编号	岩石名称	小庙岩组CIPW标准矿物计算															
		Ap	Il	Tn	Mt	Hm	Or	Ab	An	Qz	C	Ac	Di	Hy	Ol	Ne	Lc
D0403-GS5	绿片岩化玄武岩	0.41	2.66	0.00	16.44	0.00	20.5	15.8	16.15	6.81	3.34		0.00	17.88	0.00		

注：样品由西安岩矿测试中心分析；单位为%

落入碱性系列区(图 3-3),采用邱家骧(1982)的火山岩硅-碱图判别,样品落入碱性玄武岩区(图 3-4)。综上所述小庙岩组中玄武岩为碱性玄武岩。

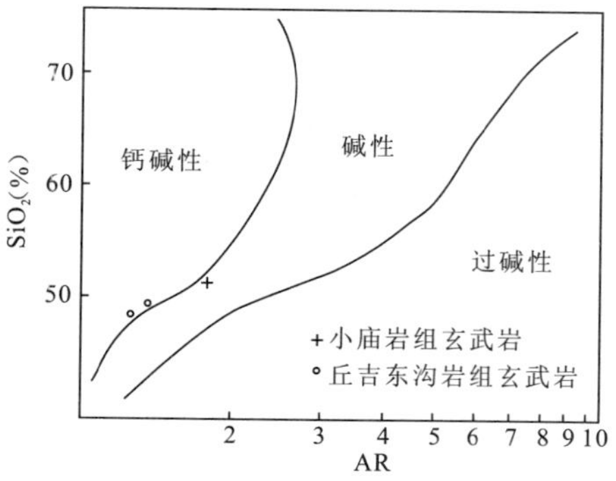

图 3-2　丘吉东沟岩组、小庙岩组玄武岩 AR-SiO_2
(Wright,1969)

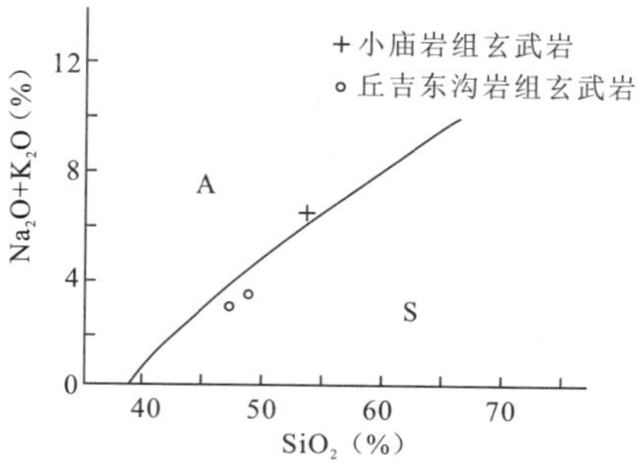

图 3-3　小庙岩组、丘吉东沟岩组玄武岩硅-碱图
(据 Irvine,1971)
S=亚碱性系列;A=碱性系列

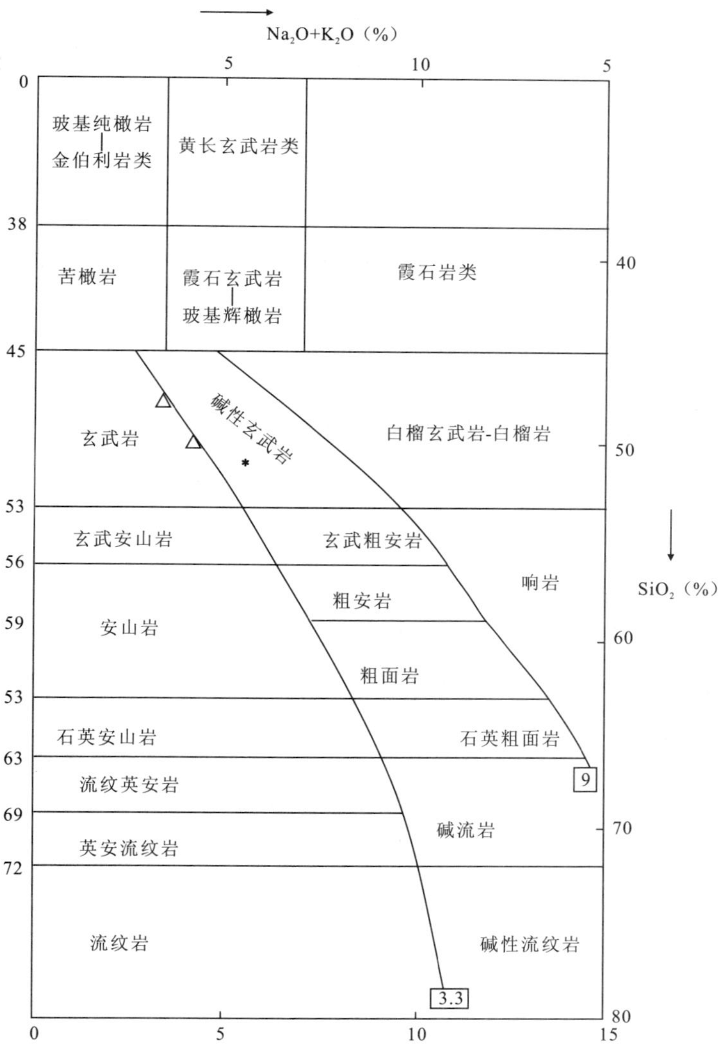

图 3-4　火山岩硅-碱、组合指数与种属名称图
(邱家骧,1979)
3.3、9 为组合指数(S)线;△丘吉东沟岩组;+小庙岩组

小庙岩组中玄武岩微量元素含量及多元素 MORB 标准化蛛网图解见表 3-2、图 3-5。从表 3-2、图 3-5 看：小庙岩组玄武岩微量元素 MORB 蛛网图呈倒“V”字形。玄武岩大离子亲石元素 K、Rb、Ba 为弱到中等到富集，Sr 弱亏损或弱富集型，Ba 处显谷，为负异常，高场强元素 Th 含量较高，属富集型，Hf、TiO_2(Ti)属弱富集型，Nb、Ta 含量正常，未显异常；蛛网图在 Ba 处显谷，为负异常；相容元素 Cr、Ni 贫化。小庙岩组中玄武岩微量元素 MORB 标准化蛛网图解显示 K 及 Rb、Ta、Nb、Zr 富集，与板块内碱性玄武岩特征相似。

表 3-2　小庙岩组中玄武岩微量元素含量表

地层	岩石名称	样品号	Ba	Nb	Zr	Sr	U	Rb	Th	Hf	Mn	Cr	V
小庙岩组	玄武岩	28	339	21	216	55	1.9	97	7	8	798	126	288
		32	35	8	180	252	1.7	35	8	6	1 053	65	251
		D0405-3	1 097	17	282	50	3.1	150	11	9	326	53	110
		样品号	P	Mo	Pb	Sn	Ta	Sc	K	Co	Ni	La	Ti
		28	680	0.45	18	2.2	1.4	21	1.71	19.3	52.9	25	10 855
		32	1 150	0.5	29	1.05	2.2	34	0.68	42.8	86.6	18	11 838
		D0405-3	352	0.4	7.8	2	1.1	12	4.33	13.8	23.9	18	4 400

注：样品由西安岩矿测试中心分析；除 K 含量单位为%外，其他均为$\times10^{-6}$

CIPW 标准矿物计算中以磁铁矿含量高为特征(见表 3-1)。

小庙岩组中玄武岩稀土元素含量及特征值见表 3-3、稀土元素球粒陨石配分模式见图 3-6。从表、图看：轻稀土元素总量为 189×10^{-6}，$(La/Sm)_N$值为 4.15，轻稀土元素模式曲线斜率较大，说明轻稀土元素分馏较为明显；重稀土总量 HREE=29.6×10^{-6}，总稀土元素重量较低，重稀土元素配分曲线平坦，说明重稀土元素分馏不明显；玄武岩稀土元素总量较高，$\sum$REE 值为 218.6×10^{-6}，轻、重稀土元素总量比值 LREE/HREE=6.41，$(La/Yb)_N$=11.17，轻、重稀土元素分馏明显，稀土元素球粒陨石配分模式曲线右倾，为轻稀土元素富集型；铕处显弱谷，δEu 为 0.70，铕具弱负异常。总之，小庙岩组玄武岩稀土元素总量较高，属轻稀土元素富集型。稀土元素球粒陨石配分模式与大陆内碱性玄武岩配分模式相似。

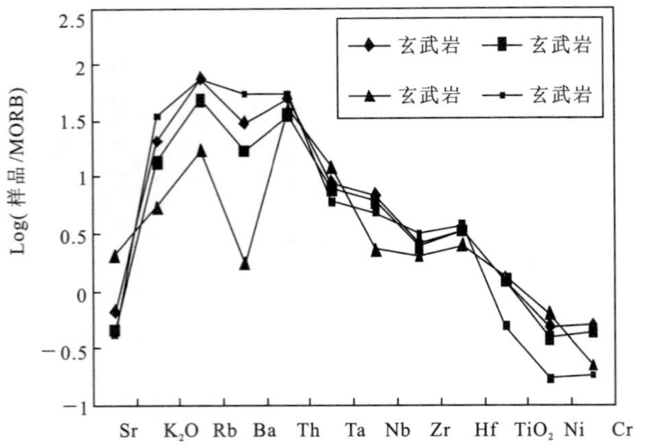

图 3-5　小庙岩组中玄武岩多元素 MORB 标准化蛛网图解

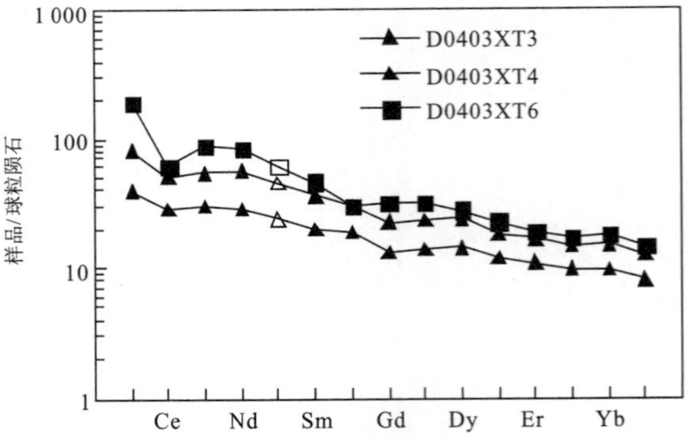

图 3-6　小庙岩组、丘吉东沟岩组中玄武岩稀土元素球粒陨石标准化配分模式图

D0403-XT3、XT4 为丘吉东沟岩组中玄武岩；D0403-XT6 为小庙岩组中玄武岩

表 3-3　小庙岩组玄武岩稀土元素含量及特征值表

样品号	岩石名称	稀土元素含量													
		La	Ce	Pr	Nd	Sm	Eu	Gd	Tb	Dy	Ho	Er	Tm	Yb	Lu
D0403XT6	片理化玄武岩	60.30	57.30	10.50	50.10	9.08	2.16	9.70	1.60	8.49	1.61	3.90	0.60	3.40	0.44

样品号	岩石名称				特征参数值				
		LREE	HREE	ΣREE	LREE/HREE	δEu	$(La/Sm)_N$	$(Gd/Yb)_N$	$(La/Yb)_N$
D0403XT6	片理化玄武岩	189	29.6	219.18	6.41	0.70	4.15	2.4	11.71

注：样品由宜昌地研所岩矿测试中心分析，单位为$\times10^{-6}$

小庙岩组玄武岩 Na_2O+K_2O 含量较高(5.68%)，K_2O/Na_2O 为 1.85，属钾质型，σ 值为 3.95，碱性玄武岩，微量元素 K 及相关元素 Rb、Ta、Nb、Zr 富集，稀土元素总量较高，属轻稀土元素富集型，与板块内碱性玄武岩特征相似。

3)小庙岩组玄武岩构造环境探讨

鉴于小庙岩组玄武岩遭受绿片岩相变形变质作用影响，为了准确判别小庙岩组中的玄武岩构造环境，本书采用稳定或较为稳定的氧化物对其进行了环境判别，且所选样品为那些构造变形及蚀变较弱、具残余变玄武岩组构的样品。小庙岩组中玄武岩采用 Pearce(1975)的玄武岩 $TiO_2-K_2O-P_2O_5$ 图解判别，落入大陆的玄武岩区(图 3-7)，采用 Pearce 的玄武岩 $FeO^*-MgO-Al_2O_3$ 图解(1977)判别落于大陆的玄武岩区(图 3-8)。小庙岩组岩石学、岩石化学特征说明其为大陆内碱性玄武岩特征，为板块内稳定环境下形成。

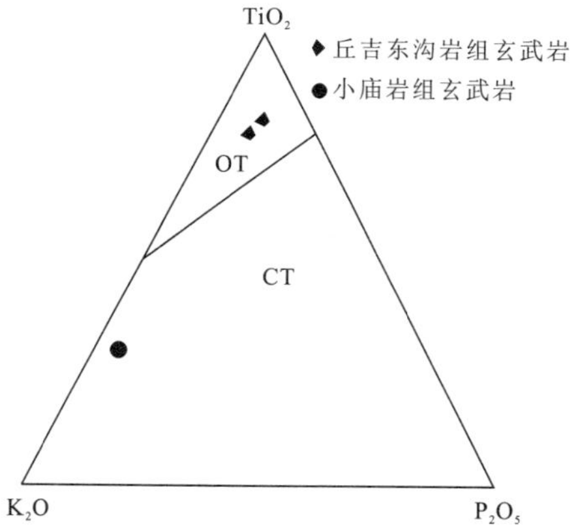

图 3-7　$TiO_2-K_2O-P_2O_5$ 图解

(据 Pearce，1975)

CT. 大陆的；OT. 大洋的

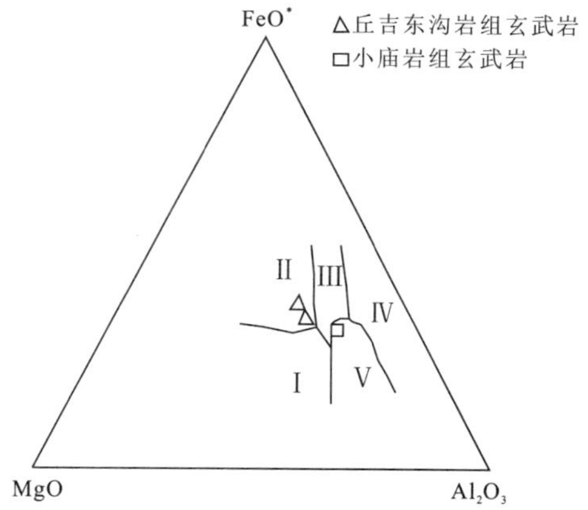

图 3-8　$FeO^*-MgO-Al_2O_3$ 图解

(据 Pearce，1977)

Ⅰ. MORB；Ⅱ. 大洋的；Ⅲ. 大陆的；Ⅳ. 扩张中心岛屿；Ⅴ. 岛弧及活动大陆边缘

2. 新元古代基性火山岩

出露于测区西北角白干湖至托格热萨依河上游一带的新元古代的基性火山岩，层位隶属于冰沟岩群丘吉东沟岩组，主要岩石类型有片理化变杏仁玄武岩、片理化变余基性火山角砾凝灰岩、变余晶屑凝灰岩、绿帘阳起石英片岩、钠长绿帘阳起片岩。受白干湖断裂构造变形变质作用的影响，位于白干湖断裂中的基性火山岩变形、变质较强，多呈透镜状、长条状、无根钩，局部可见其变质为绿帘阳起石英片岩等，而远离白干湖断裂中的基性火山岩变形、变质较浅，原岩组构较为明显，以变杏仁玄武岩、变基性火山角砾凝灰岩、变余晶屑凝灰岩为主，主要分布于白干湖断裂以西的托格热萨依河上游一带。

分布于托格热萨依河一带的片理化变杏仁玄武岩、片理化变基性火山角砾凝灰岩、变晶屑凝灰岩，地表出露宽度一般 3～12m、长几十米至几千米不等，与托格热萨依过渡基底构造线走向一致。受构造作用影响与小庙岩组绢云石英片岩、二云石英片岩等其他岩性均呈构造片理接触关系。丘吉东沟岩组的基性火山岩由于遭受区域变质变形作用及动力变形变质的影响，其火山机构、喷发韵律和喷发旋回已无法恢复，本节仅对其岩石类型、地球化学特征及形成环境作如下探讨。

1）基性火山岩岩石类型

丘吉东沟岩组基性火山岩主要岩石类型有片理化变杏仁玄武岩、片理化变基性火山角砾凝灰岩、变晶屑凝灰岩等，简述如下：

片理化变杏仁玄武岩 岩石呈似层状，地表出露宽 5～60m，长几十米至几千米不等，岩石中片理化发育，变玄武岩中的片理与围岩片理产状一致，呈北东—南西向展布。岩石呈灰黑色、暗绿色，粒状—纤柱状变晶结构、变余填间结构、变余杏仁结构、片状构造，主要为粒状—纤柱状变晶结构，变余杏仁多数已被片理改造，变得模糊不清，局部可见杏仁直径 2～5mm。主要矿物成分：阳起石大于 60%、斜长石（钠长石化）10%～15%、绿帘石 15%～20%、绿泥化金 5%～10%、金属矿物含量小于 3%、方解石含量 5%～10%、微量金属矿物。变余填间结构较为清晰，在粒径小于 2mm 的呈自形板条状斜长石杂乱分布，形成的三角空隙被绿帘石、阳起石及金属矿物充填。次生蚀变为阳起石化、绿帘石化、绿泥石化。从残余的矿物及结构构造研究分析，其原岩应为玄武岩。

片理化变基性火山角砾凝灰岩 岩石呈似层状，地表出露宽 5～60m、长一般数千米，岩石中片理化发育，片理化变基性火山角砾凝灰岩中的片理与围岩片理产状一致，呈北东—南西向展布。岩石呈深绿色，具变余基性凝灰质结构、角砾状结构，片状构造，角砾直径 2～70mm，最大可见角砾直径为 100mm，角砾成分为变玄武岩，变余角砾多数已被片理改造变得模糊不清，局部可见其为棱角状，角砾含量 15%～45%不等。火山碎屑物含量 55%～60%，其成分较为单一，主要为蚀变阳起石绿泥石岩屑 35%～40%、蚀变阳起石晶屑 15%～20%，晶屑直径 2～6mm，少量小于 2mm，蚀变阳起石晶屑中见少量残留辉石。基质矿物粒径小于 0.1mm，基质矿物经变质作用主要为阳起石 40%～45%、绿帘石 5%～10%、绿泥石 5%～10%，钠长石、黑云母、白云母等少量，尘状金属矿物少量。由于岩石遭受了一定的变形变质作用，从岩石残留的矿物、变余组构分析判断，其原岩应为基性火山角砾凝灰岩。

变余晶屑凝灰岩、凝灰岩 呈似（假）层状，厚度几米至几十米，长度几百米至数千米不等，岩石中片理化极为发育，变基性晶屑凝灰岩中的片理与围岩片理产状一致，与围岩呈片理面平行接触。岩石呈绿色、深绿色，具变余基性凝灰质结构、变余晶屑凝灰质结构，片状构造。晶屑为蚀变阳起石晶屑，阳起石晶屑中可见残留辉石，含量 5%～25%。基质中矿物成分与变基性火山角砾凝灰岩相似，为阳起石、绿帘石、绿泥石、钠长石、黑云母、白云母、滑石等矿物，岩石中绿帘石、绿泥石、黑云母、白云母、滑石等片、柱状矿物沿片理面定向排列。从岩石残留的矿物、变余组构分析判断，原岩应为基性晶屑凝灰岩。

绿帘阳起石英片岩、钠长绿帘阳起片岩、绿泥绿帘石绢云石英片岩 地表出露宽度几米至几十米，长数十米至数百米不等，与围岩为片理面平行接触，岩石呈深灰色、浅绿色、绿色、暗绿色，鳞片状—粒状变晶结构、片状结构，主要矿物成分为石英、阳起石、绿帘石、绿泥石、黑云母、白云母、方解石等，经变余组构、岩石化学成分等恢复，其原岩应为基性凝灰岩或基性凝灰质砂岩。

2）岩石地球化学特征

丘吉东沟岩组中玄武岩岩石化学成分、CIPW 标准矿物计算及特征值见表 3-4。由表可以看出，丘吉东沟岩组中变玄武岩 SiO_2 含量为 47.71%、49.73%，属基性岩类；σ 值为 2.01、2.27，属钙碱性岩，A/CNK 为 0.67、0.58，$(Na_2O+K_2O)n<(Al_2O_3)n<(Na_2O+K_2O+CaO)n$，为偏铝质岩石，变玄武岩 Na_2O+K_2O 为 3.27%、3.68%，Na_2O/K_2O 为 9.9、12.6，属钠质型。丘吉东沟岩组采用玄武岩 Irvine(1971)硅-碱图中判别(图 3-3)，落入亚碱性玄武岩区，采用 Irvine(1971)的 A-F-M图(图 3-9)及 Al_2O_3-An′图(图 3-10)判别，均位于拉斑玄武岩区(图 3-9、图 3-10)；丘吉东沟岩组玄武岩采用邱家骧(1979)火山岩硅-碱图判别(见图 3-4)，落入玄武岩区，在AR-SiO_2 与碱度关系图(Wright,1969)上玄武岩落入钙碱性区(见图 3-2)。固结指数(SI)为23.3、25.4，低于大多数玄武岩固结指数，反映其分离结晶程度较高、分异较好。

表 3-4　丘吉东沟岩组中玄武岩岩石化学成分及特征值

野外样品编号	岩石名称	SiO_2	TiO_2	Al_2O_3	Fe_2O_3	FeO	MnO	MgO	CaO	Na_2O	K_2O	P_2O_5	LOI	Σ
D0403-GS2	片理化玄武岩	49.73	2.81	13.61	4.53	9.25	0.21	8.10	7.89	3.41	0.27	0.30	0.60	100.71
D0403-GS3	片理化玄武岩	47.71	1.83	14.56	5.54	7.38	0.21	8.01	10.80	2.97	0.30	0.16	1.00	100.47

野外样品编号	岩石名称	F_1	F_2	F_3	σ	A/CNK	SI
D0403-GS2	片理化玄武岩	0.435	−1.54	−2.40	2.01	0.67	23.3
D0403-GS3	片理化玄武岩	0.387	−1.52	−2.37	2.27	0.58	25.4

野外样品编号	岩石名称	Ap	Il	Tn	Mt	Hm	Or	Ab	An	Qz	C	Ac	Di	Hy	Ol	Ne	Lc
D0403-GS2	片理化玄武岩	0.60	4.88	0.00	18.27	0.00	1.46	26.4	19.23	3.26	—	—	11.7	14.21	0.00	—	—
D0403-GS3	片理化玄武岩	0.33	3.25	0.00	17.42	0.00	1.66	23.5	23.89	0.26	—	—	19.9	9.71	0.00	—	—

注：样品由西安岩矿测试中心分析；单位为%

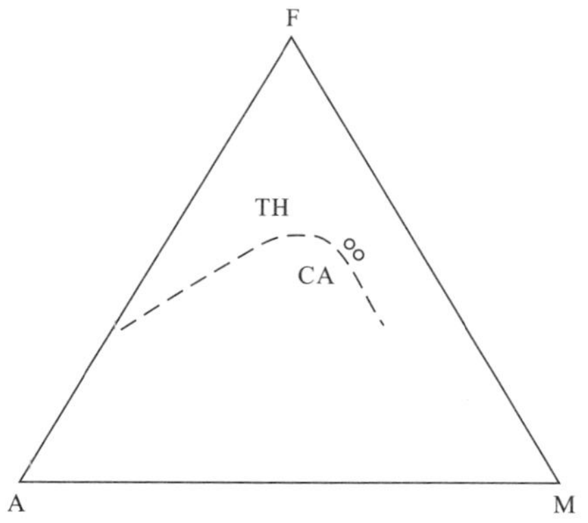

图 3-9　丘吉东沟岩组玄武岩 A-F-M 图解
(据 Irvine,1971)
TH. 弧岛拉斑玄武岩系列；CA. 钙碱性系列

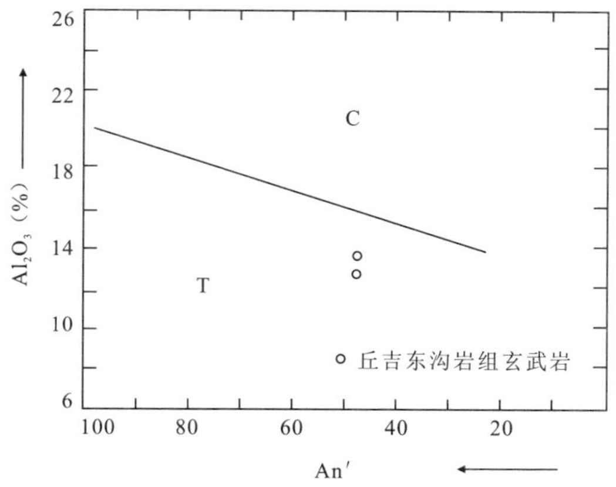

图 3-10　丘吉东沟岩组玄武岩 Al_2O_3-An′图
(据 Irvine,1971)
T. 拉斑玄武岩系列；C. 钙碱性玄武岩系列

综上所述，丘吉东沟岩组中的玄武岩为钠质钙碱性玄武岩，岩石化学成分与岛弧拉斑玄武岩成分相似。

CIPW 标准矿物计算中以出现钛铁矿和磁铁矿为特征(表 3-4)。

丘吉东沟岩组中玄武岩微量元素特征及多元素 MORB 标准化蛛网图解见图 3-11、表 3-5。从图 3-11、表 3-5 可知：玄武岩微量元素 MORB 标准化蛛网图形态总体为向右倾斜锯齿状。大离子亲石元素 Rb、Sr、Ba 为弱到中等富集，Ba 处显谷，为负异常；高场强元素 Th、Nb、Zr 中等到强富集，Hf、Ti 属弱富集，Ta、Zr 为弱负异常；相容元素 Cr、Ni 贫化。丘吉东沟岩组中玄武岩微量元素总体显示 K 及相关元素 Rb、Sr、Ba、Ta、Th 富集，Ta 为弱负异常，与板块汇聚边缘的岛弧玄武岩特征相似。

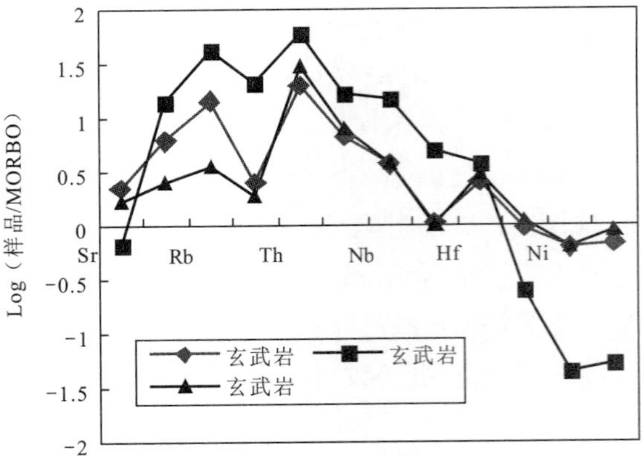

图 3-11　丘吉东沟岩组中玄武岩多元素 MORB 标准化蛛网图解

表 3-5　丘吉东沟岩组中玄武岩微量元素含量表

岩石名称	样品号	Cu	Ba	Nb	Zr	Sr	U	Rb	Th	Hf	K(%)	Mn	Cr
玄武岩	D0403-GP1	68.8	51	13	97	265	0.9	29	4	6	0.77	1 329	198
	D0403-GP3	8.8	435	53	444	83	2.0	83	12	9	1.8	332	15
	D0403-GP4	86.4	38	13	92	207	0.8	7	6	7	0.31	1 365	253
	样品号	V	La	Ti	P	Mo	Cl	Pb	Sn	Ta	Sc	Co	Ni
	D0403-GP1	258	17	8 406	833	0.4	0.033 5	8	2.5	1.2	58	42.1	85.6
	D0403-GP3	24	18	2 293	274	4.3	0.120 0	10	4.8	3.0	7	3	6.1
	D0403-GP4	301	15	10 113	899	0.4	0.021 5	8.4	2.1	1.4	62	42.9	87.6

注：样品由西安岩矿测试中心分析；单位为 $\times10^{-6}$

玄武岩稀土元素含量及特征值见表 3-6、稀土元素球粒陨石配分模式见图 3-6。从表、图可知：玄武岩属轻稀土元素富集型。轻稀土元素总量 LREE=(64.8～124.0)$\times10^{-6}$，$(La/Sm)_N$ 值为 2.05～2.25，轻稀土元素模式曲线右倾，轻稀土元素分馏较为明显；重稀土总量 HREE=(14.5～23.8)$\times10^{-6}$，重稀土元素总量较低，重稀土元素配分曲线平坦，说明重稀土元素分馏不明显；稀土元素总量值(∑REE)为(79.3～147.8)$\times10^{-6}$，轻、重稀土元素总量比值 LREE/HREE=4.27～5.20，$(La/Yb)_N$=4.59～5.98，轻、重稀土元素分馏明显，稀土元素球粒陨石配分模式曲线右倾，为轻稀土元素富集型；δEu 约为 1，铕未显异常。以上特征反映丘吉东沟岩组玄武岩稀土元素球粒陨石配分模式与岛弧玄武岩配分模式相似。

表 3-6　丘吉东沟岩组中玄武岩稀土元素含量及特征值表

样品号	岩石名称	稀土元素含量($\times10^{-6}$)													
		La	Ce	Pr	Nd	Sm	Eu	Gd	Tb	Dy	Ho	Er	Tm	Yb	Lu
D0403-XT3	变玄武岩	25.7	47.90	6.57	34	7.15	2.18	6.9	1.1	7.30	1.30	3.5	0.5	2.8	0.38
D0403-XT4		12.6	26.30	3.60	17	3.92	1.36	4.0	0.7	4.40	0.85	2.3	0.3	1.8	0.25
D0403-XT1		14.4	27.40	3.81	19	4.38	1.54	4.5	0.8	5.11	0.92	2.6	0.4	2.0	0.28

样品号	岩石名称	稀土元素含量($\times10^{-6}$)			特征参数值				
		LREE	HREE	∑REE	LREE/HREE	δEu	$(La/Sm)_N$	$(Gd/Yb)_N$	$(La/Yb)_N$
D0403-XT3	变玄武岩	124.0	23.8	147.28	5.20	0.94	2.25	1.94	5.98
D0403-XT4		64.8	14.5	79.38	4.46	1.04	2.01	1.70	4.59
D0403-XT1		70.5	16.5	87.14	4.27	1.06	2.05	1.80	4.68

注：样品由宜昌地研所岩矿测试中心分析

3)丘吉东沟岩组玄武岩构造环境探讨

丘吉东沟岩组变玄武岩岩石化学成分、微量元素特征、稀土元素配分模式均与岛弧玄武岩相似。

丘吉东沟岩组变玄武岩与小庙岩组玄武岩相似,同样遭受绿片岩相变形、变质作用改造,为了准确判别小庙岩组中的玄武岩构造环境,本书采用稳定和较为稳定的氧化物对其进行了环境判别。丘吉东沟岩组玄武岩采用 Pearce(1975)玄武岩 $TiO_2-K_2O-P_2O_5$图解判别,落入大洋玄武岩区(见图 3-7),采用 Pearce(1977)的玄武岩 $FeO^*-MgO-Al_2O_3$ 图解判别,落于大洋的玄武岩区(见图 3-8),采用 Apearce J(1976)的 F_1-F_2 与玄武岩关系图解及 F_2-F_3 与玄武岩关系图解判别,均落入钙碱性玄武岩、岛弧拉斑玄武岩区(图 3-12、图 3-13)。

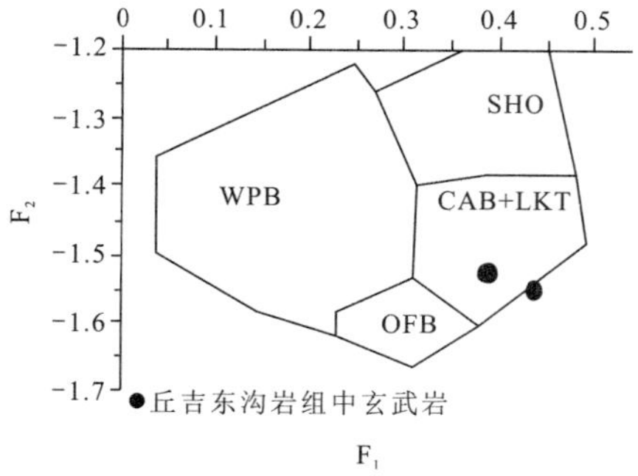

图 3-12 丘吉东沟岩组玄武岩 F_1-F_2 与玄武岩关系图解

(据 Apearce,1976)

LKT. 岛弧拉斑玄武岩;OFB. 大洋底部玄武岩;CAB. 钙碱性玄武岩;SHO. 钾玄武岩;WPB. 板内玄武岩

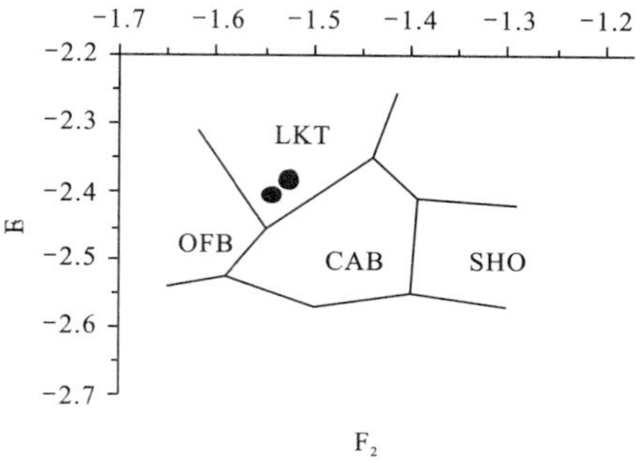

图 3-13 丘吉东沟岩组玄武岩 F_2-F_3 与玄武岩关系图解

LKT. 岛弧拉斑玄武岩;OFB. 大洋底部玄武岩;CAB. 钙碱性玄武岩;SHO. 钾玄武岩

综合玄武岩岩石化学、微量元素、稀土元素配分模式等特征及区域构造综合分析,丘吉东沟岩组形成于活动陆缘的岛弧环境。

4)小庙岩组、丘吉东沟岩组基性火山岩时代探讨

小庙岩组的基性火山岩隶属于沿柴达木盆地南缘分布、在区域上较为稳定的金水口岩群小庙岩组碎屑岩建造之中,金水口岩群白沙河岩组片麻状花岗岩中前人获全岩 Rb-Sr 的年龄值为 1 549.3Ma、1 666Ma 的变质年龄,依据区域地层对比将其时代定为中元古代,因此小庙岩组的基性火山岩形成时代为中元古代。

本次区调在丘吉东沟岩组变玄武岩中获得 Rb-Sr 同位素谐和等时线年龄(600±18)Ma(表 3-7、图 3-14),它可能代表一次变质事件年龄;其次,该变玄武岩已被单矿物锆石 U-Pb 年龄为(432.2±0.8)Ma 的奥陶纪巴什尔希超单元(OB)侵入。经与区域地质资料对比,综合分析认为丘吉东沟岩组火山岩喷发形成时代应为新元古代。

表 3-7 丘吉东沟岩组变玄武岩全岩 Rb-Sr 测定结果表

序号	样品号	样品名称	$w(Rb)(\times10^{-6})$	$w(Sr)(\times10^{-6})$	$^{87}Rb/^{86}Sr$	$^{87}Sr/^{86}Sr(1\sigma)$
1	D0403-TW-1	片理化玄武岩	121.10	231.1	1.511 0	0.713 67±0.000 05
2	D0403-TW-2	片理化玄武岩	31.28	239.6	0.376 4	0.710 97±0.000 06
3	D0403-TW-4	片理化玄武岩	17.58	231.8	0.218 7	0.710 04±0.000 07
4	D0403-TW-7	片理化玄武岩	6.06	320.4	0.054 5	0.708 42±0.000 05

续表 3-7

序号	样品号	样品名称	$w(Rb)(\times10^{-6})$	$w(Sr)(\times10^{-6})$	$^{87}Rb/^{86}Sr$	$^{87}Sr/^{86}Sr(1\sigma)$
5	D0403-TW-8	片理化玄武岩	6.701	216.3	0.089	0.707 97±0.000 03
6	D0403-TW-9	片理化玄武岩	13.99	296.1	0.136	0.707 65±0.000 04
7	D0403-TW-14	片理化玄武岩	88.37	166.9	1.528	0.720 80±0.000 04
8	D0403-TW-12	片理化玄武岩	64.49	158.4	1.175	0.718 45±0.000 02
结果处理	$\lambda^{87}Rb=1.42\times10^{-11}a^{-1}$　$t=(600\pm18)Ma(1\sigma)$　$^{87}Sr/^{86}Sr=0.708\ 00\pm0.000\ 23(1\sigma)$，参加线性处理样品数：5					

注：样品由宜昌地研所岩矿测试中心分析

二、巴什尔希超单元

该超单元主要出露于测区西北角古拉木拉克萨依—托格热萨依—柯可卡尔德一带，呈一系列形态各异的、规模不等的岩基、岩株，侵入于中、新元古代过渡基底小庙岩组、狼牙山岩组、丘吉东沟岩组等中、新元古代变质岩石中，受白干湖断裂控制，沿白干湖断裂北西侧呈带状分布。该超单元主要由二长花岗岩和钾长花岗岩组成，共有 20 个侵入体，出露面积约 275.5km²，依据结构特征及群居关系建立了托格热萨依片麻状黑云二长花岗岩、柯可卡尔德粗粒二长花岗岩单元、白干湖中细粒状似斑状二长花岗岩、古拉木萨依中粒二长花岗岩、吊草滩中粒钾长花岗岩、水草泉粗粒钾长花岗岩 6 个单元（表 3-8），依序简介如下。

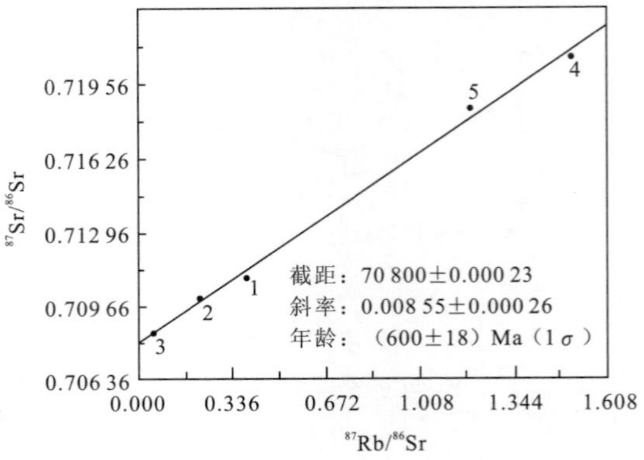

图 3-14　丘吉东沟岩组变玄武岩中 Rb-Sr 同位素谱和等时线图

表 3-8　侵入岩岩石谱系单位特征表

时代	超单元	单元	代号	岩石名称	结构	同位素年龄(Ma)	接触关系	构造环境
奥陶纪	巴什尔希	水草泉	$O\xi rSh$	粗粒钾长花岗岩	粗粒结构	(432.3±0.8)Ma（锆石 U-Pb 法）	各单元均为脉动接触关系	板块内花岗岩
		吊草滩	$O\xi rD$	中粒似斑状钾长花岗岩	似斑状结构、半自形粒状结构			
		柯可卡尔德	$O\eta rK$	粗粒似斑状二长花岗岩	似斑状结构、半自形粒状结构			
		白干湖	$O\eta rB$	中细粒似斑状二长花岗岩	似斑状结构、半自形粒状结构			
		古拉木萨依	$O\eta rG$	中细粒二长花岗岩	半自形粒状结构			
		托格热萨依	$O\eta rT$	片麻状中细粒二长花岗岩	半自形粒状结构			

1）托格热萨依片麻状黑云二长花岗岩单元（$O\eta rT$）

该单元由 3 个侵入体构成，出露于巴什尔希南一带，北被古拉木萨依单元、白干湖二长花岗岩单元侵吞呈脉动接触关系，出露面积约为 $15km^2$，与围岩中元古代小庙岩组变质岩呈侵入接触关系，界面截然、清晰。在围岩中可见硅化和斑点状板岩等围岩蚀变。

主要岩石类型为片麻状中细粒二长花岗岩，岩石呈肉红色，中—细粒花岗结构，片麻状构造，矿物颗粒多数在 0.5～2mm 之间，矿物成分：钾长石 40%～45%、斜长石 20%～25%、石英 30%～35%、黑云母 5%～10%，并有少量金属矿物。其中斜长石呈自形板柱状，钾长石及石英为它形粒状，钾长石主要为微斜长石，次为条纹长石，黑云母为自形条状，呈断续条纹状大致定向平行分布，形成了片麻状构造。副矿物主要有锆石、白钨矿、方铅矿、白铅矿等。

岩石蚀变轻微，主要表现为斜长石发生轻微高岭土化及绢云母化。

2)古拉木萨依中细粒二长花岗岩单元($O\eta\gamma G$)

该单元有 3 个侵入体，出露于巴什尔希西南，呈岩株产出，出露面积约 $3km^2$，被吊草滩中细粒钾长花岗岩单元、水草泉粗粒钾长花岗岩单元、柯可卡尔德粗粒二长花岗岩单元侵吞呈脉动接触关系，接触界线、界面截然。

主要岩石类型为中细粒二长花岗岩，岩石呈淡肉红色，中—细粒半自形粒状结构，块状构造，矿物成分：钾长石 35%～40%、斜长石 25%～30%、石英 25%～30%、黑云母小于 10%。其中斜长石呈自形板柱状，发生高岭土化及绢云母化，在偏光镜下测得斜长石牌号 An=27，少数斜长石聚片双晶条纹发生扭曲变形，钾长石呈不规则板状及它形粒状，以微斜长石及条纹长石为主，石英为它形粒状，部分石英呈乳滴状分布于矿物颗粒边部及内部，黑云母自形条状。副矿物主要有磷灰石及锆石、白铅矿、方铅矿、磁铁矿等。

岩石蚀变轻微，主要表现为斜长石绢云母化及高岭土化、黑云母发生白云母化及绿泥石化。

3)白干湖中细粒状似斑状二长花岗岩单元($O\eta\gamma B$)

该单元由 2 个侵入体构成。出露于巴什尔希南及古拉木拉克萨依沟脑一带，出露面积约 $40.5km^2$，古拉木拉克萨依沟垴白干湖中细粒状似斑状二长花岗岩单元($O\eta\gamma B$)向西延伸出图幅进入相邻图幅，为该超单元出露面积较大的单元之一，呈长透镜状、不规则椭圆状侵入于中、新元古代浅变质岩中，在古拉木拉克萨依沟垴以南该单元与白干湖断裂为断层接触，外接触带具硅化、斑点状角岩化等围岩蚀变，岩体与白干湖断裂接触处受断裂改造岩体片理化强烈。该单元北、北东被柯可卡尔德粗粒花岗岩单元侵吞，界面清晰、截然，与其为脉动接触关系。

该单元主要岩石类型为中细粒似斑状二长花岗岩。岩石呈淡肉红色，似斑状结构，块状构造，主要矿物为：钾长石 35%～40%、斜长石 30%～35%、石英 25%～30%、黑云母小于 10%，斑晶为钾长石，粒径 8mm 左右，基质具中细粒半自形粒状结构，颗粒大多数在 2～0.5mm，少数在 2～5mm，其中斜长石呈自形板柱状，发生高岭土化及绢云母化，在偏光镜下测得斜长石牌号 An=27—28，钾长石呈不规则板状及它形粒状，以微斜长石为主，石英为它形粒状，黑云母自形条状，且大致定向分布。副矿物主要为锆石、方铅矿、白铅矿，其次为磷灰石、榍石、磁铁矿。

岩石次生蚀变较弱，主要表现为斜长石发生高岭土化、绢云母化及白云母化，部分黑云母发生白云母化。

4)柯可卡尔德粗粒似斑状二长花岗岩单元($O\eta\gamma K$)

该单元由 4 个侵入体构成，出露于柯可卡尔德、巴什尔希南及古拉木拉克萨依沟垴一带。该单元为巴什尔希超单元出露面积最大的单元之一，出露面积约 $50km^2$，古拉木拉克萨依沟垴、柯可卡尔德粗粒似斑状二长花岗岩单元($S\eta\gamma K$)呈长透镜状、不规则椭圆状侵入于中、新元古代浅变质岩中，岩体外接触带具硅化、斑点状角岩等围岩蚀变强烈，该单元岩体局部被后期脆性断裂破碎、位移；该单元在巴什尔希、柯可卡尔德处被吊草滩中粒钾长花岗岩单元、水草泉粗粒钾长花岗岩单元侵吞，界面清晰截然，与其均为脉动接触关系。

该单元主要岩石类型为粗粒似斑状二长花岗岩。岩石呈灰—浅肉红色，似斑状结构、半自形粒状结构、块状构造，主要矿物成分为：钾长石 35%～40%、斜长石 25%～30%、石英 25%～30%、黑云母小于 10%，斑晶为钾长石，粒径大于 10mm，基质具中粒半自形粒状结构，斜长石呈自形板柱状，发生高岭土化及绢云母化，在偏光镜下测得 Np′∧(010)＝90°，An＝27，钾长石呈不规则板状及它形粒状，以微斜长石为主，次为条纹长石，石英为它形粒状，黑云母为形条状。钾长石交代斜长石在斜长石旁侧出现显微蠕英结构。副矿物主要有锆石、方铅矿、白铅矿等，磷灰石、榍石、磁铁矿极少量。

岩石蚀变较为强烈，主要为长石绢云母及绿帘石化，黑云母绿泥石化。

5)吊草滩中粒钾长花岗岩单元(O$\xi\gamma$D)

该单元只有 1 个侵入体。出露于巴什尔希南，出露面积约 4km^2，呈长透镜状侵入于中元古代浅变质岩中；该单元北被水草泉粗粒钾长花岗岩单元侵吞，界面清晰截然，与其为脉动接触关系。

该单元主要岩石类型为中粒钾长花岗岩。岩石呈肉红色，似斑状结构、花岗结构，块状构造。斑晶主要由钾长石，呈不规则状，斑晶颗粒粒径大于 5mm，含量小于 10%，基质为半自形中粒结构、轻微碎裂结构，基质粒径 2～5mm，主要矿物组成：钾长石 45%～50%、石英 25%～30%、斜长石 10%～15%、黑云母 5%～10%、角闪石小于 3%。其中斜长石呈自形板柱状，粒径 2～5mm，石英及钾长石为它形粒状，黑云母为自形条状，矿物出现轻微裂隙和双晶条纹错开，沿裂隙有绿帘石细脉及铁质物充填，部分黑云母发生绿泥石化及铁质物析出，钾长石以微斜长石为主，次为条纹长石。副矿物主要有磷灰石、锆石等。

岩石蚀变相对较弱，主要为长石绢云母化、高岭土化，次为绿帘石化及绿泥石化。

6)水草泉粗粒钾长花岗岩单元(O$\xi\gamma$Sh)

该单元只有 1 个侵入体。出露于巴什尔希西南，向北延伸出测区进入苏吾世杰图幅内，出露面积约 15km^2，呈不规则椭圆形侵入于中元古代金水河岩群白沙河岩组、小庙岩组片麻岩、变粒岩、二云石英片岩、绿片岩等变质岩中，围岩硅化、长石化、斑点状角岩化极为强烈；该单元南及西南与早期吊草滩中粒钾长花岗岩单元(O$\xi\gamma$D)、古拉木萨依中细粒二长花岗岩单元(O$\eta\gamma$G)、水草泉粗粒钾长花岗岩单元界面清晰，均为脉动接触关系。

该单元主要岩石类型为粗粒钾长花岗岩。岩石呈肉红色，粗粒结构、半自形粒状结构，块状构造。主要矿物成分为：钾长石大于 60%、斜长石 5%～10%、石英 25%～30%、黑云母小于 3%。其中钾长石为不规则板柱状及它形粒状，以微斜长石及条纹长石为主，多数粒径 2～5mm，部分达 5～10mm，斜长石呈自形板柱状，镜下测得 An：25—26，黑云母为自形条状，石英为它形粒状。副矿物主要为磷灰石、锆石，磁铁矿等。

岩石蚀变轻微，主要为斜长石发生高岭土化及绢云母化。

从岩石类型反映出：从早期的二长花岗岩单元到晚期钾长花岗岩单元岩石酸性程度逐渐增高，符合岩浆岩演化的一般规律。

1. 岩石地球化学特征

1)岩石化学特征

巴什尔希超单元各单元岩石化学成分及特征值见表 3-9。从表看：各单元岩石化学成分相近，SiO_2 含量绝大多数介于 66.44%～73.47%之间，属酸性岩，个别为 56.87%，为中性岩，Al_2O_3 介于 13.43%～15.86%之间；各单元 A/CNK 值多数介于 0.99～1.08 之间，属弱偏铝型或弱过铝型；Na_2O+K_2O 含量介于 6.71%～8.5%之间，平均值为 8%，K_2O 含量为 5%左右，AR 值为1.96～3.88，碱含量极高，K_2O/Na_2O 比值绝大多数介于 1.28～2.23，为钾质型；采用 Wright(1988)的 SiO_2-AR 碱度关系图判别，落入碱性岩区或碱性与钙碱性分界处的碱性岩区(图 3-15)，反映其已属碱性岩或钙碱性与碱性过渡系列，为 A 型花岗岩。巴什尔希超单元各单元分异指数较大，大多数介于(DI)76.35～91.48，说明岩浆分异程度高，结晶程度好。

表 3-9 巴什尔希超单元各单元岩石化学成分

单元	代号	岩石名称	SiO_2	TiO_2	Al_2O_3	Fe_2O_3	FeO	MnO	MgO	CaO	Na_2O	K_2O	P_2O_5	LOI	Σ
水草泉粗粒钾长花岗岩单元	$O\xi rSh$	钾长花岗岩	69.22	0.61	14.56	1.27	2.80	0.06	0.79	2.05	2.99	4.97	0.16	0.9	100.38
吊草滩中粒钾长花岗岩单元	$O\xi rD$	钾长花岗岩	72.85	0.31	13.43	1.27	1.22	0.03	0.55	1.23	2.72	5.07	0.11	1.0	99.79
柯可卡尔德粗粒似斑状二长花岗岩单元	$O\eta rK$	二长花岗岩	56.87	1.23	15.86	2.85	6.92	0.13	3.53	4.51	2.66	3.95	0.28	1.5	100.29
白干湖中细粒似斑状二长花岗岩单元	$O\eta rB$	二长花岗岩	73.47	0.22	13.52	0.97	0.75	0.02	0.35	0.93	2.83	5.70	0.09	0.7	99.55
古拉木萨依中细粒二长花岗岩单元	$O\eta rG$	二长花岗岩	72.54	0.37	13.83	0.72	1.85	0.03	0.53	1.36	2.8	5.62	0.12	0.5	100.27
托格热萨依片麻状黑云二长花岗岩单元	$O\eta rT$	片麻状中粒黑云二长花岗岩	66.44	0.89	14.22	2.36	4.02	0.09	1.08	2.47	2.83	4.81	0.33	1.1	100.64

单元	代号	岩石名称	各单元特征值			
			里特曼指数(σ)	A/CNK	DI	AR
水草泉粗粒钾长花岗岩单元	$O\xi rSh$	钾长花岗岩	2.42	1.04	81.28	2.84
吊草滩中粒钾长花岗岩单元	$O\xi rD$	钾长花岗岩	2.03	1.10	88.16	3.26
柯可卡尔德粗粒似斑状二长花岗岩单元	$O\eta rK$	二长花岗岩	3.15	0.94	54.91	1.96
白干湖中细粒似斑状二长花岗岩单元	$O\eta rB$	二长花岗岩	2.39	1.08	91.48	3.88
古拉木萨依中细粒二长花岗岩单元	$O\eta rG$	二长花岗岩	2.40	1.05	87.43	3.48
托格热萨依片麻状黑云二长花岗岩单元	$O\eta rT$	片麻状中粒黑云二长花岗岩	2.49	0.99	76.35	2.68

注:样品由西安岩矿测试中心分析;单位为%

由早期到晚期单元岩石化学成分、分异指数、全碱总量变化范围较窄,成分相似,说明各单元具良好的亲缘性,为同源岩浆演化系列。各单元岩石全碱总量较高(8%),为碱性岩,反映其岩浆源于深部地壳或由壳幔混合形成。

CIPW 标准矿物计算以磁铁矿含量高为特征,CIPW 标准矿物与实际矿物相符(表 3-10)。

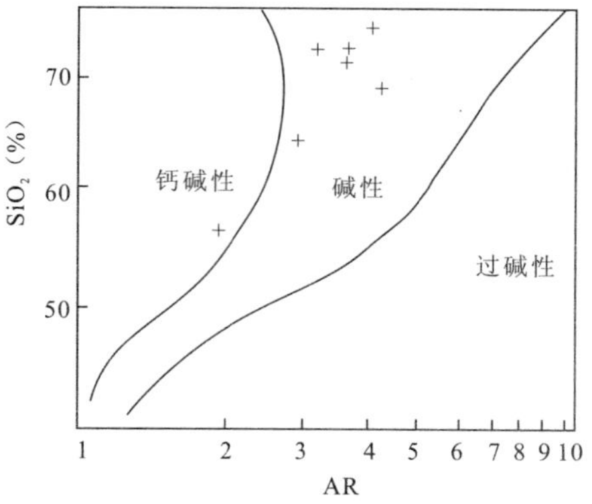

图 3-15 巴什尔希超单元 SiO_2-AR 与碱度关系图

(据 Wright,1989)

表 3-10　巴什尔希超单元 CIPW 标准矿物计算表

单 元	代号	巴什尔希超单元 CIPW 标准矿物							
		Ap	Il	Tn	Mt	Hm	Or	Ab	An
水草泉粗粒钾长花岗岩单元	OξγSh	0.35	1.16	0.00	1.85	0.00	29.52	25.43	9.28
吊草滩中粒钾长花岗岩单元	OξγD	0.24	0.60	0.00	1.86	0.00	30.33	23.30	5.52
柯可卡尔德粗粒似斑状二长花岗岩单元	OηγK	0.62	2.36	0.00	4.18	0.00	23.63	22.78	19.91
白干湖中细粒似斑状二长花岗岩单元	OηγB	0.20	0.42	0.00	1.42	0.00	34.07	24.22	4.13
古拉木萨依中细粒二长花岗岩单元	OηγG	0.26	0.70	0.00	1.05	0.00	33.29	23.75	6.06
托格热萨依片麻状黑云二长花岗岩单元	OηγT	0.72	1.70	0.00	3.44	0.00	28.55	24.06	10.36
单 元	代号	巴什尔希超单元 CIPW 标准矿物							
		Qz	C	Ac	Di	Hy	Ol	Ne	Lc
水草泉粗粒钾长花岗岩单元	OξγSh	26.33	0.88	0.00	0.00	5.19	—	—	—
吊草滩中粒钾长花岗岩单元	OξγD	34.54	1.49	0.00	0.00	2.13	—	—	—
柯可卡尔德粗粒似斑状二长花岗岩单元	OηγK	8.50	0.00	0.00	0.88	17.13	—	—	—
白干湖中细粒似斑状二长花岗岩单元	OηγB	33.18	1.21	0.00	0.00	1.13	—	—	—
古拉木萨依中细粒二长花岗岩单元	OηγG	30.40	0.93	0.00	0.00	3.58	—	—	—
托格热萨依片麻状黑云二长花岗岩单元	OηγT	23.74	0.58	0.00	0.00	6.85	—	—	—

2)微量元素特征

巴什尔西超单元各单元微量元素平均值见表 3-11,多元素 MORB 标准化蛛网图见图 3-16。从图、表看:各单元岩微量元素洋脊花岗岩标准化蛛网图解相似,随着元素不相容程度的降低曲线呈锯齿状右倾,大离子亲石元素 K、Rb、Ba 富集,但 Ba 处显谷、Ba 为负异常,高场强元素 Th、Ta、Nb 富集或中等富集,Ta 处显谷,为弱的负异常,Yb、Zr 亏损或极度亏损,微量元素洋脊花岗岩标准化蛛网图解与板块内花岗岩洋脊花岗岩标准化蛛网图解相似。巴什尔希超单元 Rb/Sr 比值介于 0.83～2.31、K/Rb 介于 145～270,与同熔型花岗岩特征相似,Rb/Sr 值高于大陆边缘钙碱性系列平均质值、K/Rb 值低于大于陆钙碱性系列值,具板块内花岗岩特征。

表 3-11　巴什尔西超单元各单元微量元素平均值表

单 元	代号	Cu	Ba	Nb	Zr	Sr	U	Rb	Th	Hf	Mn	Cr
水草泉粗粒钾长花岗岩单元	OξγSh	6.40	537.50	24.50	218.00	111.50	6.20	202.00	26.50	10.00	332.00	9.00
柯可卡尔德粗粒似斑状二长花岗岩单元	OηγK	10.30	276.00	28.00	301.00	223.00	5.30	184.00	17.00	9.00	643.00	33.00
白干湖中细粒似斑状二长花岗岩单元	OηγB	7.80	607.50	42.50	270.00	104.00	5.75	240.00	18.00	9.50	458.50	8.50
古拉木萨依中细粒二长花岗岩单元	OηγG	6.07	535.33	28.00	228.67	102.00	6.17	194.33	28.00	9.67	367.00	13.00
托格热萨依片麻状黑云二长花岗岩单元	OηγT	11.94	491.40	58.40	283.40	122.00	2.20	150.20	14.30	10.00	503.00	11.40
单 元	代号	V	La	Ti	TiO_2	P	Pb	Sn	Ga	Ta	Sc	K(%)
水草泉粗粒钾长花岗岩单元	OξγSh	27.50	72.00	1 828	0.31	561.50	22.00	4.50	18.25	1.48	3.40	4.73
柯可卡尔德粗粒似斑状二长花岗岩单元	OηγK	132.00	63.00	5 038	0.84	935.00	16.00	5.60	20.00	1.60	13.00	2.68
白干湖中细粒似斑状二长花岗岩单元	OηγB	47.00	75.00	2 179	0.36	607.50	20.50	5.70	18.25	1.90	7.50	4.49
古拉木萨依中细粒二长花岗岩单元	OηγG	31.67	122.33	2 045	0.34	628.00	20.00	4.83	18.00	1.43	4.80	4.55
托格热萨依片麻状黑云二长花岗岩单元	OηγT	29.60	83.20	1 600	0.27	308.40	11.20	2.94	23.80	2.63	2.82	4.07

续表 3－11

单元	代号	K_2O	Co	Ni	Ag	Au	As	Sb	F	MgO	Mo
水草泉粗粒钾长花岗岩单元	OξrSh	5.68	3.40	4.45	39.50	0.60	1.10	0.15	400.00	0.80	0.90
柯可卡尔德粗粒似斑状二长花岗岩单元	OηrK	3.22	8.60	12.90	62.00	0.76	1.00	0.15	900.00	2.15	0.50
白干湖中细粒似斑状二长花岗岩单元	OηrB	5.38	3.00	5.60	54.00	0.63	0.91	0.11	600.00	0.54	0.97
古拉木萨依中细粒二长花岗岩单元	OηrG	5.46	5.27	4.37	47.00	0.89	1.12	0.14	623.33	0.79	1.04
托格热萨依片麻状黑云二长花岗岩单元	OηrT	4.81	3.84	4.36	61.40	3.55	1.44	0.27	520.80	0.33	1.58

注：样品由西安岩矿测试中心分析；表中除 K_2O、TiO_2、MgO 含量单位为%，Au、Ag 元素含量单位为$\times10^{-9}$外，其他元素含量单位为$\times10^{-6}$

各单元相似的洋脊花岗岩标准化蛛网图解反映其具同源岩浆演化特点，各单元岩石微量元素标准化蛛网图解具大隆起特征、氟丰度较高，具 A 型花岗岩微量元素特征。说明其岩浆源较深，来源于下地壳或壳、幔相互作用的结果。

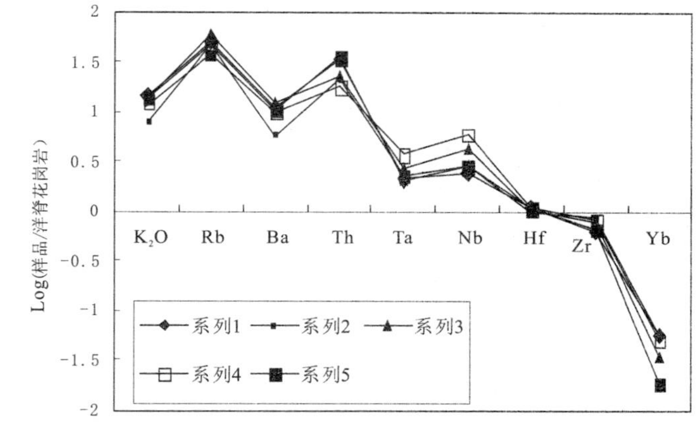

图 3－16　巴什尔西超单元多元素洋脊花岗岩标准化蛛网图解
系列 1. 托格热萨依单元；系列 2. 古拉木萨依单元；
系列 3. 白干湖单元；系列 4. 柯可卡尔德单元；系列 5. 水草泉单元

3）稀土元素特征

各单元稀土元素含量及特征值见表 3－12、稀土元素球粒陨石配分模式见图 3－17。从图、表看：本超单元各单元稀土元素球粒陨石配分模式相似，稀土元素模式曲线右倾，为轻稀土富集型（图 3－17）。各单元稀土元素总量（$\sum$REE）较高、介于（135.13～356.05）$\times10^{-6}$；轻稀土元素总量（LREE）介于（127～321）$\times10^{-6}$，轻稀土元素总量高，巴什尔希超单元多元素 MORB 标准化蛛网图见图 3－16。$(La/Sm)_N$值介于 2.85～5.13，模式曲线右倾，说明轻稀土元素之间分馏较大；重稀土元素总量（HREE）介于（8.44～36.2）$\times10^{-6}$，重稀土元素总量低，$(Gd/Yb)_N$介于1.84～3.21，模式曲线平缓，说明重稀土元素之间分馏小；轻、重稀土元素总量比值（LREE/HREE）介于 5.36～17.56，比值较大，$(La/Yb)_N$介于 8.42～34.96，模式曲线右倾，为轻稀土富集型；δEu 介于 0.35～0.7之间，呈较强的铕负异常，显示"V"字形稀土元素配分模式曲线特征，表现为 A 型花岗岩的稀土元素配分模式特征。

从早期单元到晚期单元，δEu 值有逐渐降低的趋势，说明岩浆的分离结晶作用逐渐增强，符合岩浆演化的一般趋势。

表 3-12　巴什尔希超单元稀土元素含量及特征值表

单元	代号	样品号	稀土元素含量($\times10^{-6}$)													
			La	Ce	Pr	Nd	Sm	Eu	Gd	Tb	Dy	Ho	Er	Tm	Yb	Lu
水草泉粗粒钾长花岗岩单元	$O\xi\gamma D$	D0454-XT3	57.5	103.0	12.7	6.19	12.6	1.97	10.0	1.7	10.8	2.12	5.7	0.7	4.5	0.55
柯可卡尔德粗粒似斑状二长花岗岩单元	$O\eta\gamma K$	D0453-XT1	84.6	139.0	15.4	68.0	12.3	1.75	9.7	1.8	10.3	2.06	5.4	0.7	4.5	0.54
白干湖中细粒似斑状二长花岗岩单元	$O\eta\gamma B$	D0452-XT2	67.5	113.0	12.0	52.9	9.21	0.94	6.7	1.2	6.66	1.17	3.2	0.4	2.7	0.33
古拉木萨依中细粒二长花岗岩单元	$O\eta\gamma G$	D0454-XT2	79.9	151.0	14.2	64.4	10.6	1.28	7.1	1.0	5.25	0.88	2.1	0.3	1.5	0.19
托格热萨依片麻状黑云二长花岗岩单元	$O\eta\gamma T$	D0452-XT1	57.7	99.8	12.3	55.0	10.6	2.29	9.0	1.5	8.94	1.72	4.6	0.6	3.9	0.51
		D0451-XT2	34.0	56.7	4.7	26.4	4.14	0.80	3.0	0.5	2.51	0.36	1	0.1	0.8	0.12

单元	代号	样品号	稀土元素含量($\times10^{-6}$)			特征参数值					
			LREE	HREE	ΣREE	δEu	δCe	LREE/HREE	$(La/Sm)_N$	$(Gd/Yb)_N$	$(La/Yb)_N$
水草泉粗粒钾长花岗岩单元	$O\xi\gamma Sh$	D0454-XT3	194	36.2	230.03	0.52	0.88	5.36	2.85	1.84	8.42
柯可卡尔德粗粒似斑状二长花岗岩单元	$O\eta\gamma K$	D0453-XT1	321	35	356.05	0.47	0.86	9.18	4.30	1.75	12.45
白干湖中细粒似斑状二长花岗岩单元	$O\eta\gamma B$	D0452-XT2	256	22.3	277.91	0.35	0.88	11.44	4.58	2.01	16.59
古拉木萨依中细粒二长花岗岩单元	$O\eta\gamma G$	D0454-XT2	321	18.3	339.70	0.43	1.00	17.56	4.71	3.84	34.96
托格热萨依片麻状黑云二长花岗岩单元	$O\eta\gamma T$	D0452-XT1	238	30.8	268.46	0.70	0.86	7.71	3.40	1.85	9.61
		D0451-XT2	127	8.44	135.13	0.66	0.95	15.02	5.13	3.21	29.36

注：样品由宜昌地研所岩矿测试中心分析

综上所述，巴什尔希超单元稀土元素有如下共同点：①相似的稀土元素球粒陨石模式配分曲线，模式配分曲线右倾，均为轻稀土显著富集型；②稀土元素总量高；③轻稀土分馏大、重稀土分馏小。巴什尔希超单元各单元相似的稀土元素配分模式说明其具良好的亲缘性和相关性，属同源岩浆演化系列。

各单元稀土元素总量高、轻稀土显著富集、显著的铕负异常，其具有A型花岗岩的地球化学特征。

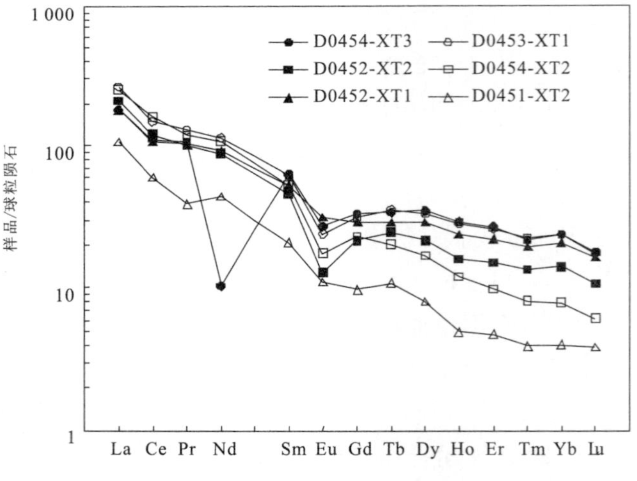

图 3-17　巴什尔希超单元稀土元素球粒陨石标准化分布图

D0451-XT2,D0452-XT1为托格热萨依片麻状花岗岩单元；
D0454-XT2为古拉木萨依中细粒二长花岗岩单元；
D0452-XT2为白干湖中细粒似斑状二长花岗岩单元；
D0453-XT1为柯可卡尔德粗粒二长花岗岩单元；
D0454-XT3为水草泉粗粒钾长花岗岩单元

2. 副矿物特征

该超单元副矿物种类较多，各单元副矿物种类基本一致(表3-13)，以锆石、磁铁矿、方铅矿、白铅矿、榍石为主，次为磷灰石、黄铁矿，个别可见独居石、电气石，金红石等。标型矿物锆石特征见表 3-14。巴什尔希超单元各单元具有相似的副矿物组合，说明其为同源岩浆演化系列。

3. 包体特征

巴什尔希超单元包体丰富，成分较为简单。依成分可分为两类。

(1)围岩捕虏体：成分以片岩、变砂岩等围岩为主，局部可见片麻岩包体。包体大小不等，小者数毫米，大者近数平方千米。以棱角状、次棱角状为主(图 3-18)，呈长透镜状、椭圆状等，与寄主岩体界面截然清晰。岩体属围岩或深部岩石捕虏体，分布不均匀，多数分布于古拉木拉克萨依沟堖一带，捕虏体硅化、长石化强烈，片麻岩包体主要在图幅与苏吾世杰幅相邻处产出，一般为十几厘米至二十几厘米。

(2)暗色包体：颜色为深灰色、暗绿色，主要为闪长质包体，并可见少量基性镁铁质包体。形态以椭圆状、长条状为主，规模一般小于 30cm(图 3-19)，与寄主岩体界面较清楚。镁铁质包体一般几个毫米到近一个厘米，含量较少。

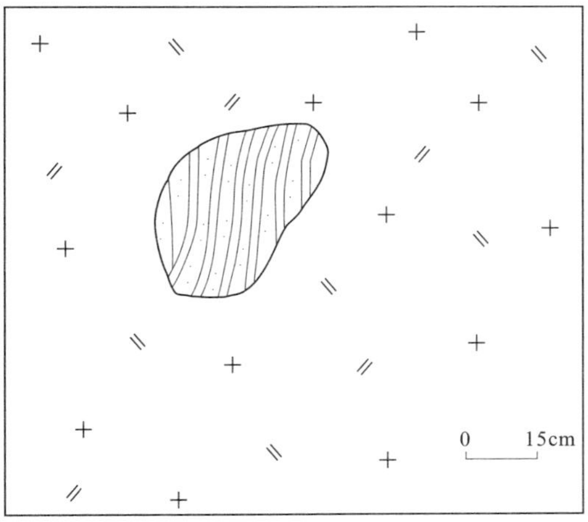

图 3-18　巴什尔希超单元白千湖单元围岩捕虏体素描图

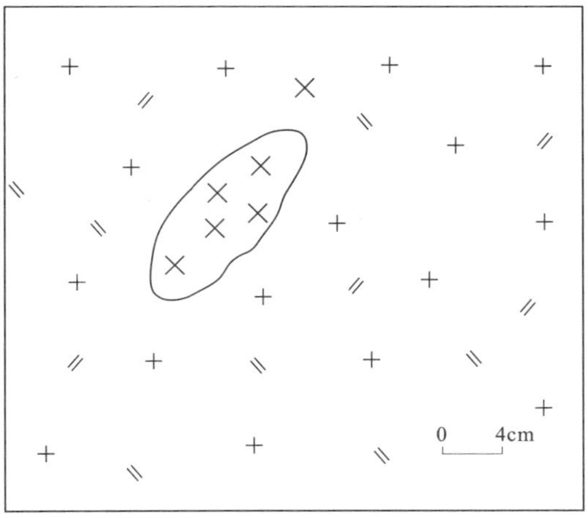

图 3-19　巴什尔希超单元柯可卡尔德单元基性包体

各类包体总体由早期到晚期、从侵入体边部到中部围岩捕虏体逐渐减少。

4. 岩体构造形式及定位机制

巴什尔希超单元构造较为简单，且在不同的单元表现不同。在早期托格热萨依片麻状黑云二长花岗岩单元边部具有由黑云母等片状矿物定向分布形成的叶理，晚期的各单元不具或具极弱叶理。在岩体的边部发育有两组节理，节理间隔较大，透入性差，一般为 15～28cm，且其不穿越岩体边界，具同就位特征。岩体多呈不规则状、港湾状等形态；区域上白干湖断裂控制着该超单元岩体展布。

综上所述，岩体构造形式及特征反映出本超单元岩体应以主动定位机制为主，被动就位机制为辅的侵位机制。

表 3-13　测区岩浆岩副矿物含量表

时代	超单元	单元	样品号	磁铁矿	钛铁矿	榍石	磷灰石	锆石	电气石	白钛矿	金红石	辰砂	黄金	褐帘石	独居石	石榴子石	锐钛矿	钛石	孔雀石	方铅矿	辉铜矿	白钨矿	泡铋石	白铅矿	黄铁矿	褐铁矿	萤石	鳞钇矿
泥盆纪	阿木巴勒阿土坎	宽沟	D4834－RZ1	—	—	—	—	19			—			—	—	—			—	—	—				—			
		深沟	D0103－RZ2	—		—	—	62.5						—			—		—	—					—	—		
			D0103－RZ3	—		—	—	100											—	0.014					—	—		
		水晶沟	D0102－RZ1	—		—	—	41.7		—				—					0.69	0.69	—				—	—		
			D0091－RZ1	—		—	—	69.4						—					—	—						—		
			D0091－RZ2	—		—	—	32.4			—						—	—	—	—		—	0.013	—	—	—		
		野牛沟	D0103－RZ1	—		—	—	22.06						—					—	0.013					—	—		
志留纪	库木布拉格	乱石沟	D0381－RZ1					5.3						—						0.03			—	0.03	—	—		
		野牦牛沟	D0307－RZ1	—		—	—	264.3						—					—	0.35			—	0.36	—	—		
			D0311－RZ4	—		—	—	57.1						—	—				—	0.012			—	0.012	—	—		
		枯草沟	D0308－RZ1	—	—	—	—	352.94						—	13 636				—	0.009				0.009	—	—		
		诺勒更	DO382－RZ1	—		—	—	42.1	—						0.219				—	0.033			—	0.033	—	—		0.065
			D0311－RZ2	—		—	—	29.4						—	0.021				—	0.015				0.015	—	—		
			D0311－RZ3	—		—	—	5.5						—	0.05				—	0.013				0.012	—	—		
		皮亚孜勒克	D0311－RZ1	—		—	—	75.76	—					—	0.013				—	0.013				0.013	—	—		
	巴什尔希	水草泉	D0454－RZ3	—	—	—	—	129			—			—					—	0.5	—			0.5	—	—		
		柯可卡尔德	D0453－RZ1	—		—	—	108.7	—					—					—	0.17				0.16	—	—		
		古拉木萨依	D0454－RZ2	—	—	—	—	22.7	—					—	—				—	0.45				0.45	—	—		
		托格热萨依	D0452－RZ1	—		—	—	5.8	—					—					—	0.033		0.055	—	0.033	—	—		

注：单位 g/t，“—”微量

表 3-14　阿牙克库木湖岩浆岩锆石特征表

时代	超单元	单元	样品号	粒度（mm）	长宽比	裂度	发光性	颜色及透明度	包体	表面特征	结晶习性	晶体形态
泥盆纪	阿木巴勒阿土坎	宽沟	D4834－RZ1	一般在(0.08×0.04)～(0.64×0.16)	多为2∶1、3∶1，个别可达(6∶1)～(8∶1)	多数颗粒有裂纹	萤光灯照射下大多数颗粒不发光，少部分颗粒发暗黄色光	以浅褐色为主，玻璃光泽，不透明，少部分颗粒颜色呈浅粉红色，金刚光泽，透明	微量颗粒有小锆石包体和不明性质的黑色包体	颗粒几乎都受到溶蚀作用破坏，表面粗糙不光滑，多数颗粒(85%)呈碎块状，棱顶不完整，少数较光滑	由柱面a(100)，锥面p(111)、偏锥面x(311)聚合晶形为主。由柱面m(110)发育锥面p(111)、偏锥面x(311)，不发育不等聚合晶形和由棱面a(100)、m(110)同时发育，锥面p(111)、偏锥面x(311)发育不等聚合而成的晶形为主	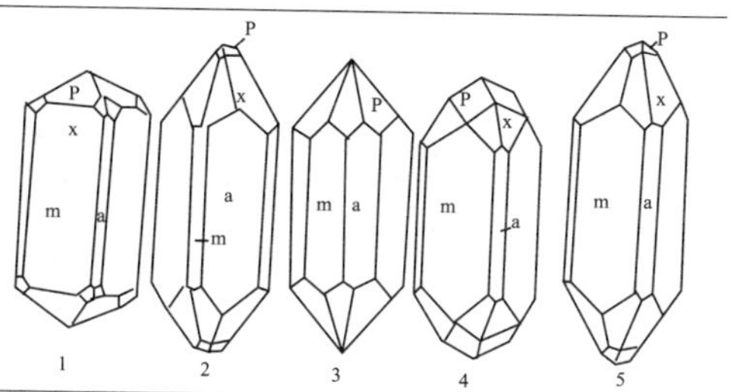
		深沟	D0103－RZ2	一般在(0.32×0.08)～(0.08×0.04)	多为(2∶1)～(4∶1)，个别达(6∶1)～(8∶1)		大多数颗粒发黄色光，少数不发光	浅玫瑰色，玻璃光泽，多数半透明，少数透明，个别不透明	包体较普遍，主要为锆石、绿泥石，呈星点状分布	主要为聚形晶面，多具溶蚀，蚀坑或蚀痕，无明显粗糙感，较光滑	由柱面a(100)、m(110)，锥面p(111)、偏锥面x(311)聚合晶形为主。a(100)、m(110)同等发育，p(111)、偏锥面x(311)不发育，次为由柱面m(110)及锥面p(111)、偏锥面x(311)聚合而成的晶形	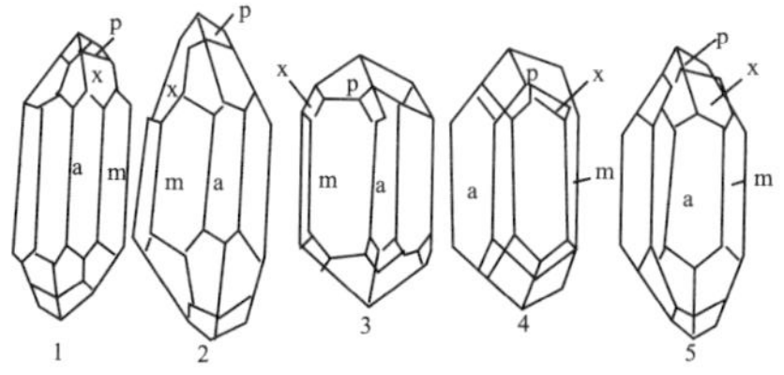
			D0103－RZ3	一般在(0.4×0.08)～(0.08×0.04)	为(2∶1)～(4∶1)		发黄色光	浅玫瑰色，玻璃—金刚光泽，半透明达90%，少数透明	包体较普遍，主要为细小锆石，次为星点状绿泥石及黑色不明包体	表面具蚀坑或蚀痕，但不十分粗糙，少数表面较光滑，晶棱较平直	由柱面a(100)、m(110)，锥面p(111)及偏锥面x(311)聚合而成晶形为主。a(100)、m(110)近乎同时发育，p(111)，偏锥面x(311)不发育，由柱面a(100)、m(110)及锥面p(111)、偏锥面x(311)聚合而成晶形，柱面a较柱面m发育，p(111)、偏锥面x(311)发育不等	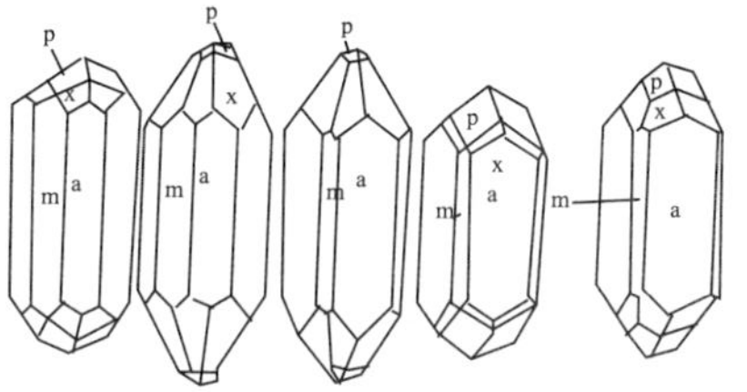
		水晶沟	D0102－RZ1	一般在(0.25×0.08)～(0.1×0.05)	多为1∶1、2∶1、3∶1，少数可达4∶1、5∶1	少数晶面有裂纹	萤光灯照射下不发光	浅玫瑰色，玻璃—金刚光泽，透明度好的占10%，透明度差的占85%	少数颗粒有不明性质的黑色包体，锆石、黄铁矿及绿泥石包体	表面呈毛玻璃状	主要由棱面发育的以m(110)发育为主，可见个别以a、b轴平行连晶	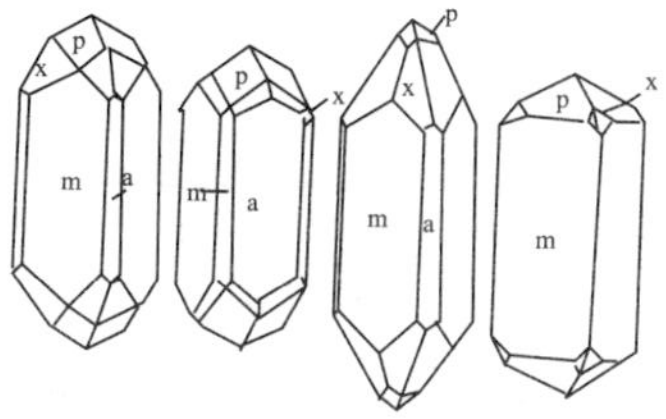

续表 3-14

时代	超单元	单元	样品号	粒度(mm)	长宽比	裂度	发光性	颜色及透明度	包体	表面特征	结晶习性	晶体形态
泥盆纪	阿木巴勒阿土坎	水晶沟	D0091-RZ1	一般在(0.2×0.2)～(0.35×0.45)	多为1∶1、2∶1、3∶1，少数可达4∶1		萤光灯照射下不发光	淡黄色占60%，浅黄色40%，玻璃光泽，半透明，不透明占10%	少数颗粒有黑色包体	表面呈毛玻璃状	较完整晶形以四方锥状为主，少数为柱状聚形晶	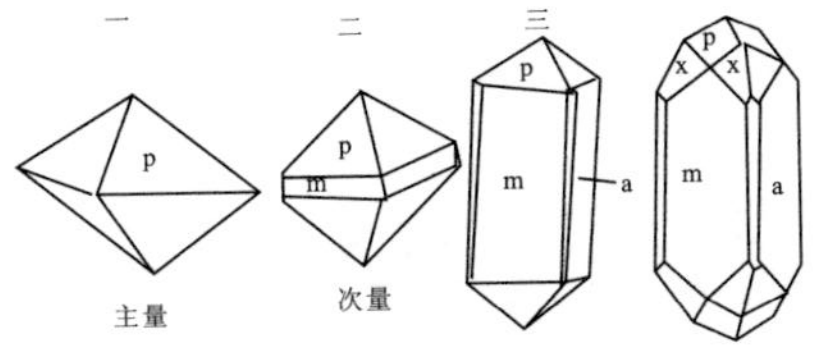
			D0091-RZ2	一般在(0.25×0.12)～(0.08×0.04)	多为(1∶1)～(4∶1)，少数可达(5∶1)～(7∶1)		少量发黄色光，多数不发光	淡黄色占95%，少数乳白色，金刚光泽，大多数半透明，少数不透明	包体较普遍，多为不规则小锆石包体	表面由于溶蚀作用，晶面粗糙，麻点状	以柱面 m(110)发育为主，次为以 m、a 面棱等及以锥面 p 发育的晶形	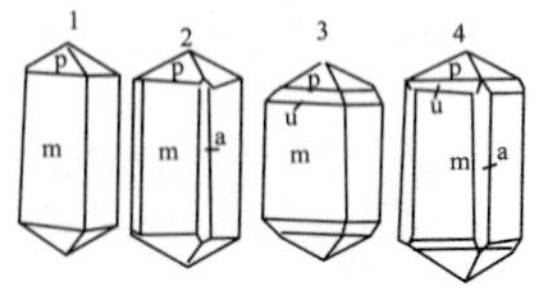
		野牛沟	D0103-RZ1	一般在(0.24×0.12)～(0.4×0.13)	多为(2∶1)～(3∶1)，个别达6∶1		大多数颗粒不发光，少数发米黄色光	浅玫瑰色，玻璃—金刚光泽，半透明达90%，少数透明	含包体锆石约占30%，主要为细小锆石及红色、黑色性质不明锆石	表面多具蚀坑、蚀痕，但蚀面较光滑，面平棱直者少量	由柱面 a(100)、m(110)，锥面 p(111)及偏锥面 x(311)聚合而成晶形为主。柱面 m 较柱面 a 发育，或同时发育，p(111)、x(311)发育不等为主，柱面 a 较柱面 m 发育，p 较 x 发育者极少	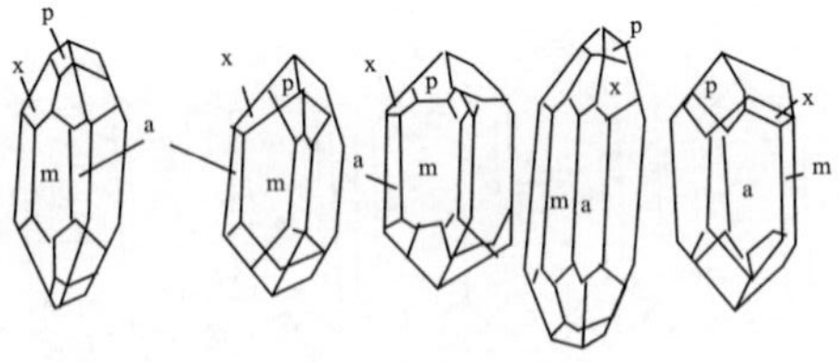

续表 3 - 14

时代	超单元	单元	样品号	粒度(mm)	长宽比	裂度	发光性	颜色及透明度	包体	表面特征	结晶习性	晶体形态
志留纪	库木布拉格	乱石沟	D0381 - RZ1	一般在(0.16×0.08)～(0.24×0.12)	多为(1∶1)～(3∶1),少数(4∶1)～(6∶1),微量可达(7∶1)～(8∶1)		少数颗粒发黄色光,大多数不发光	浅玫瑰色,金刚光泽,半透明,极少数不透明	包体有云母、锆石、绿泥石、磷灰石等	晶棱、晶锥、晶面不光滑,呈凹坑及麻点状	由柱面 a(100)、m(110),锥面 p(111)、偏锥面 x(311)聚合晶形为主。a(100)、m(110)大致相等,锥面 p(111)、偏锥面 x(311)近于相等或偏锥面 x(311)较 p(111)发育为主,次为由柱面 m 较柱面 a 发育,锥面 p 与偏锥面 x 近于相等	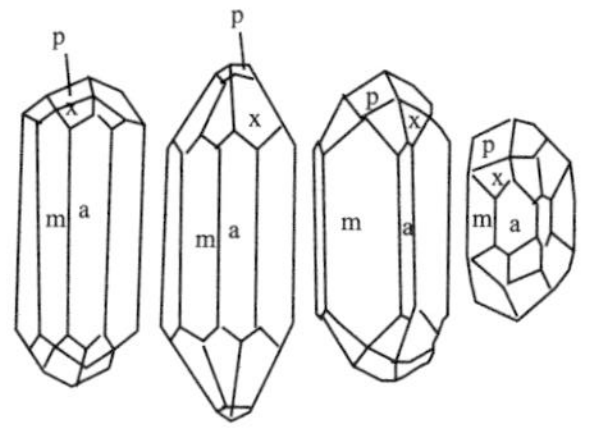
		野牦牛沟	D0307 - RZ1	一般在(0.56×0.07)～(0.06×0.03)	主要为(2∶1)～(4∶1),个别(5∶1)～(8∶1)		发杂色光	多数为浅褐黄色,玻璃光泽,半透明,少量浅玫瑰色,金刚光泽,半透明,少量无色,玻璃光泽,透明	包体较普遍,主要有锆石、绿泥石、黑云母及氧化铁	普遍具溶蚀现象,表面粗糙不平,极少数表面较光滑	由柱面 a(100)、m(110),锥面 p(111)、偏锥面 x(311)聚合的晶形。a(100)、m(110)近乎同等发育或 m 较 a 发育,锥面 p、柱面 m 发育不等的为主	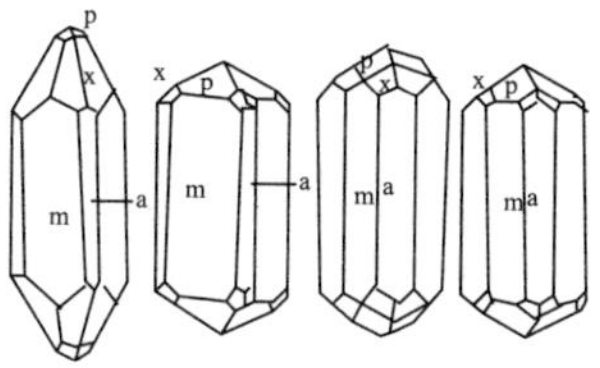
			D0311 - RZ4	一般在(0.4×0.1)～(0.06×0.03)	多为(2∶1)～(4∶1)		少数发淡褐黄色光,多数不发光	多数褐黄色,玻璃—金刚光泽,大多数不透明,少数半透明,少量浅玫瑰色,金刚光泽,透明—半透明	包体较普遍,主要有细小锆石、黑云母及氧化铁	颗粒溶蚀程度较深,表面凹凸不平,呈粗糙状	由柱面 a(100)、m(110),锥面 p(111)、偏锥面 x(311)聚合的晶形。a(100)、m(110)近乎同等发育或 m 较 a 发育为主	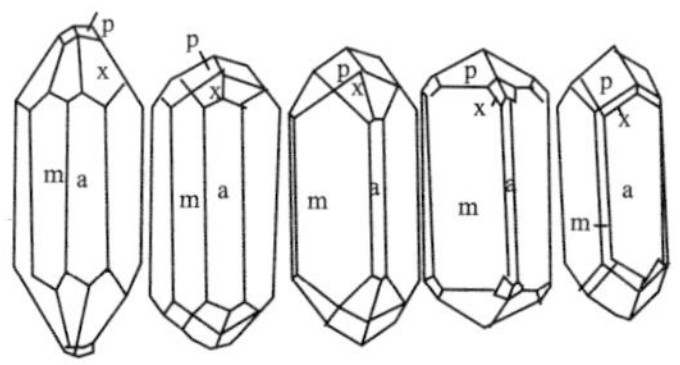

续表 3-14

时代	超单元	单元	样品号	粒度(mm)	长宽比	裂度	发光性	颜色及透明度	包体	表面特征	结晶习性	晶体形态
志留纪	库木布拉格	枯草沟	D0308-RZ1	一般在(0.8×0.08)～(0.08×0.04)	多为(2∶1)～(5∶1),少数(6∶1)～(8∶1),个别达10∶1		发黄色光	多数为淡玫瑰色,金刚光泽,大多数半透明,少数透明,少量呈浅褐黄色,金刚—玻璃光泽,半透明	包体较多,主要为锆石及黑云母	多数表面不甚平坦,具蚀坑、蚀痕,少数颗粒面平棱直顶尖	由柱面a(100)、m(110),锥面p(111)、偏锥面x(311)聚合而成之晶形。a(100)、m(110)近乎同等发育,锥面p(111)、偏锥面x(311)发育不等为主,次为由柱面m较柱面a发育,锥面p与偏锥面x发育不等的晶形	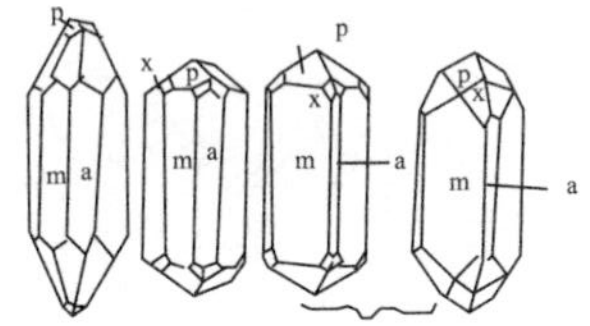
		诺勒更	D0311-RZ2	一般在(0.32×0.08)～(0.08×0.04)	多为(2∶1)～(4∶1)		不发光	以淡—浅玫瑰色,玻璃—金刚光泽,多数半透明,少数不透明,少量透明	大部分含锆石及氧化铁包体	多具蚀坑、蚀痕,较粗糙	由柱面a(100)、m(110)及锥面p(111)、偏锥面x(311)聚合的晶形为主。a(100)、m(110)近乎同等发育或a较m发育的为主,柱面m较柱面a发育的少见	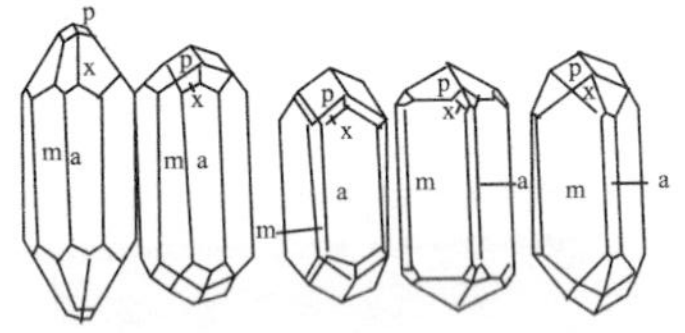
			D0311-RZ3	一般在(0.32×0.08)～(0.08×0.04)	多为(2∶1)～(4∶1),个别5∶1		不发光	多数为褐红色,弱金刚光泽,半透明—不透明,少量淡玫瑰色,金刚光泽,透明	包体较多,以锆石及红色铁质包体为主	晶体高度溶蚀,表面凹凸不平,呈粗糙状	由柱面a(100)、m(110),锥面p(111)、偏锥面x(311)聚合的晶形。a(100)、m(110)近乎同等发育或a较柱面m发育的为主,柱面a较柱面m发育的次之	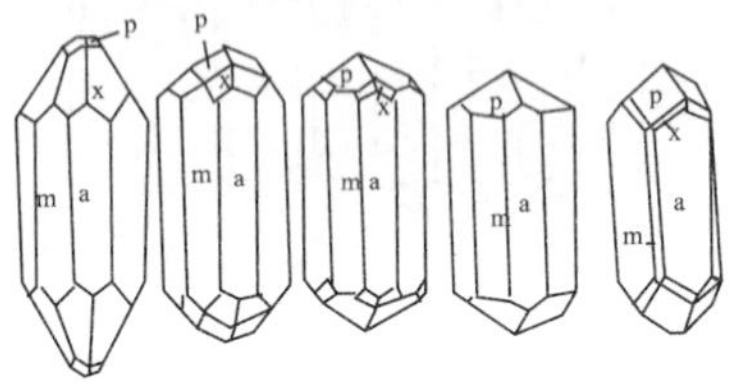
			D0382-RZ1	一般在(0.16×0.04)～(0.4×0.12)	多为(1∶1)～(3∶1),个别达(7∶1)～(8∶1)		发淡黄色光	为淡玫瑰色,玻璃光泽,半透明	包体较普遍,以细小锆石包体为主,其次有铁锈红色氢氧化铁包体,少数颗粒有不明性质的黑色包体	由于溶蚀作用,晶体的棱、顶、面均有不同程度的蚀变,表面不光滑	由柱面a(100)、锥面p(111)聚合而成之晶形为主。由柱面a(100)、锥面p(111)、偏锥面x(311)聚合而成的晶形,柱面a(100)缺失,锥面p较偏锥面x发育的为次	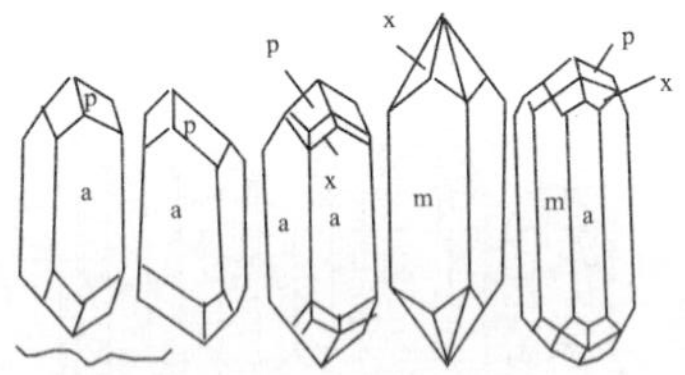
		皮亚孜勒克	D0311-RZ1	一般在(0.5×0.08)～(0.06×0.03)	多为(2∶1)～(4∶1),少数为(5∶1)～(6∶1)	少数锆石具裂纹	多数不发光,少数发浅米黄色光	多为浅玫瑰色,金刚光泽,透明度极差,多呈不透明状,少数半透明—透明状,少量褐黄色,且多呈不透明状	包体较多,主要为锆石,次为氧化铁及黑云母	颗粒溶蚀程度较深,表面凹凸不平,呈粗糙状	由柱面a(100)、m(110),锥面p(111)、偏锥面x(311)聚合晶形为主。a(100)、m(110)近乎同等发育,p、x发育不等者为主,m较a发育,p、x发育不等者次之	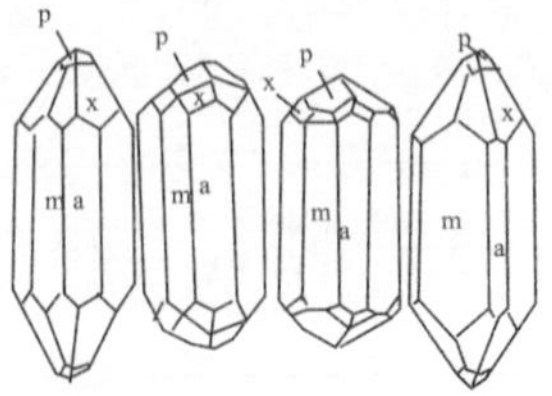

续表 3－14

时代	超单元	单元	样品号	粒度(mm)	长宽比	裂度	发光性	颜色及透明度	包体	表面特征	结晶习性	晶体形态
志留纪	巴什尔希	水草泉粗粒钾长花岗岩单元	D0454－RZ3	一般在(0.4×0.08)～(0.08×0.04)	多为(2∶1)～(4∶1),个别为5∶1		多数不发光,少数发淡黄色光	多数浅—淡玫瑰色,少量略显粉色,金刚光泽,绝大部分半透明,少量透明,微量不透明	普遍含包体,主要为细小锆石、黑云母及钛铁矿	绝大多数晶体表面稍粗糙,具蚀坑、蚀痕,少量较光滑	由柱面 a(100),锥面 p(111)聚合而成的晶体、由 a(100)、m(110)及锥面 p(111)、偏锥面 x(311)聚合而成的晶形为主	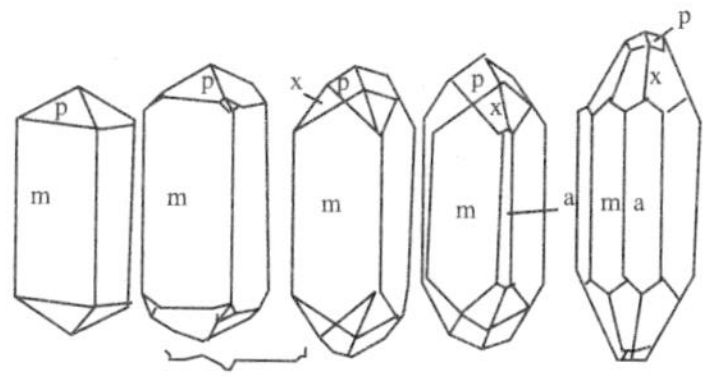
		柯可卡尔德粗粒似斑状二长花岗岩单元	D0453－RZ1	一般在(0.32×0.08)～(0.08×0.04)	为(2∶1)～(4∶1)		不发光	浅褐红色,金刚光泽,透明度差,为半透明—不透明,极少透明状	包体普遍,主要为锆石、黑云母及氧化铁包体	晶体表面凹凸不平,呈粗糙状	由柱面 m(110)锥面 p(111)、偏锥面 x(311)聚合及柱面 a(100)、m(110),锥面 p(111)、偏锥面 x(311)聚合晶形为主。m 较 a 发育,a、m 及锥面 p 聚合而成的柱面 m 较柱面 a 发育的晶形为主	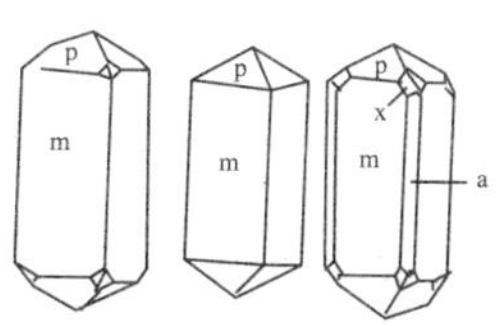
		古拉木萨依中细粒二长花岗岩单元	D0454－RZ2	一般在(0.4×0.06)～(0.08×0.04)	多为(2∶1)～(4∶1),个别为(5∶1)～(6∶1)		不发光	浅玫瑰色,金刚光泽	普遍含包体,主要为锆石、黑云母	大多数受溶蚀,晶体表面凹凸不平,呈粗糙状,不透明,少数颗粒较光滑,透明度较好	由柱面 m(110)、a(100),锥面 p(111)、偏锥面 x(311)聚合晶形为主。m 较 a 发育,m(110)、a(100)及锥面 p(111)聚合而成,柱面 m、a 同等发育,锥面 x 缺失为主	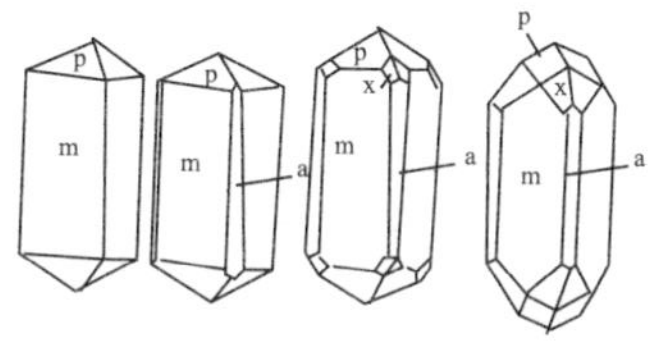
		托格热萨依片麻状黑云二长花岗岩单元	D0452－RZ1	一般在(0.4×0.08)～(0.08×0.04)	多为(2∶1)～(4∶1),个别为(5∶1)～(6∶1)		淡黄色光	浅褐黄色及浅玫瑰色,玻璃—金刚光泽,绝大部分半透明,少量透明,微量不透明	包体较普遍,以黑云母及红色氧化铁等	绝大部分锆石具溶蚀,表面凹凸不平,呈粗糙状	由柱面 m(110),锥面 p(111)聚合晶形和由柱面 m(110)、a(100)、锥面 p(111)、聚合的晶形,柱面 m 较柱面 a 发育,由柱面 a(100)、m(110),锥面 p(111)、偏锥面 x(311)聚合的晶形次之	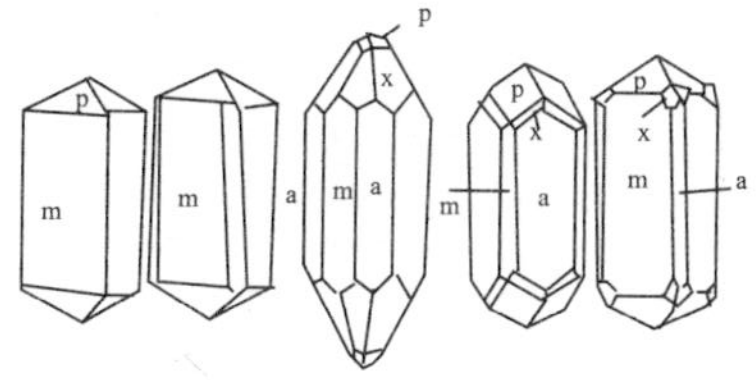

5. 构造环境探讨

巴什尔希超单元各单元岩石碱（Na_2O+K_2O）含量极高、氟（F）丰度高、微量元素蛛网图解、稀土元素配分模式均与板块内碱性花岗岩相似，为碱性岩。大量研究证明“产于非造山环境的碱性花岗岩，其母岩浆是在板块内的裂谷带和已经结束运动的造山带，由地幔底辟使地壳下部物质重熔而成”（李春义等，1986）；其次，巴什尔希超单元侵位于青白口纪末的塔里木运动已固结成陆的中、新元古代较为稳定的过渡基底中，属板块内较为稳定的环境；认为该超单元主要岩石化学成分在Maniar和Piccoli的主元素判别图解上，落入非造山的花岗岩类区，即落入与裂谷有关的花岗岩类区（RRG）及与大陆的抬升有关的花岗岩类（CEUG）区（图3-20）；采用Nb-Y图解及Rb-（Y+Nb）图解判别，主要落入板内花岗岩区（WPG）（图3-21、图3-22）。

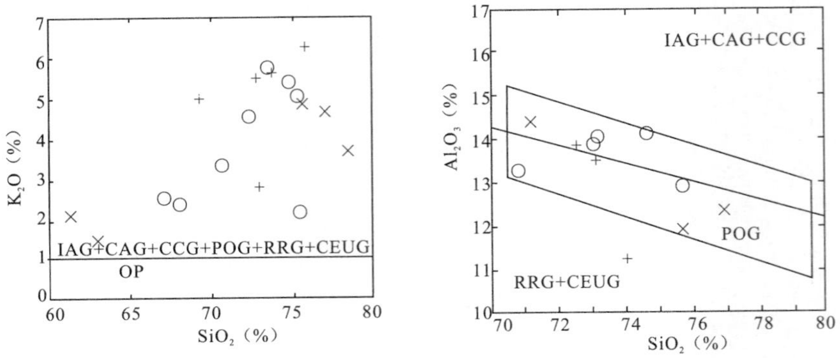

图3-20　Maniao和Piccoli的主要元素判别图解（1989）

IAG. 岛弧花岗岩；CAG. 大陆弧花岗岩；CCG. 大陆碰撞花岗岩；POG. 后造山花岗岩；RRG. 与裂谷有关的花岗岩；CEUG. 与大陆抬升有关的花岗岩；OP. 大洋斜长花岗岩
+. 巴什尔希超单元；○. 库木布拉格超单元；×. 阿木巴勒阿土坎超单元

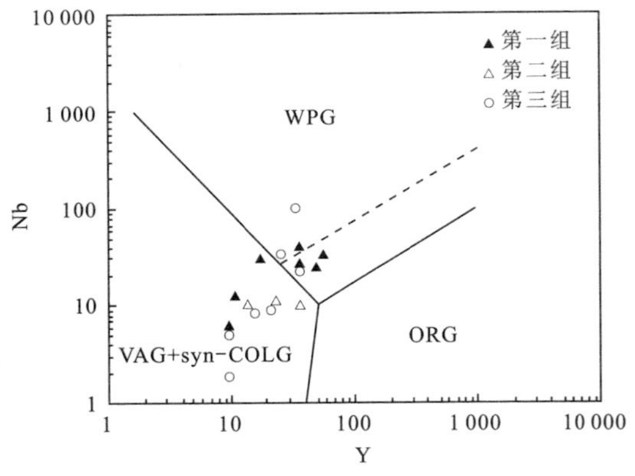

图3-21　Nb-Y图解

第一组为巴什尔希超单元；第二组为库木布拉格超单元；第三组为阿木巴勒阿土坎超单元

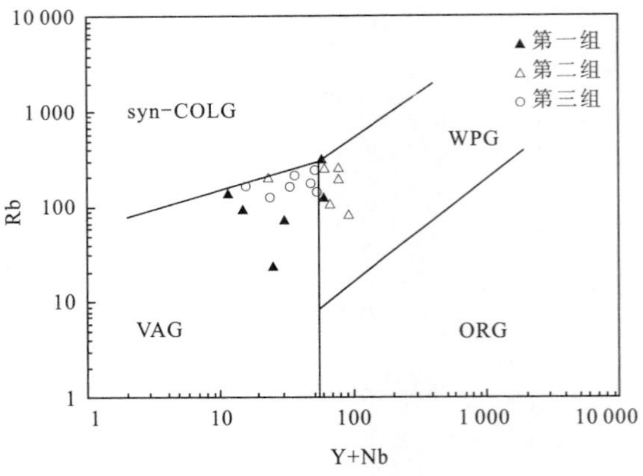

图3-22　Rb-（Y+Nb）图解

第一组为巴什尔希超单元；第二组为库木布拉格超单元；第三组为阿木巴勒阿土坎超单元

综上所述，巴什尔希超单元为板块内较稳定的环境侵位形成。

6. 巴什尔希超单元时代探讨

本次区调在巴什尔希超单元水草泉粗粒钾长花岗岩单元中获单矿物锆石U-Pb表面谐和年龄（432.3±0.8）Ma，单矿物锆石U-Pb测定结果见表3-15，一致谐和线图见图3-23，因此可以认为粗粒钾长花岗岩侵入时间应为（432.3±0.8）Ma，侵位时代应为奥陶纪早期。

表 3-15　测区岩浆岩单颗粒锆石 U-Pb 法同位素地质年龄表

超单元	样品情况			浓度		样品中普通铅含量（ng）	同位素原子比率					表面年龄（Ma）		
	点号	锆石特征	重量（μg）	U（μg/g）	Pb（μg/g）		$^{206}Pb/^{204}Pb$	$^{208}Pb/^{206}Pb$	$^{206}Pb/^{238}U$	$^{207}Pb/^{235}U$	$^{207}Pb/^{206}Pb$	$^{206}Pb/^{238}U$	$^{207}Pb/^{235}U$	$^{207}Pb/^{206}Pb$
阿木巴勒阿土坎	1	浅黄色透明长柱状自形	35	602	42	0.035	1 461	0.186 6	0.062 239(34)	0.449 5(315)	0.052 39(365)	389.2	376.9	302.6
	2	浅黄色透明长柱状自形	28	551	37	0.007	5 920	0.182 7	0.062 15(27)	0.465 3(91)	0.054 30(98)	388.7	388.0	383.6
	3	近无色透明细长柱状自形	30	598	40	0.003	15 569	0.189 9	0.062 12(13)	0.464 9(74)	0.054 27(81)	388.5	387.7	382.4
	4	浅黄色透明长柱状自形	35	747	53	0.008	8 949	0.193 7	0.065 73(12)	0.496 0(88)	0.054 73(91)	410.4	409.0	401.3
库木布拉格	1	浅黄色透明长柱状自形	35	2 075	146	0.170	1 174	0.102 1	0.067 08(30)	0.510 2(59)	0.055 16(56)	418.6	418.6	418.9
	2	浅棕色半透明短柱状自形	30	3 986	297	0.530	609	0.113 9	0.067 02(11)	0.510 8(26)	0.055 27(26)	418.2	419.0	423.2
	3	浅黄色透明短柱状自形	30	1 418	98	0.067	1 691	0.113 5	0.066 64(75)	0.505 0(112)	0.054 96(99)	415.9	415.1	410.5
	4	浅黄色透明长柱状自形	35	824	59	0.032	2 558	0.123 5	0.068 86(11)	0.526 2(99)	0.055 43(99)	429.3	429.3	429.5
	5	浅黄色透明细长柱状自形	30	950	67	0.025	3 261	0.101 9	0.069 98(15)	0.538 9(52)	0.055 86(49)	436.0	437.7	446.6
	6	浅黄色透明长柱状自形	35	1 052	78	0.010	11 371	0.110 7	0.073 51(24)	0.569 1(109)	0.056 15(102)	457.3	457.4	458.2
巴什尔希	1	浅黄色透明粗长柱状自形	35	523	37	0.003	17 354	0.116 5	0.069 41(17)	0.530 0(157)	0.055 38(154)	432.6	431.8	427.7
	2	浅黄色透明短柱状自形	35	548	45	0.140	403	0.122 4	0.069 27(21)	0.533 4(99)	0.055 84(97)	431.8	434.0	446.2
	3	浅黄色透明长柱状自形	35	746	52	0.007	10 797	0.117 8	0.069 27(51)	0.529 9(143)	0.055 48(136)	431.8	431.8	431.8
	4	浅黄色透明细长柱状自形	35	832	59	0.034	2 366	0.116 0	0.068 14(12)	0.518 7(134)	0.055 21(134)	425.0	424.3	420.7

注：测试单位为天津地研所

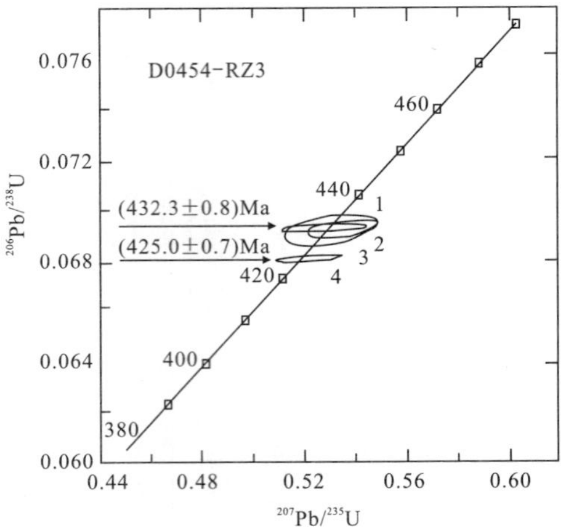

图 3-23　巴什尔希超单元锆石 U-Pb 同位素年龄谐和图

第二节　祁漫塔格构造岩浆岩带

该岩浆岩带出露于测区北部，沿大沙沟—祁漫塔格山—鸭子大坂—阿木巴勒阿土坎等地呈向北"凸"出的弧形展布，组成祁漫塔格山主脊，总体呈近东西向；该岩浆岩带岩石类型复杂，岩浆侵入活动频繁。从新元古代到古生代再到中生代均有岩浆活动，岩石类型从超基性—基性侵入岩、火山岩到中酸性—酸性侵入岩、火山岩等均有出露，其中以早古生代基性岩浆到晚古生代早期中、酸性岩浆活动最为广泛，晚古生代晚期酸性侵入岩、中生代三叠纪中基性脉岩出露零星，其时、空展布受黑山-那陵格勒断裂带控制，具有一定的规律性。按岩石类型、时代及所处构造环境分述如下。

一、基性—超基性岩

基性—超基性岩主要出露于该岩浆岩带阿牙克库木湖西北的黑山、鸭子大坂等地，沿祁漫塔格结合带呈东西向展布，为祁漫塔格结合带与鸭子泉-鸭子大坂构造混杂岩带刚性构造块体的组成部分，为阿牙克库木湖蛇绿混杂岩[(Nh—O)AY^{TM}]、鸭子泉组(Sy)、鸭子泉基性岩(SvY)的重要物质组成部分，在构造混杂岩带中基性—超基性岩多呈长透镜状，是构造混杂岩带内弱构造变形域，与构造混杂岩带内强变形域长英质糜棱岩、绿泥石英构造片岩、绿泥钠长阳起石构造片岩、钠长绿泥绿帘石构造片岩、绢云石英构造片岩等剪切基质为剪切面理接触或断层接触。在阿特阿特坎河口两侧也有零星基性脉岩出露。该构造混杂岩带中鸭子泉、鸭子大坂、黑山、阿特阿特坎河口等地的中基性—超基性岩其岩石化学成分具有一定的差异：鸭子泉东部以中、基性岛弧火山岩岩性组等为主，鸭子大坂—黑山一带主要为蛇绿混杂岩的一部分，属洋脊超基性、基性岩，阿特阿特坎河口基性岩脉为碱性岩，分述如下。

1. 鸭子泉火山岩组(Sy)中基性火山岩

1)地质特征

分布于鸭子泉以东鸭子泉-鸭子大坂构造混杂岩带中的鸭子泉火山岩组(Sy)、鸭子泉基性岩(SvY)，为鸭子泉东鸭子泉-鸭子大坂构造混杂岩带内刚性块体，鸭子泉火山岩组(Sy)以中、基性火山岩为主，主要岩石类型为变质玄武岩、变质安山玄武岩、变质安山岩等；鸭子泉基性岩脉(SvY)主要岩石类型为变辉长岩。由中、基性岩组成的刚性块体呈长透镜状，规模大小不一，从数千米到几厘米甚至显微尺度均可见及，与构造混杂岩展布方向一致，它们之间由剪切基质分隔，与剪切基质以韧-脆性断层接触。以下按鸭子泉火山岩组(Sy)中、基性喷出岩，鸭子泉基性岩(SvY)基性侵入岩分别叙述如下。

2)岩石学与地球化学特征

(1)岩石学特征：

变质玄武岩 灰黑色，岩石呈斑状结构、变余含长结构，杏仁构造、块状构造。斑晶主要为斜长石、辉石，角闪石及方解石少量，辉石普遍角闪石化、阳起石化，角闪石一般阳起石化、绿泥石化，斑晶呈自形—半自形结构，粒径小于2mm，斑晶总含量10%～15%。基质为斜长石、辉石、角闪石，普遍阳起石化、绿泥石化，基质矿物粒径小于0.1mm。岩石呈斑状结构、变余含长结构，杏仁构造、块状构造。气孔呈椭圆状，粒径1～8mm，多被方解石充填呈杏仁，一般气孔、杏仁体总含量2%～8%。

变质安山玄武岩 为鸭子泉火山岩组主要岩石类型之一。浅灰黑色，岩石呈斑状结构、变余含长结构，杏仁构造、块状构造。斑晶为斜长石、辉石、角闪石，辉石普遍角闪石化、阳起石化，角闪石一般阳起石化、绿泥石化，斑晶呈自形—半自形长柱状，粒径小于1.5mm，斑晶含量10%～15%。基质为斜长石、辉石、角闪石，普遍阳起石化、绿泥石化，基质矿物粒径小于0.1mm。

变质安山岩 是组成鸭子泉火山岩组主要岩石类型之一。灰绿色，岩石呈斑状结构、变余含长结构，块状构造。斑晶为斜长石、角闪石，角闪石一般阳起石化、绿泥石化，斑晶呈自形—半自形长柱状，粒径小于1.2mm，斑晶含量10%～15%。基质为斜长石、角闪石、石英，基质矿物粒径小于0.1mm。

(2)岩石化学特征：鸭子泉火山岩组(Sy)中的中、基性喷出岩其岩石化学分析结果如表3-16。从表看：鸭子泉基性火山岩岩石化学成分与岛弧火山岩比较接近。其SiO_2含量变化较大，一般在44.34%～59.26%之间变化，总体属中—基性岩，玄武岩SiO_2含量44.34%～53.18%略低于岛弧玄武岩SiO_2含量平均值52%，安山岩、玄武安山岩SiO_2含量55.13%～59.26%与岛弧安山岩SiO_2含量平均值57.3%相近，TiO_2含量总体较低，一般小于0.43%，与岛弧玄武岩TiO_2平均含量0.58%比较接近；K_2O含量变化大，随着SiO_2含量的增高，总体呈增长趋势；CaO、MgO、FeO^*均与岛弧安山岩成分接近；M/F比较稳定，一般为0.6左右，里特曼指数(σ)介于0.10～2.49，属钙性—钙碱性岩。采用邱家骧(1979)火山岩硅-碱图解判别，鸭子泉中基性火山岩：玄武岩落入苦橄岩区、玄武安山岩区，玄武安山岩、安山岩分别落入玄武安山岩区、安山岩区(图3-24)；在火山岩硅-碱图解中一部分投入碱性系列，一部分投入亚碱性系列(图3-25)；在F-A-M图解上鸭子泉中基性火山岩主要投入钙碱性岩区岩石系列区(图3-26)。

表3-16 鸭子泉基性岩(SvY)、鸭子泉火山岩组(Sy)中基性岩岩石化学含量表

样品号		D0302-GH2	D0302-GH1	D0302-GH3	D0302-GH4	D0302-GS3-1	岛弧安山岩平均值(%)
岩组或岩体		鸭子泉火山岩组(Sy)(%)					
岩石名称		辉长岩	玄武岩	玄武岩	安山玄武岩	安山岩	
岩石化学成分	SiO_2	48.96	53.18	44.34	55.13	59.26	57.30
	TiO_2	0.46	2.17	0.43	0.40	0.40	0.58
	Al_2O_3	13.87	13.56	18.03	15.42	16.13	17.20
	$Fe_2O_3^*$	11.70	10.32	11.84	8.37	6.60	8.10
	FeO	6.62	4.80	1.38	2.90	2.69	
	MnO	0.17	0.14	0.15	0.14	0.11	

续表 3-16

样品号		D0302-GH2	D0302-GH1	D0302-GH3	D0302-GH4	D0302-GS3-1	岛弧安山岩平均值(%)
岩组或岩体		鸭子泉火山岩组(Sy)(%)					
岩石名称		辉长岩	玄武岩	玄武岩	安山玄武岩	安山岩	
岩石化学成分	MgO	9.25	6.49	1.87	5.43	4.35	3.5
	CaO	8.96	7.23	19.78	6.94	5.50	8.7
	Na_2O	1.98	4.34	0.29	2.68	3.85	2.6
	K_2O	0.67	0.60	0.08	2.82	1.78	0.7
	P_2O_5	0.30	0.18	0.14	0.27	0.17	
	LOI	3.22	1.63	3.08	2.08	1.71	
	Σ	99.54	99.84	100.03	99.68	99.86	
参数特征值	$Mg^{\#}$	0.65	0.62	0.36	0.65	0.64	
	M/F	0.79	0.63	0.16	0.65	0.66	
	σ	1.18	2.40	0.10	2.49	1.95	

注：样品由西安岩矿测试中心分析；$Mg^{\#}=n(Mg)/(Mg+\sum Fe)$

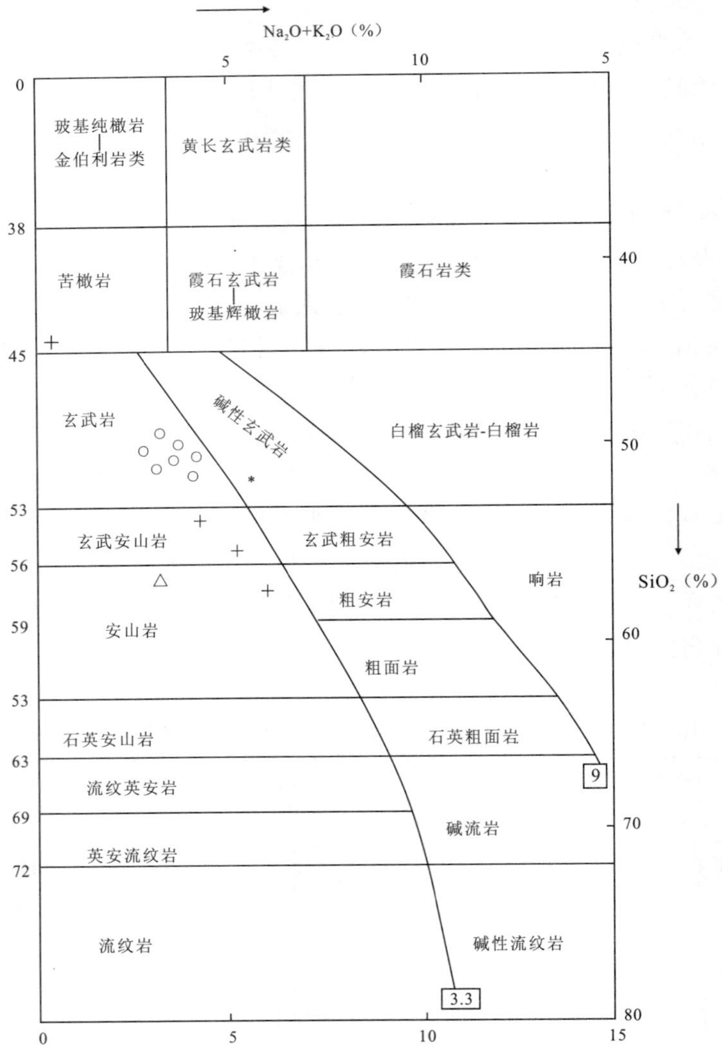

图 3-24　火山岩硅-碱、组合指数与种属名称图

(邱家骧,1979)

3.3、9 为组合指数(S)线；○黑山玄武岩；△鸭子大坂玄武岩；+鸭子泉玄武岩

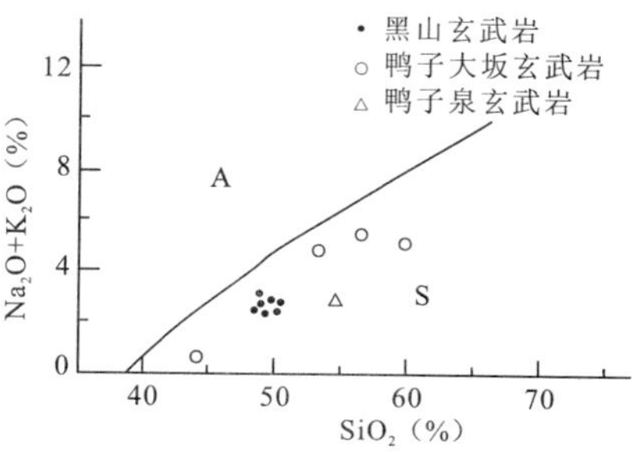

图 3-25　鸭子泉、鸭子大坂、黑山玄武岩硅-碱图

(据 Irvine,1971)

S=亚碱性系列;A=碱性系列

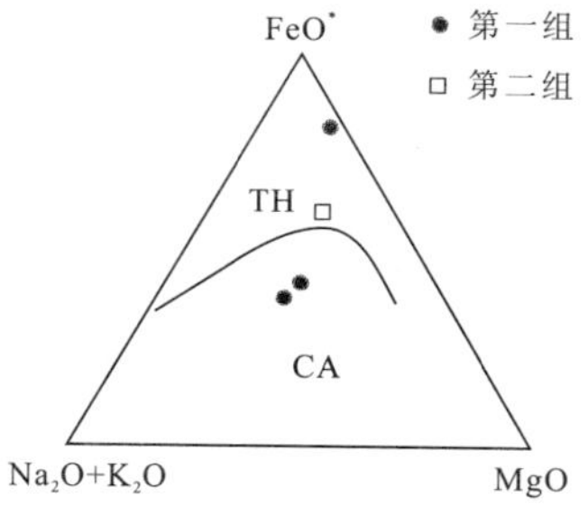

图 3-26　岩石系列 F-A-M 图解

(据 Kuno,1968)

TH=拉斑玄武岩;CA=钙碱性玄武岩

第一组为鸭子泉组喷出岩;

第二组为黑山蛇绿构造混杂岩鸭子大坂处玄武岩

(3)岩石地球化学特征:鸭子泉火山岩组(Sy)中的玄武岩、玄武安山岩微量元素含量及多元素MORB标准化蛛网图解见表3-17、图3-27。从表、图可知;大离子亲石元素K、Rb、Sr、Ba等明显富集,但Sr、Ba处显谷、Sr、Ba具较强的负异常;高场强元素的Th、Ta、P、Hf等元素中等—弱富集,

表 3-17　鸭子泉火山岩组、鸭子泉基性岩微量元素含量及特征表

	岩组	岩石名称	样品号	Cu	Ba	Nb	Zr	Sr	U	Rb	Th
鸭子泉组 鸭子泉基性岩	鸭子泉组(Sy)	安山玄武岩	D0302-GP1	12.60	62.00	5.00	103.00	251.00	0.70	28.00	4.00
		安山玄武岩	GP3	115.00	248.00	3.00	62.00	376.00	1.60	40.00	4.00
		玄武岩	GP7	154.00	220.00	3.00	64.00	595.00	0.70	7.00	3.00
		玄武岩	GP8	36.10	299.00	4.00	35.00	436.00	0.70	22.00	4.00
	鸭子泉基性岩(SvY)	辉长岩	GP9	93.20	68.00	4.00	34.00	592.00	1.30	14.00	4.00
	世界岛弧玄武岩平均值			—	50	—	—	225	—	5	0.5
	世界岛弧安山岩平均值			—	100	—	—	215	—	10	1.3

	岩组	岩石名称	样品号	Hf	Zn	Mn	Cr	Ta	Sc	K(%)	Co	Ni
鸭子泉组 鸭子泉基性岩	鸭子泉组(Sy)	安山玄武岩	D0302-GP1	7.00	43.00	1 191.00	70.00	0.76	31.00	1.04	31.70	37.60
		安山玄武岩	GP3	9.00	63.00	1 190.00	150.00	1.00	23.00	1.75	34.80	26.80
		玄武岩	GP7	8.00	42.00	998.00	152.00	2.00	37.00	0.59	21.70	34.70
		玄武岩	GP8	8.00	51.00	858.00	77.00	1.30	35.00	0.85	14.60	25.50
	鸭子泉基性岩(SvY)	辉长岩	GP9	7.00	74.00	1 372.00	186.00	2.15	50.00	0.72	32.70	35.80
	世界岛弧玄武岩平均值			—	—	—	50	—	—	—	—	25
	世界岛弧安山岩平均值			—	—	—	44	—	—	—	—	15

	岩组	岩石名称	样品号	F	V	La	Ti	P	Rb/Sr	K/Rb
鸭子泉组 鸭子泉基性岩	鸭子泉组(Sy)	安山玄武岩	D0302-GP1	470.00	318.00	14.00	8 806.00	788.00	0.11	371.43
		安山玄武岩	GP3	660.00	179.00	17.00	2 383.00	1 103.00	0.11	437.50
		玄武岩	GP7	580.00	250.00	20.00	3 168.00	771.00	0.01	842.86
		玄武岩	GP8	560.00	282.00	19.00	2 335.00	660.00	0.05	386.36
	鸭子泉基性岩(SvY)	辉长岩	GP9	510.00	342.00	16.00	2 480.00	1 298.00	0.02	514.29
	世界岛弧玄武岩平均值			—	—	270	—	—	0.022	660
	世界岛弧安山岩平均值			—	—	175	—	—	0.046	580

注:样品由西安岩矿测试中心分析;元素含量单位为$\times 10^{-6}$

Nb、Zr、Ti、Y、Yb 等元素弱亏损，Nb、Zr 处显谷，为负异常；相容元素 Cr、Ni 为富集型，其中玄武岩、安山岩 Cr、Ni 含量与世界岛弧拉斑玄武岩 Cr(50×10^{-6})、Ni(30×10^{-6})平均值及安山岩 Cr(44×10^{-6})、Ni(15×10^{-6})平均值的几倍；玄武岩 Rb/Sr 平均值(0.035)、K/Rb 平均值(460)与世界岛弧玄武岩平均值(Rb/Sr=0.022、K/Rb=660)，玄武安山岩 Rb/Sr 平均值(0.11)、K/Rb(400)世界岛弧安山岩平均值(Rb/Sr=0.046、K/Rb=580)相近(表 3-17)。总体上，鸭子泉中基性岩多元素 MORB 标准化值蛛网图解曲线呈右倾的锯齿状，多元素 MORB 标准化蛛网图解与岛弧弧山岩蛛网图解相似。特别是 Nb 负异常，表明鸭子泉构造混杂岩中鸭子泉一带的中基性岩与板块汇聚俯冲碰撞岛弧环境作用有关。

鸭子泉火山岩组(Sy)的玄武岩、玄武安山岩稀土元素含量及稀土元素球粒陨石配分模式见表 3-18、图 3-28。从图、表看：ΣREE 介于$(23.75\sim136.34)\times10^{-6}$之间，稀土元素总量较低，含量变化较大，为球粒陨石的 5～20 倍，轻稀土元素总量 LREE 介于$(17.02\sim121.74)\times10^{-6}$之间，重稀土元素总量 HREE 介于$(6.73\sim23.26)\times10^{-6}$之间，重稀土元素总量低，LREE/HREE 介于2.53～8.34，$(La/Yb)_N$介于 3.18～13.33，稀土元素配分曲线右倾，δEu 为 0.63～1.25，上述鸭子泉火山岩组(Sy)中稀土元素含量和特征值表明鸭子泉组中、基性喷出岩稀土元素总量较低、轻稀土相对弱富集型，δEu 未显异常或显极弱的异常，轻稀土分馏明显，而重稀土分馏不明显，稀土元素配分模式与岛弧火山岩稀土配分模式大体一致。

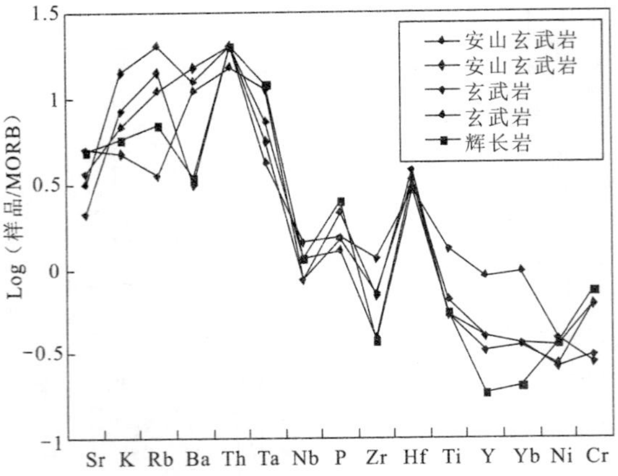

图 3-27　鸭子泉组(Sy)玄武岩、玄武安山岩，鸭子泉基性岩(SvY)辉长岩多元素 MORB 标准化蛛网图解

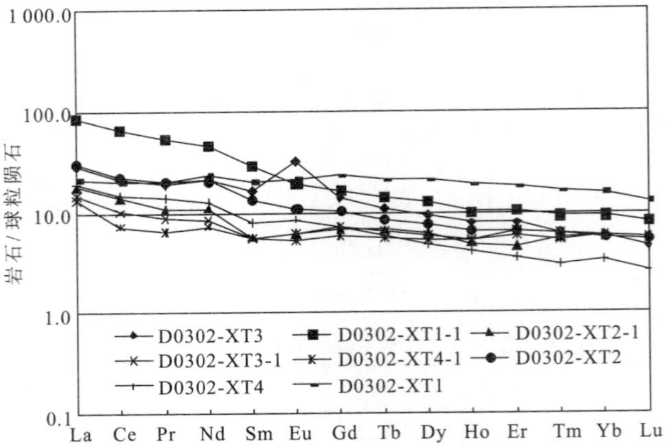

图 3-28　鸭子泉火山岩组(Sy)稀土元素球粒陨石配分模式图

(4)鸭子泉火山岩组(Sy)中、基性喷出岩构造环境分析：鸭子泉东鸭子泉-鸭子大坂构造混杂岩带中的鸭子泉组(Sy)中、基性喷出岩岩石类型以岛弧拉斑玄武岩、安山玄武岩、安山岩等岛弧弧火山岩组合为主，属岛弧拉斑玄武岩系列；稀土元素配分曲线呈右倾型，微量元素以富集大离子亲石元素和高场强元素的 Th、Ta 富集，Sr、Ba 为负异常，特别是 Nb 强的负异常，显示其与板块汇聚俯冲作用岛弧环境有关。

采用 Pearce(1976)玄武岩 $Al_2O_3-FeO^*-MgO$ 图解进行环境判别，投影点较分散，大部分点投在岛弧及活动大陆边缘区，少量投在洋岛及扩张中心岛屿区域(图 3-29)；采用 Kuno(1968) $TiO_2-K_2O-P_2O_5$图解判别，主要投影在大陆玄武岩区域(图 3-30)；采用 Mullen(1983)$TiO_2-MnO\times10-P_2O_5\times10$ 图解判别，主要投影在岛弧-钙碱性玄武岩区(图 3-31)；采用 Pearce(1973)的 $Ti/100-Zr-Y\times3$ 图解(图 3-32)、Meschede(1986)$2Nb-Zr/4-Y$ 图解(图 3-33)、Pearce 等(1973)Ti-Zr 图解(图 3-34)判别，均投影在岛弧火山岩区或钙碱性火山岩区。

综上所述,鸭子泉火山岩组(*Sy*)中、基性喷出岩可能形成于与碰撞俯冲作用有关的岛弧环境。

表 3-18　鸭子泉火山岩组、鸭子泉基性岩稀土元素含量及特征值

岩组或岩体	样品号	岩石名称	稀土元素含量($\times10^{-6}$)													
			La	Ce	Pr	Nd	Sm	Eu	Gd	Tb	Dy	Ho	Er	Tm	Yb	Lu
鸭子泉火山岩组	D0302-XT3	变玄武岩	8.93	16.90	2.350	12.50	3.14	2.41	3.62	0.51	3.07	0.57	1.65	0.20	1.23	0.15
	D0302-XT1-1	玄武岩	27.50	52.60	6.660	27.80	5.75	1.43	4.43	0.68	4.06	0.73	2.17	0.30	1.96	0.27
	D0302-XT2-1	玄武岩	5.54	11.20	1.330	6.77	1.12	0.46	1.79	0.32	1.99	0.35	0.98	0.18	1.25	0.19
	D0302-XT3-1	玄武岩	4.63	8.18	1.100	5.18	1.07	0.46	1.89	0.31	1.94	0.37	1.37	0.20	1.16	0.18
	D0302-XT4-1	玄武岩	4.15	6.07	0.800	4.47	1.13	0.40	1.53	0.26	1.72	0.39	1.23	0.17	1.24	0.19
鸭子泉基性岩	D0302-XT2	辉长岩	9.57	17.90	2.480	12.60	2.63	0.80	2.69	0.40	2.43	0.47	1.39	0.20	1.22	0.18
	D0302-XT4	辉长岩	6.18	11.90	1.690	7.72	1.60	0.63	1.92	0.28	1.54	0.30	0.76	0.10	0.70	0.09
	D0302-XT1	辉长岩	6.70	16.60	2.480	14.30	4.02	1.60	6.07	1.00	6.79	1.39	3.79	0.53	3.26	0.43

岩组或岩体	样品号	岩石名称	稀土元素含量($\times10^{-6}$)			特征参数值					
			LREE	HREE	ΣREE	δEu	δCe	LREE/HREE	$(La/Sm)_N$	$(Gd/Yb)_N$	$(La/Yb)_N$
鸭子泉火山岩组	D0302-XT3	变玄武岩	46.23	11.00	57.23	1.10	0.85	4.20	1.78	2.37	6.90
	D0302-XT1-1	玄武岩	121.74	14.60	136.34	1.15	0.81	8.34	2.99	1.82	13.33
	D0302-XT2-1	玄武岩	26.42	7.05	33.47	1.25	0.85	3.75	3.09	1.16	4.21
	D0302-XT3-1	玄武岩	20.62	7.42	28.04	0.77	0.44	2.78	2.70	1.31	3.79
	D0302-XT4-1	玄武岩	17.02	6.73	23.75	0.63	0.81	2.53	2.30	1.00	3.18
鸭子泉基性岩	D0302-XT2	辉长岩	45.98	8.98	54.96	0.90	0.79	5.12	2.27	1.78	7.45
	D0302-XT4	辉长岩	29.72	5.69	35.41	1.00	0.75	5.23	2.41	2.21	8.39
	D0302-XT1	辉长岩	45.70	23.26	68.96	0.20	0.77	1.96	1.04	1.50	1.95

注:样品由宜昌地研所岩矿测试中心分析

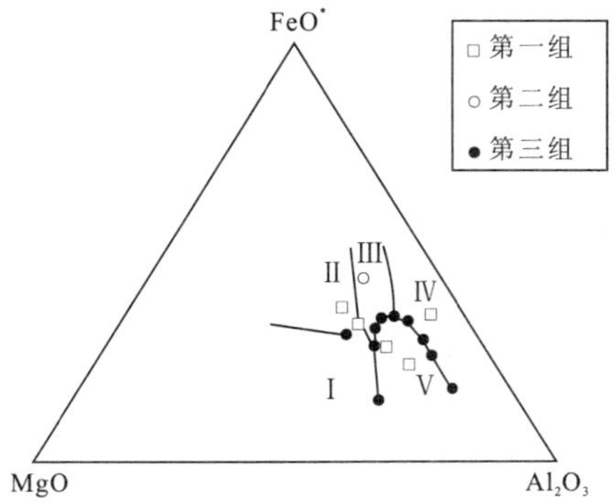

图 3-29　玄武岩 $Al_2O_3-FeO^*-MgO$ 图解
(据 Pearce,1976)
Ⅰ=MORB;Ⅱ=洋岛;Ⅲ=板内玄武岩;
Ⅳ=扩张中心岛屿;Ⅴ=岛弧及活动陆缘
第一组为鸭子泉火山岩组玄武岩;第二组为鸭子大坂玄武岩;第三组为黑山玄武岩

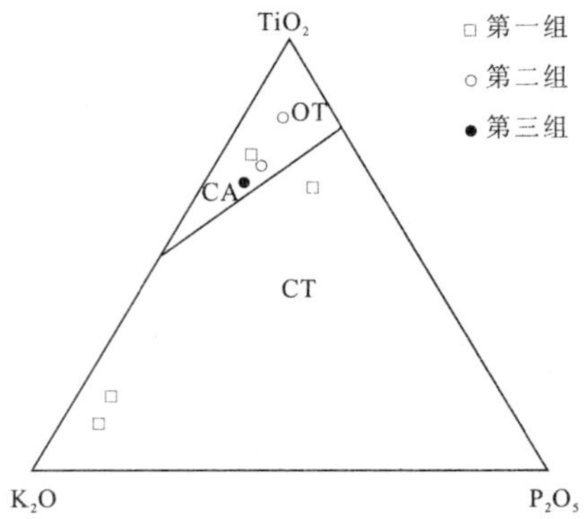

图 3-30　玄武岩 $TiO_2-K_2O-P_2O_5$ 图解
(据 Kuno,1968)
OT=大洋玄武岩;CT=大陆玄武岩;CA=钙碱性玄武岩
第一组为鸭子泉火山岩组玄武岩;
第二组为鸭子大坂玄武岩;第三组为黑山玄武岩

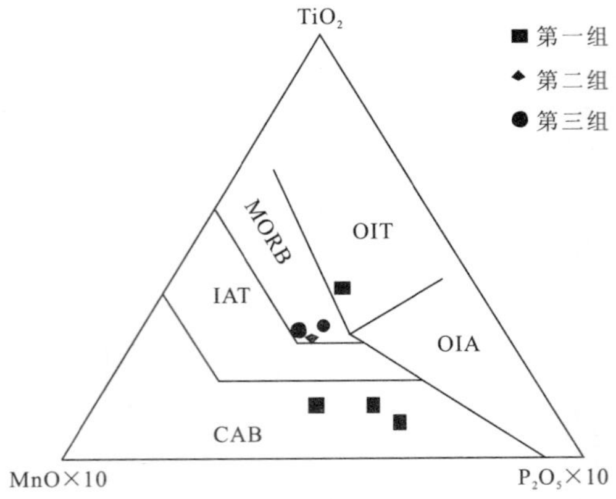

图 3-31 玄武岩 TiO_2 - MnO×10 - P_2O_5×10 图解

(据 Mullen,1983)

CAB=岛弧-碱性玄武岩;IAT=岛弧拉斑玄武岩;

MORB=大洋中脊玄武岩;OIT=洋岛拉斑玄武岩;

OIA=大洋岛屿碱性玄武岩

第一组为鸭子泉组玄武岩;第二组为鸭子大坂玄武岩;

第三组为黑山玄武岩

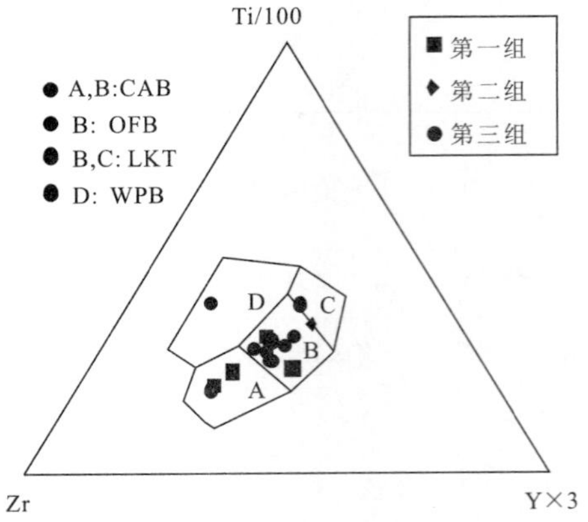

图 3-32 玄武岩 Ti/100 - Zr - Y×3 图解

(据 Pearce,1973)

A=钙碱性玄武岩;B=MORB与岛弧;

C=岛弧;D=板内玄武岩

第一组为鸭子泉组玄武岩;第二组为鸭子大坂玄武岩;第三组为黑山玄武岩

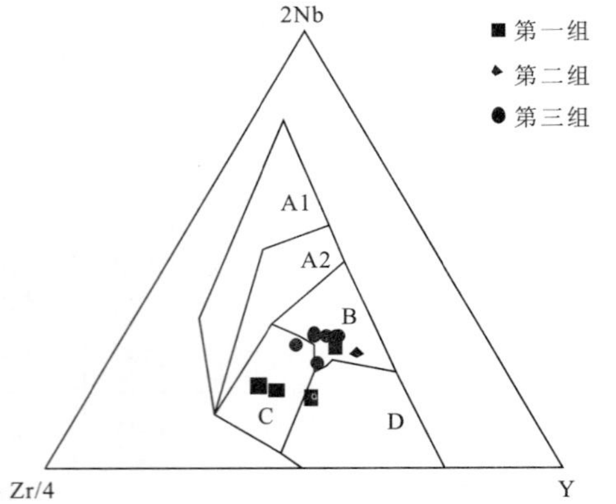

图 3-33 玄武岩 2Nb - Zr/4 - Y 图解

(据 Meschede,1986)

A=板内玄武岩;B=E-MORB;D=N-MORB;

C=板内拉斑玄武岩和火山弧玄武岩

第一组为鸭子泉玄武岩;第二组为鸭子大坂玄武岩;

第三组为黑山玄武岩

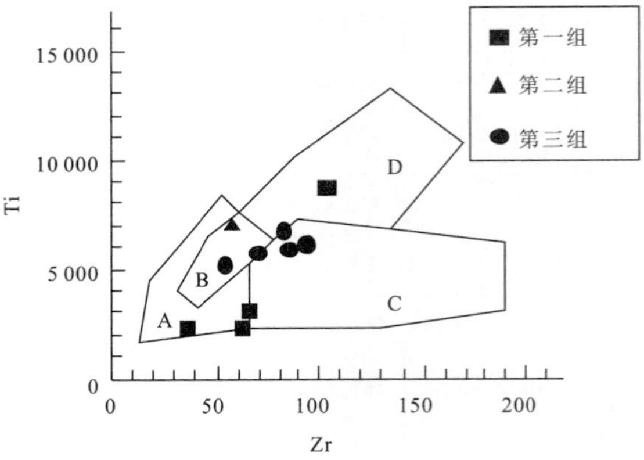

图 3-34 玄武岩 Ti - Zr 图解

(据 Pearce,1973)

A=岛弧玄武岩;B=MORB+钙碱性玄武岩;

C=钙碱性玄武岩;D=MORB

第一组为鸭子泉玄武岩;第二组为鸭子大坂玄武岩;

第三组为黑山玄武岩

2. 鸭子泉基性岩脉

1)地质特征

鸭子泉基性岩(SvY)主要岩石类型为辉绿岩,出露于鸭子泉以东鸭子泉-鸭子大坂构造混杂岩带中,与鸭子泉组中、基性火山岩群居关系明显,属次火山岩,岩石类型为变辉绿岩,变辉绿岩岩石学、岩石化学、地球化学特征简述如下:

变辉长岩、辉绿岩 浅灰绿色,岩石呈细中粒辉长结构,块状构造。矿物成分主要为斜长石、辉石、角闪石。斜长石呈自形—半自形柱状及短柱状,且柱状体长轴方向近于平行定向排列,斜长石多数较纯净，蚀变轻微，聚片双晶完整清楚，角闪石、辉石呈半自形粒、柱状，矿物粒径0.5～2mm。岩石蚀变轻微，局部斜长石出现绢云母化、高岭土化。

2）岩石化学特征

鸭子泉基性岩脉（SvY）岩石化学分析结果如表3-16。从表看：鸭子泉基性岩（SvY）其SiO_2含量为48.96%，属基性岩，CaO、MgO、FeO^*含量较高（CaO＝8.96%、MgO＝9.25%、FeO^*＝11.70%），TiO_2含量较低（0.46%），K_2O含量低（0.67%）；辉绿岩里特曼指数（σ）介于1.18，属钙性岩。

鸭子泉基性岩（SvY）岩石化学成分与鸭子泉火山岩组（Sy）中、基性玄武岩、玄武安山岩岩石化学成分相似。

3）岩石地球化学特征

鸭子泉基性岩脉（SvY）微量元素含量及多元素MORB标准化蛛网图解见表3-17、图3-27。从表、图可知：鸭子泉基性岩（SvY）中辉绿岩多元素MORB标准化蛛网图解与鸭子泉组（Sy）玄武岩、玄武安山岩蛛网图解相似，大离子亲石元素Sr、K、Rb、Ba等明显富集，但Sr、Ba处显谷，Sr、Ba具较强的负异常；高场强元素的Th、Ta元素中等富集，Zr、Ti、Y、Yb等元素亏损，Nb、Zr处显谷，为负异常；相容元素Cr、Ni为富集型，其中Cr（186×10^{-6}）、Ni（35.8×10^{-6}）含量均高于世界岛弧拉斑玄武岩Cr（50×10^{-6}）、Ni（25×10^{-6}）平均值；辉绿岩Rb/Sr为0.02、K/Rb为514.29，与世界岛弧玄武岩Rb/Sr平均值（0.022）、K/Rb（660）平均值大体相当（表3-17）。

总体上，鸭子泉基性岩脉（SvY）多元素MORB标准化蛛网图解曲线呈右倾的锯齿状，多元素MORB标准化蛛网图解与岛弧火山岩蛛网图解相似。特别是辉绿岩中Nb元素的负异常，表明鸭子泉构造混杂岩中鸭子泉东部一带的鸭子泉基性岩（SvY）与板块汇聚俯冲碰撞岛弧环境作用有关。

鸭子泉基性岩脉（SvY）稀土元素含量及稀土元素球粒陨石配分模式见表3-18、图3-28。从图、表看：稀土元素总量∑REE介于$(35.40\sim68.96)\times10^{-6}$之间，稀土元素总量较低，为球粒陨石的5～20倍，轻稀土元素总量LREE介于$(29.72\sim45.98)\times10^{-6}$之间，重稀土元素总量HREE介于$(5.69\sim23.26)\times10^{-6}$之间，LREE/HREE介于1.96～5.23，$(La/Yb)_N$介于1.95～8.39，稀土元素球粒陨石配分曲线右倾，为轻稀土富集型；δEu为0.20～1.00。上述鸭子泉基性岩（SvY）中辉绿岩稀土元素含量和特征值表明辉绿岩稀土元素总量较低，轻稀土相对弱富集型，δEu为微弱负异常，轻稀土分馏明显，而重稀土分馏不明显，稀土元素配分模式与鸭子泉火山岩组（Sy）中、基性喷出岩稀土元素配分模式相似。

4）构造环境分析

鸭子泉基性岩脉（SvY）为钙碱性岩，多元素MORB标准化蛛网图解、稀土元素球粒陨石配分曲线与鸭子泉火山岩组（Sy）岛弧火山岩中的玄武岩、玄武安山岩相似，且鸭子泉基性岩（SvY）与鸭子泉组（Sy）中、基性喷出岩密切共生，说明鸭子泉基性岩脉（SvY）可能形成于与碰撞俯冲作用有关的岛弧环境。

5）鸭子泉基性岩脉同位素年龄探讨

本次区调在侵入于鸭子泉组的鸭子泉基性岩（辉长岩）进行了锆石U-Pb测年。

在鸭子泉基性岩脉（SvY）辉长岩中获得锆石U-Pb测年（405.3±1.0）Ma的权重平均值，各样品同位素组成如表3-19，谐和图见图3-35。因此，鸭子泉岛弧火山岩形成于晚志留世，鸭子泉火山岩组岛弧火山岩构造就位于早古生代末期—晚古生代早期。

表 3-19　鸭子泉基性岩单颗粒锆石 U-Pb 法同位素地质年龄测定结果表

样品情况			浓度 (μg/g)		样品中普通铅含量 (ng)	同位素原子比率					表面年龄(Ma)		
点号	锆石特征	重量 (μg)	U	Pb		$^{206}Pb/^{204}Pb$	$^{208}Pb/^{206}Pb$	$^{206}Pb/^{238}U$	$^{207}Pb/^{235}U$	$^{207}Pb/^{206}Pb$	$^{206}Pb/^{238}U$	$^{207}Pb/^{235}U$	$^{207}Pb/^{206}Pb$
1	近无色透明细长柱状自形	40	273	18	0.029	932	0.064 42	0.064 91(19)	0.490 7(225)	0.054 83(237)	405.4	405.4	405.4
2	近无色透明细长柱状自形	35	293	20	0.034	813	0.089 12	0.064 87(51)	0.491 2(225)	0.054 91(234)	405.2	405.7	408.7
3	淡黄色透明细长柱状自形	38	226	19	0.120	207	0.102 1	0.064 85(54)	0.492 3(328)	0.055 05(344)	405.1	406.5	414.3
4	淡黄色透明细长柱状自形	40	249	20	0.080	301	0.104 0	0.067 00(41)	0.494 2(333)	0.053 49(339)	418.1	407.8	349.8

3. 鸭子大坂超基性岩、基性岩

1)地质特征

鸭子大坂一带超基性岩、基性岩分布于鸭子大坂—东回头沟一带的鸭子泉-鸭子大坂构造混杂岩带中,为该段构造混杂岩内的刚性块体主要组成部分,以超基性—基性岩为主,主要岩石类型有变质橄榄岩、辉长岩、安山玄武岩等,其中以较多的变质橄榄岩为特色。由超基性、基性岩组成刚性块体呈长透镜状,规模不一,一般长 2～200m、宽 1～100m 不等,甚至显微尺度均可见及,受后期构造改造作用影响,呈北东向沿断层带、剪切带分布。它们之间由剪切基质分隔,与剪切基质以韧-脆性断层接触。

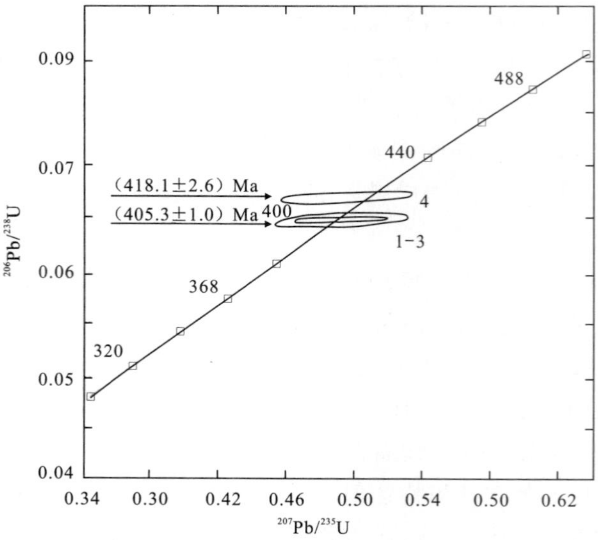

图 3-35　鸭子泉基性岩(SvY)锆石 U-Pb 测年谐和图

2)岩石学与地球化学特征

鸭子大坂处鸭子泉-鸭子大坂构造混杂岩带中出露的构造混杂岩岩石类型以变质橄榄岩为主,还有少量安山玄武岩及辉长岩。变质橄榄岩包括蛇纹岩、二辉橄榄岩、橄榄辉石岩。鸭子大坂超基性、基性岩岩石学、岩石化学、地球化学特征简述如下。

(1)岩石学特征:

蛇纹岩　深灰绿色,矿物含量蛇纹石大于 80%、滑石 5%～10%、镁绿泥石 5%～10%,金属矿物少量。蛇纹石呈纤维状—显微鳞片变晶网状分布;滑石呈显微鳞片状集合体,沿岩石裂隙呈脉状分布;镁绿泥石呈显微鳞片变晶结构。岩石呈网状结构,块状构造。

二辉橄榄岩　深灰—灰黑色,矿物成分橄榄石 75%～80%、斜方辉石 5%～10%、单斜辉石 5%～10%、金属矿物 5%。橄榄石粒径 2～6mm,被蛇纹石化溶蚀为浑圆状小颗粒,呈嵌晶状分布于大颗粒辉石中。单斜辉石、斜方辉石粒径 2～5mm,呈自形柱状结构,强烈透闪石化。岩石呈自形粒状结构,嵌晶结构,网环、网格状结构。

橄榄辉石岩 深灰色,矿物成分橄榄石30%～35%、辉石60%左右、金属矿物3%～5%。橄榄石粒径0.5～2mm,自形粒状、不规则状,蛇纹石化、次闪石化、滑石化、伊丁石化强烈,辉石粒径1～2mm,半自形,它形粒状、不规则状结构,次闪石化、绿泥石化强烈,金属矿物呈尘状浸染状充填于不规则裂隙中。

辉长岩 浅灰绿色,矿物成分斜长石35%～55%、辉石10%～15%、角闪石20%～30%。斜长石粒径1～3mm,呈自形—半自形柱状及短柱状,聚片双晶发育,局部出现高岭土化,角闪石粒径0.8～2mm,半自形柱状,岩石呈细中粒辉长结构,块状构造。

变质安山玄武岩 浅灰黑色,斑晶为斜长石5%～7%、辉石3%～5%、角闪石5%～8%。辉石普遍角闪石化、阳起石化,角闪石一般阳起石化、绿泥石化,斑晶呈自形—半自形长柱状,粒径小于1.5mm,斑晶含量10%～18%。基质为斜长石45%～55%、辉石5%～8%、角闪石15%～25%。普遍阳起石化、绿泥石化,基质矿物粒径小于0.1mm。岩石呈斑状结构、变余含长结构,气孔构造、杏仁构造、块状构造。

(2)岩石化学特征:鸭子大坂超基性、基性岩以变质橄榄岩、辉长岩、安山玄武岩为主,以含较多的变质橄榄岩为特色。其岩石化学分析结果如表3-20。

表3-20 鸭子大坂超基性、基性岩岩石化学成分含量一览表

样品号		D6015-GS1	D6015-GS2	D6015-GS3	D4906-GS4	D0384-GS1	D4906-GS9	D4906-GS1
岩石名称		辉橄岩	辉橄岩	辉长岩	蛇纹岩	橄榄岩	蛇纹岩	安山玄武岩
岩石化学成分	SiO_2	39.56	40.47	49.33	40.39	44.61	40.56	54.67
	TiO_2	0.13	0.15	1.61	0.01	0.01	1.32	1.59
	Al_2O_3	5.19	5.10	15.47	0.64	0.36	10.88	12.50
	FeO^*	12.17	12.41	11.31	6.30	8.67	9.10	13.75
	FeO	5.10	5.35	7.72	0.56	3.00	5.45	10.94
	MnO	0.15	0.17	0.25	0.05	0.22	0.05	0.21
	MgO	32.37	31.88	6.62	38.67	35.51	38.67	4.82
	CaO	2.94	3.45	9.19	1.20	1.85	1.20	7.10
	Na_2O	0.21	0.20	4.17	0.08	0.10	0.08	3.00
	K_2O	0.17	0.18	0.76	0.24	0.04	0.24	0.43
	P_2O_5	0.02	0.02	0.17	0.01	0.01	0.01	0.19
	LOI	7.29	6.12	1.48	12.39	8.81	12.39	1.14
	Σ	100.20	100.15	100.36	99.98	100.19	114.50	99.40
特征参数值	$Mg^{\#}$	0.87	0.87	0.56	0.96	0.92	0.91	0.42
	M/F	2.66	2.57	0.59	6.14	4.10	4.25	0.35
	σ	−0.04	−0.49	3.84	−0.04	0.01	0.04	1.01

注:样品由西安岩矿测试中心分析;单位为%,$Mg^{\#}=n(Mg)/(Mg+\Sigma Fe)$

从表看:变质橄榄岩中岩石化学成分比较稳定。其SiO_2含量一般在39.56%～44.61%之间;

TiO_2含量总体较低，一般小于 0.15%，最低为 0.01%；K_2O 含量为 0.04%～0.18%；MgO 与 CaO 含量比较均一，FeO 的含量受后期变质作用变化大；$Mg^{\#}$ 值为 0.87～0.96，M/F比值一般在 2.57～6.14。在超镁铁质岩—镁铁质岩 A－F－M 图解(图 3－36)和 Al_2O_3-CaO- MgO 图解(图 3－37)中，大部分样品投入变质橄榄岩区，少数投影在堆晶岩区。

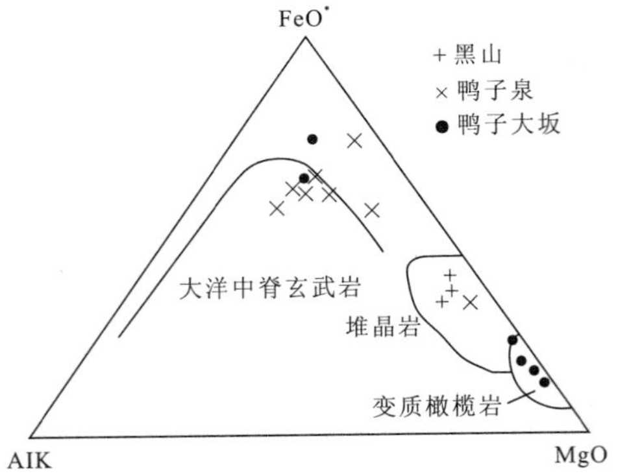

图 3－36　超镁铁质—镁铁质岩 A－F－M 图解

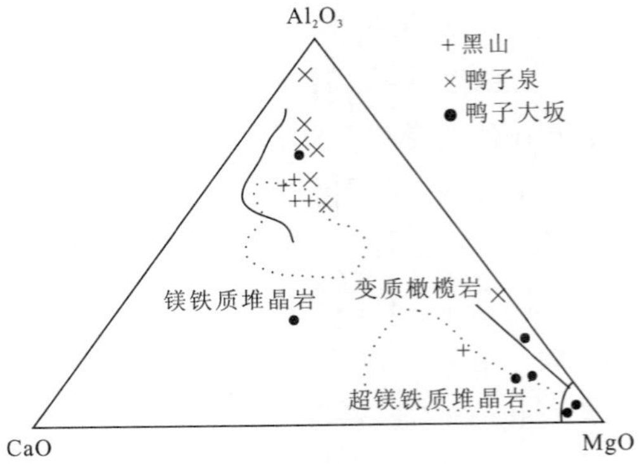

图 3－37　Al_2O_3－CaO－MgO 图解

鸭子大坂一带辉长岩不发育，其主要岩石化学成分含量为 SiO_2 49.33%、TiO_2 1.61%、Al_2O_3 含量高 15.47%，FeO^* 含量高 11.31%，K_2O 含量低 0.76%，Na_2O/K_2O 比值较高(为 5.5)，$Mg^{\#}$ 值为 0.56，M/F 比值为 0.59；里特曼指数 3.84，为碱性岩。

鸭子大坂一带安山玄武岩出露很少，其主要岩石化学成分含量为 SiO_2 54.67%，TiO_2 1.59%、Al_2O_3 12.50%，FeO^* 13.75%；K_2O 含量较低 0.43%，Na_2O/K_2O 比值高(为 7)，$Mg^{\#}$ 值为 0.42，M/F 比值为 0.35；里特曼指数 1.01，为钙型岩。该安山玄武岩 TiO_2 含量与 MORB 玄武岩 TiO_2 平均含量 1.5%很接近，在火山岩硅-碱图解(图 3－25)中投影在亚碱性系列中，在岩石系列 A－F－M 图解上，主要投入拉斑玄武岩系列(图 3－36)，在邱家骧硅-碱图解(1979)上落入玄武安山岩区(图 3－24)，安山玄武岩属低钾拉斑玄武岩系列。

辉长岩和安山玄武岩 Al_2O_3 含量高、FeO^* 富集、K_2O 含量低的特征与洋脊拉斑玄武岩岩石化学特征一致。

(3)岩石地球化学特征：鸭子大坂超基性、基性岩微量元素含量及多元素 MORB 标准化蛛网图见表 3－21 和图 3－38。在多元素的 MORB 标准化蛛网图上曲线呈锯齿状的倒“V”形。其中大离子亲石元素 K、Rb、Ba 等弱富集，Sr 元素弱亏损、弱富集均有；高场强元素的 Th、Ta 强烈富集，Nb 含量正常，其他元素中等不同程度亏损；相容元素 Ni 丰度较高、为富集型，Cr 丰度与 MORB 相近(图 3－38)。

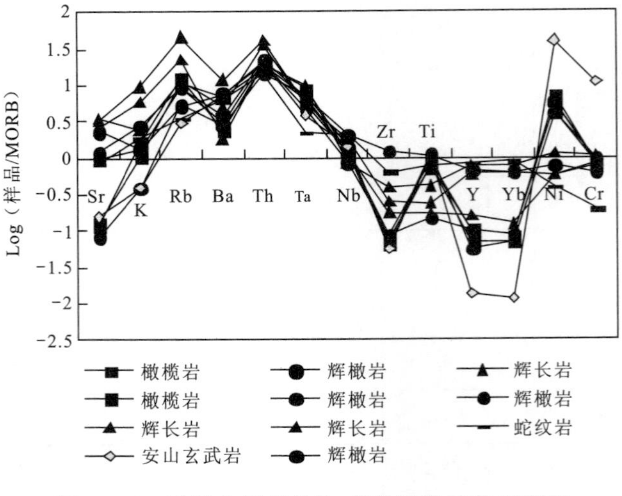

图 3－38　鸭子大坂超基性、基性岩多元素 MORB 标准化蛛网图解

鸭子大坂超基型岩、基性岩相容元素 Cr 丰度高于或与 MORB 相近。安山玄武岩 Cr 为 2 664 × 10^{-6}，远高于

MORB 的 Cr 丰度(300×10⁻⁶),其他基性—超基性岩 Cr 含量多数介于(202～262)×10⁻⁶之间,稍低于 MORB 的 Cr 平均丰度(300×10⁻⁶),安山玄武岩 Ni 的丰度为 3 865×10⁻⁶、远高于 MORB 的 Ni 平均丰度(97×10⁻⁶),其他基性—超基性岩多数介于(109～674)×10⁻⁶之间,平均为607×10⁻⁶,均高于 MORB 的 Ni 平均丰度(97×10⁻⁶)。鸭子大坂超基性—基性岩相容元素 Cr、Ni 含量远高于洋脊拉斑玄武岩,显示了其具有洋脊拉斑玄武岩微量元素特征。

表 3-21 鸭子大坂超基性岩、基性岩微量元素含量表

岩石名称	样品号	Ba	Nb	Zr	Sr	U	Rb	Th	Hf	Cr	V	MgO
橄榄岩	D6015-GP1	46.00	4.00	6.00	14.00	0.60	25.00	4.00	4.00	205.00	29.00	30.08
辉橄岩	D6015-GP2	55.00	5.00	6.00	10.00	0.70	11.00	3.00	3.00	240.00	39.00	27.81
辉长岩	D6015-GP3	37.00	3.00	35.00	301.00	1.40	45.00	4.00	5.00	262.00	150.00	7.71
橄榄岩	D4885-GP1	136.00	4.00	7.00	15.00	0.28	22.00	3.40	—	214.00	29.00	32.63
辉橄岩	D4885-GP2	77.00	4.00	8.00	147.00	0.21	19.00	4.40	—	206.00	29.00	21.16
辉橄岩	D4885-GP3	61.00	3.00	8.00	119.00	0.21	19.00	4.30	—	229.00	29.00	27.40
辉长岩	D4885-GP4	98.00	4.00	16.00	422.00	0.35	24.00	7.10	—	191.00	71.00	11.37
辉长岩	D4885-GP5	236.00	6.00	23.00	390.00	0.35	92.00	8.30	—	202.00	103.00	12.24
蛇纹岩	D4906-GP3	124.00	7.00	57.00	99.00	0.44	7.00	3.00	—	49.00	332.00	4.41
安山玄武岩	D4906-GP6	147.00	5.00	5.00	19.00	0.44	6.00	4.10	—	2 664	45.00	49.01
辉橄岩	D4906-GP14	150.00	7.00	111.00	277.00	0.28	10.00	3.80	—	161.00	297.00	5.83

岩石名称	样品号	Ta	Sc	K(%)	Co	Ni	La	Ti	P	Rb/Sr	K/Rb
橄榄岩	D6015-GP1	1.60	8.00	0.20	103.00	388.00	24.00	666.00	118.00	1.79	80.00
辉橄岩	D6015-GP2	1.30	9.50	0.05	106.00	384.00	20.00	991.00	125.00	1.10	45.45
辉长岩	D6015-GP3	1.80	46.00	0.74	31.30	109.00	18.00	3 756.00	756.00	0.15	164.44
橄榄岩	D4885-GP1	1.15	8.20	0.13	118.00	674.00	20.00	717.00	139.00	1.47	59.09
辉橄岩	D4885-GP2	1.25	15.00	0.35	81.00	527.00	24.00	1 302.00	112.00	0.13	184.21
辉橄岩	D4885-GP3	0.84	9.60	0.17	114.00	540.00	25.00	827.00	113.00	0.16	89.47
辉长岩	D4885-GP4	1.00	18.00	0.30	23.00	55.00	19.00	1 569.00	163.00	0.06	125.00
辉长岩	D4885-GP5	1.00	34.00	1.21	23.00	55.00	27.00	2 131.00	189.00	0.24	131.52
蛇纹岩	D4906-GP3	0.40	48.00	0.23	49.00	38.00	20.00	7 064	532.00	—	—
安山玄武岩	D4906-GP6	0.70	4.10	0.05	103.00	3865	25.00	96.00	40.00	—	—
辉橄岩	D4906-GP14	10.00	1.40	11.5	41.00	75.00	24.00	9 150	574.00	—	—

注:样品由西安岩矿测试中心分析;元素含量单位为×10⁻⁶

鸭子大坂变质橄榄岩稀土元素含量见表 3-22、球粒陨石配分模式见图 3-39。从图、表看:稀土总量∑REE 介于(4.17～12.49)×10⁻⁶之间,稀土总量低,为球粒陨石的 0.5～20 倍;轻稀土元素总量(LREE)介于(2.54～10.77)×10⁻⁶,$(La/Sm)_N$ 值介于 2.93～13.47,模式曲线从平缓到右倾均有;重稀土元素总量(HREE)介于(0.42～2.12)×10⁻⁶,重稀土元素总量极低,$(Gd/Yb)_N$ 介于 1.25～1.65,模式曲线平缓;轻、重稀土元素总量比值介于 4.25～12.40,$(La/Yb)_N$ 介于 8.55～28.05,模式曲线右倾,属轻稀土元素弱富集型;δEu 为 0.68～1.65。上述稀土元素含量和特征值表明鸭子大坂变质橄榄岩稀土总量低，属轻稀土弱富集型，轻稀土分馏明显，而重稀土分馏不明显。鸭子大坂中基性岩浆岩稀土元素含量见表 3-22、球粒陨石配分模式见图 3-40，稀土元素总量低，∑REE 介于(49.66～76.88)$\times10^{-6}$之间，稀土元素含量较为稳定，为球粒陨石的 10～12 倍；轻稀土元素总量(LREE)介于(35.50～58.90)$\times10^{-6}$，$(La/Sm)_N$值介于 1.25～1.93，模式曲线微弱右倾，近于平坦，轻稀土分馏较小；重稀土元素总量(HREE)介于(14.16～19.09)$\times10^{-6}$，重稀土元素总量低，$(Gd/Yb)_N$介于 1.00～1.83，模式曲线平坦，重稀土分馏小；轻、重稀土元素总量比值(LREE/HREE)介于 3.28～7.07，$(La/Yb)_N$介于 2.23～4.34，模式曲线微弱右倾，属轻稀土元素弱富集型；δEu 为 0.81～1.17，属弱富集到正常型；上述鸭子大坂超基性岩、基性岩稀土元素含量和特征值表明：稀土元素含量低，轻、重稀土分馏不明显，稀土元素配分曲线呈平坦型，稀土配分模式与 MORB 玄武岩稀土配分模式接近。

表 3-22　鸭子大坂超基性—基性岩稀土元素含量及特征值表

样品号	岩石名称	稀土元素含量($\times10^{-6}$)													
		La	Ce	Pr	Nd	Sm	Eu	Gd	Tb	Dy	Ho	Er	Tm	Yb	Lu
D4885-XT3	角闪岩	7.61	14.20	1.880	8.57	2.46	0.78	3.55	0.55	3.78	0.87	2.55	0.41	2.15	0.30
D6015-XT3	层状辉长岩	6.24	14.30	2.010	10.30	3.11	1.23	4.75	0.85	5.77	1.11	3.17	0.43	2.66	0.35
D4906-XT3	玄武岩	7.64	15.00	2.070	11.20	3.12	1.30	3.68	0.74	5.67	1.15	3.73	0.52	2.98	0.44
D4906-XT14	绿片岩化玄武岩	10.00	20.70	3.170	18.50	4.83	1.70	4.98	0.85	5.40	1.06	2.75	0.40	2.19	0.35
D0384-XT1	超镁铁质糜棱岩	0.76	1.20	0.110	0.35	0.10	0.03	0.08	0.01	0.10	0.02	0.06	0.01	0.05	0.10
D6015-XT1	橄辉岩	2.16	3.86	0.430	1.86	0.46	0.23	0.49	0.09	0.65	0.14	0.41	0.06	0.24	0.04
D6015-XT2	橄辉岩	2.37	4.43	0.440	1.66	0.11	0.13	0.41	0.07	0.52	0.08	0.18	0.036	0.24	0.04
D6015-XT1	橄辉岩	2.16	3.86	0.430	1.86	0.46	0.23	0.49	0.09	0.65	0.14	0.41	0.06	0.24	0.04
D6015-XT2	橄辉岩	2.37	4.43	0.440	1.66	0.11	0.13	0.41	0.07	0.52	0.08	0.18	0.04	0.24	0.04
D4885-XT1	辉橄岩	2.92	4.50	0.480	2.09	0.62	0.16	0.45	0.08	0.51	0.10	0.21	0.04	0.29	0.05
D4906-XT6	蛇纹石化橄辉岩	1.24	1.90	0.071	0.50	0.12	0.03	0.10	0.01	0.07	0.02	0.05	0.01	0.04	0.01

样品号	岩石名称	稀土元素含量($\times10^{-6}$)			特征参数值					
		LREE	HREE	∑REE	δEu	δCe	LREE/HREE	$(La/Sm)_N$	$(Gd/Yb)_N$	$(La/Yb)_N$
D4885-XT3	角闪岩	35.50	14.16	49.66	0.81	0.76	2.51	1.93	1.33	3.36
D6015-XT3	层状辉长岩	37.19	19.09	56.28	0.98	0.76	1.95	1.25	1.44	2.23
D4906-XT3	玄武岩	40.33	18.91	59.24	1.17	0.76	2.13	1.53	1.00	2.44
D4906-XT14	绿片岩化玄武岩	58.90	17.98	76.88	1.05	0.76	3.28	1.29	1.83	4.34
D0384-XT1	超镁铁质糜棱岩	2.54	0.42	2.97	0.92	0.76	6.01	4.90	1.40	16.04
D6015-XT1	橄辉岩	9.00	2.12	11.12	1.47	0.76	4.25	2.93	1.65	8.55
D6015-XT2	橄辉岩	9.14	1.58	10.72	1.65	0.76	5.79	13.47	1.38	9.38
D6015-XT1	橄辉岩	9.00	2.12	11.12	1.47	0.76	4.25	2.93	1.65	8.55
D6015-XT2	橄辉岩	9.14	1.58	10.72	1.65	0.76	5.79	13.47	1.38	9.38
D4885-XT1	辉橄岩	10.77	1.72	12.49	0.89	0.76	6.27	2.94	1.25	9.57
D4906-XT6	蛇纹石化橄辉岩	3.86	0.31	4.17	0.68	0.76	12.40	6.46	1.92	28.05

注：样品由宜昌地研所岩矿测试中心分析

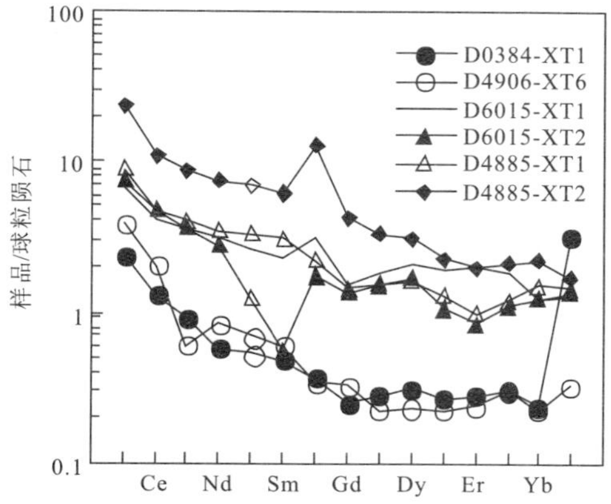

图 3-39 鸭子大坂超基性岩稀土元素球粒陨石标准化分布图

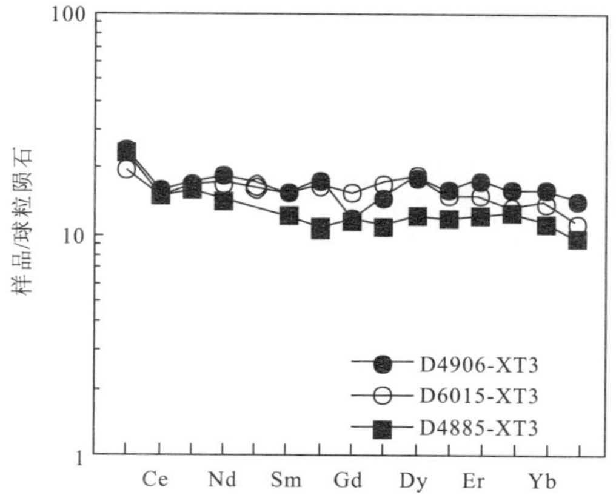

图 3-40 鸭子大坂基性岩稀土元素球粒陨石标准化分布图

3)构造环境分析

鸭子大坂超基性—基性岩岩石类型以变质橄榄岩为主，还有少量安山玄武岩及辉长岩。中基性岩浆岩(辉长岩和安山玄武岩)成分以 Al_2O_3 含量高、TFe_2O_3 富集、K_2O 含量低，属低钾拉斑玄武岩系列，岩石稀土元素总量低、稀土元素配分曲线呈球粒陨石型 REE 分布形式，微量元素以高场强元素的 Th、Ta 强烈富集、Nb 含量正常等为特征，相容元素 Cr、Ni 含量极高，远高于洋脊拉斑玄武岩 Cr、Ni 丰度，显示了洋中脊低钾拉斑玄武岩系列的岩石化学特征。

采用 Pearce(1976)玄武岩 $Al_2O_3-FeO^*-MgO$ 图解(图 3-29)判别，投影在 MORB 边缘；采用 Kuno(1968)的 $TiO_2-K_2O-P_2O_5$ 图解(图 3-30)判别，投影在大洋玄武岩区；采用 Mullen(1983) $TiO_2-MnO\times10-P_2O_5\times10$ 图解判别，投影在 MORB 区(图 3-31)；采用 Pearce(1973) Ti/100-Zr-Y×3 图解(图 3-32)、Meschede(1986)的 2Nb-Zr/4-Y 图解(图 3-33)、Pearce(1973)Ti-Zr 图解(图 3-34)，均投影在 MORB 区。

综上所述，鸭子大坂火山岩可能形成于张性板块边缘大洋中脊环境，与黑山基性—超基性岩形成环境相似，为洋壳残片。

4)同位素年龄探讨

鸭子大坂超基性岩—基性岩与阿牙克库木湖蛇绿混杂岩同为洋壳残片，属祁漫塔格结合带的物质组成，应属同时代产物，形成于新元古代末—早古生代，构造就位于早古生代末期—晚古生代早期。

4. 黑山超基性、基性岩

1)地质特征

阿牙克库木湖超基性、基性岩为阿牙克库木湖蛇绿混杂岩[(Nh—O)AY^TM]主要岩石组成部分，出露于阿牙克库木湖北部黑山，长约 2km、宽约 1.5km，西被志留纪—泥盆纪库木布拉格超单元花岗闪长岩侵吞，周围被第四系覆盖，呈孤岛状。其构造线走向与鸭子泉、鸭子大坂构造线走向不同，呈近东西向展布。

黑山超基性、基性岩由堆晶辉橄岩、堆晶辉石岩、堆晶辉长岩和枕状玄武岩等组成，以发育堆晶结构(图版Ⅰ-1)的超镁铁质堆晶岩、镁铁质堆晶岩为显著特色，区别于鸭子泉、鸭子大坂构造混杂岩带的物质组成。超镁铁质堆晶岩、镁铁质堆晶岩呈总体有序，内部无序特征，其出露宽度达 1.3km。枕状玄武岩位于堆晶岩北地区(上部)，出露宽度约 0.2km，以发育枕状构造(图版Ⅰ-2)区别于鸭子泉、鸭子大坂构造混杂岩带所见的中基性火山岩。玄武岩岩枕多分布于层面，一般 20cm

×20cm×30cm 大小，为椭球状、不规则状，呈下平上突状，表面多具冷凝边。

黑山蛇绿混杂岩总体构造变形较弱，不发育剪切基质，枕状玄武岩基本未变形，而堆晶岩系之间有规模不大的糜棱岩分布。

2）岩石学与地球化学特征

（1）岩石学特征：黑山超基性—基性岩以超镁铁质堆晶岩、镁铁质堆晶岩为主，枕状玄武岩其次。其岩石类型有堆晶橄辉岩、堆晶辉长岩、枕状玄武岩等，岩石变质较浅。

堆晶橄辉岩　深灰绿色，岩石呈细—中粒结构、堆晶结构，块状构造。矿物成分辉石 50%～70%、斜长石 10%～15%、橄榄石 10%～15%、角闪石 3%～5%、尖晶石 1%～3%，金属矿物少量。矿物粒径 2～5mm，矿物呈半自形—自形柱状。堆晶岩石层序从下部到上部橄榄石、辉石含量减少，斜长石、角闪石含量增加，岩石从超镁铁质向镁铁质演化，堆晶橄辉岩位于堆晶岩系的下部，呈深色条带状或似层状产出。

堆晶辉长岩　深灰绿色，呈细—中粒辉长结构，块状构造。矿物成分斜长石 45%～55%、辉石 35%～40%、角闪石 3%～5%。矿物粒径 0.5～5mm，斜长石、辉石呈半自形—它形柱状结构，大致定向平行排列分布。辉石绿泥石化、钠黝帘石化较强。堆晶辉长岩位于堆晶岩系的上部，呈浅色条带状或似层状产出。

玄武岩　灰绿色，岩石呈斑状结构、变余含长结构，杏仁构造、块状构造。斑晶为斜长石 5%～7%、角闪石 3%～5%，呈自形长柱状，粒径小于 1mm，斑晶总含量 5%～10%。基质矿物为斜长石 50%左右、角闪石 30%左右。斜长石呈自形柱状及板条状，矿物粒径小于 0.3mm。气孔、杏仁呈椭圆状，粒径 0.5～3.5mm，充填物一般为方解石。

对测区橄榄岩中的橄榄石、斜方辉石、单斜辉石电子探针分析表明其分别为贵橄榄石、古铜辉石、透辉石。

（2）岩石化学特征：以黑山超镁铁质堆晶岩、镁铁质堆晶岩、玄武岩为主，以发育堆晶岩为特色。其岩石化学分析结果如表 3－23。

表 3－23　黑山超基性岩—基性岩岩石化学含量表

样品号	岩石名称	地点	SiO_2	TiO_2	Al_2O_3	Fe_2O_3	FeO	MnO	MgO	CaO	Na_2O	K_2O	P_2O_5	LOI	Σ	$Mg^{\#}$	σ	M/F
D0388－GS3	玄武岩	黑山	50.22	1.19	13.84	1.48	9.14	0.17	7.86	10.84	2.82	0.12	0.12	0.70	98.50	0.57	1.20	0.75
D0388－GS4			49.68	1.00	14.28	1.42	9.09	0.18	8.72	10.84	2.54	0.09	0.11	0.44	98.39	0.60	1.04	0.84
D0388－GS5			50.24	0.97	15.17	1.32	8.84	0.17	8.72	10.84	2.79	0.12	0.10	0.36	99.64	0.61	1.17	0.87
D0388－GS6			49.68	0.97	14.22	1.18	9.09	0.18	8.72	10.84	2.62	0.15	0.09	0.84	98.58	0.60	1.15	0.86
D0388－GS7			50.14	1.23	13.90	2.17	9.14	0.17	8.52	10.75	2.84	0.15	0.13	0.50	99.64	0.58	1.25	0.77
D0388－GS1			49.36	1.32	13.75	3.40	9.55	0.17	7.65	10.49	3.26	0.16	0.13	0.69	99.93	0.52	1.84	0.61
D0388－GS2			50.44	1.02	14.71	2.08	8.12	0.11	8.48	12.20	2.38	0.38	0.11	0.51	100.54	0.60	1.02	0.85
D0389－GS4	堆晶辉长岩		49.96	0.36	15.56	0.60	5.97	0.13	8.12	10.11	2.02	0.79	0.02	2.10	95.74	0.69	1.13	1.25
D0389－GS2			48.15	0.32	15.10	2.81	5.49	0.16	11.57	14.30	1.15	0.03	0.03	0.56	99.67	0.72	0.27	1.44
D0389－GS1			49.12	0.26	15.68	2.18	5.08	0.14	11.82	13.30	1.21	0.38	0.02	0.94	100.13	0.75	0.41	1.68
D6065－GS2			47.95	0.19	17.22	1.50	4.50	0.11	11.27	13.98	1.44	0.09	0.01	1.23	99.49	0.77	0.47	1.93
D6065－GS1	堆晶橄辉岩		42.51	0.25	7.00	4.19	9.00	0.18	26.71	5.43	0.38	0.04	0.02	3.39	99.10	0.79	－0.36	2.09
大洋中脊玄武岩平均成分			49.34	1.49	17.04	1.99	6.82	0.17	7.19	11.72	2.73	0.16	0.16	(Hughes,1982)				

注：样品由西安岩矿测试中心分析；单位为%，$Mg^{\#}=n(Mg)/(Mg+\sum Fe)$

超镁铁质堆晶岩、镁铁质堆晶岩岩石化学成分比较稳定。其 SiO_2 含量一般在 42.51%～49.68%之间，属超基性—基性岩；岩石 Al_2O_3 15.1%～17.22%、FeO^* 6.0%～13.19%、MgO 11.27%～26.71%含量较高，TiO_2 1.02%～1.32%、K_2O 0.04%～0.38%含量低。$Mg^\#$ 值为0.69～0.77，M/F 比值一般在 1.25～2.09。超镁铁质堆晶岩、镁铁质堆晶岩岩石化学成分从堆晶层序下部到上部，SiO_2 含量增加，MgO 与 FeO 含量减少，$Mg^\#$ 与 M/F 比值也减少，反映了岩浆的分离结晶作用。采用超镁铁质岩—镁铁质岩 A－F－M 图解（图 3－36）和 Al_2O_3－CaO－MgO 图解（图 3－37）判别，全部样品投影在堆晶岩区。

黑山超基性—基性岩[(Nh—O)Σ]中玄武岩与 MORB 岩石化学成分比较接近。各玄武岩成分含量比较稳定，其 SiO_2 含量一般在 49.36%～50.44%之间，属基性岩；岩石 Al_2O_3 13.75%～15.17%含量较高、FeO^* 10.2%～12.95%富集；TiO_2 含量在 0.97%～1.32%之间，与 MORB 玄武岩 TiO_2 平均含量 1.5%比较接近；K_2O 含量在 0.09%～0.38%之间，K_2O 含量较低。Na_2O/K_2O 较高（18 左右），$Mg^\#$ 值为0.60左右，M/F 比值为 0.61～0.87，里特曼指数(σ)介于 1.02～1.84。采用邱家骧（1979）硅-碱图解判别，黑山玄武岩落入玄武岩区（图 3－24），采用 Irvine（1971）火山岩硅-碱图解（图 3－25）及 A－F－M 图解（图 3－41）判别，黑山玄武岩投入亚碱性系列和拉斑玄武岩系列区。上述玄武岩化学成分说明其为低钾拉斑玄武岩。

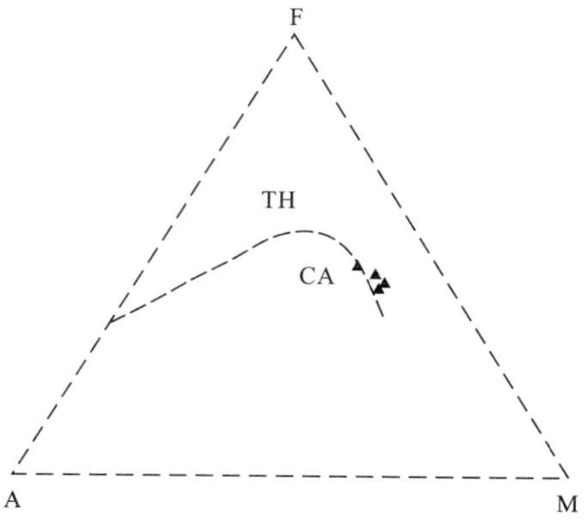

图 3－41　黑山蛇绿岩中玄武岩的 A－F－M 图解
（据 Kuno，1968）
TH. 拉斑玄武岩；CA. 钙碱性玄武岩（▲黑山玄武岩）

（3）岩石地球化学特征：黑山蛇绿混杂岩[(Nh—O)Σ]中堆晶岩微量元素含量及其多元素 MORB 标准化蛛网图解见表 3－24、图 3－42。从图、表看：微量元素的 MORB 标准化蛛网图曲线呈锯齿状的倒“V”形。其中大离子亲石元素 Rb 为中等富集，K、Ba、Sr 极弱富集，与 MORB 元素 K、Ba、Sr 丰度相似，但 Ba 处显谷，为负异常；高场强元素 Th、Ta 富集，Nb 含量正常，未显异常，其他元素呈中等程度亏损；相容元素 Cr、Ni 呈弱到富集型，Cr 丰度介于$(763～13\ 793)\times10^{-6}$、平均为 $3\ 489\times10^{-6}$，Ni 丰度为介于$(148～797)\times10^{-6}$、平均为 317.4×10^{-6}，高于或远高于与洋中脊岛弧拉斑玄武岩 Cr(97×10^{-6})、Ni(297×10^{-6})丰度。

表 3－24　黑山构造蛇绿岩超基性—基性岩微量元素含量及特征值

岩石名称	样品号	Ba	Nb	Zr	Sr	U	Rb	Th	Hf	V	La
堆晶辉长岩	D6065－GP1	46.00	4.00	8.00	7.00	0.50	9.00	4.00	4.00	69.00	15.00
堆晶辉长岩	D6065－GP2	145.00	5.00	21.00	190.00	0.60	18.00	4.00	4.00	86.00	20.00
玄武岩	D0388－GP1	44.00	8.00	93.00	178.00	0.60	12.00	3.00	6.00	242.00	21.00
玄武岩	D0388－GP2	36.00	10.00	81.00	131.00	0.70	11.00	3.00	6.00	283.00	14.00
玄武岩	D0388－GP3	38.00	7.00	53.00	125.00	0.50	7.00	3.00	7.00	266.00	22.00
玄武岩	D0388－GP5	37.00	8.00	69.00	137.00	0.60	13.00	5.00	7.00	237.00	19.00
堆晶辉石岩	D0389－GP1	51.00	4.00	9.00	152.00	0.21	20.00	5.90	—	164.00	21.00
堆晶辉长岩	D0389－GP2	30.00	8.00	10.00	108.00	0.18	7.00	5.30	—	116.00	26.00
堆晶辉长岩	D0389－GP3	44.00	5.00	17.00	112.00	0.21	7.00	4.30	—	135.00	23.00

续表 3-24

岩石名称	样品号	Ta	Sc	K(%)	Co	Ni	Cr	Ti	P	Rb/Sr	K/Rb
堆晶辉长岩	D6065-GP1	2.10	24.50	0.04	77.40	797.00	13 793.00	1 439.00	178.00	1.29	44.44
堆晶辉长岩	D6065-GP2	1.85	44.00	0.32	36.80	230.00	736.00	1 501.00	189.00	0.09	177.78
玄武岩	D0388-GP1	0.90	48.00	0.21	85.90	85.90	241.00	6 204.00	720.00	0.07	175.00
玄武岩	D0388-GP2	1.20	60.00	0.18	66.50	66.50	117.00	6 794.00	574.00	0.08	163.64
玄武岩	D0388-GP3	0.50	58.00	0.18	35.10	89.10	205.00	5 221.00	428.00	0.06	257.14
玄武岩	D0388-GP5	0.82	52.00	0.18	37.60	71.80	126.00	5 723.00	491.00	0.09	138.46
堆晶辉石岩	D0389-GP1	2.90	56.00	0.30	21.00	148.00	1 210.00	1 380.00	133.00	0.13	150.00
堆晶辉长岩	D0389-GP2	0.69	40.00	0.13	31.00	206.00	860.00	1 673.00	207.00	0.06	185.71
堆晶辉长岩	D0389-GP3	1.05	46.00	0.15	35.00	220.00	819.00	1 775.00	233.00	0.06	214.29

注:样品由西安岩矿测试中心分析;单位为$\times10^{-6}$

黑山玄武岩微量元素含量及其多元素 MORB 标准化蛛网图解见表 3-24、图 3-43。从图、表看:大离子亲石元素 Rb 为中等富集,K、Ba、Sr 正常—极弱富集,与 MORB 元素 K、Ba、Sr 丰度相似,但 Ba 处显谷,为负异常,在多元素的 MORB 标准化蛛网图上曲线呈倒“V”形;高场强元素的 Th 强烈富集,Ta、Nb 弱—中等富集,Nb 含量正常、未显异常,其他元素 Zr、Ti、Y、Yb 弱亏损,其丰度与 MORB 丰度相当,高场强元素在微量元素的 MORB 标准化蛛网图上曲线呈右倾的锯齿状。相容元素 Cr、Ni 为极弱亏损,Cr 丰度介于$(126\sim241)\times10^{-6}$、平均为 172×10^{-6},Ni 丰度为介于$(66.50\sim89.10)\times10^{-6}$、平均为 80×10^{-6},与洋中脊岛弧拉斑玄武岩 Cr(97×10^{-6})、Ni(297×10^{-6})丰度相近。

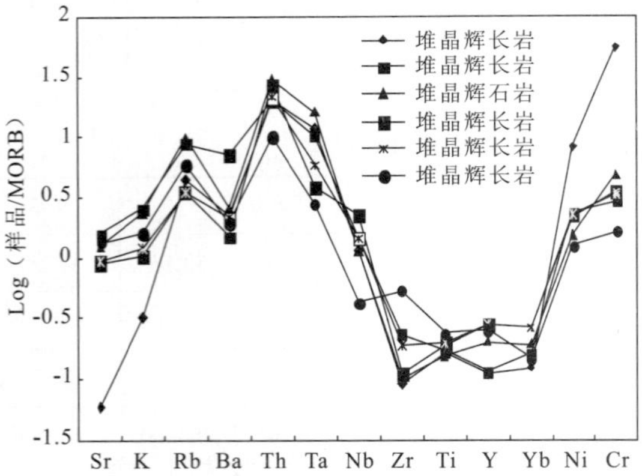

图 3-42　黑山堆晶辉长岩辉石岩多元素 MORB 标准化蛛网图解

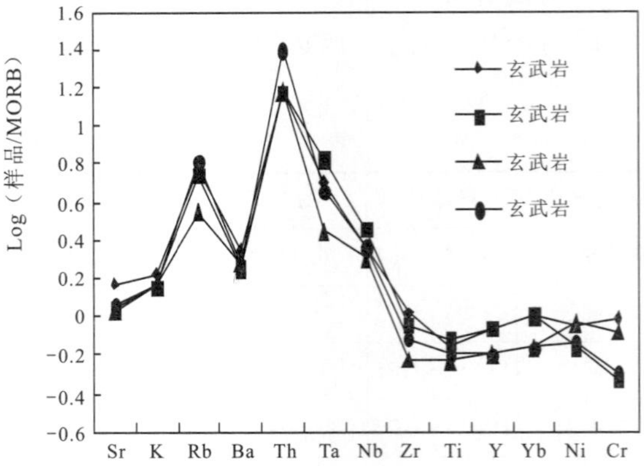

图 3-43　黑山玄武岩多元素 MORB 标准化蛛网图解

黑山堆晶岩稀土元素含量及其球粒陨石配分模式见表 3-25、图3-44。从表、图看:稀土元素总量低、ΣREE 介于$(8.84\sim23.02)\times10^{-6}$之间,为球粒陨石的 1～10 倍;轻稀土元素总量(LREE)

介于(6.01～16.74)×10^{-6},$(La/Sm)_N$值介于1.33～3.38,模式曲线为平缓型;重稀土元素总量(HREE)介于(2.83～6.28)×10^{-6},重稀土元素总量极低,$(Gd/Yb)_N$介于1.04～1.59,模式曲线平缓;δEu为0.87～1.39;轻、重稀土元素总量比值低,LREE/HREE介于1.08～2.67,$(La/Yb)_N$介于0.95～3.44,模式曲线从亏损到平坦型再到轻稀土元素极弱亏损型均有。上述黑山蛇绿岩中堆晶岩稀土元素含量和特征值表明其稀土元素球粒陨石配分曲线为亏损型和平坦型,稀土元素配分模式与MORB玄武岩稀土元素配分模式近似。

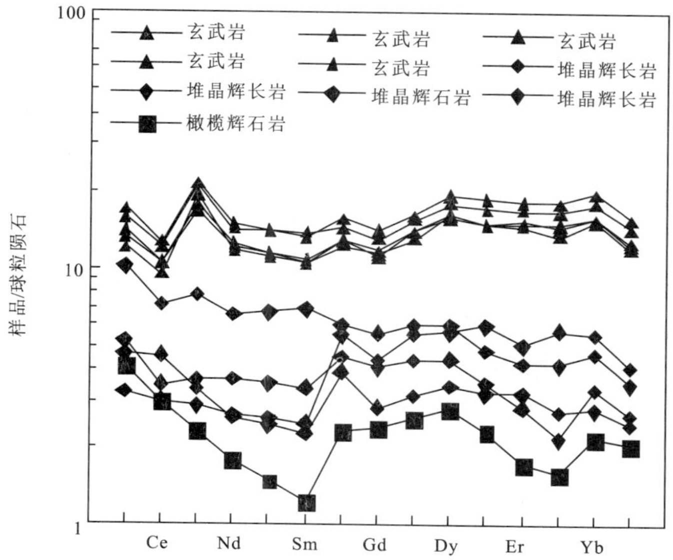

图3-44　黑山构造蛇绿岩超基性—基性岩稀土元素球粒陨石标准化分布图

表3-25　黑山超基性—基性岩稀土元素含量及特征值

岩石名称	样品号	稀土元素含量(×10^{-6})													
		La	Ce	Pr	Nd	Sm	Eu	Gd	Tb	Dy	Ho	Er	Tm	Yb	Lu
玄武岩	D0388－XT3	5.01	11.30	2.55	8.47	2.74	1.04	4.02	0.77	5.52	1.23	3.53	0.55	3.38	0.44
玄武岩	D0388－XT4	4.26	9.81	2.09	7.52	2.08	0.94	3.61	0.69	4.98	1.08	3.06	0.44	2.90	0.37
玄武岩	D0388－XT5	3.85	8.86	2.32	6.98	2.08	0.89	3.51	0.65	4.98	1.08	3.12	0.49	2.94	0.39
玄武岩	D0388－XT6	4.49	9.77	1.99	7.25	2.15	0.93	3.45	0.69	4.84	1.08	3.16	0.47	2.95	0.38
玄武岩	D0388－XT7	5.40	11.90	2.56	8.93	2.64	1.13	4.31	0.80	5.95	1.35	3.78	0.59	3.7	0.48
玄武岩	D0388－XT1	6.56	16.50	2.51	10.40	2.85	1.05	3.75	0.74	5.65	1.17	3.55	0.53	3.39	0.44
玄武岩	D0388－XT2	4.62	9.00	1.31	7.00	2.14	0.79	3.01	0.55	4.23	0.83	2.87	0.40	2.32	0.34
堆晶辉长岩	D0389－XT4	1.06	2.87	0.35	1.63	0.50	0.40	1.36	0.28	1.76	0.44	1.06	0.19	1.06	0.13
堆晶辉长岩	D0389－XT1	1.66	3.33	0.44	2.23	0.69	0.33	1.28	0.22	1.39	0.26	0.61	0.07	0.65	0.08
堆晶辉石岩	D0389－XT2	3.22	6.81	0.94	3.95	1.38	0.44	1.73	0.30	1.86	0.35	0.90	0.14	0.89	0.11
堆晶辉长岩	D6065－XT2	1.48	4.33	0.41	1.57	0.46	0.29	0.90	0.16	1.09	0.24	0.69	0.09	0.54	0.08
橄榄辉石岩	D6065－XT1	1.35	2.88	0.28	1.08	0.25	0.17	0.74	0.13	0.88	0.17	0.37	0.05	0.42	0.06

岩石名称	样品号	稀土元素含量(×10^{-6})			特征参数值					
		LREE	HREE	ΣREE	δEu	δCe	LREE/HREE	$(La/Sm)_N$	$(Gd/Yb)_N$	$(La/Yb)_N$
玄武岩	D0388－XT3	31.11	19.44	50.55	0.96	0.76	1.60	1.14	0.96	1.41
玄武岩	D0388－XT4	26.70	17.13	43.83	1.04	0.76	1.56	1.28	1.00	1.40
玄武岩	D0388－XT5	24.98	17.16	42.14	1.00	0.76	1.46	1.16	0.96	1.24
玄武岩	D0388－XT6	26.58	17.02	43.60	1.04	0.76	1.56	1.31	0.94	1.45
玄武岩	D0388－XT7	32.56	20.96	53.52	1.02	0.76	1.55	1.28	0.94	1.39
玄武岩	D0388－XT1	39.87	19.22	59.09	0.98	0.76	2.07	1.44	0.89	1.84
玄武岩	D0388－XT2	24.86	14.55	39.41	0.95	0.76	1.71	1.35	1.05	1.89
堆晶辉长岩	D0389－XT4	6.81	6.28	13.09	1.39	0.76	1.08	1.33	1.04	0.95
堆晶辉长岩	D0389－XT1	8.68	4.57	13.25	1.06	0.76	1.90	1.50	1.59	2.43
堆晶辉石岩	D0389－XT2	16.74	6.28	23.02	0.87	0.76	2.67	1.46	1.57	3.44
堆晶辉长岩	D6065－XT2	8.54	3.79	12.33	1.35	0.76	2.25	2.01	1.34	2.60
橄榄辉石岩	D6065－XT1	6.01	2.83	8.84	1.12	0.76	2.13	3.38	1.42	3.05

注:样品由宜昌地研所岩矿测试中心分析

黑山玄武岩稀土元素含量及其球粒陨石配分模式见表 3-25、图 3-44。从表、图看：稀土元素总量较低，含量较为稳定，∑REE 介于(42.14～59.09)×10^{-6}之间，为球粒陨石的 10～11 倍；轻稀土元素总量(LREE)介于(24.86～39.87)×10^{-6}，$(La/Sm)_N$值介于 1.14～1.44，模式曲线为平坦；重稀土元素总量(HREE)介于(14.55～20.96)×10^{-6}，重稀土元素总量极低，$(Gd/Yb)_N$介于 0.89～1.04，模式曲线平缓或向左倾；δEu 为 0.95～1.04；轻、重稀土元素总量比值低、LREE/HREE 介于 1.46～2.07，$(La/Yb)_N$介于 1.24～1.89，模式曲线从亏损到平坦型再到轻稀土元素极弱亏损型均有。上述黑山蛇绿岩中玄武岩稀土元素含量和特征值表明稀土元素含量低，轻、重稀土分馏不明显，稀土元素配分曲线呈平坦型，稀土元素配分模式与 MORB 玄武岩稀土元素配分模式相似。

3)构造环境分析

黑山超基性、基性岩中以超镁铁质堆晶岩、镁铁质堆晶岩、玄武岩为主。黑山蛇绿岩中玄武岩以 Al_2O_3含量高、MgO 及 FeO^* 富集、K_2O 及 K_2O/Na_2O 极低为特征，玄武岩属低钾拉斑玄武岩，稀土元素总量低，稀土元素轻、重稀土分馏不明显，稀土元素配分曲线属平坦型，大离子亲石元素正常—弱富集，高场强元素的 Th 强烈富集，Ta、Nb、P 弱富集，Nb 未显异常，其他元素弱亏损；相容元素 Cr、Ni 丰度极高，远高于洋中脊岛弧拉斑玄武岩 Cr、Ni 丰度。以上所述黑山超基性、基性岩岩石学和岩石化学成分说明其为大洋中脊低钾拉斑玄武岩系列岩石组合。其形成环境可能为洋中脊扩张环境。

采用 Pearce(1976)的玄武岩 $Al_2O_3-FeO^*-MgO$ 图解(图 3-29)判别，投影在 MORB 与洋岛区；采用 Kuno(1968)的 $TiO_2-K_2O-P_2O_5$图解(图 3-30)判别，主要投影在大洋玄武岩区；采用 Mullen(1983)的 $TiO_2-MnO\times10-P_2O_5\times10$ 图解(图 3-31)，主要投影在 MORB 区；采用 Pearce(1973)的 Ti/100-Zr-Y×3 图解(图 3-32)、Meschede(1986)的 2Nb-Zr/4-Y 图解判别(图 3-33)、Pearce(1973)的 Ti-Zr 图解(图 3-34)等多种图解判别，绝大多数投影在 MORB 区及边缘。

综上所述，黑山超基性、基性岩中的玄武岩的岩石学、岩石化学成分与洋中脊玄武岩成分相似，说明其可能形成于拉张型板块边界的洋中脊环境。

4)黑山构造蛇绿混杂岩同位素年龄探讨

本次区调在黑山构造蛇绿混杂岩中堆晶辉长岩(可能为洋中脊环境)、侵入于黑山堆晶岩和玄武岩中的花岗闪长岩锆石 U-Pb 测年。黑山堆晶辉长岩中的锆石 U-Pb 测年获得(2 380±12)Ma的上交点年龄和(816±10)Ma 的下交点年龄；侵入黑山堆晶岩和玄武岩中的花岗闪长岩中的锆石 U-Pb 测年获得(1 090±26)Ma 的上交点年龄和(312±9)Ma 的下交点年龄；各样品同位素组成如表 3-26，谐和图见图 3-45。因此，黑山超基性、基性岩形成于新元古代末—早古生代，经区域研究、对比分析，应以早古生代为主，黑山蛇绿混杂岩构造就位于早古生代末期—晚古生代早期。

表 3-26　黑山构造蛇绿岩堆晶辉长岩锆石 U-Pb 测定结果表

样品信息					含量(×10^{-6})		普通铅含量(ng)	同位素原子比及误差(2σ)				表面年龄及误差(Ma)		
岩组	岩石名称	序号	样品号	重量(μg)	U	Pb		$^{206}Pb/^{204}Pb$	$^{206}Pb/^{238}U$	$^{207}Pb/^{235}U$	$^{207}Pb/^{206}Pb$	$^{206}Pb/^{238}U$	$^{207}Pb/^{235}U$	$^{207}Pb/^{206}Pb$
黑山构造蛇绿岩	堆晶辉长岩	1	D0389-RZ1	10	480.2	177.4	3.707	215	0.262 18	4.570 97	0.126 44	1 501	1 743	2 049
									0.000 89	0.113 25	0.003 16	5.1	43.2	51.2
		2	D0389-RZ1	10	547.8	335.2	18.213	57.5	0.231 63	3.797 93	0.118 91	1 343	1 592	1 939
									0.002 12	0.171 26	0.005 47	12.3	71.8	89.2
		3	D0389-RZ1	10	314.4	110.2	3.937	111.6	0.200 94	2.964 08	0.106 98	1 181	1 398	1 748
									0.001 06	0.100 41	0.003 66	6.2	47.3	59.9
		4	D0389-RZ1	10	110.8	166.5	12.317	31.2	0.291 26	5.359 11	0.133 44	1 647	1 878	2 143
									0.006 83	0.633 81	0.016 09	38.6	222.1	258.4
谐和线年龄:2 380Ma 上交点年龄:(2 380±12)Ma 下交点年龄:(816±10)Ma MSWD: 0.064 07														

5. 阿特阿特坎基性岩脉(OγA)

阿特阿特坎基性岩脉(OγA)位于鸭子泉构造混杂岩带以东,主要分布于图幅东北角鸭子泉以东的阿特阿特坎河口两侧,呈长条状、透镜状侵入于下古生代滩间山群阿特阿特坎组碎屑岩组之中,并被后期花岗岩侵吞,主要岩石类型为辉绿岩和辉长岩,辉绿岩和辉长岩片理化强烈,其片理产状与围岩片理产状一致。

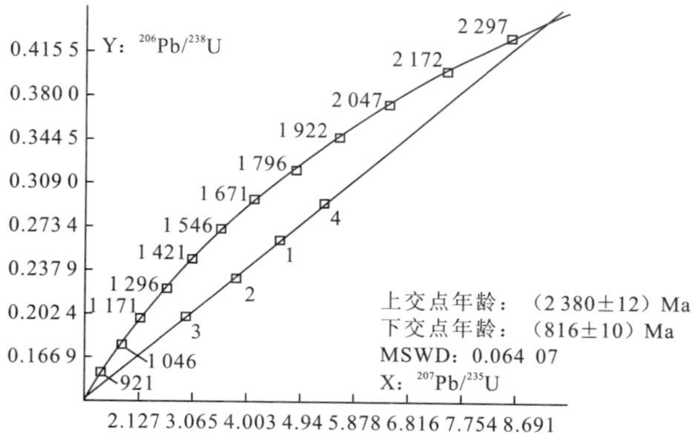

图 3-45 黑山构造蛇绿岩堆晶辉长岩 U-Pb 测年谐和图

片理化碎裂细粒辉绿岩、辉长岩

岩石灰绿色、暗绿色,具显微鳞片—不等粒变晶结构、变余细粒含长结构、碎裂结构、片状构造,主要组成矿物:斜长石 60%~65%、辉石(多数已阳起石化、绿帘石化、绿泥石化)等暗色矿物 35%~40%,斜长石呈细长柱状,自形晶,粒径一般小于 2mm,且杂乱分布,其空隙被阳起石、绿泥石及绿帘石充填。绿泥石呈显微鳞片状,阳起石呈纤柱状,阳起石、绿泥石、绿帘石沿片理面大致定向平行分布。岩石蚀变强烈,主要为暗色矿物发生绿泥石化及阳起石化,斜长石发生钠黝帘石化。

阿特阿特坎基性岩脉岩石化学成分及特征值见表 3-27。由表看:SiO_2 含量 50.27%,为基性岩类,里特曼指数 σ 值 3.58,属碱性岩。

表 3-27 阿特阿特坎基性岩脉岩石化学成分及特征值表

时代	单元	岩石名称	SiO_2	TiO_2	Al_2O_3	Fe_2O_3	FeO	MnO	MgO	CaO	Na_2O	K_2O	P_2O_5	Σ	A/CNK	σ
奥陶纪	阿特阿特坎基性岩	辉长岩	50.27	1.42	16.45	3.41	6.78	0.14	6.48	8.14	3.45	1.65	0.32	98.51	0.74	3.58

注:样品由西安岩矿测试中心分析;单位为%

阿特阿特坎基性岩脉微量元素见表 3-28,多元素 BORB 标准化蛛网图解见图 3-46。从表及图看:大离子亲石元素 K(K_2O)、Rb、Ba 等元素丰度高,属富集型,高场强元素 Th 强烈富集,而 Ta、Nb、Zr 中等富集,Ti、Y、Yb 元素含量正常或弱亏损,相容元素 Ni、Cr 亏损。阿特阿特坎基性岩脉多元素 BORB 标准化蛛网图解曲线右倾,以碱性及相关元素(K、Rb、Sr、Ba、Ta、Th)富集为特征(图 3-46)。

表 3-28 阿特阿特坎基性岩脉微量元素含量表

样品号	岩石名称	Sr	K_2O(%)	Rb	Ba	Th	Ta	Nb	Zr	Ti	Y	Yb	Ni	Cr
D1033-GP1	辉绿岩	336	1.65	40	358	3	0.5	7	242	0.869	29	1.7	31.6	56

注:样品由宜昌地研所岩矿测试中心分析;单位为 $\times 10^{-6}$

阿特阿特坎基性岩稀土元素含量及特征值见表 3-29,稀土元素球粒陨石配分模式见图 3-47。由表、图看:稀土元素总量 ΣREE 为 142.99×10^{-6},为球粒陨石的 22 倍左右,轻稀土元素总量 LREE 为 122.75×10^{-6},重稀土元素总量 HREE 20.24×10^{-6},稀土元素 $(La/Sm)_N$、$(Gd/Yb)_N$ 分别为 2.51、2.16,说明轻、重稀土元素之间分馏大;轻、重稀土元素重量比值为 6.06、$(La/Yb)_N$ 为 10.54,模式曲线右倾且斜率较大,为轻稀土元素显著富集型;δEu 为 0.82,铕具弱负异常。阿特阿特坎基性岩稀土元素重量、配分模式与板块内玄武岩稀土元素模式相似。

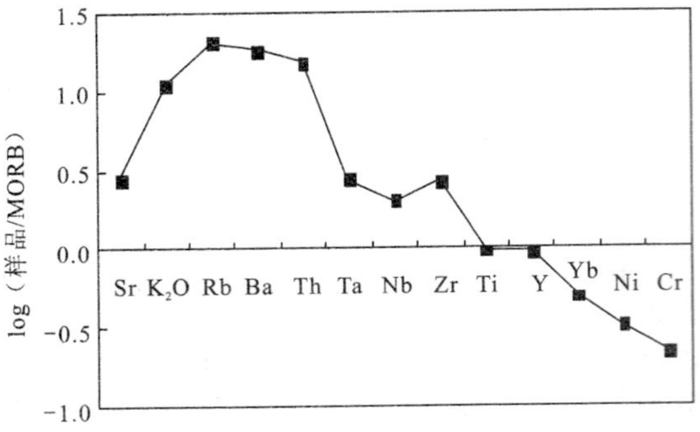

图 3－46　阿特阿特坎基性岩脉多元素 MORB 标准化蛛网图解

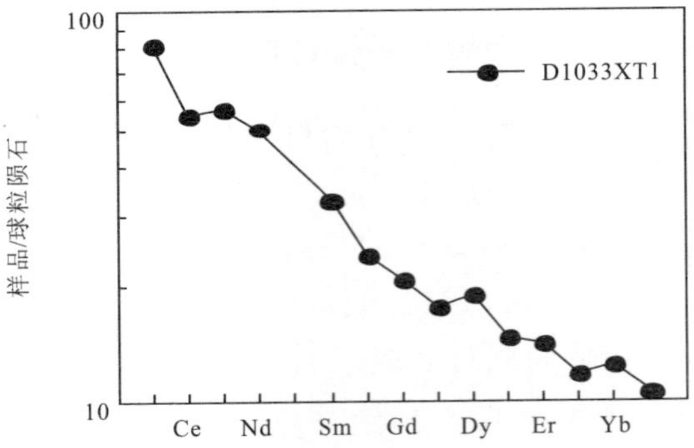

图 3－47　阿特阿特坎基性岩脉稀土元素球粒陨石标准化分布图

表 3－29　阿特阿特坎基性岩稀土元素含量及特征值表

岩体	样品号	岩石名称	稀土元素含量（$\times10^{-6}$）													
			La	Ce	Pr	Nd	Sm	Eu	Gd	Tb	Dy	Ho	Er	Tm	Yb	Lu
阿特阿特坎基性岩	D1033－XT1	辉长岩	26.4	51.2	6.73	30.1	6.57	1.75	6.38	0.87	5.86	1.07	2.96	0.39	2.38	0.33

岩体	样品号	岩石名称	稀土元素含量（$\times10^{-6}$）			特征参数值					
			LREE	HREE	∑REE	δEu	δCe	LREE/HREE	$(La/Sm)_N$	$(Gd/Yb)_N$	$(La/Yb)_N$
阿特阿特坎基性岩	D1033－XT1	辉长岩	122.75	20.24	142.99	0.82	0.76	6.06	2.51	2.16	10.54

注：样品由西安岩矿测试中心分析

阿特阿特坎基性岩脉为碱性岩，岩石微量元素、稀土元素特征均与板块内碱性玄武岩相似，说明其为板块内较为稳定的张性环境下形成。经区域对比其形成时代可能为早古生代奥陶纪。

二、阿木巴勒阿土坎超单元[(S—D)A]

阿木巴勒阿土坎超单元出露于测区北部依协克帕提河以北的东回头沟至阿木巴勒阿土坎一带，向东延伸进入相邻图幅。该超单元构成祁漫塔格山主脊岩性，在测区内出露面积约 410km^2，占测区总面积的 3%，单元岩体呈一系列规模不等的不规则状岩基、岩株侵入于中元古代狼牙山岩组碳酸盐岩、含碳石英岩、含碳片岩中。阿木巴勒阿土坎超单元共由 24 个侵入体组成，主要岩石类型为角闪闪长岩、石英闪长岩、英云闪长岩、二长花岗岩、钾长花岗岩，依成分演化序列可划分为野牛沟单元、石牙子沟单元、深沟单元、水晶沟单元、宽沟单元 5 个单元（表 3－30），并依其具清晰的成分演化特征和较强的群居关系归并为一个超单元。依序简介如下。

表 3－30　阿木巴勒阿土坎超单元特征表

时代	超单元	单元	代号	岩石名称	结构	同位素年龄	接触关系	构造环境
泥盆纪	阿木巴勒阿土坎(D—S)A	宽沟	(S—D)$\xi\gamma$K	中粗粒钾长花岗岩	半自形粒状结构		各单元均为脉动接触关系	俯冲－同碰撞花岗岩
		水晶沟	(S—D)$\eta\gamma$Sh	中粗粒二长花岗岩	半自形粒状结构			
		深沟	(S—D)$\gamma\delta o$Sh	中粗粒英云闪长岩	不等粒变晶结构、变余半自形粒状结构	(388.6±0.7)Ma（锆石 U－Pb）		
		石牙子沟	(S—D)δoSh	中粒石英闪长岩	半自形粒状结构			
		野牛沟	(S—D)$\delta\psi$Y	中细粒角闪闪长岩	中粒结构			

1)野牛沟角闪闪长岩单元[(S—D)$\delta\psi$Y]

该单元主要出露于测区野牛沟口,由两个侵入体组成,出露面积约 3km²。岩体由于受水晶沟中粗粒二长花岗岩单元[(S—D)$\eta\gamma$Sh]脉动侵吞影响,出露不全,成卵圆状,野牛沟该单元南界受后期脆性断层影响,岩石碎裂岩化强烈,与深沟中粗粒英云闪长岩单元呈断层接触。

该单元岩性简单,为角闪闪长岩。岩石呈灰—浅绿灰色,具变余结构、中粒结构,块状构造,矿物颗粒大小多数为 2～5mm。主要矿物组成:斜长石大于 50%、普通角闪石(阳起石化,40%～45%)。角闪石阳起石化较为强烈,其中斜长石呈自形柱状,多数已绢云母化及绿帘石化,部分斜长石几乎全被绢云母及绿帘石取代。副矿物主要为榍石、磷灰石、磁铁矿等。

岩石蚀变强烈,主要为斜长石绢云母化、角闪石阳起石化。该单元岩性主要为均一的块状体。

2)石牙子沟中粒石英闪长岩单元[(S—D)δoSh]

该单元为本超单元出露面积最大的单元之一,出露面积约 50km²,主要分布于测区石牙子沟口至阿木巴勒阿土坎等地,由 3 个侵入体组成,在石牙子沟可见其侵入于中元古代狼牙山岩组碳酸盐岩、含碳石英岩中,围岩硅化强烈,受后期石牙子沟单元、深沟单元、水晶沟单元等脉动侵吞影响,其边界多呈港湾状、不规则状,岩体呈不规则、透镜状等。

该单元岩性为中粒石英闪长岩。岩石呈灰—绿灰色,中粒结构及半自形粒状结构,块状构造,矿物粒径小于 5mm。主要矿物组成:斜长石大于 50%、普通角闪石 20%～25%、黑云母 5%～10%、石英 5%～10%、钾长石 5%～10%。其中斜长石为自形柱状及半自形板柱状,角闪石为自形柱状,黑云母呈自形条状,石英及钾长石为它形粒状,显微镜下测得斜长石牌号 An=26—27,副矿物主要为锆石、榍石、磷灰石等。岩石蚀变轻微,主要为斜长石发生高岭土化及绢云母化。

3)水晶沟中粗粒二长花岗岩单元[(S—D)$\eta\gamma$Sh]

该单元为阿木巴勒阿土坎超单元出露面积最大的单元,出露面积约 280km²,主要分布于测区野牦牛沟以东地区,向东延伸进入相邻图,共由 7 个侵入体组成,在石牙子沟可见其侵入于中元古代狼牙山岩组含碳片岩、含碳石英岩中,围岩蚀变以硅化为主、长石化次之;西部与鸭子泉构造混杂岩带为断层接触,与早期石牙子沟中粒石英闪长岩单元及晚期深沟单元、宽沟单元均呈脉动接触关系,该单元岩体南部被第四系冲洪积物覆盖,与围岩接触关系不清。

该单元岩性为中粗粒二长花岗岩,岩石呈浅肉红色,中—粗粒半自形粒状结构,块状构造,矿物粒径介于 3～6cm。主要造岩矿物:斜长石 35%～40%、钾长石 20%～30%、石英 25%～30%、黑云母小于 5%,角闪石小于 2%少量。其中斜长石为自形及半自形板柱状,斜长石中见有钾长石包裹体,钾长石及石英呈它形粒状,黑云母呈自形条状,钾长石以条纹长石为主,次为微斜长石,斜长石牌号 An=22—23。岩石副矿物主要为锆石、褐帘石、磷灰石及榍石等。

岩石蚀变轻微,表现为斜长石发生高岭土化及绢云母化,角闪石次闪石化。

4)深沟中粗粒英云闪长岩单元[(S—D)$\gamma\delta o$Sh]

深沟中粗粒英云闪长岩单元出露于测区野牛沟以东地区,有两个侵入体,出露面积约 25km²,呈卵圆状侵位于石牙子沟中粒石英闪长岩单元、水晶沟中粗粒二长花岗岩单元中,与其为脉动接触关系,北界被第四系冲洪积物覆盖,受后期脆-韧性断层影响,在断层带处岩石破碎或片理化发育。

深沟中粗粒英云闪长岩单元岩性主要为中粗粒英云闪长岩,岩石呈灰色,中至粗粒半自形粒状结构、块状构造。斜长石大于 60%、石英 20%～25%、黑云母 10%～15%、钾长石 1%～4%、普通角闪石 2%～3%。其中斜长石为自形板柱状,钾长石及石英呈它形粒状,局部可见其钾长石交代斜长石。副矿物以锆石、磁铁矿、榍石为主,次为磷灰石及金属矿物等。

岩石蚀变轻微,主要为斜长石发生高岭土化及绢云母化。

5)宽沟中粗粒钾长花岗岩单元[(S—D)$\xi\gamma$K]

宽沟中粗粒钾长花岗岩单元出露于测区东回头沟、阿木巴勒阿土坎、什字沟等地,主要位于祁漫塔格山主脊以南，出露面积约 50km²，有 8 个侵入体，多呈岩墙状、透镜状贯入于早期侵位的单元岩体中，与早期单元岩体呈脉动接触，单元岩体为北西西—南东东走向。

宽沟中粗粒钾长花岗岩单元岩石类型单一，主要为钾长花岗岩，岩石呈肉红色，中—粗粒半自形粒状结构、文象结构，块状构造，矿物粒径 2～6cm。主要组成矿物：钾长石 40%～45%、斜长石 10%～25%、石英 25%～30%、黑云母小于 5%。斜长石多呈自形板柱状，钾长石主要为条纹长石和微斜长石，呈不规则板柱状、它形粒状，钾长石见有文象结构，石英为它形粒状。副矿物主要为锆石、磷灰石等。

岩石蚀变轻微，主要为长石高岭土化、绢云母化。

阿木巴勒阿土坎超单元岩石类型从早期的基、中性角闪闪长岩，石英闪长岩到晚期的酸性英云闪长岩，二长花岗岩，钾长花岗岩，岩石酸性程度趋增，符合岩浆演化规律。暗色矿物组合主要为黑云母、角闪石，长石以斜长石为主，显示了 I 型花岗岩成分特征，说明其岩浆源区较深，可能来自于下地壳或壳、幔相互作用的结果。

1. 岩石地球化学特征

1）岩石化学特征

阿木巴勒阿土坎超单元各单元岩石化学成分及有关参数平均值见表 3-31。

表 3-31　阿木巴勒阿土坎超单元岩石化学成分及特征表

单元	样品号	岩石名称	SiO_2	TiO_2	Al_2O_3	Fe_2O_3	FeO	MnO	MgO	CaO	Na_2O	K_2O	P_2O_5	LOI	Σ
宽沟单元	D4834-GS1	钾长花岗岩	75.66	0.07	11.87	0.49	0.46	0.07	0.79	1.00	3.72	4.92	0.02		99.07
深沟单元	D0103-GS2	中粒英云闪长岩	63.06	0.70	17.15	2.21	2.98	0.10	1.71	3.38	5.87	1.40	0.23	1.51	100.30
水晶沟单元	D0102-GS1	粗粒二长花岗岩	70.80	0.37	14.38	1.41	1.50	0.06	0.86	2.11	3.62	3.94	0.11	1.44	100.60
野牛沟单元	D0103-GS1	中粒角闪闪长岩	47.15	0.34	18.86	2.33	4.60	0.13	10.42	8.01	1.33	2.96	0.07	3.67	99.87

单元	样品号	岩石名称	σ	DI	A/CNK	K_2O/Na_2O	K_2O+Na_2O	Fe_2O_3+FeO	$FeO^*/(FeO^*+MgO)$	$FeO^*+MgO+MnO$	Na_2O/CaO	MgO/FeO^*	MgO/MnO	$Al_2O_3/(K_2O+Na_2O)$
宽沟单元	D4834-GS1	钾长花岗岩	2.29	93.94	0.89	1.32	8.64	0.95	0.53	1.76	3.72	0.88	11.45	1.37
深沟单元	D0103-GS2	中粒英云闪长岩	2.63	71.95	0.99	0.24	7.27	5.19	0.74	6.78	1.74	0.34	17.10	2.36
水晶沟单元	D0102-GS1	粗粒二长花岗岩	2.06	83.26	1.02	1.09	7.56	2.91	0.76	3.69	1.72	0.31	14.33	1.90
野牛沟单元	D0103-GS1	中粒角闪闪长岩	4.43	29.88	0.95	2.23	4.29	6.93	0.39	17.25	0.17	1.56	80.15	4.40

注：样品由西安岩矿测试中心分析；单位为%

由表看该超单元岩石化学成分：SiO_2 含量变化范围大，SiO_2 含量介于 47.15%～75.66%之间，属基性到酸性岩类，以酸性岩为主；K_2O+Na_2O 介于 4.29%～8.64%，平均值为 7.1%，低于中国花岗岩平均值 7.82%（黎彤，1982），K_2O/Na_2O 值介于 0.24～2.23，Na_2O/CaO 值介于 0.17～3.72，MgO/FeO^* 比值除野牛沟角闪闪长岩单元较高为 1.56 外，其余介于 0.31～0.88，MgO/MnO

值多数介于11.45～17.10，$Al_2O_3/(K_2O+Na_2O)$值介于1.37～4.40；里特曼指数除野牛沟角闪闪长岩单元较高为4.43，其余介于2.06～2.63之间，考虑到SiO_2大于70%其对碱度划分的不准确性，因此采用Wright(1989)的AR－SiO_2与碱度关系图判别，多数落入钙碱性岩区，少数落入碱性岩区（图3－48），说明该超单元主要以钙碱性岩为主；饱和指数A/CNK≦1，属次铝型。

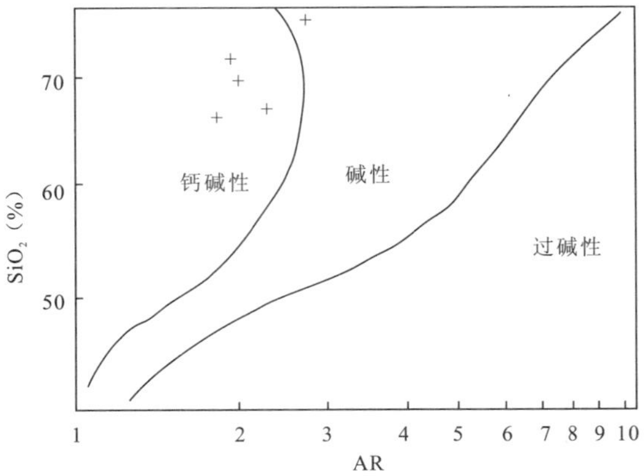

图3－48　阿木巴勒阿土坎超单元SiO_2－AR与碱度关系图（Wright，1989）

综上所述，该超单元岩石化学成分变化范围较宽，由早期到晚期SiO_2趋减，与岩浆演化的一般规律相似，A/CNK值小（介于0.89～1.02之间），显示同熔型或Ⅰ型花岗岩成分特征。

阿木巴勒阿土坎超单元CIPW标准矿物见表3－32，各单元CIPW标准矿物以磁铁矿含量高为特征。

表3－32　阿木巴勒阿土坎超单元CIPW标准矿物特征表

单元	样品号	岩石名称	Ap	Il	Tn	Mt	Hm	Or	Ab	An
宽沟单元	D4834－GS1	钾长花岗岩	0.05	0.13	0.00	0.72	0.00	29.34	31.77	1.17
深沟单元	D0103－GS2	中粒英云闪长岩	0.51	1.35	0.00	3.24	0.00	8.37	50.28	15.60
水晶沟单元	D0102－GS1	粗粒二长花岗岩	0.24	0.71	0.00	2.06	0.00	23.48	30.89	9.90
野牛沟单元	D0103－GS1	中粒闪长岩	0.16	0.67	0.00	3.51	0.00	18.18	11.70	38.20

单元	样品号	岩石名称	Qz	C	Ac	Di	Hy	Ol	Ne	Lc
宽沟单元	D4834－GS1	钾长花岗岩	32.83	0.00	0.00	2.94	1.05	0.00	0.00	0.00
深沟单元	D0103－GS2	中粒英云闪长岩	13.30	0.33	0.00	0.00	7.02	0.00	0.00	0.00
	D0103－GS3	中粒英云闪长岩	15.53	0.32	0.00	0.00	8.27	0.00	0.00	0.00
水晶沟单元	D0102－GS1	粗粒二长花岗岩	28.89	0.57	0.00	0.00	3.26	0.00	0.00	0.00
野牛沟单元	D0103－GS1	中粒闪长岩	0.00	0.00	0.00	2.13	8.02	17.43	0.00	0.00

2）微量元素特征

阿木巴勒阿土坎超单元微量元素平均值及多元素洋脊花岗岩标准化蛛网图解见表3－33、图3－49。从表及图可看出：各单元大离子亲石元素K、Rb、Ba丰度较高，属中等富集到强烈富集型，高场强元素Th、Ta属弱富集到富集型，而Zr、Y、Yb为亏损型，Nb处显弱谷，为弱负异常；相容元素Cr、Ni元素除野牛沟角闪闪长岩单元外，其余单元与中国钙碱性岩石系列英安岩平均丰度相当（$Cr=13\times10^{-6}$、$Ni=5\times10^{-6}$；Jake et al.，1972），而野牛沟角闪闪长岩单元Cr含量为280×10^{-6}、Ni含量161×10^{-6}，高于岛弧拉斑玄武岩Cr、Ni含量（$Cr=50\times10^{-6}$、$Ni=30\times10^{-6}$；Jake et al.，1972），与大洋中脊拉斑玄武岩Cr、Ni含量相当（$Cr=297\times10^{-6}$、$Ni=97\times10^{-6}$；Hught，1982），反映其岩浆源区较深。各单元K/Rb比值介于171.76～298.90、平均值为209，Rb/Sr比值介于

0.19～2.04、平均值为0.86，Rb/Li介于3.15～15.50、平均值为7.22(表3-33)，与同熔型花岗岩K/Rb值(240)、Rb/Sr值(0.5)、Rb/Li(15.5)值相似，说明其为同熔型花岗岩，为下地壳部分熔融或壳幔相互作用形成。多元素洋脊花岗岩标准化蛛网图解曲线为向右倾斜的锯齿状，总体为大离子亲石元素富集、高场强元素贫化，Nb显弱负异常，与同碰幢花岗岩微量元素特征相似。

表3-33　阿木巴勒阿土坎超单元微量元素平均值及特征值表

单元	K_2O(%)	Rb	Ba	Th	Ta	Nb	Hf	Zr	Y	Yb	Sr
宽沟单元	4.58	152.3	382.6	15.9	1.23	7.67	8.67	83.0	10.0	2.50	115.0
深沟单元	2.30	64.8	672.7	7.1	1.31	8.00	9.14	278.4	19.5	2.00	343.0
水晶沟单元	4.36	286.0	204.2	31.2	2.11	29.00	9.75	111.7	24.0	3.40	140.0
石牙子沟单元	2.79	117.0	447.0	10.00	0.76	10.0	10.00	247.0	10.0	0.12	238.0
野牛沟单元	1.75	85.0	141.5	3.0	1.20	4.50	5.00	60.0	10.0	0.12	298.0

单元	Ti	V	P	Ni	Co	Cr	Li	K/Rb	Rb/Sr	Rb/Li
宽沟单元	829	30.0	200.0	4.33	3.30	9.67	9.8	250.55	1.32	15.50
深沟单元	4 125	85.0	1 091.0	4.86	7.70	14.57	16.3	298.90	0.19	3.95
水晶沟单元	1 724	34.0	461.0	5.63	4.23	12.82	21.6	127.14	2.04	8.78
石牙子沟单元	2 780	56.0	649.0	4.50	6.75	13.00	12.9	199.15	0.49	8.10
野牛沟单元	2 311	57.0	346.0	161.00	35.00	280.00	27.0	171.76	0.29	3.15

注：样品由西安岩矿测试中心分析；单位为$\times10^{-6}$

各单元多元素洋脊花岗岩标准化蛛网图解相关性较好(图3-49)，说明其具较好的亲缘性，属同源岩浆演化系列。

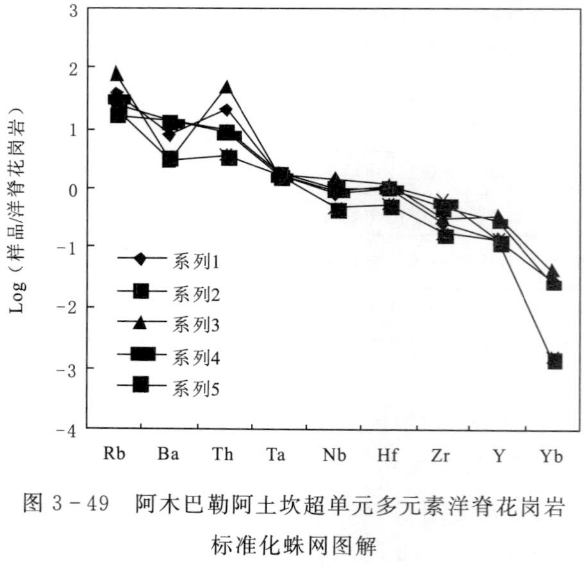

图3-49　阿木巴勒阿土坎超单元多元素洋脊花岗岩标准化蛛网图解

3)稀土元素特征

阿木巴勒阿土坎超单元各单元稀土元素含量及特征值、稀土元素球粒陨石配分模式见表3-34、图3-50。从图、表看：阿木巴勒阿土坎超单元各单元稀土元素球粒陨石模式配分相似，稀土元素模式曲线右倾，为轻稀土富集型。各单元稀土元素总量(∑REE)介于(40.64～197.61)$\times10^{-6}$，为球粒陨石的10～100倍；轻稀土元素总量(LREE)多数介于(33.67～187.33)$\times10^{-6}$，轻稀土元素总量较高，$(La/Sm)_N$值介于2.18～7.73，模式曲线右倾，轻稀土元素之间分馏较大；重稀土元素总量(HREE)介于(6.97～17.19)$\times10^{-6}$，重稀土元素总量低，$(Gd/Yb)_N$除野牛沟单元较高外，其余均介于0.93～2.71，比值较低，模式曲线较为平缓，说明重稀土元素之间分馏小；轻、重稀土元素总量比值(LREE/HREE)介于3.97～18.22，比值较大，$(La/Yb)_N$介于3.33～57.17，模式曲线右倾，为轻稀土富集型；δEu值除末期宽沟粗粒钾长花岗岩单元较低为0.19,其余均介于0.66～1.35之间,大多数大于0.7,呈弱的负异常及铈正异常。

表3-34　阿木巴勒阿土坎超单元稀土元素含量及特征值表

单元	样品号	岩石名称	稀土元素含量($\times 10^{-6}$)													
			La	Ce	Pr	Nd	Sm	Eu	Gd	Tb	Dy	Ho	Er	Tm	Yb	Lu
宽沟单元	D4834-XT1	钾长花岗岩	12.5	23.50	3.070	11.4	3.58	0.2	2.85	0.51	3.78	0.79	2.55	0.38	2.46	0.33
深沟单元	D103-XT2	英云闪长岩	18.6	33.20	3.260	16	3	1.35	3.07	0.45	2.45	0.4	1.29	0.2	1.31	0.19
	D103-XT3	英云闪长岩	25	46.10	5.590	25.6	5.16	1.46	5.07	0.88	4.43	0.83	2.6	0.4	2.63	0.35
水晶沟单元	D102-XT1	二长花岗岩	54.2	90.80	7.950	30	4.38	0.89	3.66	0.51	2.15	0.46	1.19	0.16	1.09	0.17
野牛沟单元	D103-XT1	闪长岩	7.84	14.30	1.790	8.11	1.63	0.62	2.07	0.31	1.95	0.37	1.12	0.14	0.89	0.12

单元	样品号	岩石名称	稀土元素含量($\times 10^{-6}$)			特征参数值					
			LREE	HREE	ΣREE	δEu	δCe	LREE/HREE	$(La/Sm)_N$	$(Gd/Yb)_N$	$(La/Yb)_N$
宽沟单元	D4834-XT1	钾长花岗岩	54.25	13.65	67.90	0.19	0.89	3.97	2.18	0.93	3.33
深沟单元	D103-XT2	英云闪长岩	74.06	9.36	84.77	1.35	0.95	7.91	3.88	1.89	9.32
	D103-XT3	英云闪长岩	108.91	17.19	126.10	0.86	0.90	6.34	3.03	1.56	6.24
水晶沟单元	D102-XT1	二长花岗岩	187.33	10.28	197.61	0.66	0.94	18.22	7.73	2.71	32.63
野牛沟单元	D103-XT1	闪长岩	33.67	6.97	41.26	1.03	0.89	5.46	3.01	18.56	57.17

注:样品由宜昌地研所岩矿测试中心分析

综上所述,阿木巴勒阿土坎超单元从早期到晚期各单元稀土元素具如下演化规律:稀土元素总量趋减,轻、重稀土元素比值(LREE/HREE)、$(La/Yb)_N$ 趋减,δEu值趋减,符合岩浆演化的一般规律。各单元相似的稀土元素球粒陨石模式配分曲线(轻稀土元素富集型),反映其具良好的亲缘性和相关性,属同源岩浆演化系列。δEu值较大,多数大于0.7(0.86～1.35),说明其岩浆来源较深,源于下地壳或壳、幔共同作用的结果。

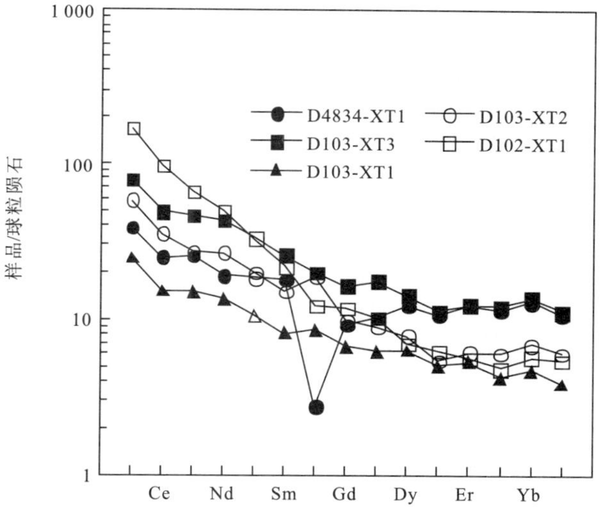

图3-50　阿木巴勒阿土坎超单元稀土元素球粒陨石标准化分布图

2.副矿物特征

该超单元副矿物种类较多,但副矿物组合简单,副矿物以锆石、磁铁矿为主,次为榍石、磷灰石、方铅矿、白铅矿、绿帘石等(表3-13),标型矿物锆石特征见表3-14。副矿物组合为锆石-磁铁矿型,阿木巴勒阿土坎超单元各单元相似的副矿物组合及含量,说明其属同源岩浆演化系列。

副矿物组合研究表明,阿木巴勒阿土坎超单元类型属磁铁矿系列、同熔型,其岩浆源为下地壳或壳幔相互作用形成。

3. 包体特征

该超单元包体不发育，主要为围岩捕虏体，暗色闪长质包体次之。由于岩体剥蚀程度较深且岩体与围岩接触带多被第四系冲洪积物覆盖影响，围岩捕虏体不发育，只在少量地段可见到，围岩捕虏体有石英岩、大理岩等，捕虏体与围岩接触界线截然，捕虏体长×宽一般为43cm×20cm左右，呈棱角状；暗色包体主要为闪长质包体，包体暗绿色，呈不规则长透镜状，闪长质包体长×宽为15cm×45cm，包体与寄主岩体界线清晰截然（图3-51），为细粒结构。主要矿物成分见角闪石、长石、辉石，以角闪石为主，包体Rb/Sr为0.33，为岩浆源区难熔残留物质。

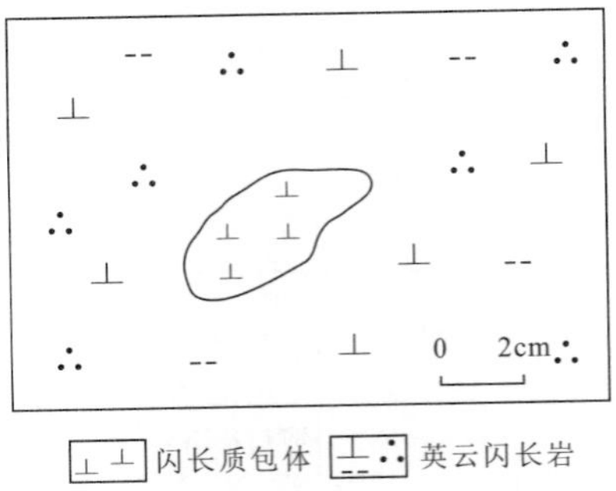

图3-51　阿木巴勒阿土坎超单元闪长质包体素描图

4. 岩体构造形式及定位机制

该超单元岩体构造简单，以均一的块状构造为主，少见叶理、片麻理等定向构造，只在早期脆韧性断层带内发育有片理构造，远离断层带片理消失。该超单元岩体与围岩接触带由于第四系冲洪积物覆盖或剥蚀影响，岩体与围岩接触带出露残缺不全，致使岩体定位机制研究受到一定的影响，但从岩体方向沿那陵格勒断裂北侧展布，受黑山-那陵格勒断裂控制，单元岩体边界多呈不规则状，与围岩构造不协调，晚期粗粒钾长花岗岩体多呈岩长透镜状或近似岩墙状，其长轴方向与黑山-那棱格勒断裂带展布方向一致，明显具被动侵位特点。

5. 侵入年龄及构造环境探讨

本次工作在阿木巴勒阿土坎超单元较晚期侵入的深沟中粗粒英云花岗岩单元中获锆石U-Pb同位素谐和年龄（388.6±0.7）Ma（U-Pb同位素地质年龄测定结果见表3-15、图3-52），因此该超单元侵位时间为志留纪末—泥盆纪早期。

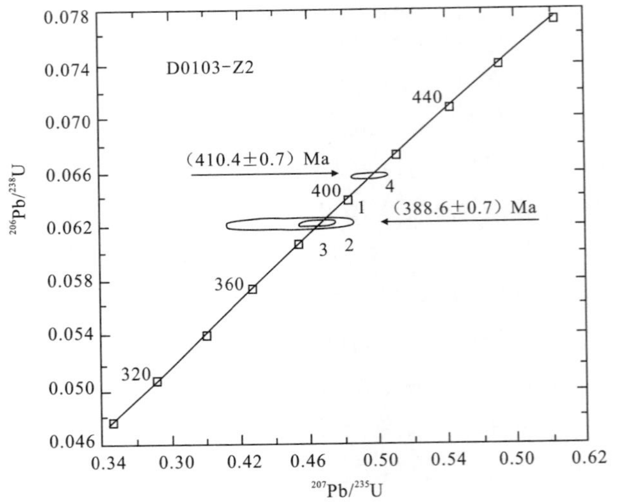

图3-52　阿木巴勒阿土坎超单元锆石U-Pb测年龄谐和图

阿木巴勒阿土坎超单元属钙碱性岩，各单元岩体大离子亲石元素富集、高场强元素亏损、Nb显弱负异常，稀土元素总量高、轻稀土元素富集，显示板块汇聚边缘花岗岩岩石学、岩石化学特征。

阿木巴勒阿土坎超单元各单元岩体造岩矿物成分中两种长石（斜长石、条纹长石）以斜长石为主或两种长石含量近于相当，黑色矿物组合为黑云母＋角闪石±绿帘石，超单元岩体属钙碱性花岗岩、偏铝质，Na_2O/CaO、Na_2O/K_2O、MgO/FeO^*、MgO/MnO、$Al_2O_3/(K_2O+Na_2O)$等值与Maniar和Piccoli所划分的大陆弧花岗岩类（CAG）和大陆碰撞花岗岩类（CCG）相近；采用Maniar和Piccoli主元素图解判别，均落入IAG＋CAG＋CCG区（图3-20）；采用Nb-Y图解（图3-21）及Rb-(Y＋Nb)图解（图3-22）判别，大多数落入同碰撞花岗岩类（syn－COLG）＋火山弧花岗岩类区（VAG）及火山弧花岗岩类区（VAG），少数落入板块内花岗岩区。

综上所述，阿木巴勒阿土坎超单元岩石学、岩石化学特征，结合超单元侵入年龄及其所处的大地构造位置、区域构造演化事件等综合分析，该超单元形成构造环境可能为与板块碰撞有关的大陆碰撞构造环境，相当于邓晋福等所划的陆间大陆碰撞造山阶段末到陆内碰撞造山阶段初期，Liegeois所划分的碰撞作用末——碰撞后或后碰撞阶段。

三、库木布拉格超单元[(S—D)K]

库木布拉格超单元出露于测区北部大沙沟、枯草沟、雪莲沟、皮亚孜勒克塔格山一带，呈北东—南西向展布于鸭子泉构造混杂岩带与白干湖断裂之间，为一系列形态不规则、规模不等的岩基、岩株侵入于志留系白干湖组碎屑岩中，出露面积约 325km^2。该超单元由 30 个侵入体组成，主要岩石类型为石英闪长岩、英云闪长岩、二长花岗岩和钾长花岗岩，依成分、结构演化序列可划分为皮亚孜勒克塔格单元、野牦牛沟单元、诺勒更阿勒克单元、枯草沟单元、乱石沟单元 5 个单元(表 3-35)，并依其具清晰的结构、成分演化特征和较强的群居关系归并为一个超单元。依序简介如下。

表 3-35　库木布拉格侵入岩岩石谱系单位特征表

时代	超单元	单元	代号	岩石名称	结构	同位素年龄	接触关系	构造环境
志留纪	库木布拉格(SK)	乱石沟	(S—D)$\xi\gamma$L	粗粒钾长花岗岩	半自形粒状结构		各单元均为脉动接触关系	大陆弧、大陆碰撞
		枯草沟	(S—D)$\eta\gamma$K	似斑状黑云二长花岗岩	似斑状结构	(418.2±0.6)Ma、(锆石 U-Pb)		
		诺勒更阿勒克	(S—D)$\eta\gamma$N	中粒二长花岗岩	半自形粒状结构			
		野牦牛沟	(S—D)$\gamma\delta o$Y	中粗粒英云闪长岩	半自形粒状结构			
		皮亚孜勒克塔格	(S—D)δoP	中粒石英闪长岩	半自形粒状结构			

1)皮亚孜勒克塔格石英闪长岩单元[(S—D)δoP]

该单元出露于祁漫塔格山雪莲沟垴、皮亚孜勒克塔格等地，由两个侵入体组成，出露面积约 25km^2。呈不规则状侵入于志留系白干湖组碎屑岩中，与围岩呈侵入接触关系，外接触带普遍发育硅化和角岩化等，其北界、西界、西南界被乱石沟、诺勒更阿勒克、野牦牛沟单元呈脉动侵吞(见地质图)，接触界面清晰截然。

该单元岩性单一，主要岩石类型为中粒石英闪长岩。岩石呈灰—浅灰色，具半自形粒状结构、细粒结构，块状构造。矿物粒径介于 1～4mm 之间。主要造岩矿物：斜长石大于 50%、普通角闪石 20%～25%、黑云母 5%～10%、石英 5%～15%、钾长石 5%～10%。其中斜长石为自形长柱状及半自形板柱状，粒径小于 5mm，聚片双晶发育，双晶纹细而密，有时可见斜长石环带结构，有的斜长石颗粒中心部位模糊不清，斜长石边部聚片双晶清晰可见，钾长石自形程度相对较低，在长石间隙间充填有它形粒状石英，角闪石为自形粒状，黑云母为自形条状。岩石蚀变轻微，主要为斜长石发生高岭土化及绢云母化和黑云母的绿泥石化。

副矿物主要为磁铁矿、榍石、磷灰石、锆石、褐帘石、电气石、金属矿物等。

2)诺勒更阿勒克中粗粒二长花岗岩单元[(S—D)$\eta\gamma$N]

该单元出露于测区诺勒更阿勒克和鸭子泉以西等地，由 3 个侵入体构成，出露面积约 30km^2。呈不规则状椭圆状侵入于志留系白干湖组碎屑岩中，与围岩呈侵入接触关系，外接触带发育硅化和斑点状板岩化等围岩蚀变，其中诺勒更阿勒克以北、雪莲沟处该单元岩体周缘被乱石沟单元、野牦牛沟单元呈脉动侵吞形成港湾状(见地质图)，接触界面清晰。

该单元岩石类型单一，主要为中粗粒二长花岗岩。岩石呈浅肉红色，中—粗粒半自形粒状结构，块状构造，矿物粒径小于 6mm，主要矿物组成：钾长石 35%～40%、斜长石 25%～30%、石英 30%～35%、黑云母小于 5%，角闪石少量。其中钾长石呈它形粒状，以微斜长石为主，次为条纹长石，石英为它形粒状，斜长石为自形—半自形板柱状，聚片双晶发育，在偏光镜下测得 An=26—27。副矿物主要为磷灰石、锆石、磁铁矿、榍石等。

岩石蚀变微弱，主要表现为斜长石发生高岭土化及白云母化。

3）枯草沟似斑状黑云二长花岗岩单元[(S—D)$\eta\gamma$K]

该单元是库木布拉格超单元出露面积最大的单元，由两个侵入体构成，出露面积约 345km²，分布于测区大沙沟以东、祁漫塔格主峰枯草沟至雪莲沟脑一带。呈不规则状椭圆状侵入于志留系白干湖组碎屑岩中，与志留系白干湖组呈侵入或断层接触关系，其外接触带以发育硅化和斑点状板岩等角岩化，局部可见长石化，在乱黑包北见枯草沟单元与上覆新近系油沙山组为不整合接触关系。枯草沟单元北西界、东南界、西界被野牦牛沟单元和乱石沟单元呈脉动侵吞或侵入于其中（见地质图），界面清晰。该单元基性包体及变砂岩捕虏体发育。

该单元岩石类型主要为似斑状黑云二长花岗岩，岩石呈肉红色，具似斑状结构，块状构造，斑晶以钾长石为主，次为斜长石，含量 10%，斑晶粒径 8～10mm，基质具半自形粒状结构，矿物粒径 2～6mm，主要矿物组成：斜长石大于 50%、钾长石 35%～40%、石英 30%～35%、黑云母 3%～5%，角闪石少量。其中钾长石以条纹长石为主，石英多呈它形粒状，斜长石为自形—半自形板柱状，黑云母为自形条状，斜长石牌号 An=24—25。副矿物以锆石、磷灰石、褐帘石、磁铁矿为主。

岩石蚀变轻微，主要表现为斜长石发生高岭土化、绢云母化。

4）野牦牛沟中粗粒英云闪长岩单元[(S—D)$\gamma\delta o$Y]

该单元由两个侵入体构成，分布于测区祁漫塔格山麓北雪莲沟及其山脊南部，出露面积约 45km²，局部可见英云闪长岩单元与围岩志留系白干湖组碎屑岩为侵入接触关系（图 3-53），外接触带具硅化、角岩化等。雪莲沟以东该单元南界被乱石沟单元呈脉动式侵入，以西该单元以刺破式侵位于枯草沟单元中，二者呈脉动接触关系，以北被第四系冲洪积砂、砂砾石覆盖。

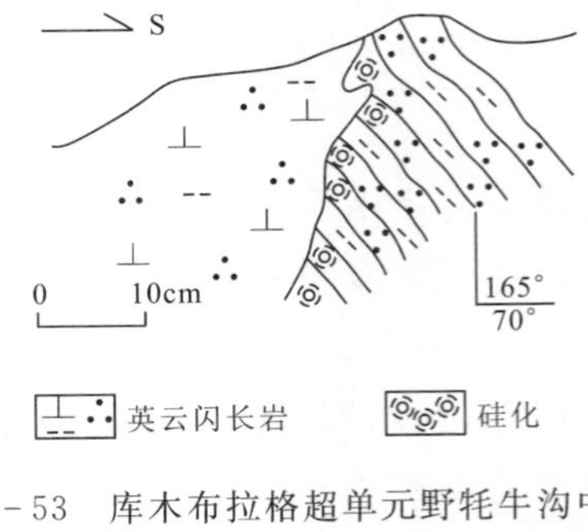

图 3-53　库木布拉格超单元野牦牛沟中粗粒英云闪长岩单元侵入于白干湖组素描图

该单元岩石类型单一，主要为中粗粒英云闪长岩，岩石呈灰色，具中—粗粒半自形粒状结构，块状构造，矿物粒径 3～8mm，主要造岩矿物：斜长石大于 50%、石英 25%～30%、钾长石小于 5%、黑云母 10%～15%，角闪石少量。其中斜长石为自形—半自形板柱状，聚片双晶发育，双晶纹细密而直，有时出现斜长石环带结构，经显微镜下测量斜长石牌号 An=25—28，石英和钾长石呈它形，钾长石以微斜长石为主，少量条纹长石，黑云母为自形条状。副矿物主要为磷灰石、锆石等。

岩石蚀变轻微，主要为斜长石高岭土化及绢云母化，黑云母绿泥石化。

5）乱石沟中粒钾长花岗岩单元[(S—D)$\xi\gamma$L]

该单元主要出露于测区乱黑包—枯草沟、皮亚孜勒克塔格南部诺勒更阿勒克等地，由 10 个侵入体构成，出露面积约 58km²。在诺勒更阿勒克一带可见与围岩志留系白干湖组碎屑岩呈侵入接触关系，外接触带硅化和斑点状板岩等角岩化极为发育，乱黑包—枯草沟、皮亚孜勒克塔格南部诺勒更阿勒克一带，该单元以长条状、长透镜状侵位于枯草沟单元、诺勒更阿勒克单元，与其呈脉动接触关系。

该单元主要类型为中粒钾长花岗岩，岩石呈肉红色，具中粒半自形粒状结构，块状构造，矿物粒径多数在2～5mm。主要造岩矿物：钾长石50%～55%、斜长石10%～15%、石英25%～30%、黑云母小于5%，角闪石少量，少数黑云母含量可达5%～15%，可定为含黑云钾长花岗岩。其中钾长石成分主要为微斜长石及条纹长石，呈它形粒状及不规则状，斜长石呈自形板柱状，黑云母为自形条状，石英呈它形粒状，在镜下测得斜长石An=25—27。副矿物主要为锆石、磷灰石。

岩石变质轻微，主要表现为长石发生高岭土化，黑云母发生绿泥石化等。

总体上看，库木布拉格超单元从早期到晚期单元，岩石从中性向酸性演化，符合岩浆演化的一般规律。

1. 岩石地球化学特征

1）岩石化学特征

库木布拉格超单元各单元岩石化学成分及有关参数平均值见表3-36。由表看各单元岩石化学成分基本相似。SiO_2含量介于66.86%～75.51%，属酸性岩类；K_2O+Na_2O介于5.53%～8.26%，平均值为7.16%，与中国花岗岩K_2O+Na_2O平均值相近7.82%（黎彤，1982），K_2O/Na_2O除野牦牛沟单元、皮亚孜勒克塔格单元小于1，其余介于1.12～2.26，Na_2O/CaO比值多数介于0.97～6.61之间，MgO/FeO^*比值介于0.26～0.56，MgO/MnO介于4.50～29.00、$Al_2O_3/(K_2O+Na_2O)$介于1.69-2.80，变化范围均较窄；里特曼指数（σ）1.24～2.28，碱度率（AR）介于1.80～2.89，考虑到SiO_2大于70%时，里特曼指数划分碱度的不确定性，因此采用Wright（1989）的AR-

表3-36　库木布拉格超单元岩石化学成分及特征值表

单元	野外编号	岩石名称	SiO_2	TiO_2	Al_2O_3	Fe_2O_3	FeO	MnO	MgO	CaO	Na_2O	K_2O	P_2O_5	LOI	Σ
乱石沟	D0381-GS1	碱长花岗岩	75.51	0.08	12.85	0.65	0.88	0.04	0.18	0.49	3.24	5.03	0.02	0.60	99.57
野牦牛沟	D0311-GS4	英云闪长岩	67.76	0.55	15.50	1.27	2.62	0.08	2.09	3.34	3.25	2.28	0.16	0.96	99.86
枯草沟	D0308-GS1	黑云二长花岗岩	70.53	0.76	13.23	1.54	3.75	0.07	1.32	2.58	2.83	3.18	0.30	0.61	100.70
诺勒更阿勒克	D0311-GS2	二长花岗岩	72.94	0.23	13.97	0.60	1.10	0.03	0.68	1.42	2.53	5.73	0.10	0.63	99.96
皮亚孜勒克塔格	D0311-GS1	石英闪长岩	66.86	0.54	16.44	1.28	2.58	0.07	2.03	3.82	3.80	2.33	0.15	0.58	100.48

单元	野外编号	岩石名称	σ	A/CNK	SI	DI	AR	K_2O/Na_2O	K_2O+Na_2O	Fe_2O_3+FeO	$FeO^*/(FeO^*+MgO)$	$FeO^*+MgO+MnO$	Na_2O/CaO	MgO/FeO^*	MgO/MnO	$Al_2O_3/(K_2O+Na_2O)$
乱石沟	D0381-GS1	碱长花岗岩	2.10	1.10	1.80	93	2.89	1.55	8.27	1.53	0.89	1.69	6.61	0.12	4.50	1.55
野牦牛沟	D0311-GS4	英云闪长岩	1.24	1.12	18.16	70	1.80	0.70	5.53	3.89	0.64	5.93	0.97	0.56	26.13	2.80
枯草沟	D0308-GS1	黑云二长花岗岩	1.31	1.03	10.46	75	2.12	1.12	6.01	5.29	0.80	6.53	1.10	0.26	18.86	2.20
诺勒更阿勒克	D0311-GS2	二长花岗岩	2.28	1.08	6.39	87	1.98	2.26	8.26	1.70	0.71	2.35	1.78	0.41	22.67	1.69
皮亚孜勒克塔格	D0311-GS1	石英闪长岩	1.57	1.05	16.89	69	1.87	0.61	6.13	3.86	0.65	5.83	0.99	0.54	29.00	2.68

注：样品由西安岩矿测试中心分析；单位为%

SiO_2 与碱度关系图判别，均落入钙碱性区，属钙碱性岩(图3-54)；$Al_2O_3>K_2O+Na_2O+CaO$ 或 A/CNK>1，属铝饱和型。岩石化学成分变化情况显示Ⅰ型花岗岩特征，其岩浆源于下地壳。

该超单元由早期向晚期各单元演化，岩石化学成分相似，SiO_2 含量趋增，酸度增大，各单元分异指数除皮亚孜勒克塔格单元较低外、其余单元分异指数多数介于75～90之间，碱度率变化范围较窄，反映各单元岩石化学成分亲缘性良好。

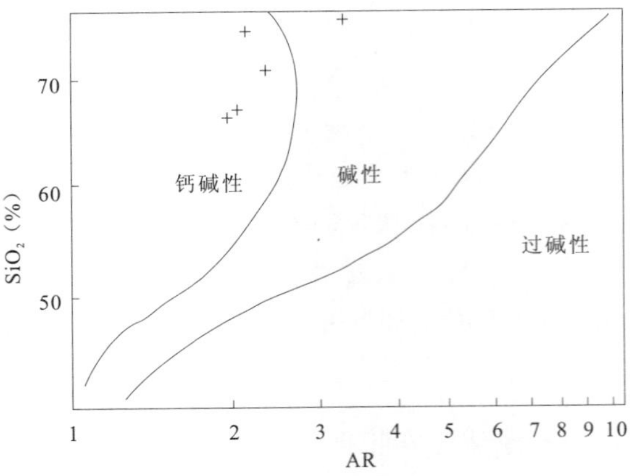

图 3-54　库木布拉格超单元 SiO_2 - AR 与碱度关系图
(Wright,1989)

库木布拉格超单元各单元岩石 CIPW 标准矿物见表 3-37，从表可看出：各单元以磁铁矿含量较低为特征。

表 3-37　库木布拉格超单元 CIPW 标准矿物表　　(%)

单元	样品号	Ap	Il	Tn	Mt	Hm	Or	Ab	An
乱石沟	D0381-GS1	0.04	0.15	0.00	0.95	0.00	30.03	27.70	2.34
野牦牛沟	D0311-GS4	0.35	1.06	0.00	1.86	0.00	13.62	27.80	15.80
枯草沟	D0308-GS1	0.65	1.44	0.00	2.23	0.00	18.77	23.92	11.03
诺勒更阿勒克	D0311-GS2	0.22	0.44	0.00	0.88	0.00	34.09	21.55	6.50
皮亚孜勒克塔格	D0311-GS1	0.33	1.03	0.00	1.86	0.00	13.78	32.18	18.09

2)微量元素特征

各单元微量元素平均值及多元素洋脊花岗岩标准化蛛网图解见表3-38、图3-55。从表、图

表 3-38　库木布拉格超单元微量元素含量及特征值表

单元	Ba	Nb	Zr	Sr	Rb	Th	Hf	La	Ti	P
乱石沟	583.60	13.80	106.80	83.00	224.80	14.40	10.00	39.80	369.00	164.00
野牦牛沟	515.14	14.86	195.71	262.71	142.71	14.57	9.29	18.43	4 356.86	1 109.14
枯草沟	780.00	17.25	290.25	184.75	160.75	18.50	9.75	22.00	4 790.25	1 442.25
诺勒更阿勒克	628.64	12.36	104.64	174.91	181.09	12.91	9.82	36.45	1 122.64	462.45
皮亚孜勒克塔格	457.50	11.75	139.75	292.75	153.50	14.75	9.50	16.50	3 484.00	1 042.50
单元	Ta	Sc	K	K_2O(%)	Cr	Co	Ni	K/Ba	K/Rb	Rb/Sr
乱石沟	2.18	5.92	40 200	4.82	8.80	3.00	3.00	68.9	178.8	2.7
野牦牛沟	1.71	12.21	25 300	3.03	34.57	16.56	20.94	49.1	177.3	0.5
枯草沟	1.78	13.63	29 100	3.49	23.75	7.18	12.70	37.3	181.0	0.9
诺勒更阿勒克	1.80	6.38	37 800	4.54	15.27	4.15	6.59	60.1	208.7	1.0
皮亚孜勒克塔格	1.93	9.65	24 300	2.91	33.50	7.03	23.53	53.1	158.3	0.5

注：样品由宜昌地研所岩矿测试中心分析；单位为 $\times10^{-6}$

看：大离子亲石元素 K、Rb、Ba 为中等到强富集，Ba 处显谷、为负异常，高场强元素 Th、Ta 属富集型，Y、Yb 为亏损型，Nb 处显弱谷、为弱负异常。微量元素洋脊花岗岩蛛网图解曲线向右呈锯齿状倾斜，总体为大离子亲石元素富集、高场强元素贫化，与大陆弧花岗岩微量元素特征相似。各单元多元素洋脊花岗岩蛛网图解极为相似，说明其具极好的亲缘性和相关性。各单元 K/Ba 比值介于 37.3～68.9，K/Rb 比值介于 158.3～208.7，Rb/Sr 比值介于 0.5～2.7、平均值为 1.1（表 3－38），与同熔型花岗岩 K/Rb 平均值（240）、Rb/Sr 平均值（0.5）相近（花岗岩类区 1∶5 万区域地质填图方法指南），说明其为同熔型花岗岩。

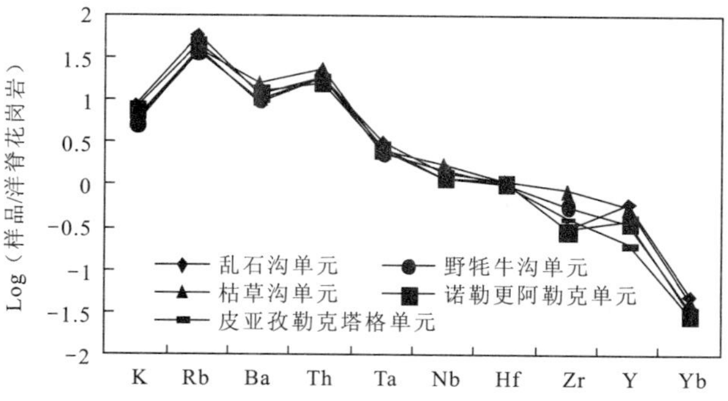

图 3－55　库木布拉格超单元多元素洋脊花岗岩标准化蛛网图解

3）稀土元素特征

库木布拉格超单元各单元稀土元素含量及特征值、稀土元素球粒陨石配分模式见表3-39、

表 3－39　库木布拉格超单元稀土元素含量及特征表

单元	样品号	岩石名称	稀土元素含量（$\times10^{-6}$）													
			La	Ce	Pr	Nd	Sm	Eu	Gd	Tb	Dy	Ho	Er	Tm	Yb	Lu
乱石沟	D0381－XY1	钾长花岗岩	34.90	63.90	11.70	31.50	6.72	1.08	8.2	1.3	8.65	1.83	5.1	0.7	4.0	0.50
野牦牛沟	D0307－XT1	英云闪长岩	31.80	53.70	9.28	27.80	6.12	1.73	7.3	1.2	6.39	1.38	4.0	0.6	3.2	0.40
	D0311－XT4	英云闪长岩	32.40	53.70	6.00	27.10	5.33	0.97	4.2	0.7	4.36	0.85	2.2	0.4	2.1	0.28
枯草沟	D0308－XT2	斑状黑云二长花岗岩	60.70	93.40	11.90	53.30	10.80	1.88	9.3	1.4	9.02	1.76	4.5	0.6	3.4	0.44
诺勒更阿勒克	D0382－XT1	二长花岗岩	59.50	110.00	12.40	44.30	8.66	1.44	9.3	1.3	8.94	1.97	5.3	0.7	3.6	0.47
	D0311－XT2	二长花岗岩	30.00	50.90	6.43	24.70	5.81	0.74	5.5	1.0	6.88	1.25	3.1	0.4	2.4	0.30
	D0311－XT3	钾长花岗岩	9.96	18.70	1.84	7.84	1.49	0.48	1.6	0.3	2.08	0.49	1.2	0.2	1.4	0.17
皮亚孜勒克塔格	D0311－XT1	石英闪长岩	27.9	48.60	5.88	25	4.88	1.05	4.1	0.7	4.63	0.89	2.7	0.4	2.3	0.28

单元	样品号	岩石名称	稀土元素含量（$\times10^{-6}$）			特征参数值					
			LREE	HREE	∑REE	δEu	δCe	LREE/HREE	$(La/Sm)_N$	$(Gd/Yb)_N$	$(La/Yb)_N$
乱石沟	D0381－XY1	钾长花岗岩	150	30.1	180.08	0.45	0.76	4.97	3.25	1.65	5.73
野牦牛沟	D0307－XT1	英云闪长岩	130	24.5	154.90	0.79	0.74	5.33	3.25	1.85	6.54
	D0311－XT4	英云闪长岩	126	15.0	140.59	0.61	0.86	8.38	3.80	1.66	10.37
枯草沟	D0308－XT2	斑状黑云二长花岗岩	232	30.5	262.40	0.56	0.79	7.61	3.51	2.19	11.58
诺勒更阿勒克	D0382－XT1	二长花岗岩	236	31.5	267.88	0.49	0.93	7.50	4.29	2.07	10.82
	D0311－XT2	二长花岗岩	119	20.8	139.41	0.40	0.84	5.70	3.23	1.81	8.10
	D0311－XT3	钾长花岗岩	40.31	7.44	47.75	0.74	0.80	10.00	4.17	0.68	6.61
皮亚孜勒克塔格	D0311－XT1	石英闪长岩	113	16.0	129.31	0.70	0.87	7.07	3.57	1.43	7.89

注：样品由宜昌地研所岩矿测试中心分析

图3-56。从表、图看：库木布拉格超单元各单元稀土元素球粒陨石配分模式相似，稀土元素模式曲线右倾，为轻稀土富集型。各单元稀土元素总量（∑REE）大多数介于（129.34～267.81）×10^{-6}；轻稀土元素总量（LREE）多数介于（113～236）×10^{-6}，轻稀土元素总量较高，$(La/Sm)_N$值介于3.23～4.29，模式曲线右倾，轻稀土元素之间分馏较大；重稀土元素总量（HREE）多数介于（15～31.5）×10^{-6}，重稀土元素总量低，$(Gd/Yb)_N$介于1.43～2.19，模式曲线较为平缓，说明重稀土元素之间分馏小；轻、重稀土元素总量比值（LREE/HREE）介于4.97～8.38，比值较大，$(La/Yb)_N$介于5.73～11.58，模式曲线右倾，为轻稀土富集型；δEu介于0.40～0.79之间，呈弱到较强的铕负异常，δCe介于0.74～0.93之间，表现较弱的铈负异常。

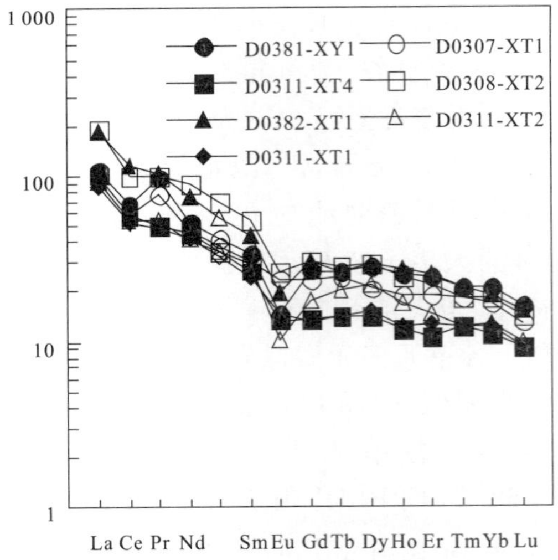

图3-56　库木布拉格超单元稀土元素球粒陨石标准化分布图

综上所述，库木布拉格超单元各单元稀土元素具如下规律：①稀土元素总量较大，变化范围窄；②稀土元素球粒陨石配分模式曲线相似，配分模式曲线右倾，为轻稀土显著富集型；③轻稀土元素之间分馏大、重稀土元素之间分馏小。

库木布拉格超单元各单元相似的稀土元素配分模式说明其具良好的亲缘性和相关性，属同源岩浆演化系列。

4）Rb-Sr同位素地球化学特征

前人（中国科学院，李继亮等）对祁漫塔格山、皮亚孜勒克塔格山一带出露的黑云二长花岗岩所作的Rb-Sr测定结果见表3-40、图3-57，从其报道的资料分析，其所采样品应与枯草沟似斑状二长花岗岩单元相对应，其黑云二长花岗岩（$^{87}Sr/^{86}Sr$）为0.706 381±0.001 06，反映该岩浆源于下地壳或导源于下地壳的岩浆在上升过程中与上地壳的混染形成。

表3-40　祁漫塔格山黑云二长花岗岩全岩Rb-Sr测定结果表

岩石名称	测定对象	Rb(μg/g)	Sr(μg/g)	^{87}Sr(μmol/g)	^{86}Sr(μmol/g)	$^{87}Sr/^{86}Sr$	$^{87}Sr/^{86}Sr(2\delta)$
似斑状二长花岗岩	全岩	159.29	223.02	0.517 2	0.250 5	2.06	0.719 551±52
		159.14	223.06	0.516 7	0.250 5	2.06	0.720 130±77
		107.79	306.14	0.350 0	0.344 3	1.02	0.712 429±26
		163.43	220.03	0.530 9	0.247 1	2.15	0.719 819±20
		182.15	197.99	0.596 4	0.222 3	2.66	0.721 260±22

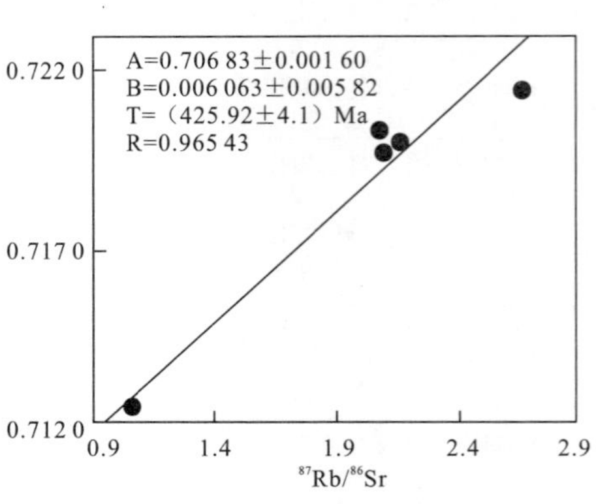

图3-57　祁漫塔格山黑云母花岗岩全岩Pb-Sr近似等时线

2. 副矿物特征

该超单元副矿物较为复杂，但副矿物组合较为简单，各单元基本一致。副矿物主要以锆石、磷灰石、方铅矿、白铅矿、磁铁矿为主，次为榍石、黄铁矿、独居石、电气石、绿帘石等，副矿物种类见表3-13，标型矿物锆石特征见表3-14。

副矿物组合为锆石-磷灰石-磁铁矿型，库木布拉格超单元各单元相似的副矿物组合说明其为同源岩浆演化系列。

副矿物组合研究表明，库木布拉格超单元类型属I型花岗岩，磁铁矿系列、同熔型花岗岩，其源于下地壳或上地幔。

3. 包体特征

该超单元岩石包体丰富，各单元包体类型相似，成分以围岩捕虏体及基性包体为主，依成分可分为两类。

1）围岩捕虏体

成分以变砂岩为主，局部可见片岩包体。具重结晶结构。包体大小不等，小者数毫米，大者近千平方米，一般为十几厘米至二十几厘米。形态以呈棱角状、次棱角状为主（图3-58），形态以透镜状、不规则状为主，与寄主岩体界面截然清晰，长透镜状多呈东西向或近东西向展布于超单元岩体中。捕虏体岩性属围岩或深部岩石捕虏体，分布不均匀，从侵入体边部到内部围岩捕虏体逐渐减少，其中祁漫塔格山脊以南、黑山以北捕虏体出露相对较多，块体较大为特征。捕虏体硅化、长石化蚀变强烈。

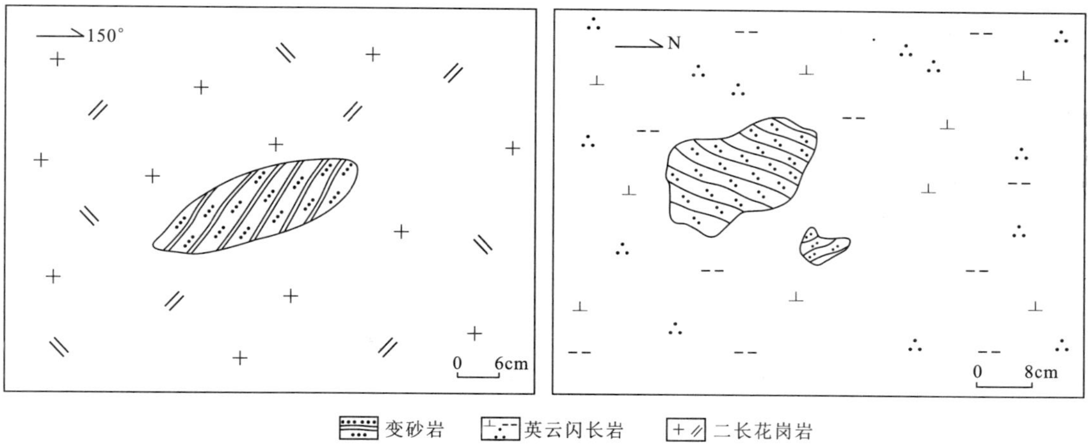

图3-58　库木布拉格超单元围岩捕虏体形态素描图

2）暗色包体

颜色以深灰色、暗绿色为主，主要为基性包体、闪长质包体，以基性包体居多。形态以长椭圆状为主，规模一般小于5～30cm，大者可达数米，与寄主岩体界面较清楚（图3-59）。基性包体长宽之比一般为1∶23。包体分布不均匀，以皮亚孜勒克塔格、枯草沟单元居多，乱石沟单元基性包体较少，基性包体主要成分为斜长石、辉石、角闪石。

对库木拉格超单元岩石包体研究说明其岩浆源于下地壳或下地壳与上地壳混合作用的结果。

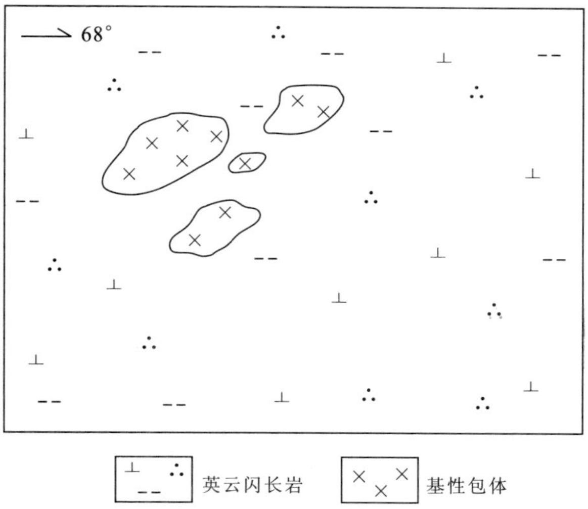

图3-59　库木布拉格超单元围岩捕虏体形态素描图

4.岩体构造形式及定位机制

该超单元总体沿黑山断裂带北侧近东西向展布，受黑山断裂带控制　岩体内构造较简单，以均匀块状构造为主；岩体内部发育两组节理，一组产状平缓，另一组产状较陡，节理间隔一般为20～35cm，节理透入性差，以不切穿围岩边界为特征，反映其为同构造就位形成的节理，岩体呈不规则状、港湾状等形态，特别是后期侵入的乱石沟钾长花岗岩单元岩体多呈长透镜状近东西向展布于其他单元之中，与区域构造线展布方向一致；岩体内部围岩捕虏体发育，大者几百米至上千米，且多呈长透镜体，长透镜体也为近东西向展布，与区域构造线走向相一致。

经对库木布拉格超单元岩体内部构造形式、特征及包体特征综合研究，认为该超单元岩体应以被动定位机制为主。

5.库木布拉格超单元构造环境及年代探讨

本次区调工作在枯草沟似斑状二长花岗岩单元中获锆石 U－Pb 同位素谐和年龄(418±8.6)Ma(岩石 U－Pb 同位素及锆石 U－Pb 同位素年龄测定结果谐和图见表 3－15、图 3－60)，前人曾在该单元获(425.92±41)Ma 的 Rb－Sr 等时线年龄，因此该超单元岩浆侵入时代为志留纪末—泥盆纪初。

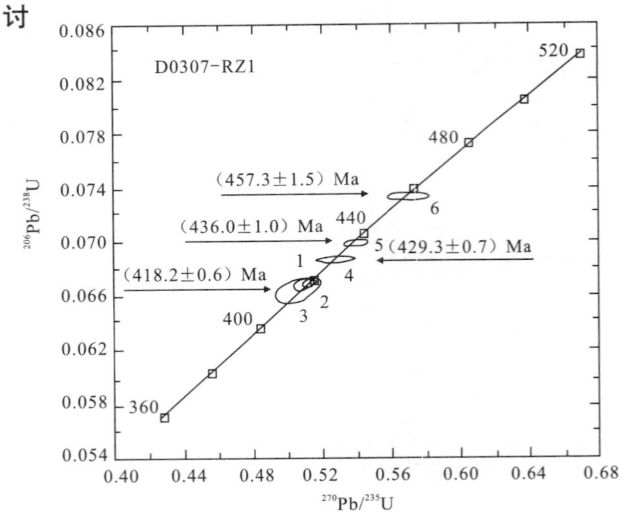

图 3－60　库木布拉格超单元锆石 U－Pb 同位素年龄谐和图

库木布拉格超单元大离子亲石元素富集、高场强元素亏损、Nb 显弱负异常，稀土元素总量高、轻稀土元素富集，显示了碰撞花岗岩特征；该超单元为钙碱性岩，岩石中长石为条纹长石、斜长石，暗色矿组合为黑云母±普通角闪石±绿帘石，主要元素 K_2O/Na_2O、Na_2O/CaO、MgO/FeO^*、MgO/MnO、$Al_2O_3/(K_2O/Na_2O)$等与大陆弧花岗岩类岩石学特征相似；采用 Maniar 和 Piccoli(1999)的岩石主元素图解判别，落入大陆弧花岗岩类(CAG)＋大陆碰撞花岗岩类(CCG)＋后碰撞花岗岩类(POG)区(图 3－20)；采用Nb－Y 图解(图 3－21)及 Rb－(Y＋Nb)图解(图 3－22)判别，分别落入同碰撞花岗岩类(syn－COLG)＋火山弧花岗岩类区(VAG)。

综上所述，该超单元岩石学、岩石化学特征及结合超单元侵入年龄及其所处的大地构造位置等综合分析，该超单元可能为大陆碰撞-大陆弧构造环境，相当于邓晋福等所划的陆间大陆碰撞造山阶段—陆内碰撞造山阶段初期，Liegeois 所划分的碰撞造山作用阶段。

四、晚古生代晚期侵入岩

测区晚古生代酸性侵入岩在该岩浆岩带分布零星，出露于黑山北部至鸭子大坂一带，侵位于鸭子泉构造混杂岩带构造片岩、碳质片岩、绿片岩中，出露面积约 23km²，总体呈北东—南西向展布，与混杂岩带的构造线走向一致，主要岩石类型有二长花岗岩、钾长花岗岩。共有孤立山似斑状二长花岗岩单元、纳尔滚钾长花岗岩单元两个单元岩体，简述如下。

1)纳尔滚钾长花岗岩单元

该单元出露于鸭子大坂西南、西北的野牦牛沟等地,呈长透镜状位于鸭子泉构造混杂岩带中,长透镜状呈北东—南西向展布,该单元由两个岩体组成,出露面积约 14km^2。与围岩鸭子泉构造混杂岩带构造片岩、碳质片岩等为片理接触,为接触带处围岩蚀变不发育。

纳尔滚单元主要岩石类型为中粗粒钾长花岗岩,岩石为砖红色,中粒结构、半自形粒状结构,块状结构。主要造岩矿物:钾长石 50%左右、斜长石 10%左右、石英 25%～30%、黑云母 5%～10%,白云母少量。钾长石主要为条纹长石和微斜长石,呈不规则板柱状,石英为它形粒状。副矿物主要为锆石、磷灰石、钛铁矿等。钾长花岗岩蚀变较弱,以长石绢云母化、高岭土化为主。

2)孤立山似斑状二长花岗岩单元

该单元出露于阿牙克库木湖北黑山以西到孤立山之间,呈不规则状,东界与黑山蛇绿岩呈侵入接触,北西界、南界被第四纪冲洪砾石、砂砾石覆盖,呈孤岛状,出露面积约 9km^2。该单元岩体中发育三叠纪小尖山基性岩脉群。

孤立山单元主要岩性为斑状二长花岗岩,灰白色,岩石为中粒似斑状结构、块状构造。斑晶为斜长石,为自形板状,粒径 10～17mm,含量 10%。基质中主要造岩矿物为斜长石 35%～40%、钾长石 25%、石英 20%～30%、黑云母 5%～8%,白云母少量。斜长石多呈自形板柱状,钾长石主要为条纹长石和微斜长石,半自形板柱状,矿物粒径 4mm 左右。副矿物以锆石、榍石、磷灰石为主。二长花岗岩蚀变较弱,主要表现为长石绢云母化、高岭土化为主。

孤立山单元岩石矿物成分显示其为过铝质花岗岩,属后造山期过铝质花岗岩。

构造环境分析及形成时代探讨

纳尔滚单元、孤立山单元岩石矿物成分显示其为过铝质花岗岩,属后造山期过铝质花岗岩。

本次区调在孤立山似斑状二长花岗岩单元获单矿物锆石 U－Pb 谐和线下交点年龄为(312±9)Ma,锆石 U－Pb 谐和等时线见图 3－61、锆石 U－Pb 同位素测定结果见表 3－41,因此孤立山似斑状二长花岗岩单元形成时代应为晚石炭世早期。考虑到纳尔滚钾长花岗岩单元与孤立的似斑状二长花岗岩岩石化学成分相似,为同一构造环境下形成的岩浆岩,纳尔滚钾长花岗岩单元形成时代应与孤立山似斑状二长花岗岩单元时代相同,为晚石炭世早期。

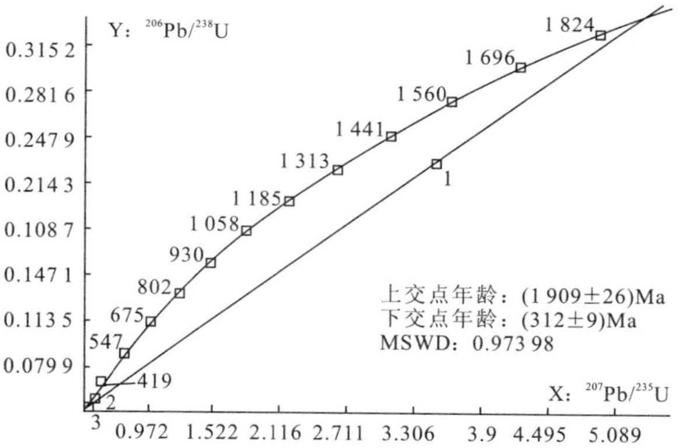

图 3－61 孤立山二长花岗岩单元 U－Pb 测年谐和图

五、中生代火山岩

中生代火山岩层位隶属于鄂拉山组(T_3e),出露于测区阿牙克库木湖北鸭子大坂一带,主要呈椭圆状、不规则分布于鸭子泉构造混杂岩带之中,出露面积约 23km^2,其次,在东回头沟口也有零星出露。鄂拉山组(T_3e)火山岩以中基性—酸性火山岩为主,与下伏鸭子泉构造混杂岩为不整合接触关系或断层接触。鄂拉山组火山岩岩石学、岩石化学特征叙述如下。

表 3-41 孤立山似斑状二长花岗岩单元单矿物锆石 U-Pb 同位素测定结果表

样品信息					含量($\times10^{-6}$)		普通铅含量(ng)	同位素原子比及误差(2σ)				表面年龄及误差(Ma)		
单元	岩石名称	No	点号	重量(μg)	U	Pb		$^{(206/204)}Pb$	$^{206}Pb/^{238}U$	$^{207}Pb/^{235}U$	$^{(207/206)}Pb$	$^{206}Pb/^{238}U$	$^{207}Pb/^{235}U$	$^{(207/206)}Pb$
纳尔滚钾长花岗岩单元	钾长花岗岩	1	D0390-RZ1	10	1 520.9	492.2	11.019	203.1	0.229 78	3.534 57	0.111 56	1 333	1 534	1 824
									0.000 83	0.101	0.003 21	4.8	43.8	52.5
		2	D0390-RZ1	10	261.2	143.4	12.302	25.2	0.054 67	0.442 66	0.058 71	343	372	556
									0.002 84	0.067 33	0.009 44	17.8	56.6	89.4
		3	D0390-RZ1	10	539.2	154.6	12.332	31	0.048 01	0.363 31	0.054 88	302	314	407
									0.001 38	0.076 16	0.011 61	8.7	65.9	86.2

谐和线年龄:1 909Ma;上交点年龄:(1 909±26)Ma;下交点年龄:(312±9)Ma;MSWD: 0.973 98

1. 岩石学特征

鄂拉山组火山岩主要岩石类型有暗红色块状流纹岩、粗安岩、粗面岩、英安岩、暗绿色玄武岩、火山集块角砾岩、晶屑凝灰岩及少量闪长玢岩、花岗闪长玢岩等岩性。

蚀变玄武岩 岩石呈灰绿—暗绿色,具斑状结构,块状构造,斑晶以斜长石为主,偶见角闪石,斑晶粒径一般 1～2.5mm,呈半自形—自形状,含量小于 3%,基质具填间结构。主要组成矿物斜长石大于 80%、暗色矿物小于 3%、金属矿物小于 5%、石英小于 5%,并可见少量绿帘石。其中斜长石呈短柱状,杂乱分布的斜长石组成的三角空隙中充填粒状的暗色矿物及金属矿物,基质粒径一般 0.2～0.4mm。岩石蚀变较强,主要表现为长石绢云母化、高岭土化,暗色矿物绿泥石化和次闪石化。

安山岩 岩石呈浅紫—深灰色,具斑状结构,块状构造,斑晶主要有斜长石、角闪石,钾长石少量,斑晶颗粒 0.4～1.8mm,斜长石呈柱状、板状,斜长石斑晶表面混浊不清,发生绢云母化,角闪石多已蚀变,残留角闪石呈六边形,褐绿色,斑晶含量小于 5%;基质具交织结构,粒径小于 0.5mm。主要由斜长石大于 90%组成,可见少量次生蚀变绿帘石和绿泥石 5%～10%。其中斜长石呈短柱状,大体定向平行分布,斜长石表面有细小的尘状绿帘石及绿泥石分布,表面浑浊不清。副矿物主要为磷灰石。岩石蚀变较强,主要表现为绢云母化、绿泥石化和绿帘石化。

蚀变英安岩 岩石呈肉红色,斑状结构,块状构造,斑晶主要为石英,其次为斜长石,石英斑晶呈浑圆状及不规则状,斜长石斑晶呈自形板柱状,零星分布,斑晶颗粒大小一般 0.1～0.5mm,斑晶含量小于 5%,基质具霏细结构。主要由斜长石 60%～75%和石英 30%～35%组成,并有少量钾长石,石英与长石界线不清,岩石蚀变较强,以绢云母化、高岭土化为特征。

粗面岩 主要位于鄂拉山组地层中下部位,岩石呈紫灰色,斑状结构,块状构造,斑晶主要由斜长石组成,斑晶颗粒大小不一,一般 0.4～2mm,呈板状、柱状和粒状,零散分布,偶见暗色矿物斑晶,呈柱状,已被绿泥石取代,斑晶含量 5%～10%;基质具粗面结构。主要由斜长石 85%～90%、尘状绿帘石 5%～8%、碳酸盐矿物小于 5%及少量暗色矿物组成。长石呈针柱状,大体定向平行分布,斜长石表面有细小的尘状绿帘石及碳酸盐矿物,基质粒径一般小于 0.01mm,岩石蚀变较强,主要表现为绢云母化、高岭土化和绿泥石化。副矿物主要为磷灰石。

细粒闪长玢岩 在鄂拉山组火山岩中出露面积较少,约 0.2km^2,岩石呈紫灰色,斑状结构,基质为柱粒状结构、块状构造。斑晶主要为斜长石,粒径 1.5～2mm,自形板状,含量 3%;基质为柱粒状结构。主要矿物组成为:斜长石 80%、次为石英小于 10%、角闪石小于 4%、金属矿物小于

1%。斜长石柱状、颗粒粒径 0.1～0.3mm，杂乱分布，石英充填于其间隙，角闪石呈褐色，不规则粒状、柱状，零星分布。

蚀变流纹岩　为该火山岩组最主要的岩石类型，岩石呈砖红色、褐红色，斑状结构、粗面结构，块状构造，斑晶成分以钾长石和石英为主，钾长石斑晶颗粒大小不一，一般 0.3～1.2mm，呈半自形板状，偶见数个晶体在一起呈团块状分布，石英斑晶颗粒较小，一般 0.3～0.5mm，呈不规则状，斑晶含量小于 3%；基质具显微花岗结构、霏细结构。主要组成矿物为钾长石和石英，次为斜长石、碳酸盐矿物、金属矿物，钾长石和石英 90%～95%，碳酸盐矿物小于 1%，金属矿物小于 2%。基质矿物粒径一般小于 0.1mm。岩石蚀变较强，主要表现为长石几乎全已高岭土化、绢云母化。

火山集块角砾岩　主要位于鄂拉山组地层上部层位，出露于鸭子大坂南 5km 处，出露面积较小。岩石呈红色，火山角砾含量 65%，粒径 2～60mm，成分以流纹岩为主，呈棱角状—次圆状，集块含量 20%，成分以流纹岩为主，多呈次圆状，具同心淬火韵圈，粒径以 64～110mm 居多，胶结物以凝灰质成分为主，具火山集块角砾结构，块状构造。

蚀变中—酸性岩屑凝灰岩　主要位于鄂拉山组地层上部层位，出露于鸭子大坂南及火山岩周缘处，出露面积较小。岩石呈浅灰绿色，具凝灰质结构，块状构造，岩石主要由碎屑物和填隙物组成。碎屑物成分由中—酸性岩屑 60%～65%、石英晶屑 15%～20%组成。碎屑物颗粒大小悬殊，粒径一般 0.1～0.8mm，少数 0.8～2.5mm，岩屑粒径较大，呈不规则状，石英晶屑形态各异，由于溶蚀而呈浑圆状、港湾状、次棱角状及尖棱角状，长石晶屑呈半自形状，有钾长石和斜长石。填隙物 10%～15%蚀变，模糊不清，主要为霏细状的长英质矿物及少量的粘土质(部分结晶为绢云母)。

2. 岩石地球化学特征

鄂拉山岩组火山岩岩石化学成分及特征值见表 3－42。由表可以看出，喷出岩 SiO_2 含量介于 56.44%～74.04%之间，属中酸性岩类；喷出岩岩石 K_2O+Na_2O 含量较高、介于 7.57%～8.5%之间，高于中国流纹岩、英安岩的 K_2O+Na_2O 平均值 8.02%、6.09%(黎彤等，1962)，岩石多数 $Na_2O>K_2O$，少数 $Na_2O<K_2O$，属钠质型；采用邱家骧的硅-碱图判别，落入粗安岩、粗面岩、石英粗面岩、英安岩、英安流纹岩、流纹岩区(图 3－62)，一部分属碱性玄武岩系列区；另一部分落入钙碱性岩系列区。安山岩、玄武岩里特曼指数 σ 值为 3.47、4.53，属碱性岩，其他岩石里特曼指数 σ 值介于 1.93～3.23 之间，考虑到 SiO_2 大于 70%时，里特曼指数 σ 对减度划分不准，采用 Wright(1989)的 SiO_2－AR 与碱度关系图判别，落入碱性岩区(图 3－63)，以上火山岩岩石化学特征说明鄂拉山组火山岩为碱性岩。

表 3－42　鄂拉山岩组火山岩岩石化学成分及特征值表

野外编号	岩石名称	SiO_2	TiO_2	Al_2O_3	Fe_2O_3	FeO	MnO	MgO	CaO	Na_2O	K_2O	P_2O_5	LOI	Σ	σ	t	A/CNK	SI	AR
D0385－GS1	粗安岩	68.87	0.3	14.25	4.02	1.28	0.08	0.28	1.59	4.41	4.05	0.05	1.8	100.98	2.77	32.80	0.98	2.0	3.2
D0385－GS2	流纹岩	74.04	0.12	13.36	1.42	0.2	0.02	0.15	1.127	4.1	3.76	0.03	2.04	100.37	1.99	77.17	1.04	1.6	3.37
D0385－GS2	流纹岩	74.01	0.12	13.36	1.41	0.22	0.02	0.13	1.18	3.99	3.75	0.03	1.92	100.14	1.93	78.08	1.05	1.4	3.27
D0385－GS3	流纹岩	73.57	0.11	13.5	1.26	0.18	0.02	0.44	1.26	3.58	4.19	0.03	1.73	99.87	1.97	90.18	1.06	4.6	2.88
D0386－GS1	安山岩	65.56	0.7	15.25	5.22	2.75	0.09	1.15	2.3	3.91	4.46	0.22	1.12	102.73	3.11	16.20	0.99	6.6	2.60
D0386－GS2	粗面岩	61.09	1.14	15.57	7.08	2.62	0.11	1.63	3.11	4.56	3.08	0.4	2.87	103.26	3.23	9.66	0.94	8.6	2.90
D0386－GS3	火山角砾集块岩	69.52	0.32	14.41	4.06	0.15	0.12	0.23	1	3.59	3.98	0.08	2.19	99.65	2.16	33.81	1.20	1.9	2.74
D0386－GS4	安山岩	63.8	0.75	14.23	2.62	2.84	0.14	1.65	2.8	4.52	3.98	0.23		97.56	3.47	12.95	0.85	10.6	2.99
D0386－GS5	玄武岩	56.44	1.53	14.57	4.5	5.22	0.25	3.55	1.25	5.1	2.7	0.7		95.81	4.53	6.19	1.07	16.8	2.94

注：样品由宜昌地研所岩矿测试中心分析；单位为%

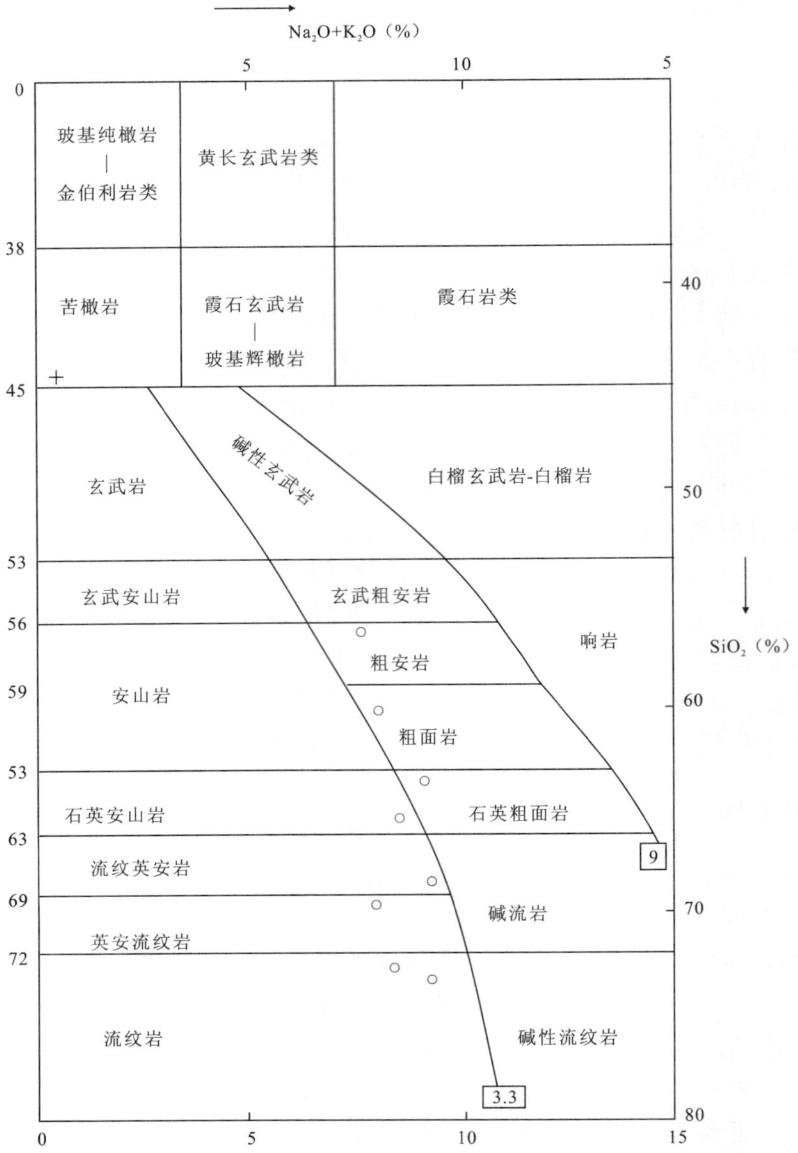

图 3-62　火山岩硅-碱、组合指数与种属名称图

(邱家骧,1979)

3.3、9 为组合指数(S)线　○鄂拉山组火山岩

鄂拉山组火山岩微量元素含量及多元素MORB标准化蛛网图解见表3-43、图3-64。从图、表看:火山岩大离子亲石元素K、Rb、Ba为强富集型,高场强元素Th、Ta、Nb丰度较高,属中等—强富集型,Nb含量正常、未显示异常,Ti属弱亏损到极度亏损型;相容元素Ni、Cr为亏损型。各单元岩石K/Rb比值介于169.54～256.52,Rb/Sr比值介于0.14～1.45(表3-43),与同熔型花岗岩K/Rb平均值(240)、Rb/Sr平均值(0.5)相近(花岗岩类区1∶5万区域地质填图方法指南),说明其来

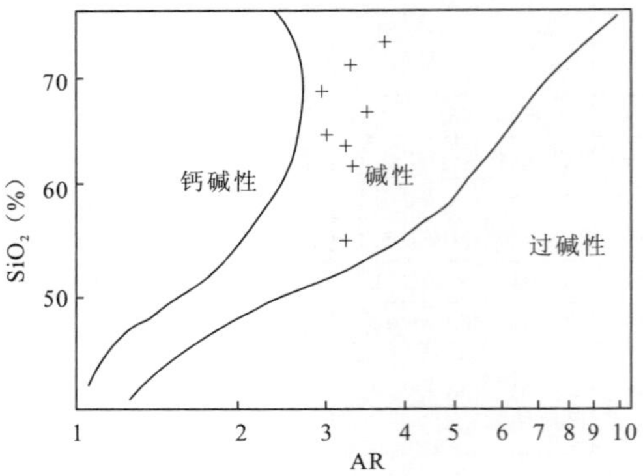

图 3-63　鄂拉山组火山岩 SiO_2-AR 与碱度关系图

(Wright,1989)

源于下地壳。火山岩岩石多元素相似的MORB标准化蛛网图解及群居关系，说明来自于同一岩浆源。总之，火山岩微量元素以K及相关元素Rb、Ba、Th、Ta富集，与大陆内碱性玄武岩微量元素成分相似。

表3-43　鄂拉山组火山岩微量元素含量及特征值表

岩石名称	Sr	K(%)	Rb	Ba	Th	Ta	Nb	Zr	Ti	Ni	Cr	K/Rb	Rb/Sr
玄武岩	587	2.03	82	1 127	16	2.5	35	219	0.935 3	3.0	13	247.56	0.14
安山岩	309	1.07	58	186	7	1.7	10	199	1.203 3	15.6	41	184.48	0.19
安山岩	307	3.31	158	1 212	17	2.5	39	397	0.404 8	3.5	16	209.49	0.51
安山岩	499	2.11	80	997	11	5.2	46	272	0.795 3	4.7	10	263.75	0.16
安山岩	316	2.44	100	993	9	2.2	34	338	0.633 7	6.8	20	244.00	0.32
英安岩	128	3.42	154	908	20	4.4	21	135	0.070 3	3.0	11	222.08	1.20
粗安岩	117	3.45	125	1 465	11	4.2	75	493	0.505 1	3.0	7	276.00	1.07
粗安岩	118	3.65	145	1 369	13	3.0	73	460	0.205 9	3.0	11	251.72	1.23
粗安岩	156	3.59	158	1 538	12	3.6	70	464	0.162 9	3.0	9	227.22	1.01
粗安岩	114	3.54	138	1 187	12	2.9	67	433	0.189 1	3.0	11	256.52	1.21
粗安岩	96	3.62	139	1 195	16	4.6	70	447	0.156 9	3.0	10	260.43	1.45
粗安岩	130	3.63	179	751	23	2.1	24	144	0.074 3	3.0	7	202.79	1.38
粗面岩	365	2.57	122	885	15	4.0	36	356	0.613 7	3.4	12	210.66	0.33
流纹岩	207	5.13	249	953	22	3.8	21	170	0.126 5	3.0	5	206.02	1.20
流纹岩	127	2.28	107	564	20	1.3	25	164	0.076 7	3.0	7	213.08	0.84
流纹岩	312	2.95	174	1 080	20	1.8	37	307	0.599 7	4.9	14	169.54	0.56
流纹岩	111	3.47	153	1 464	18	3.4	60	414	0.098 9	3.0	7	226.80	1.38
闪长玢岩	217	3.13	146	1 051	17	2.2	40	375	0.438 5	4.1	14	214.38	0.67
基块角砾岩	131	3.29	177	940	13	7.8	55	393	0.276 9	3.0	12	185.88	1.35

注：样品由西安岩矿测试中心分析；单位为$\times10^{-6}$

鄂拉山组火山岩稀土元素含量及特征见表3-44、图3-65。从图、表看：火山岩稀土元素总量(∑REE)高，∑REE介于(164.51～438.92)$\times10^{-6}$，为球粒陨石的20～400倍；轻稀土元素总量(LREE)高，多数介于(152～404)$\times10^{-6}$，$(La/Sm)_N$值介于3.90～8.34，模式曲线右倾，轻稀土元素之间分馏较大；重稀土元素总量(HREE)低，HREE多数介于(12.2～34.5)$\times10^{-6}$，$(Gd/Yb)_N$介于1.23～2.06，模式曲线较为平缓，重稀土元素之间分馏小；火山岩轻、重稀土元素总量比值(LREE/HREE)介于10.16～12.63、$(La/Yb)_N$介于13.48～17.60，比值较大，模式曲线向右倾斜率较大，为轻稀土显著富集型；δEu介于0.49～0.91之间，呈弱到强的铕负异常。

综上所述，鄂拉山组火山岩稀土元素总量高、球粒陨石配分模式曲线右倾，为轻稀土富集型(图3-65)。

3. 火山岩的演化及相探讨

从鸭子大坂鄂拉山组火山岩实测剖面研究分析鄂拉山组火山岩总体表现为3个演化旋回，即从中、基性火山岩→酸性火山岩的喷发旋回。鸭子大坂鄂拉山组火山岩与下伏地层呈不整合接触关系，说明其为一套陆相火山岩。该火山岩组见有3个火山相：溢流相（流纹岩、玄武岩、粗面岩、英安岩、粗安岩）、爆发相（晶屑凝灰岩、火山集块岩）、次火山岩相（闪长玢岩、花岗闪长岩）。溢流相、爆发相较为发育，次火山岩相不发育。

表3-44　鄂拉山组火山岩稀土元素含量及特征值表

岩石名称	样品号	稀土元素含量（$\times10^{-6}$）													
		La	Ce	Pr	Nd	Sm	Eu	Gd	Tb	Dy	Ho	Er	Tm	Yb	Lu
火山角砾集块岩	D0386-XT3	91.4	126.00	14.00	56.2	9.71	1.88	7.8	1.3	8.44	1.62	4.6	0.7	4.5	0.6
流纹岩	D0385-XT3	57.4	75.50	6.75	26.8	4.67	0.68	3.5	0.6	3.85	0.72	2.2	0.4	2.1	0.3
粗安岩	D0385-XT1	124	173.00	18.30	74.2	12.70	2.27	9.7	1.5	9.48	1.88	5.3	0.8	5.2	0.66
英安岩	D0385-XT2	51.4	66.70	5.98	23.8	3.85	0.57	3.1	0.5	3.32	0.67	1.9	0.3	2.1	0.27
安山岩	D0386-XT1	75.0	110.00	11.90	53.5	9.06	2.16	7.4	1.1	7.30	1.39	3.8	0.5	3.5	0.46
安山岩	D0386-XT4	74.8	131.00	12.70	49.0	9.31	1.80	6.8	1.1	6.83	1.20	3.6	0.5	3.2	0.41
玄武岩	D0386-XT5	66.7	116.00	12.60	50.3	10.70	2.84	7.7	1.1	6.95	1.29	3.6	0.5	3	0.40

岩石名称	样品号	稀土元素含量（$\times10^{-6}$）			特征参数值					
		LREE	HREE	ΣREE	δEu	δCe	LREE/HREE	$(La/Sm)_N$	$(Gd/Yb)_N$	$(La/Yb)_N$
火山角砾集块岩	D0386-XT3	299	29.5	328.75	0.64	0.76	10.16	5.88	1.41	13.48
流纹岩	D0385-XT3	172	13.6	185.47	0.50	0.78	12.63	7.68	1.30	17.60
英安岩	D0385-XT2	152	12.2	438.99	0.49	0.77	12.47	8.34	1.23	16.37
粗安岩	D0385-XT1	404	34.5	164.46	0.60	0.78	11.74	6.10	1.50	15.65
安山岩	D0386-XT1	262	25.5	287.07	0.78	0.80	10.26	5.17	1.74	14.23
安山岩	D0386-XT4	279	23.7	302.25	0.66	0.94	11.75	5.02	1.68	15.15
玄武岩	D0386-XT5	259	24.6	283.68	0.91	0.90	10.54	3.90	2.06	14.59

注：样品由宜昌地研所岩矿测试中心分析

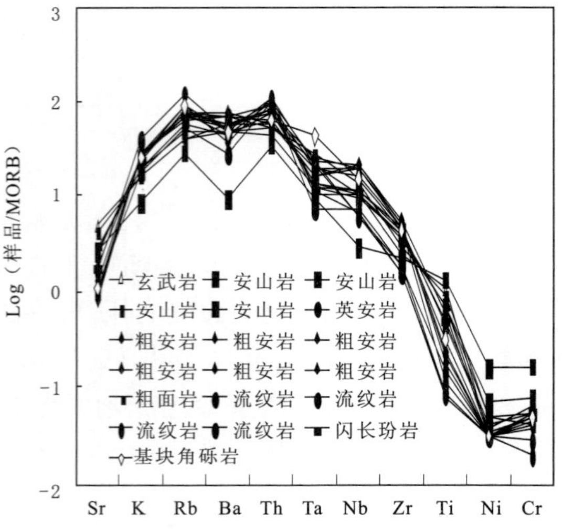

图3-64　鄂拉山组火山岩多元素MORB标准化蛛网图解

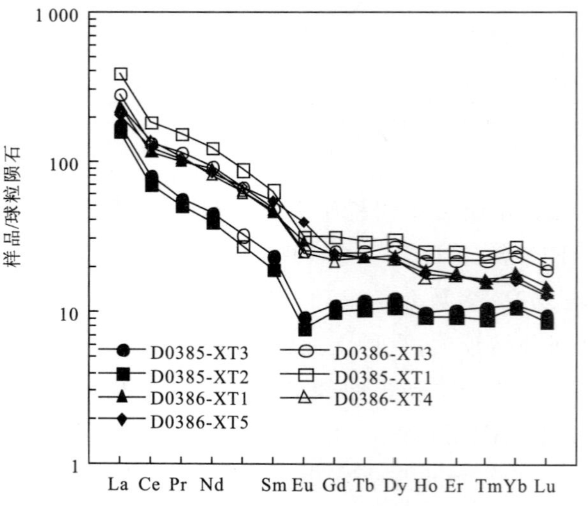

图3-65　鄂拉山组稀土元素球粒陨石标准化分布图

经对喷发相火山角砾集块岩、晶屑凝灰岩及次火山岩闪长玢岩、花岗闪长岩分布范围和特征等研究推断火山喷发类型以中心式喷发为主、溢流式喷发为辅，火山口应位于鸭子大坂南5km的火山角砾集块岩发育附近。

4. 火山岩的年龄及构造环境探讨

鸭子大坂鄂拉山组火山岩 K_2O+Na_2O 含量高，大多数属碱性岩类，岩石中 K 及相关元素含量高，稀土元素重量高、轻稀土元素富集，显示了板块内碱性玄武岩的岩石学、岩石地球化学特征。采用 Pearce 等(1975)的 $TiO_2-K_2O-P_2O_5$ 图解判别，玄武岩、安山玄武岩均落入大陆玄武岩区(图 3-66)。综上所述，鄂拉山组火山岩应属板块内张性构造环境下所形成的火山岩。

本次工作在鄂拉山组玄武岩中获锆石 U-Pb 谐和年龄 197Ma，锆石 U-Pb 谐和等时线见图 3-67，锆石 U、Pb 同位素测定结果见表 3-45，前人(车自成等，1995)在鄂拉山组基性火山岩获得 209Ma(全岩 Rb-Sr 法)，因此鄂拉山组火山岩形成时代应为晚三叠世末。

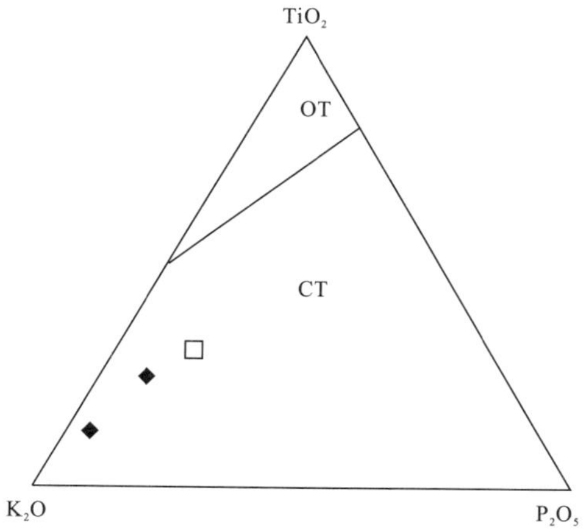

图 3-66　鄂拉山组玄武岩、安山岩 $TiO_2-K_2O-P_2O_5$ 判别图解(据 Pearce 等，1975)

OT. 大洋的玄武岩区；CT. 大陆的玄武岩区

◆安山岩　□玄武岩

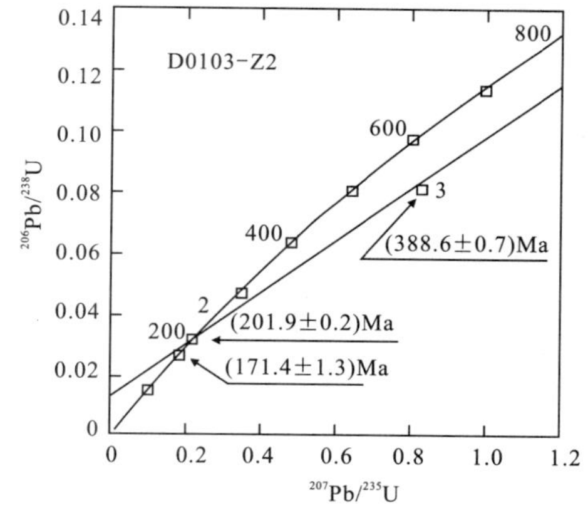

图 3-67　鄂拉山组流纹岩 U-Pb 测年谐和图

表 3-45　鄂拉山组玄武岩中获锆石 U-Pb 同位素测定结果表

岩石名称	样品信息			浓度		品普通铅含量(ng)	同位素原子比率					表面年龄(Ma)		
	点号	锆石特征	重量(μg)	U(μg/g)	Pb(μg/g)		$^{206}Pb/^{204}Pb$	$^{208}Pb/^{206}Pb$	$^{206}Pb/^{238}U$	$^{207}Pb/^{235}U$	$^{207}Pb/^{206}Pb$	$^{206}Pb/^{238}U$	$^{207}Pb/^{235}U$	$^{207}Pb/^{206}Pb$
玄武岩	1	浅黄色透明长柱状自形	28	924	27	0.013	0.013	2 268	0.164 1	0.026 95 (21)	171.4	171.5	172.2	171.4
	2	浅黄色透明粗长柱状自形	25	2 118	71	0.110	0.110	578	0.052 69	0.031 38 (4)	201.9	202.3	207.4	201.9
	3	近无色透明长柱状自形	36	175	21	0.150	0.150	146	0.054 00	0.081 43 (24)	501.6	607.4	1 012	501.6

六、小尖山基性岩脉群

小尖山岩脉、岩脉群主要出露于测区东回头沟—阿木巴勒阿土坎—石子沟一带，且以阿木巴勒阿土坎到小尖山之间发育最好，岩脉宽十几厘米至十几米不等，一般为 1～3m，长几十米至数千米，岩脉多以数条、数十条呈脉状集中侵入于阿木巴勒阿土坎超单元中(图 3-68)，基

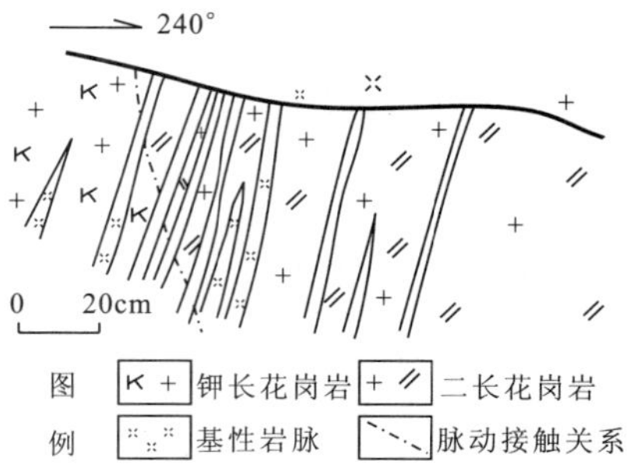

图 3-68　小尖山基性岩与围岩接触关系素描图

性岩脉呈北西—南东走向、倾向北东，倾角约 60°～70°。围岩边部可见数厘米至几十厘米宽的烘烤边，岩性以灰绿色、绿灰色细粒辉绿岩、角闪闪长岩为主。

1. 岩石学特征

小尖山基性岩脉、岩脉群岩性主要为角闪闪长岩，次为辉绿岩。岩石特征如下：

角闪闪长岩　岩石呈暗绿色，斑状结构，块状构造。主要为斜长石和角闪石，斑晶含量 25%～30%，粒径 1～4mm；基质具显微粒柱状结构，矿物粒径小于 0.5mm。主要矿物成分：斜长石大于 75%、普通角闪石 15%～20%、黑云母小于 5%。斜长石自形柱状、普通角闪石柱状、黑云母自形条状。副矿物以磷灰石为主。岩石蚀变较强，以角闪石次闪石化、绿泥石化，斜长石绢云母化为主。

辉绿岩　岩石呈灰绿—暗绿色，具变辉绿结构，块状构造。主要组成矿物辉石(阳起石化，含量大于 40%，斜长石 40%～45%。其中辉石以单斜辉石为主，多数已发生阳起石化及绿泥石化，辉石呈自形柱状，粒径 0.3mm；斜长石自形条状，其空隙充填阳起石，斜长石粒径一般小于 0.3mm。副矿物以磷灰石为主。岩石蚀变较强，以辉石阳起石化、绿泥石化为特征。

2. 岩石化学、地球化学特征

小尖山基性岩脉岩石化学成分、特征值见表 3-46。从表看：小尖山基性岩脉 SiO_2 含量为 50.64%，属基性岩类，岩石 Al_2O_3 含量较高、为 17.31%，Na_2O+K_2O 为 5.77%，$Na_2O/K_2O=1.8$、$Na_2O>K_2O$，属钠质性，岩石里特曼指数(σ)为 4.83，为碱性岩。

表 3-46　小尖山基性岩脉岩石化学成分、特征值表

岩石名称	SiO_2	TiO_2	Al_2O_3	Fe_2O_3	FeO	MnO	MgO	CaO	Na_2O	K_2O	P_2O_5	Σ	τ	DI	A/CNK	SI	σ	AR
辉长岩	50.64	1.15	17.31	4.00	5.12	0.14	5.05	7.4	3.72	2.05	0.37	96.95	11.8	43.47	0.79	20.15	4.83	1.61

注：样品由西安岩矿测试中心分析；单位为%

小尖山基性岩脉微量元素含量及其多元素 MORB 标准化蛛网图解见表 3-47、图 3-69。从表及图看：岩石大离子亲石元素 Sr、K(K_2O)、Rb、Ba 中等—强富集，Ba 为弱负异常，高场强元素 Ta、Th 富集程度较高，而 Nb、Zr 相对较弱，Ti、Y、Yb 元素亏损，相容元素 Ni、Cr 亏损或弱富集。显示碱性元素(K、Rb、Sr、Ba、Ta、Th)富集为特征。小尖山基性岩脉多元素 BORB 标准化蛛网图解总体为曲线右倾，即大离子亲石元素富集，高场强元素、相容元素贫化。

表 3-47　小尖山基性岩脉微量元素含量表

岩体	岩石名称	岩石名称	Sr	K_2O (%)	Rb	Ba	Th	Ta	Nb	Zr	Hf	TiO_2 (%)	Y	Yb	Ni	Cr
小尖山基性岩脉	辉绿岩	D0101-GP1	307	2.472	120	276	9	1.35	12	155	5	1.55	21	1.73	184	296
	角闪闪长岩	D0101-GP3	552	2.076	104	629	12	2.00	15	203	8	1.09	21	1.73	23.1	57

注：样品由西安岩矿测试中心分析；单位为 $\times10^{-6}$

小尖山基性岩脉稀土元素含量、特征值及稀土元素粒陨石配分模式见表3－48、图3－70。小尖山基性岩脉稀土元素总量(ΣREE)为163.18×10^{-6},轻稀土元素总量(LREE)为146×10^{-6},重稀土元素总量(HREE)为16.7×10^{-6},轻、重稀土元素总量比值(LREE/HREE)为8.78、$(La/Yb)_N$为13.88,模式曲线右倾且倾斜角度较大,属轻稀土显著富集型;δEu值为0.86,为弱负异常。总之,小尖山基性岩脉稀土元素配分模式为稀土元素模式曲线右倾,为轻稀土显著富集型。

表3－48　小尖山基性岩脉稀土元素含量及特征值表

岩体	样品号	岩石名称	稀土元素含量(×10^{-6})													
			La	Ce	Pr	Nd	Sm	Eu	Gd	Tb	Dy	Ho	Er	Tm	Yb	Lu
小尖山基性岩脉	D0091－XT2	基性岩脉	36.6	63.80	7.230	31.1	6.09	1.67	5.7	0.8	4.6	0.87	2.5	0.3	1.7	0.23

岩体	样品号	岩石名称	稀土元素含量(×10^{-6})			特征参数值					
			LREE	HREE	ΣREE	δEu	δCe	LREE/HREE	$(La/Sm)_N$	$(Gd/Yb)_N$	$(La/Yb)_N$
小尖山基性岩脉	D0091－XT2	基性岩脉	146	16.7	163.19	0.86	0.89	8.78	3.76	2.64	13.88

注:样品由宜昌地研所岩矿测试中心分析

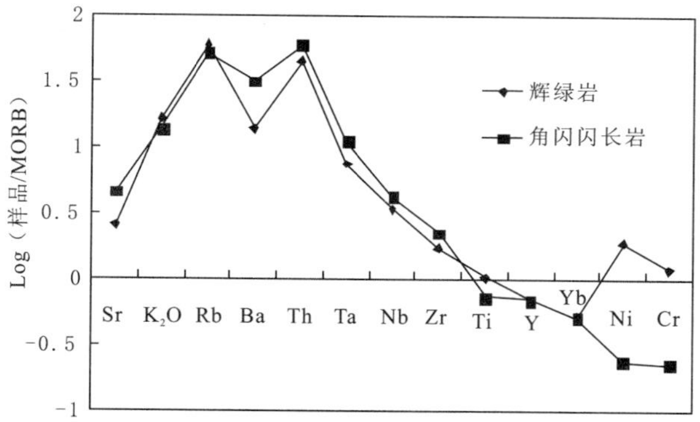

图3－69　小尖山基性岩脉多元素MORB标准化蛛网图解

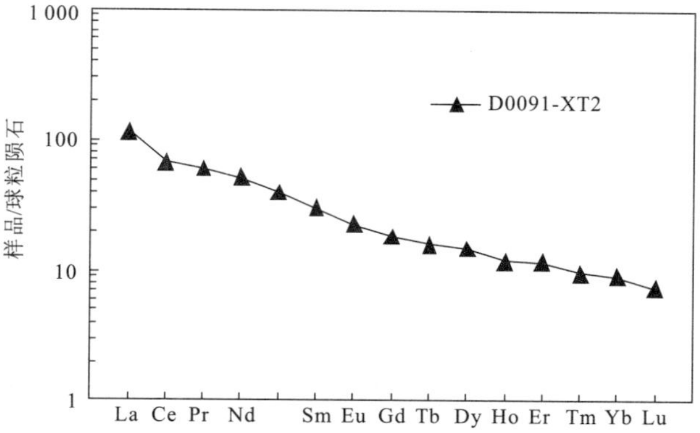

图3－70　小尖山基性岩脉稀土元素球粒陨石标准化分布图

3.小尖山基性岩脉年龄及构造环境探讨

小尖山基性岩脉、岩脉群为碱性岩,微量元素K、Rb、Sr、Ba、Ta、Th等富集,稀土元素总量高、轻稀土元素富集,基性岩脉岩石学、岩石化学特征与大陆碱性玄武岩岩石学、岩石化学特征相似,说明其形成于板块内较为稳定的构造环境或后造山期的张性构造环境下。

小尖山基性岩脉根据其侵入时代应与鄂拉山组火山岩时代相近,经区域对比,其形成时代为中生代三叠纪晚期。

第四章 变质岩及变质作用

变质岩系是昆仑造山带中分布较广的岩石类型之一，区域上从南到北(除新生界外)均有广泛出露；时间上从元古宙到古生代均有产出；变质岩类型也十分多样，有区域变质岩、动力变质岩、接触变质岩，但以区域变质岩为主，动力变质岩主要集中于强变形带和韧性剪切带中，而接触变质岩只分布于花岗岩体接触带。测区变质岩约占基岩面积的40%。

第一节 区域变质作用与区域变质岩

测区地层中除中、新生界外均发生了不同程度的变质作用，区域变质作用是测区变质作用的主要类型，区域变质岩是测区变质岩的主体。

区域变质作用是指在大范围内温度增高及压力、流体的作用下，经过重结晶、变质结晶或变形等作用形成大面积分布变质岩的一类变质作用。

区域变质作用结果使测区区域变质岩广布。测区区域变质岩集中分布于阿牙克库木湖以北的祁漫塔格山地区，在阿其克库勒湖以南及青石山一带有零星分布，岩石种类较多，变质程度不一。

对测区区域变质岩类型，根据原岩类型和变质程度划分为千枚岩-片岩类、片麻岩-变粒岩-石英岩类、大理岩-钙镁硅酸盐岩类、斜长角闪岩类、滑石-蛇纹石片岩类五大类。下面根据变质作用历史划分为长城系过渡基底变质岩系、蓟县系—青白口系褶皱盖层变质岩系、古生界盖层变质岩系3部分，分述如下。

一、长城系过渡基底变质岩系

长城系金水河口岩群小庙岩组是测区出露最古老的地层，分布于托格热萨依一带，其经历了高绿片岩相变质作用，原生沉积构造消失殆尽，属柴达木地块的过渡基底。

1.岩石学特征

小庙岩组主要岩性组合以阳起钠长片岩、云母石英片岩、绿帘钠长黑云母片岩、含石榴子石黑云石英片岩、绿泥绢云变粒岩、石英岩、含钙质斜长角闪岩、白云二长片麻岩为主。

阳起钠长片岩 深灰色，柱纤状不等粒变晶结构、变余凝灰结构，片状构造。主要矿物：斜长石(钠长石化)及钠长石大于55%、阳起石20%～25%、石英5%～10%、绿帘石小于5%、金属矿物(黄铁矿为主)5%～10%、微量榍石。斜长石具钠长石化，呈不等粒变晶，粒径大小不一，0.02～0.06mm；阳起石为柱状、纤状变晶，大致定向平行分布；石英及绿帘石为粒状变晶，石英呈团块状及透镜状相对集中分布。

云母石英片岩 灰色，显微鳞片—粒状变晶结构，片状构造。主要矿物：石英大于50%、黑云母15%～20%、白云母20%～25%、斜长石小于5%。石英呈粒状变晶，定向分布；黑云母及白云母呈显微鳞片变晶，定向分布。主要分布于前寒武系所有地层及滩尖山碎屑岩组、鸭子泉构造混杂岩中，出露于白干湖、祁漫塔格山等地。

绿帘钠长黑云母片岩　灰黑色，粒状—显微鳞片变晶结构，片状构造。主要矿物：黑云母大于60%、钠长石15%～20%%、绿帘石5%～10%、金属矿物10%～15%。黑云母呈显微鳞片变晶，定向平行分布；钠长石及绿帘石为粒状变晶，粒径小于0.05%。

含石榴子石黑云石英片岩　浅紫灰色，显微鳞片变晶—不等粒变晶结构，片状构造。主要矿物：石英55%～60%、斜长石20%～25%、黑云母5%～10%、微量磷灰石、金属矿物。石英、斜长石细粒变晶，黑云母退变质为白云母，少量铁铝榴石。

绿泥绢云变粒岩　浅褐红色，显微鳞片—不等粒变晶结构、变余凝灰结构，片状构造。主要矿物：石英40%～45%、斜长石15%～20%、钾长石10%～15%、绢云母15%～20%、绿泥石5%～10%，少量金属矿物、电气石、锆石。石英、斜长石、钾长石及方解石为不等粒变晶，0.03～0.7mm，绢云母、绿泥石为显微鳞片变晶，定向平行分布。

石英岩　灰—灰白色，显微鳞片—不等粒变晶结构，次平行—块状构造。主要矿物：石英大于85%，黑云母、绿泥石小于10%，白云母1%～2%，微量金属矿物。石英呈粒状变晶，粒径多数0.1～0.3mm，少数达0.5mm，黑云母、绿泥石及白云母为显微鳞片变晶，定向分布。榍石、锆石及电气石为浑圆状。

含钙质斜长角闪岩　灰绿色，粒状变晶结构，片状构造。主要矿物：普通角闪石55%～60%、斜长石30%～35%、方解石5%～10%，少量金属矿物、榍石、磷灰石。角闪石呈柱状变晶，定向平行分布，粒径0.3～1mm；斜长石呈不等粒变晶，粒径0.1～1mm，部分斜长石呈变斑晶。

白云二长片麻岩　灰白色，显微鳞片—不等粒变晶结构，片麻状构造。主要矿物：石英35%～40%、钾长石20%～25%、白云母20%～25%、黑云母5%～10%、斜长石10%～15%。

2. 岩石地球化学特征

小庙岩组岩石化学成分及特征值见表4-1、表4-2。

表4-1　长城系小庙岩组岩石化学成分表　（%）

序号	样品号	岩石名称	SiO_2	TiO_2	Al_2O_3	Fe_2O_3	FeO	MnO	MgO	CaO	Na_2O	K_2O	P_2O_5	Σ
1	D4901-GS1	粉砂质板岩	48.06	2.60	15.41	11.54	3.92	0.13	4.06	3.60	4.40	4.00	0.44	98.16
2	D4901-GS2	绿泥绢云石英片岩	92.24	0.32	2.19	0.77	1.6	0.05	1.58	0.50	0.10	0.38	0.06	99.78
3	D0404-GS1	绢云石英片岩	80.46	0.56	10.77	1.66	0.68	0.01	0.69	0.16	0.09	3.33	0.08	98.49
4	D0404-GS1	绢云石英片岩	80.38	0.56	10.69	1.66	0.65	0.01	0.66	0.15	0.11	3.32	0.08	98.27
5	D0404-GS2	二云石英片岩	68.27	0.55	14.06	5.37	4.1	0.06	2.79	2.82	0.26	3.77	0.05	102.10
6	D0404-GS3	花岗片麻岩	77.55	0.19	11.62	1.46	0.4	0.01	0.19	0.22	2.84	5.54	0.03	100.05
7	D0404-GS4	绿泥绢云石英片岩	79.32	0.33	9.12	4.17	3.08	0.03	1.89	0.52	0.63	2.26	0.04	101.39
8	D0405-GS1	基性凝灰质砂岩	51.11	2.42	12.56	15.15	11.2	0.18	4.75	8.40	2.24	1.10	0.36	109.47

注：样品由西安岩矿测试中心分析

表4-2　长城系小庙岩组岩石化学成分特征值表

序号	样品号	岩石名称	里格里值					
			al	fm	c	alk	Si	(al+fm)-(c+alk)
1	D4901-GS1	粉砂质板岩	18.46	36.85	7.84	36.84	97.72	10.63
2	D4901-GS2	绿泥绢云石英片岩	19.16	64.03	7.95	8.85	1 369.76	66.39
3	D0404-GS1	绢云石英片岩	53.72	24.17	1.45	20.67	681.06	55.77
4	D0404-GS1	绢云石英片岩	53.61	23.70	1.37	21.32	684.05	54.62
5	D0404-GS2	二云石英片岩	31.49	44.39	11.48	12.63	259.49	51.77
6	D0404-GS3	花岗片麻岩	30.58	7.70	1.05	60.66	346.38	−23.43
7	D0404-GS4	绿泥绢云石英片岩	29.60	47.12	3.07	20.21	436.84	53.44
8	D0405-GS1	凝灰质砂岩	13.96	52.80	16.97	16.27	96.38	33.52

续表 4-2

序号	样品号	岩石名称	特征值						
			DF	$Log(Na_2O+K_2O)$	$Log(SiO_2/Al_2O_3)$	Fe^*+MgO	$Log(K_2O/Na_2O)$	Al_2O_3/SiO_2	K_2O/Na_2O
1	D4901-GS1	粉砂质板岩	1.99	0.04	0.49	19.52	-0.04	0.32	0.91
2	D4901-GS2	绿泥绢云石英片岩	-10.61	-0.58	1.62	3.95	0.58	0.02	3.80
3	D0404-GS1	绢云石英片岩	-5.86	-1.57	0.87	3.03	1.57	0.13	37.00
4	D0404-GS1	绢云石英片岩	-5.79	-1.48	0.88	2.97	1.48	0.13	30.18
5	D0404-GS2	二云石英片岩	-5.69	-1.16	0.69	12.26	1.16	0.21	14.50
6	D0404-GS3	花岗片麻岩	0.63	-0.29	0.82	2.05	0.29	0.15	1.95
7	D0404-GS4	绿泥绢云石英片岩	-7.96	-0.55	0.94	9.14	0.55	0.11	3.59
8	D0405-GS1	凝灰质砂岩	-4.90	0.31	0.61	31.10	-0.31	0.25	0.49

岩石稀土元素含量及配分模式见表 4-3、图 4-1，均具轻稀土富集（LREE/HREE=0.65～0.81），特征值 δEu 均小于 1，为铕负异常；δCe 仅一个样品大于 1，其余均小于 1，属铈相对亏损；$(La/Yb)_N$ 多数大于 1，反映稀土配分型式为轻稀土段陡而重稀土段缓的右倾斜型。

表 4-3　小庙岩组稀土元素含量及特征值一览表

	样品号	D0404-XT1	D0404-XT2	D0404-XT3	D0404-XT4	D0405-XT1	D4901-XT1	D4901-XT2
	岩石名称	绢云石英片岩	二云石英片岩	花岗片麻岩	绿泥绢云石英片岩	基性凝灰质砂岩	粉砂质板岩	绿泥绢云石英片岩
稀土元素含量	La	65.70	64.20	54.70	60.40	27.80	56.70	8.88
	Ce	138.00	117.00	107.00	111.00	51.00	110.00	17.00
	Pr	16.60	12.70	10.50	12.30	7.47	11.80	2.36
	Nd	82.80	59.90	44.20	54.50	34.1	46.9	7.18
	Sm	16.80	11.00	7.29	9.03	6.79	9.01	1.16
	Eu	2.76	1.92	0.49	1.70	2.24	2.47	0.26
	Gd	13.30	4.34	4.84	7.29	6.58	8.34	1.37
	Tb	2.21	1.42	0.88	1.30	1.15	1.42	0.23
	Dy	12.1	8.41	5.86	7.92	7.91	9.18	1.36
	Ho	2.16	1.72	1.22	1.61	1.55	1.60	0.29
	Er	5.57	4.81	3.60	4.50	4.55	4.38	0.74
	Tm	0.79	0.71	0.56	0.71	0.66	0.68	0.12
	Yb	4.66	4.23	3.78	4.35	3.76	4.06	0.69
	Lu	0.56	0.59	0.46	0.56	0.47	0.52	0.08
	ΣREE	364.01	292.95	245.38	277.17	156.03	267.06	41.72
	LREE	322.66	266.72	224.18	248.93	129.4	236.88	4.88
	HREE	41.35	26.23	21.12	28.24	26.63	30.18	36.84
特征参数值	δEu	0.66	0.49	0.54	0.87	0.83	0.82	0.72
	δCe	0.49	0.54	0.87	0.83	0.61	0.72	1.16
	LREE/HREE	0.66	0.81	0.65	0.73	0.69	0.68	0.76
	$(La/Sm)_N$	62.25	53.12	39.15	32.32	32.11	36.77	6.78
	$(Sm/Nd)_N$	3.91	5.84	7.50	6.69	4.09	6.29	7.66
	$(La/Yb)_N$	0.79	1.07	1.24	1.11	0.82	1.21	1.24

注：样品由宜昌地研所岩矿测试中心分析；元素含量单位为 $\times10^{-6}$

3. 原岩恢复

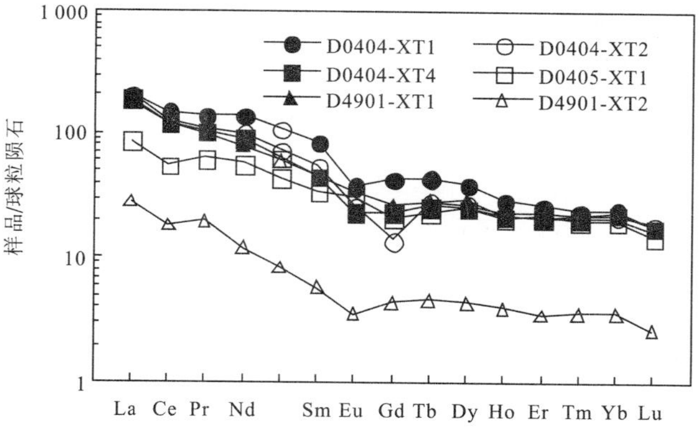

图 4-1　小庙岩组变质碎屑岩稀土元素球粒陨石标准化分布图

长城系小庙岩组是测区出露最古老的地层，主要岩性为绿泥绢云石英片岩、二云石英片岩、含石榴子石黑云石英片岩、绿帘绿泥石英变砂岩、石英岩、大理岩、花岗质片麻岩(表 4-4)。

利用 Simoncn(1953)[(al+fm)-(c+alk)]-Si 图解法(图 4-2)，样品投在沉积岩区；在 DF·肖(1972)判别式(表 4-2)中，DF 值显负值。

冰沟岩群包括蓟县系狼牙山岩组和青白口系丘吉东沟岩组，出露于白干湖一带，对小庙岩组变质碎屑岩进一步利用 $Log(Na_2O/K_2O)$-$Log(SiO_2/Al_2O_3)$图解判别岩石类型(图 4-3)，样品投在杂砂岩区、长石砂岩区。利用小庙岩组变质碎屑岩的平均化学成分与 Bhatia(1985)不同构造环境沉积盆地中的杂砂岩平均成分比较(表 4-5)，接近于被动陆缘型。

表 4-4　测区变质岩岩石特征表

岩石类型	岩石名称	结 构	构 造	变质矿物组合	分布层位
千枚岩-片岩类	绢云绿泥千枚岩	显微鳞片—粒状变晶结构	千枚状构造	绿泥石+绢云母	Sb
	绢云千枚岩	显微鳞片—粒状变晶结构	千枚状构造	绢云母+绿泥石+钠长石+石英	(O—S)a、Sb
	黑云石英片岩	显微鳞片变晶结构	片状构造	石英+黑云母	Chx、(O—S)a、Qnq
	二云石英片岩	显微鳞片—粒状变晶结构	片状构造	石英+黑云母+白云母	Chx、(O—S)a、Qnq
	绿帘钠长黑云母片岩	粒状—显微鳞片变晶结构	片状构造	黑云母+钠长石+绿帘石	Chx、Qnq
	方解石黑云石英片岩	显微鳞片—粒状变晶结构、变余砂状结构	平行—片状构造	石英+方解石+黑云母	C_2d
	绢云钠长石英千枚岩	显微鳞片—粒状变晶结构	千枚状—条带状构造	钠长石+石英+绢云母	Sb
	钠长阳起石片岩	粒状—柱纤状变晶结构	片状构造	阳起石+钠长石+方解石	(O—S)Q
	绢云石英片岩	显微鳞片—粒状变晶结构	片状构造	石英+绢云母+绿泥石	Chx、(O—S)a、Qnq
	长石绿帘黑云石英片岩	显微鳞片—不等粒状变晶结构	片状构造	斜长石+石英+黑云母+绿帘石	Sb
	含石榴子石黑云石英片岩	显微鳞片变晶—不等粒变晶结构	片状构造	石英+黑云母+石榴子石	Chx、(O—S)Q
斜长片麻岩-变粒岩-石英岩类	变石英粉砂岩	显微鳞片—粒状变晶结构、变余砂状结构	次平行—块状构造	石英+绢(白)云母+黑云母	Chx、(O—S)a、Qnq、Sb
	变中—细粒长石杂砂岩	显微鳞片—粒变晶结构、变余砂状结构	平行—块状构造	石英+斜长石+绢云母+绿泥石	Sb
	变玄武岩	斑状结构	块状构造	斜长石+绿泥石+方解石	Qnq、(O—S)Q
	绿泥绢云变粒岩	显微鳞片—粒状变晶结构、变余凝灰结构	片状构造	石英+斜长石+绿泥石	Chx、(O—S)a、Sb
	白(绢)云绿泥斜长变粒岩	显微鳞片—不等粒变晶结构	片状构造	斜长石+绢云母+绿泥石	Chx、(O—S)a、Sb
	石英岩	显微鳞片—不等粒变晶结构	次平行—块状构造	石英+绿泥石+黑云母	Chx、(O—S)a
	白云二长片麻岩	显微鳞片—不等粒变晶结构	片麻状构造	石英+长石+白云母+黑云母	Chx

续表 4-4

岩石类型	岩石名称	结构	构造	变质矿物组合	分布层位
大理岩-钙镁硅酸盐岩类（钙镁质变质岩）	透闪石大理岩	纤柱状—粒状变晶结构	块状构造	方解石＋透闪石	(O—S)Q、Jx*l*
	方解石透闪石白云石大理岩	柱状—粒状变晶结构	条纹状—次平行构造	白云石＋方解石＋透闪石	Ch*x*
	大理岩	粒状变晶结构	块状构造	方解石	Ch*x*、Jx*l*
	长石石英白云石大理岩	不等粒状变晶结构	块状构造	白云石＋石英＋斜长石	Ch*x*
斜长角闪岩类	含钙质斜长角闪岩	粒状变晶结构	片状构造	普通角闪石＋斜长石＋方解石	Ch*x*
	斜长角闪岩	粒状—柱状变晶结构	片状构造	普通角闪石＋斜长石	Qn*q*
滑石-蛇纹石片岩类（镁质变质岩）	镁斜长石绿泥石滑石片岩	显微鳞片变晶结构	斑状变晶结构	镁斜绿泥石＋滑石	(O—S)*Q*
	滑石化蛇纹岩	显微纤状—鳞片变晶结构	网脉状—块状构造	蛇纹石＋斜长石	(O—S)*Q*

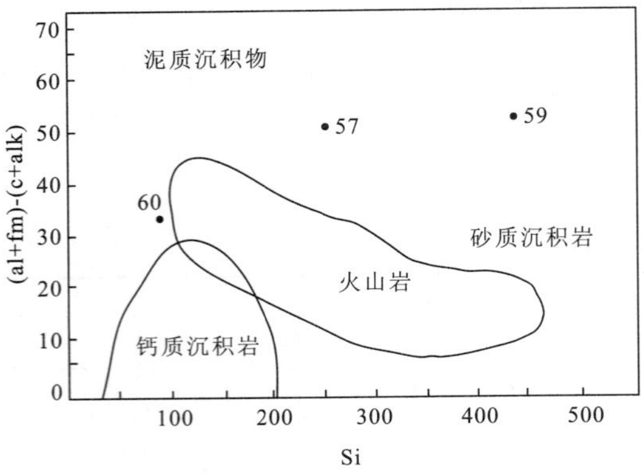

图 4-2　[(al＋fm)-(c＋alk)]- Si 图解

（据 Simoncn，1953）

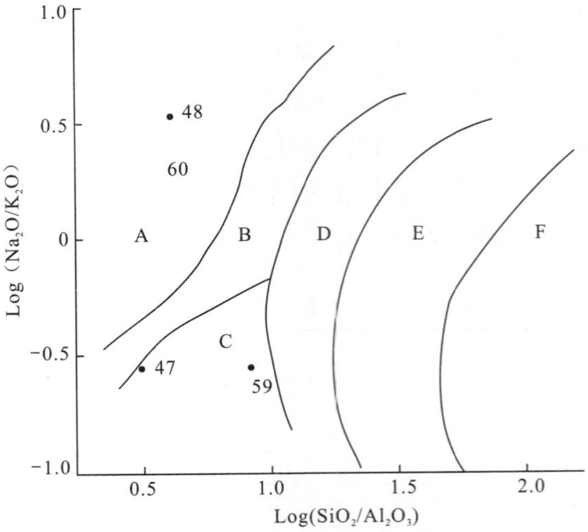

图 4-3　Log(Na_2O/K_2O)- Log(SiO_2/Al_2O_3)图解

（据 Pettijoho，1972）

A. 杂砂岩；B. 岩屑砂岩；C. 长石砂岩；

D. 亚长石砂岩；E. 亚岩屑砂屑砂岩；F. 石英砂屑岩

表 4-5　长城系小庙岩组变质碎屑岩化学成分与不同杂砂岩构造环境比较表　(%)

类型	大洋岛弧	大陆岛弧	活动陆缘	被动陆缘	长城系(8 件样品平均值)
SiO_2	58.83±1.6	70.69	73.83±4.0	81.95±6.2	71.49
TiO_2	1.06±0.2	0.64±0.1	0.46±0.1	0.49±0.2	1.05
Al_2O_3	17.11±1.7	14.04±1.1	12.89±2.1	8.41±2.2	10.69
Fe_2O_3	1.95±0.5	1.43±0.5	1.30±0.5	1.32±1.6	5.76
FeO	5.52±2.1	3.05±0.4	1.58±0.9	1.76±1.2	3.60
MnO	0.15	0.10	0.10	0.05	0.07
MgO	3.65±0.7	1.97±0.5	1.23±0.5	1.39±0.8	2.35
CaO	5.83±1.3	2.68±0.9	2.48±1.0	0.89±0.3	2.31
Na_2O	4.10±0.8	3.12±0.4	2.77±0.7	1.07±2.6	1.12
K_2O	1.60±0.6	1.89±0.5	2.90±0.5	1.71±0.6	2.59
P_2O_5	0.26±0.1	0.16±0.1	0.09	0.12	0.16
$Fe_2O_3^*$＋MgO	11.73	6.79	4.63	2.89	11.71
Al_2O_3/ SiO_2	0.29	0.2	0.18	0.10	0.17
K_2O/Na_2O	0.39	0.61	0.99	0.60	12.82
Al_2O_3/(CaO＋Na_2O)	1.72	2.42	2.56	4.15	14.78

利用变质碎屑岩成分 $SiO_2/Al_2O_3-K_2O/Na_2O$ 判别图(图 4-4),样品多投在被动陆缘区。

利用判别碎屑岩源区类型的 K_2O/Na_2O-SiO_2 图解(图 4-5),样品多投在被动陆缘区。

综上所述,结合岩石自然组合特征,长城系金水口群小庙岩组形成于被动大陆边缘环境。

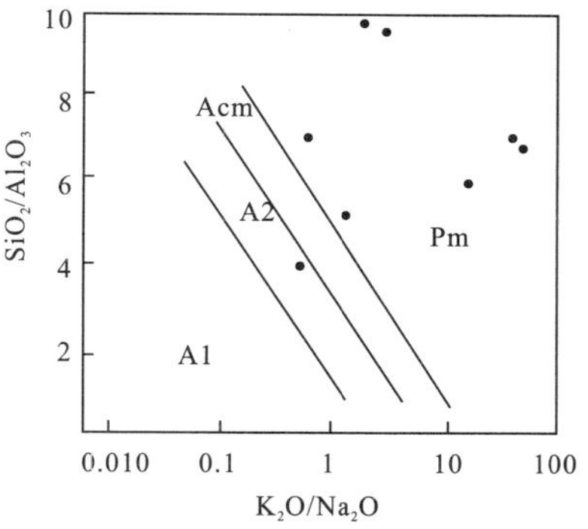

图 4-4　小庙岩组碎屑岩成分 $SiO_2/Al_2O_3-K_2O/Na_2$ 关系图

A1. 岛弧背景、玄武岩、安山岩碎屑;Acm. 活动陆缘;A2. 演化的岛弧背景霏细-混成岩屑;Pm. 被动陆缘

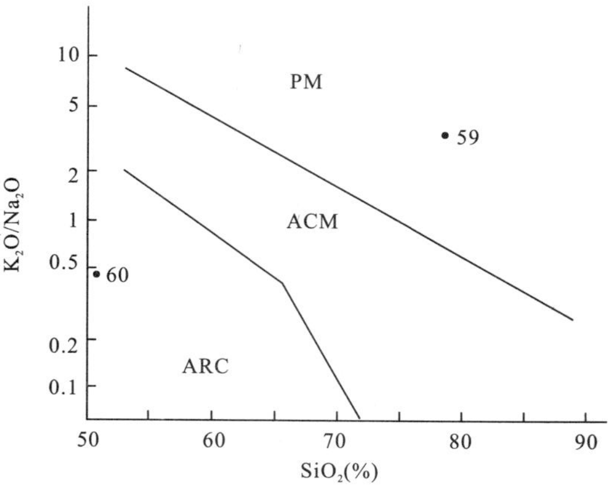

图 4-5　变质碎屑岩源区类型的 K_2O/Na_2O-SiO_2 图解

(据 Roser,1986)

PM. 被动大陆边缘;ACM. 活动大陆边缘;ARC. 大洋岛弧

二、蓟县系—青白口系褶皱盖层变质岩系

构造作用呈条带状、长透镜状展布,其经历了绿片岩相变质作用,原生沉积构造消失殆尽,属柴达木地块的褶皱盖层。

1. 岩石学特征

狼牙山岩组主要岩石类型为白云石大理岩、石英岩。丘吉东沟岩组岩石类型主要为长石石英变砂岩、石英片岩、石英岩、变凝灰岩。

透闪石大理岩　浅灰白—乳白色,纤柱状—粒状变晶结构,块状构造。主要矿物:方解石大于 85%、透闪石 10%~15%。方解石呈等轴粒状变晶,粒径 0.2~0.7mm;透闪石呈纤维柱状变晶,粒径一般小于 0.1mm×0.7mm。

大理岩　浅灰—白色,粒状变晶结构,块状构造。主要矿物:方解石大于 99%。方解石为粒状变晶,粒径 0.2~0.5mm,少数达 1mm。

云母石英片岩　灰色,显微鳞片—粒状变晶结构,片状构造。主要矿物:石英大于 50%、黑云母 15%~20%、白云母 20%~25%、斜长石小于 5%。石英呈粒状变晶,定向分布。黑云母及白云母呈显微鳞片变晶,定向分布。

石英岩　灰—灰白色,显微鳞片—不等粒变晶结构,次平行—块状构造。主要矿物:石英大于 85%,黑云母、绿泥石小于 10%,白云母 1%~2%,微量金属矿物。石英呈粒状变晶,粒径多数 0.1~0.3mm,少数达 0.5mm;黑云母、绿泥石及白云母为显微鳞片变晶,定向分布。榍石、锆石及电气石为浑圆状。

2. 岩石地球化学特征

蓟县系狼牙山岩组和青白口系丘吉东沟岩组岩石化学成分及特征值列于表 4-6 中。

岩石稀土元素含量及配分模式见表 4-7,图 4-6、图 4-7。具轻稀土元素明显富集,特征值

δEu总体具铕负异常；δCe大部分小于1，属铈相对亏损；$(La/Yb)_N$在1左右，反映稀土配分型式为右倾型。从图4-6、图4-7稀土曲线配分型式图可以看出，原岩为碳酸盐岩的丰度值明显高于碎屑岩，变质火山岩为轻稀土段稍陡而重稀土段缓的右倾斜型，各稀土曲线形态吻合程度良好。

表4-6 蓟县系—青白口系岩石化学成分及特征值表

序号	样品号	岩石名称	地层	化学成分(%)												里格里值
				SiO_2	TiO_2	Al_2O_3	Fe_2O_3	FeO	MnO	MgO	CaO	Na_2O	K_2O	P_2O_5	Σ	al
1	D0402-GS1	粉砂质板岩	Qnq	57.66	2.17	13.84	8.65	6.42	0.22	3.95	3.90	3.49	1.55	0.22	102.07	18.70
2	D0402-GS2	石英变砂岩	Qnq	57.84	0.66	16.18	7.70	5.02	0.08	5.05	3.70	2.52	2.44	0.15	101.34	22.94
3	D2467-GS1	石英岩	Jxl	50.39	1.23	16.23	1.00	5.76	0.20	4.71	14.00	1.30	3.42	0.03	98.27	21.68
4	D2467-TS1	白云质大理岩	Jxl	8.16	0.045	0.80	0.37	0.17	0.04	1.80	48.80	0.07	0.21	0.05	60.51	0.84
5	D2467-TS2	结晶灰岩	Jxl	5.67	0.025	0.38	0.20	0.22	0.03	2.01	50.50	0.07	0.13	0.01	59.24	0.39
6	D0403-GS1	硅质岩	Qnq	1.65	48.76	14.06	11.43	7.25	0.19	8.38	10.84	2.64	0.65	0.15	106.00	14.54
7	D0403-GS2	片理化玄武岩	Qnq	49.73	2.81	13.61	13.78	9.25	0.21	8.10	7.89	3.41	0.27	0.30	109.36	13.58
8	D0403-GS3	片理化玄武岩	Qnq	47.71	1.83	14.56	12.83	7.38	0.21	8.01	10.84	2.97	0.30	0.16	106.80	14.58
9	D0403-GS4	大理岩	Qnq	11.56	0.03	0.54	1.02	1.15	0.06	20.03	28.89	0.06	0.39	0.01	63.74	0.50
10	D0403-GS5	绿片岩化玄武岩	Qnq	51.17	1.49	17.12	12.06	8.85	0.08	6.04	3.70	1.99	3.69	0.20	106.39	20.59
11	D0403-GS6	黑云石英片岩	Qnq	79.17	0.29	8.19	4.44	3.30	0.08	2.22	2.31	0.14	2.02	0.03	102.19	26.00

序号	样品号	岩石名称	地层	里格里值					特征参数值						
				fm	c	alk	Si	(al+fm)-(c+alk)	DF	$Log(Na_2O/K_2O)$	$Log(SiO_2/Al_2O_3)$	Fe^*+MgO	$Log(K_2O/Na_2O)$	Al_2O_3/SiO_2	K_2O/Na_2O
1	D0402-GS1	粉砂质板岩	Qnq	41.16	9.57	30.58	132.19	19.70	-2.29	0.35	0.62	19.02	-0.35	0.24	0.44
2	D0402-GS2	石英变砂岩	Qnq	42.32	9.54	25.20	139.18	30.53	-3.69	0.01	0.55	17.77	-0.01	0.28	0.97
3	D2467-GS1	石英岩	Jxl	28.93	34.01	15.37	114.26	1.24	4.52	-0.42	0.49	11.47	0.42	0.32	2.63
4	D2467-TS1	白云质大理岩	Jxl	5.57	92.91	0.68	14.50	-87.18	33.85	-0.48	1.01	2.34	0.48	0.10	3.00
5	D2467-TS2	结晶灰岩	Jxl	5.78	93.26	0.57	9.77	-87.66	35.09	-0.27	1.17	2.43	0.27	0.07	1.86
6	D0403-GS1	硅质岩	Qnq	47.95	20.38	17.12	85.59	24.98	-3.82	0.61	0.54	27.06	-0.61	0.29	0.25
7	D0403-GS2	片理化玄武岩	Qnq	51.39	14.31	20.72	84.19	29.94	-5.85	1.10	0.56	31.13	-1.10	0.27	0.08
8	D0403-GS3	片理化玄武岩	Qnq	47.49	19.74	18.19	81.09	24.15	-3.44	1.00	0.52	28.22	-1.00	0.31	0.10
9	D0403-GS4	大理岩	Qnq	49.93	48.84	0.73	18.24	0.86	3.88	-0.81	1.33	22.20	0.81	0.05	6.50
10	D0403-GS5	绿片岩化玄武岩	Qnq	52.15	8.09	19.17	104.44	45.47	-5.98	-0.27	0.48	26.95	0.27	0.33	1.85
11	D0403-GS6	黑云石英片岩	Qnq	51.06	13.33	9.61	426.52	54.12	-8.27	-1.16	0.99	9.96	1.16	0.10	14.43

表4-7 蓟县系—青白口系稀土元素含量及特征值表

样品号	岩石名称	稀土元素含量($\times10^{-6}$)													
		La	Ce	Pr	Nd	Sm	Eu	Gd	Tb	Dy	Ho	Er	Tm	Yb	Lu
D0402-XT1	泥质粉砂质板岩	35.40	58.00	7.84	36.00	7.76	1.86	7.22	1.14	7.65	1.41	3.74	0.52	3.15	0.40
D0402-XT2	含泥质石英变砂岩	39.10	57.20	6.67	29.00	5.49	1.08	4.22	0.71	4.66	0.93	2.52	0.38	2.30	0.31
D2467-XT1	石英岩	42.30	78.60	9.87	43.00	8.21	1.96	6.66	1.08	6.92	1.05	3.72	0.56	3.37	0.39
D2467-XT2	白云质大理岩	4.45	11.60	1.12	5.40	0.97	0.22	0.90	0.15	0.89	0.13	0.36	0.05	0.30	0.03
D2467-XT3	细粒结晶灰岩	4.91	6.83	0.80	3.80	0.90	0.15	0.63	0.10	0.61	0.09	0.18	0.03	0.21	0.02
D0403-XT1	硅质岩	14.40	27.40	3.81	19.00	4.38	1.54	4.45	0.80	5.11	0.92	2.59	0.36	2.02	0.28
D0403-XT2	二云石英片岩	3.47	7.55	0.95	4.61	1.15	0.31	1.53	0.27	1.81	0.39	1.24	0.19	1.16	0.17
D0403-XT3	片理化玄武岩	25.70	47.90	6.57	34.00	7.15	2.18	6.85	1.14	7.30	1.30	3.49	0.48	2.82	0.38
D0403-XT4	片理化玄武岩	12.60	26.30	3.60	17.00	3.92	1.36	3.99	0.68	4.40	0.85	2.25	0.32	1.80	0.25
D0403-XT5	大理岩	2.59	5.34	0.63	2.97	0.42	0.19	0.64	0.09	0.53	0.087	0.20	0.03	0.19	0.04
D0403-XT6	绿片岩化玄武岩	60.30	57.30	10.50	50.10	9.08	2.16	9.68	1.55	8.49	1.61	3.86	0.55	3.38	0.44
D0403-XT7	黑云石英片岩	46.90	83.70	8.86	40.60	7.69	1.34	6.05	0.96	6.09	1.14	3.30	0.51	3.28	0.42

续表 4-7

样品号	岩石名称	稀土元素含量($\times10^{-6}$)			特征参数值					
		ΣREE	LREE	HREE	δEu	δCe	LREE/HREE	$(La/Sm)_N$	$(Sm/Nd)_N$	$(La/Yb)_N$
D0402-XT1	泥质粉砂质板岩	172.09	146.76	25.20	0.71	0.90	0.72	35.64	4.56	0.99
D0402-XT2	含泥质石英变砂岩	154.57	138.14	16.00	0.90	1.08	0.71	17.77	7.12	1.37
D2467-XT1	石英岩	207.69	184.14	23.80	0.78	0.63	0.66	30.55	5.15	0.98
D2467-XT2	白云质大理岩	26.57	23.72	2.81	0.63	0.76	0.75	4.46	4.59	0.83
D2467-XT3	细粒结晶灰岩	19.26	17.36	1.86	0.76	0.38	0.77	2.44	5.46	1.30
D0403-XT1	硅质岩	87.06	70.53	16.53	1.08	1.27	0.56	15.35	3.29	0.76
D0403-XT2	二云石英片岩	24.80	18.04	6.76	1.27	1.16	0.76	5.34	3.02	0.75
D0403-XT3	片理化玄武岩	147.26	123.50	23.76	1.16	0.79	0.78	20.52	3.59	0.76
D0403-XT4	片理化玄武岩	79.32	64.78	14.54	0.79	0.82	0.72	18.50	3.21	0.74
D0403-XT5	大理岩	13.94	12.14	1.80	0.82	0.94	0.78	2.20	6.17	0.87
D0403-XT6	绿片岩化玄武岩	219.00	189.44	29.56	0.94	0.77	0.75	31.47	6.64	1.20
D0403-XT7	黑云石英片岩	210.84	189.09	21.75	0.77	0.66	0.78	28.41	6.10	1.16

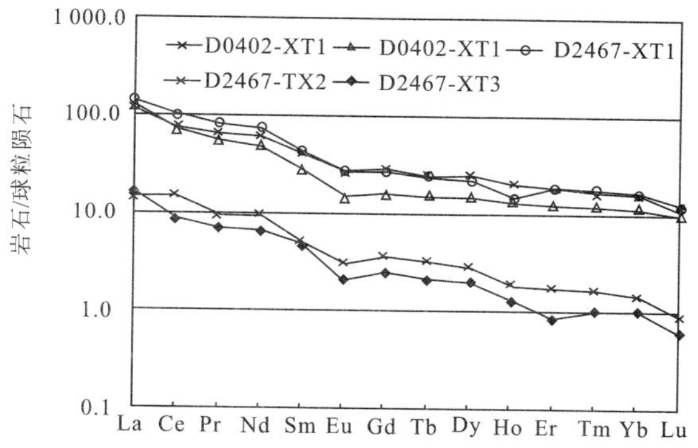

图 4-6 蓟县系狼牙山岩组岩石稀土元素含量及配分模式

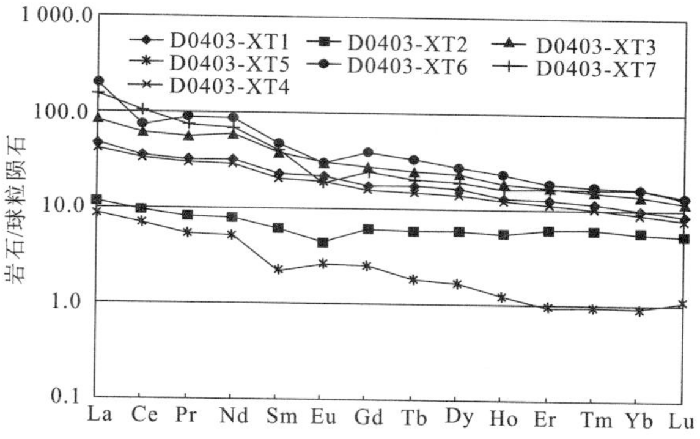

图 4-7 青白口系丘吉东沟岩组岩石稀土元素含量及配分模式

3. 原岩恢复

冰沟岩群狼牙山岩组主要岩性为白云质大理岩、石英岩、石英片岩；丘吉东沟岩组主要岩性为板岩、变砂岩、黑云石英片岩夹凝灰质变砂岩、石英岩、斜长角闪岩、变玄武岩，绝大部分岩石基本保留或残留原岩组构(表 4-4)。

在 Simoncn(1953)[(al+fm)-(c+alk)]-Si 图解法(图 4-8)样品投在沉积岩区，少量火山岩区及钙质沉积物区中；在 DF·肖(1972)判别式中 DF 值(表 4-6)样品大部分显负值，说明岩石多为负变质岩。

丘吉东沟岩组中变质碎屑岩进一步利用 $Log(Na_2O/K_2O)-Log(SiO_2/Al_2O_3)$ 图解判别岩石类型(图 4-9)，样品多投在杂砂岩区，由此表明原岩建造形成于活动的构造环境。

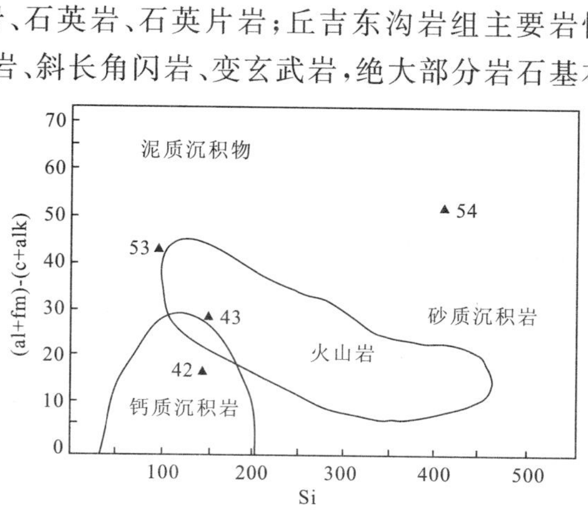

图 4-8 [(al+fm)-(c+alk)]-Si 图解

(据 Simoncn,1953)

综上所述，确定原岩类型是狼牙山岩组为

一套镁质碳酸盐岩夹正常碎屑岩，丘吉东沟岩组为一套碎屑岩夹中基性火山岩。

4. 形成环境探讨

狼牙山岩组为一套镁质碳酸盐岩夹正常碎屑岩，属被动大陆边缘环境。

根据 Pearce(1977)变质玄武岩构造环境 A－F－M 判别图(图 4－10)，青白口系丘吉东沟岩组变质玄武岩样品投在洋岛区或靠近洋岛区，根据判别碎屑岩源区类型的 K_2O/Na_2O-SiO_2 图解(图 4－11)，青白口系丘吉东沟岩组变砂岩样品投在大洋岛弧区。

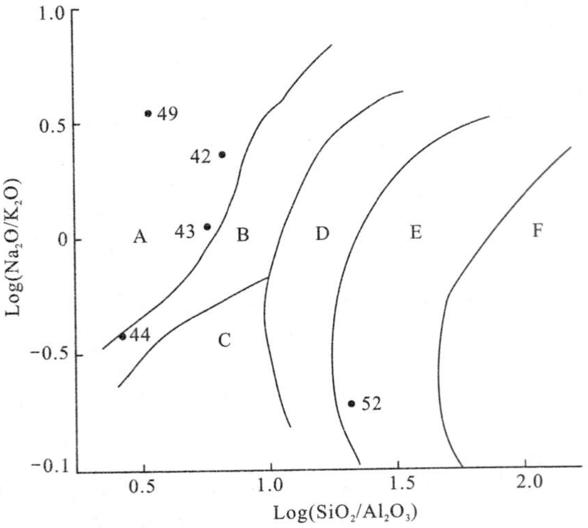

图 4－9　Log(Na_2O/K_2O)－Log(SiO_2/Al_2O_3)图解
(据 Pettijoho, 1972)
A. 杂砂岩；B. 岩屑砂岩；C. 长石砂岩；
D. 亚长石砂岩；E. 亚岩屑砂屑砂岩；F. 石英砂屑岩

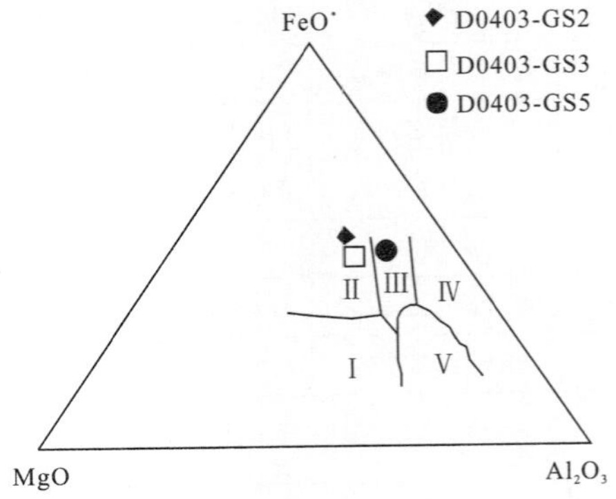

图 4－10　丘吉东沟岩组变玄武岩 A－F－M 图
(据 Pearce, 1977)
Ⅰ. 洋中脊或洋底；Ⅱ. 洋岛；Ⅲ. 大陆；
Ⅳ. 扩张中央岛；Ⅴ. 造山带

综上所述，蓟县系狼牙山岩组为稳定环境下的碳酸盐岩沉积建造；青白口系丘吉东岩组为较活动构造环境下形成的碎屑岩、火山岩沉积建造，其原岩建造形成于活动性较强的构造环境。

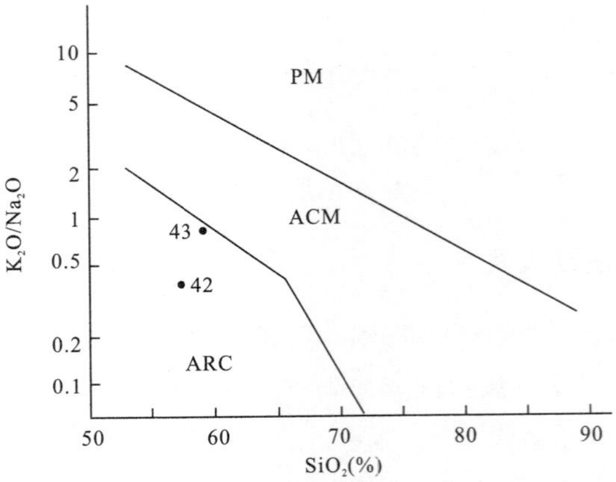

图 4－11　变质碎屑岩原区类型的 K_2O/Na_2O-SiO_2 图解
(据 Roser, 1986)
PM. 被动大陆缘；ACM. 活动大陆边缘；ARC. 大洋岛弧

三、古生界盖层变质岩系

古生界盖层变质岩系包括滩间山群阿达滩碎屑岩组和阿特阿特坎碳酸盐岩组、白干湖组。其出露于祁漫塔格山一带，经历了绿片岩相变质作用，原生沉积构造残留很少，属柴达木地块的浅变质盖层。

1. 岩石学特征

滩间山群阿达滩碎屑岩组主要岩性为绢云母板岩、绿泥绢云千枚岩、绿泥绢云长石变砂岩、绿泥绢云长石片岩、含凝绢云母长石变砂岩、含凝灰质长石绢云片岩；滩间山群阿特阿特坎碳酸盐岩组主要岩性为大理岩、白云质大理岩。

白干湖组岩性主要为绢云母板岩、粉砂质绢云母板岩、绿泥绢云千枚岩、绢云千枚岩、石英绢云千枚岩等。

变石英粉砂岩 深灰色，显微鳞片—粒状变晶结构、变余粉砂状结构，次平行—块状构造。主要矿物：石英大于80%、绢云母5%～10%、黑云母小于5%。主要分布于白干湖组中。

变玄武岩 浅紫灰色，斑状结构，块状构造。主要矿物：斜长石大于55%、绿泥石30%～35%、方解石10%～15%。斑晶为斜长石，含量10%～15%，粒径0.3～1.5mm，呈自形板柱状。基质为斜长石、绿泥石、绿帘石及方解石等，粒径小于0.2mm。主要分布于阿达滩碎屑岩组中。

绿泥绢云母板岩 岩石呈深灰色，粒状—显微鳞片变晶结构，条纹（带）状—平行构造。主要矿物：绢云母大于60%、绿泥石20%～25%、石英10%～15%。绢云母、绿泥石相伴生与石英相对集中构成呈条纹（带）状构造，二者相间平行分布。绢云母、绿泥石呈显微鳞片变晶平行分布。石英为粒状变晶，粒径一般小于0.05mm，个别达0.1mm。主要分布于白干湖岩组、阿达滩组碎屑岩组中。

绢云绿泥千枚岩 浅灰绿色，显微鳞片—粒状变晶结构，千枚状构造。主要矿物：绿泥石60%～65%、绢云母15%～20%%、钠长石及石英10%～15%，少量金属矿物。绿泥石、绢云母为显微鳞片变晶，大致定向排列，构成千枚状构造。钠长石及石英颗粒细小，呈粒状变晶。主要分布于白干湖组、阿达滩组碎屑岩组中。

绢云千枚岩 浅灰绿色，显微鳞片—粒状变晶结构，千枚状构造。主要矿物：绢云母大于70%、绿泥石小于10%、钠长石及石英10%～15%，少量铁质矿物。绢云母、绿泥石为显微鳞片变晶，大致定向排列，构成千枚状构造。钠长石及石英呈粒状变晶，颗粒细小，粒径小于0.01mm。主要分布于白干湖组、阿达滩组碎屑岩组中。

绢云钠长石英千枚岩 浅灰白色，显微鳞片—粒状变晶结构，千枚状—条带状构造。主要矿物：钠长石及石英75%～80%、绢云母20%～25%，少量绿泥石，微量黑云母。钠长石及石英呈粒状变晶，颗粒细小，粒径小于0.05mm，略具定向性。绢云母为显微鳞片变晶，定向平行排列，集中分布呈条带与粒状矿物相间排列。主要分布于白干湖组、阿达滩组碎屑岩组中。

云母石英片岩 灰色，显微鳞片—粒状变晶结构，片状构造。主要矿物：石英大于50%、黑云母15%～20%、白云母20%～25%、斜长石小于5%。石英呈粒状变晶，定向分布；黑云母及白云母呈显微鳞片变晶，定向分布。主要分布于阿达滩组岩组中。

白云石大理岩 浅灰白—乳白色，纤柱状—粒状变晶结构，块状构造。主要矿物：方解石大于85%、白云石10%～15%。方解石呈等轴粒状变晶，粒径0.2～0.7mm；透闪石呈纤维柱状变晶，粒径一般小于0.1mm×0.7mm。主要分布于阿特阿特坎碳酸盐岩组中。

大理岩 浅灰—白色，粒状变晶结构，块状构造。主要矿物：方解石大于99%。方解石为粒状变晶，粒径0.2～0.5mm，少数达1mm。主要分布于阿特阿特坎碳酸盐岩组中。

2. 岩石地球化学特征

奥陶系—志留系滩间山群、志留系白干湖组岩石化学成分及特征值列于表4-8、表4-9。

表4-8 奥陶系—志留系变质岩岩石化学成分表 （%）

序号	样品号	岩石名称	地层	SiO_2	TiO_2	Al_2O_3	Fe_2O_3	FeO	MnO	MgO	CaO	Na_2O	K_2O	P_2O_5	Σ
1	D4906-GS3	构造片岩	(O—S)Y	70.37	0.58	11.57	1.02	3.49	0.09	3.31	1.25	2.18	2.92	0.16	96.94
2	D4906-GS5	绿泥石英片岩	(O—S)Y	72.41	0.47	10.23	1.85	2.43	0.08	3.67	1.60	1.22	2.65	0.12	96.73
3	D4906-GS7	绢云绿泥片岩	(O—S)Y	68.56	0.64	12.61	3.50	3.53	0.08	3.52	0.60	1.19	2.92	0.15	97.30

续表 4-8

序号	样品号	岩石名称	地层	SiO_2	TiO_2	Al_2O_3	Fe_2O_3	FeO	MnO	MgO	CaO	Na_2O	K_2O	P_2O_5	Σ
4	D4906-GS8	含碳绢云片岩	(O—S)Y	23.81	0.12	3.01	1.27	1.83	0.30	12.29	22.80	0.20	0.50	0.11	66.24
5	D4906-GS9	绿片岩化玄武岩	(O—S)Y	40.56	1.32	10.88	3.05	5.45	0.05	5.00	20.00	1.50	0.62	0.11	88.54
6	D4906-GS10	石英片岩	(O—S)Y	79.36	0.26	6.49	0.31	0.60	0.05	2.88	2.40	0.38	3.14	0.09	95.96
7	D1307-GS1	含石榴子石黑云石英片岩	(O—S)Y	57.58	1.22	15.18	0.11	11.24	0.07	5.43	1.20	0.73	2.74	0.30	95.80
8	D0303-GS1	绿泥石英片岩	(O—S)Y	56.50	0.65	15.92	7.45	4.28	0.09	4.41	3.76	5.76	1.42	0.17	100.41
9	D0305-GS1	硅质岩	(O—S)Y	66.23	0.72	14.16	6.59	4.70	0.07	3.16	0.74	1.72	4.08	0.19	102.36
10	D0384-GS1	超镁铁质糜棱岩	(O—S)Y	44.61	0.01	0.36	8.67	3.00	0.22	35.51	1.85	0.10	0.04	0.01	94.38
11	D0313-GS1	绿泥石英片岩	(O—S)Y	48.04	1.26	13.46	11.89	7.35	0.18	7.29	12.26	2.05	0.36	0.11	104.25
12	D0313-GS1	绿泥石英片岩	(O—S)Y	48.23	1.28	13.50	11.9	7.42	0.18	7.28	12.28	2.03	0.37	0.11	104.58
13	D4906-TS1	大理岩	(O—S)Y	3.40	0.01	0.2	0.15	0.08	0.04	0.79	52.00	0.06	0.075	0.02	56.82
14	D4906-TS2	灰岩	(O—S)Y	2.57	0.03	0.50	0.17	0.13	0.03	2.80	51.30	0.07	0.15	0.01	57.76
15	D4906-TS3	大理岩	(O—S)Y	9.96	0.02	0.38	0.32	0.25	0.04	14.56	33.25	0.08	0.13	0.02	59.01
16	D4906-TS4	白云质灰岩	(O—S)Y	39.93	0.16	2.50	1.11	0.08	0.04	2.08	29.60	0.10	0.83	0.08	76.51
17	D4906-TS5	大理岩化灰岩	(O—S)Y	4.66	0.12	0.26	0.07	0.08	0.01	1.87	52.00	0.07	0.08	0.02	59.24
18	D4906-TS6	糜棱质大理岩化白云质灰岩	(O—S)Y	4.99	0.05	0.76	0.28	0.13	0.01	6.68	45.60	0.07	0.28	0.03	58.89
19	D0112-TS1	白云质灰岩	(O—S)*at*	2.78	0.03	0.54	0.62	0.73	0.06	19.12	30.70	0.08	0.18	0.04	54.88
20	D0112-TS2	结晶灰岩	(O—S)*at*	4.02	0.05	0.80	0.43	0.36	0.04	3.09	49.10	0.08	0.28	0.03	58.27
21	D-TS1	白云质灰岩	(O—S)*at*	11.42	0.48	2.95	0.89	1.17	0.10	20.49	25.00	0.07	0.32	0.02	62.91
22	D0112-TS1	白云质灰岩	(O—S)*at*	1.24	0.00	0.41	0.97	1.10	0.05	21.27	30.43	0.01	0.12	0.03	55.63
23	D0112-TS2	结晶灰岩	(O—S)*at*	3.10	0.03	0.67	0.64	0.68	0.03	4.74	47.78	0.01	0.19	0.03	57.90
24	D4271-GS1	石英岩	(O—S)*a*	91.88	0.06	2.46	0.70	0.99	0.09	0.75	1.00	0.10	0.56	0.08	98.67
25	D2470-GS1	凝灰质变砂岩	(O—S)*a*	71.78	0.59	11.72	1.70	2.70	0.05	3.66	0.90	1.00	2.97	0.12	97.19
26	D2470-GS2	绢云石英片岩	(O—S)*a*	70.59	0.50	13.03	2.33	0.51	0.05	2.70	1.80	1.78	3.54	0.14	96.97
27	D2470-GS3	绢云石英片岩	(O—S)*a*	73.85	0.44	10.30	2.58	1.05	0.07	2.37	1.60	2.38	2.20	0.15	96.99
28	D2470-GS5	绿泥绢云石英片岩	(O—S)*a*	72.70	0.48	11.14	3.09	1.18	0.07	2.30	1.20	3.42	1.67	0.16	97.41

注:样品由西安岩矿测试中心分析

表 4-9 奥陶系—志留系变质岩岩石化学成分特征值表

序号	样品号	岩石名称	地层	里格里值					
				al	fm	c	alk	Si	(al+fm)-(c+alk)
1	D4906-GS3	构造片岩	(O—S)Y	25.79	32.91	5.07	36.23	266.24	17.41
2	D4906-GS5	绿泥石英片岩	(O—S)Y	26.55	39.46	7.55	26.45	318.87	32.00
3	D4906-GS7	绢云绿泥片岩	(O—S)Y	29.66	43.53	2.57	24.24	273.71	46.38
4	D4906-GS8	含碳绢云片岩	(O—S)Y	3.67	43.62	50.58	2.13	49.31	-5.42
5	D4906-GS9	绿片岩化玄武岩	(O—S)Y	13.39	29.97	44.74	11.91	84.69	-13.29
6	D4906-GS10	石英片岩	(O—S)Y	25.82	34.23	17.36	22.59	535.82	20.09

续表 4－9

序号	样品号	岩石名称	地层	里格里值					
				al	fm	c	alk	Si	(al+fm)-(c+alk)
7	D1307－GS1	含石榴子石黑云石英片岩	(O—S)Y	27.79	54.77	3.99	13.45	178.86	65.11
8	D0303－GS1	绿泥石英片岩	(O—S)Y	18.56	31.34	7.97	42.13	111.81	－0.19
9	D0305－GS1	硅质岩	(O—S)Y	26.50	43.39	2.52	27.59	210.37	39.78
10	D0384－GS1	超镁铁质糜棱岩	(O—S)Y	0.33	96.02	3.06	0.59	68.92	92.70
11	D0313－GS1	绿泥石英片岩	(O—S)Y	14.51	47.77	24.03	13.69	87.88	24.56
12	D0313－GS1	绿泥石英片岩	(O—S)Y	14.54	47.84	24.05	13.56	88.18	24.76
13	D4906－TS1	大理岩	(O—S)Y	0.21	2.41	96.93	0.45	5.92	－94.76
14	D4906－TS2	灰岩	(O—S)Y	0.49	7.39	91.55	0.57	4.28	－84.24
15	D4906－TS3	大理岩	(O—S)Y	0.38	37.99	61.00	0.63	17.06	－23.25
16	D4906－TS4	白云质灰岩	(O—S)Y	3.87	10.59	83.22	2.32	104.79	－71.08
17	D4906－TS5	大理岩化灰岩	(O—S)Y	0.26	4.94	94.30	0.50	7.89	－89.60
18	D4906－TS6	糜棱质大理岩化白云质灰岩	(O—S)Y	0.75	17.14	81.40	0.71	8.31	－64.22
19	D0112－TS1	白云质灰岩	(O—S)*Tb*	0.50	46.86	52.01	0.63	4.40	－5.28
20	D0112－TS2	结晶灰岩	(O—S)*Tb*	0.80	8.95	89.46	0.79	6.84	－80.50
21	D0112－TS1	白云质灰岩	(O—S)*Tb*	0.36	50.34	49.13	0.17	1.87	1.40
22	D0112－TS2	结晶灰岩	(O—S)*Tb*	0.66	13.60	85.48	0.26	5.18	－71.49
23	D4271－GS1	石英岩	C_2d	25.08	44.09	18.54	12.30	1589.67	38.33
24	D2470－GS1	凝灰质变砂岩	(O—S)*Ta*	30.91	40.46	4.32	24.31	321.29	42.74
25	D2470－GS2	绢云石英片岩	(O—S)*Ta*	31.46	25.59	7.90	35.05	289.20	14.10
26	D2470－GS3	绢云石英片岩	(O—S)*Ta*	25.27	26.70	7.14	40.90	307.43	3.94
27	D2470－GS5	绿泥绢云石英片岩	(O—S)*Ta*	23.60	24.44	4.62	47.34	261.40	－3.93

序号	样品号	岩石名称	地层	特征参数值						
				DF	$Log(Na_2O/K_2O)$	$Log(SiO_2/Al_2O_3)$	Fe^*+MgO	$Log(K_2O/Na_2O)$	Al_2O_3/SiO_2	K_2O/Na_2O
1	D4906－GS3	构造片岩	(O—S)Y	－3.58	－0.13	0.78	7.82	0.13	0.16	1.34
2	D4906－GS5	绿泥石英片岩	(O—S)Y	－5.64	－0.34	0.85	7.95	0.34	0.14	2.17
3	D4906－GS7	绢云绿泥片岩	(O—S)Y	－6.01	－0.39	0.74	10.55	0.39	0.18	2.45
4	D4906－GS8	含碳绢云片岩	(O—S)Y	5.51	－0.40	0.90	15.39	0.40	0.13	2.50
5	D4906－GS9	绿片岩化玄武岩	(O—S)Y	7.83	0.38	0.57	13.50	－0.38	0.27	0.41
6	D4906－GS10	石英片岩	(O—S)Y	－5.77	－0.92	1.09	3.79	0.92	0.08	8.26
7	D1307－GS1	含石榴子石黑云石英片岩	(O—S)Y	－7.40	－0.57	0.58	16.78	0.57	0.26	3.75
8	D0303－GS1	绿泥石英片岩	(O—S)Y	1.74	0.61	0.55	16.14	－0.61	0.28	0.25
9	D0305－GS1	硅质岩	(O—S)Y	－5.06	－0.38	0.67	14.45	0.38	0.21	2.37
10	D0384－GS1	超镁铁质糜棱岩	(O—S)Y	－36.28	0.40	2.09	47.18	－0.40	0.01	0.40

续表 4-9

序号	野外编号	岩石名称	地层	特征参数值						
				DF	Log(Na_2O/K_2O)	Log(SiO_2/Al_2O_3)	Fe^*+MgO	Log(K_2O/Na_2O)	Al_2O_3/SiO_2	K_2O/Na_2O
11	D0313-GS1	绿泥石英片岩	(O—S)Y	−3.02	0.76	0.55	26.53	−0.76	0.28	0.18
12	D0313-GS1	绿泥石英片岩	(O—S)Y	−3.09	0.74	0.55	26.60	−0.74	0.28	0.18
13	D4906-TS1	大理岩	(O—S)Y	37.61	−0.10	1.23	1.02	0.10	0.06	1.25
14	D4906-TS2	灰岩	(O—S)Y	35.46	−0.33	0.71	3.10	0.33	0.19	2.14
15	D4906-TS3	大理岩	(O—S)Y	12.37	−0.21	1.42	15.13	0.21	0.04	1.63
16	D4906-TS4	白云质灰岩	(O—S)Y	16.51	−0.92	1.20	3.27	0.92	0.06	8.30
17	D4906-TS5	大理岩化灰岩	(O—S)Y	36.32	−0.03	1.25	2.02	0.03	0.06	1.07
18	D4906-TS6	糜棱质大理岩化白云质灰岩	(O—S)Y	28.05	−0.60	0.82	7.09	0.60	0.15	4.00
19	D0112-TS1	白云质灰岩	(O—S)*Tb*	7.79	−0.35	0.71	20.47	0.35	0.19	2.25
20	D0112-TS2	结晶灰岩	(O—S)*Tb*	33.59	−0.54	0.70	3.88	0.54	0.20	3.50
21	D0112-TS1	白云质灰岩	(O—S)*Tb*	5.49	−1.08	0.48	23.34	1.08	0.33	12.00
22	D0112-TS2	结晶灰岩	(O—S)*Tb*	31.12	−1.28	0.67	6.06	1.28	0.22	19.00
23	D4271-GS1	石英岩	C_2d	−9.13	−0.75	1.57	2.44	0.75	0.03	5.60
24	D2470-GS1	凝灰质变砂岩	(O—S)*Ta*	−6.07	−0.47	0.79	8.06	0.47	0.16	2.97
25	D2470-GS2	绢云石英片岩	(O—S)*Ta*	−2.44	−0.30	0.73	5.54	0.30	0.18	1.99
26	D2470-GS3	绢云石英片岩	(O—S)*Ta*	−3.01	0.03	0.86	6.00	−0.03	0.14	0.92
27	D2470-GS5	绿泥绢云石英片岩	(O—S)*Ta*	−1.89	0.31	0.81	6.57	−0.31	0.15	0.49

注：样品由西安岩矿测试中心分析

岩石稀土元素含量及配分模式见表 4-10，图 4-12、图 4-13。LREE/HREE 为 0.66～1.25，具轻稀土明显富集，δEu 绝大部分小于 1，铕具负异常，δCe 绝大部分小于 1，属铈相对亏损；$(La/Yb)_N$均大于 1，从图 4-12、图 4-13 稀土曲线配分图可以看出，变质碎屑岩稀土配分为轻稀土段陡而重稀土段缓的右倾斜型，稀土曲线形态吻合程度良好，而碳酸盐岩吻合程度较差。

3. 原岩恢复

滩间山群阿达滩碎屑岩组浅变质碎屑岩与白干湖组浅变质碎屑岩总体为一套浅变质陆源碎屑岩夹火山岩、凝灰岩。

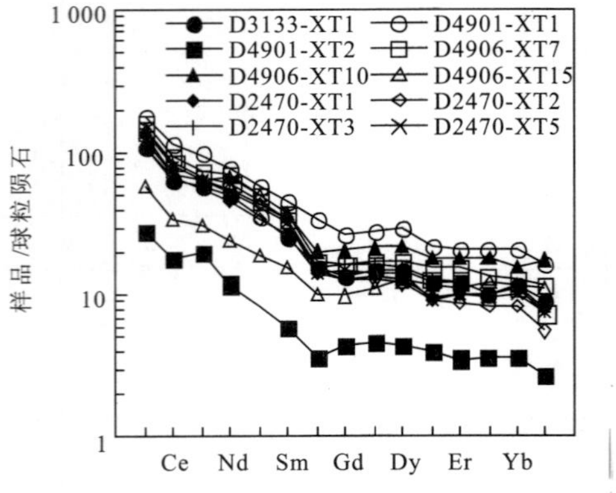

图 4-12　奥陶系—志留系变质碎屑岩稀土元素球粒陨石标准化分布图

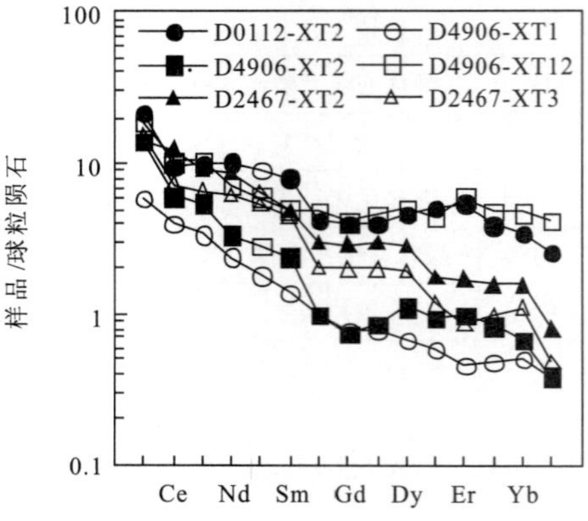

图 4-13　奥陶系—志留系碳酸盐岩稀土元素球粒陨石标准化分布图

表 4-10 志留系—奥陶系稀土元素含量及特征值表

样品号	岩石名称	稀土元素含量($\times10^{-6}$)													
		La	Ce	Pr	Nd	Sm	Eu	Gd	Tb	Dy	Ho	Er	Tm	Yb	Lu
D3133-XT1	绿泥绢云千枚岩	36.00	60.20	6.920	30.50	5.25	1.12	4.18	0.75	4.62	0.88	2.56	0.34	2.22	0.28
D4906-XT1	大理岩	1.90	3.74	0.410	1.44	0.28	0.07	0.24	0.04	0.21	0.04	0.10	0.02	0.10	0.01
D4906-XT2	灰岩	4.50	5.71	0.660	2.03	0.48	0.07	0.23	0.04	0.35	0.07	0.21	0.03	0.13	0.01
D4906-XT5	构造片岩	53.70	92.00	9.520	45.90	7.35	1.45	5.60	0.97	6.22	1.20	3.44	0.48	2.72	0.42
D4906-XT7	绿泥石英片岩	51.90	89.10	8.980	42.30	7.59	1.25	5.18	0.85	5.34	1.16	3.35	0.44	2.48	0.36
D4906-XT9	大理岩	2.25	3.47	0.150	0.57	0.11	0.07	0.22	0.03	0.19	0.04	0.10	0.01	0.07	0.01
D4906-XT10	绢云绿泥片岩	45.90	78.40	7.660	40.20	7.48	1.50	6.40	1.08	6.93	1.34	3.80	0.59	2.95	0.55
D4906-XT11	含碳绢云片岩	17.00	26.30	2.920	15.30	2.26	0.61	2.24	0.34	2.22	0.43	1.15	0.16	0.95	0.15
D4906-XT12	白云质灰岩	5.94	9.71	1.240	4.3	1.00	0.36	1.29	0.23	1.56	0.32	1.27	0.16	0.91	0.13
D4906-XT13	大理岩化灰岩	5.74	5.73	0.440	1.82	0.20	0.08	0.22	0.04	0.22	0.04	0.04	0.013	0.08	0.01
D4906-XT15	石英片岩	18.50	32.80	3.760	14.50	3.11	0.73	3.07	0.57	3.91	0.87	2.38	0.40	2.19	0.34
D4906-XT16	白云质灰岩	4.00	5.43	0.420	2.19	0.45	0.10	0.32	0.05	0.28	0.04	0.13	0.02	0.092	0.01
D2467-XT1	石英岩	42.30	78.60	9.870	43.20	8.21	1.96	6.66	1.08	6.92	1.05	3.72	0.56	3.37	0.39
D2467-XT2	白云质大理岩	4.45	11.60	1.120	5.36	0.97	0.22	0.90	0.15	0.89	0.13	0.36	0.05	0.3	0.03
D2467-XT3	结晶灰岩	4.91	6.83	0.800	3.77	0.90	0.15	0.63	0.10	0.61	0.09	0.18	0.03	0.21	0.02
D2470-XT1	凝灰质变砂岩	36.30	62.60	6.780	27.30	5.31	1.06	3.93	0.68	4.04	0.69	2.12	0.33	2.2	0.25
D2470-XT2	绢云石英片岩	44.10	68.10	7.790	32.70	6.80	1.07	4.01	0.63	3.74	0.67	1.85	0.28	1.6	0.17
D2470-XT3	绢云石英片岩	46.60	81.80	7.970	36.80	6.95	1.13	5.19	0.83	4.91	0.94	2.64	0.34	2.11	0.23
D2470-XT5	绿泥绢云石英片岩	40.00	67.40	7.660	31.80	6.54	1.05	4.58	0.73	4.36	0.68	2.12	0.32	1.93	0.23

样品号	岩石名称	稀土元素含量($\times10^{-6}$)			特征参数值					
		ΣREE	LREE	HREE	δEu	δCe	LREE/HREE	$(La/Sm)_N$	$(Sm/Nd)_N$	$(La/Yb)_N$
D3133-XT1	绿泥绢云千枚岩	155.82	139.99	15.83	0.85	0.70	0.67	18.54	6.86	1.18
D4906-XT1	大理岩	8.60	7.84	0.76	0.70	0.74	0.78	1.07	6.79	1.32
D4906-XT2	灰岩	14.52	13.45	1.07	0.74	0.62	0.71	1.45	9.38	2.22
D4906-XT5	构造片岩	230.97	209.92	21.05	0.50	0.61	0.76	41.74	7.31	1.17
D4906-XT7	绿泥石英片岩	220.28	201.12	19.16	0.63	0.72	0.74	30.25	6.84	1.23
D4906-XT9	大理岩	7.31	6.64	0.67	1.19	0.73	0.71	0.56	20.45	3.95
D4906-XT10	绢云绿泥片岩	204.78	181.14	23.64	0.73	0.65	0.79	32.30	6.14	1.14
D4906-XT11	含碳绢云片岩	72.03	64.39	7.64	0.65	1.02	0.95	11.78	7.52	1.11
D4906-XT12	白云质灰岩	28.42	22.55	5.87	1.02	0.94	0.84	5.73	5.94	1.38
D4906-XT13	大理岩化灰岩	14.67	14.01	0.66	0.94	0.93	1.25	0.70	28.70	3.15
D4906-XT15	石英片岩	87.13	73.40	13.73	0.63	0.86	0.78	21.72	5.95	1.28
D4906-XT16	白云质灰岩	13.54	12.59	0.95	0.86	0.78	1.06	1.11	8.89	1.83
D2467-XT1	石英岩	207.89	184.14	23.75	0.78	0.63	0.66	30.55	5.15	0.98
D2467-XT2	白云质大理岩	26.53	23.72	2.81	0.63	0.76	0.75	4.46	4.59	0.83
D2467-XT3	结晶灰岩	19.22	17.36	1.86	0.76	0.38	0.77	2.44	5.46	1.30
D2470-XT1	凝灰质变砂岩	153.59	139.35	14.24	0.38	0.52	0.75	37.34	6.84	1.33
D2470-XT2	绢云石英片岩	173.51	160.56	12.95	0.52	0.47	0.74	25.03	6.49	1.35
D2470-XT3	绢云石英片岩	198.44	181.25	17.19	0.47	0.46	0.87	36.39	6.71	1.27
D2470-XT5	绿泥绢云石英片岩	169.40	154.45	14.95	0.56	0.12	0.72	26.56	6.12	1.26

利用 Simoncn(1953)(al+fm)-(c+alk)-Si 图解法(图 4-14),大部分样品投在沉积岩,少量样品投在火山岩区;利用 DF·肖(1972)判别式(表 4-9)进行判别,样品 DF 值多显负值。

以上变质碎屑岩进一步利用 Log(Na_2O/K_2O)-Log(SiO_2/Al_2O_3)图解判别岩石类型(图 4-15),样品投在杂砂岩区、岩屑砂岩区、长石砂岩区,由此表明原岩建造形成于活动的构造环境。

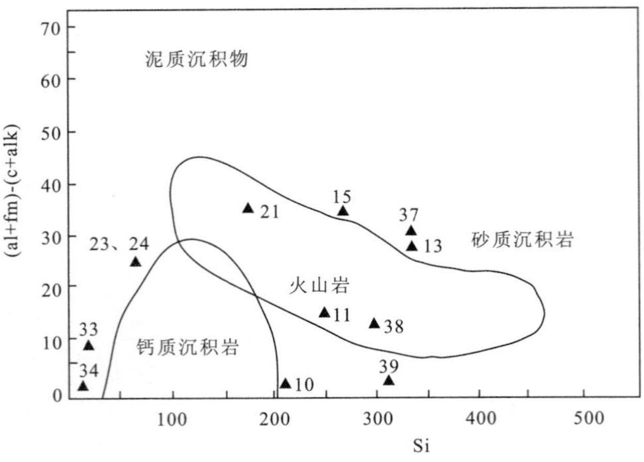

图 4-14　[(al+fm)-(c+alk)]-Si 图解

(据 Simoncn,1953)

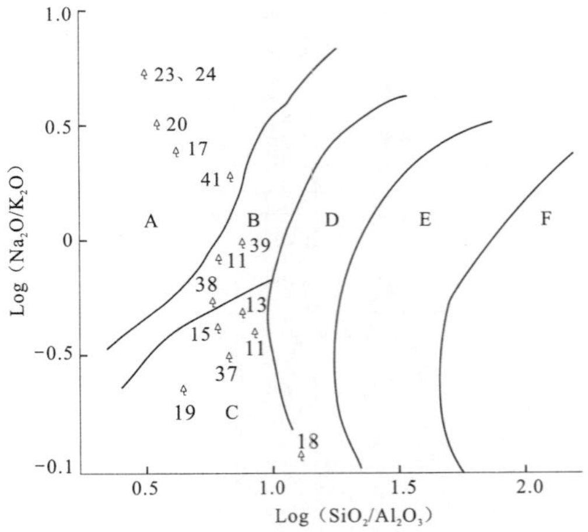

图 4-15　Log(Na_2O/K_2O)-Log(SiO_2/Al_2O_3)图解

(据 Pettijoho,1972)

A. 杂砂岩;B. 岩屑砂岩;C. 长石砂岩;

D. 亚长石砂岩;E. 亚岩屑砂屑砂岩;F. 石英砂屑岩

综上所述,结合岩石类型,测区奥陶系—志留系地层原岩类型主要为正常碎屑岩、中—基性火山碎屑岩夹碳酸盐岩、基性火山岩。

4. 形成环境探讨

利用变质碎屑岩的平均化学成分与 Bhatia(1985)不同构造环境沉积盆地中的杂砂岩平均成分比较(表 4-11),接近于大陆岛弧区。

表 4-11　奥陶系—志留系变质碎屑岩化学成分与不同构造环境杂砂岩比较表　(%)

类型	大洋岛弧	大陆岛弧	活动陆缘	被动陆缘	奥陶系—志留系(12 件样品平均值)
SiO_2	58.83±1.6	70.69	73.83±4.0	81.95±6.2	65.83
TiO_2	1.06±0.2	0.64±0.1	0.46±0.1	0.49±0.2	0.70
Al_2O_3	17.11±1.7	14.04±1.1	12.89±2.1	8.41±2.2	12.10
Fe_2O_3	1.95±0.5	1.43±0.5	1.30±0.5	1.32±1.6	3.98
FeO	5.52±2.1	3.05±0.4	1.58±0.9	1.76±1.2	3.82
MnO	0.15	0.10	0.10	0.05	0.09
MgO	3.65±0.7	1.97±0.5	1.23±0.5	1.39±0.8	4.07
CaO	5.83±1.3	2.68±0.9	2.48±1.0	0.89±0.3	3.40
Na_2O	4.10±0.8	3.12±0.4	2.77±0.7	1.07±2.6	2.01
K_2O	1.60±0.6	1.89±0.5	2.90±0.5	1.71±0.6	2.24
P_2O_5	0.26±0.1	0.16±0.1	0.09	0.12	0.15
$Fe_2O_3^* + MgO$	11.73	6.79	4.63	2.89	11.86
Al_2O_3/SiO_2	0.29	0.2	0.18	0.10	0.19
K_2O/Na_2O	0.39	0.61	0.99	0.60	2.08
$Al_2O_3/(CaO+Na_2O)$	1.72	2.42	2.56	4.15	3.55

利用变质碎屑岩的常量元素判别图(图 4-16),多投在大陆岛弧区、活动陆缘区及其附近。

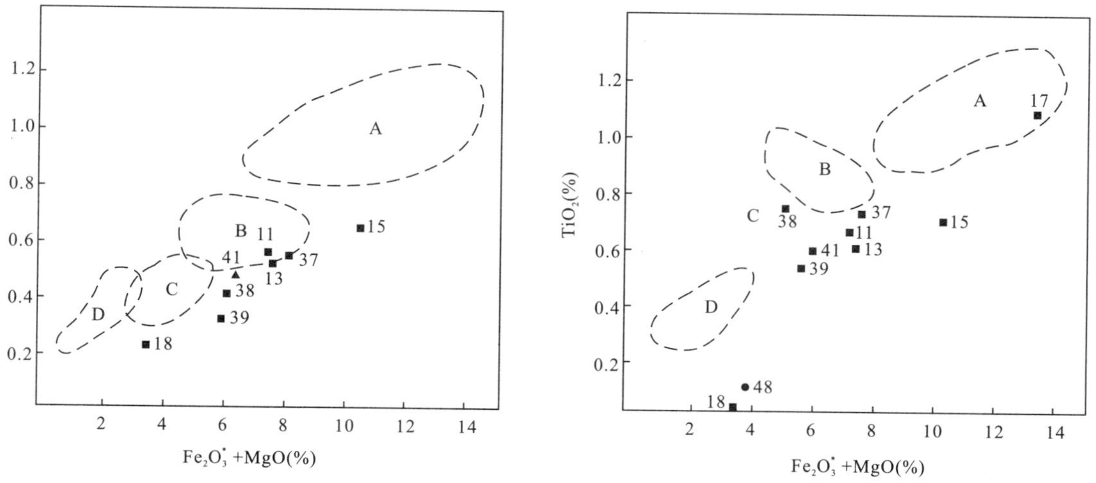

图 4-16　变质杂砂岩常量元素构造环境判别图

A. 大洋岛弧;B. 大陆岛弧;C. 活动陆缘;D. 被动陆缘

利用判别碎屑岩源区类型的 K_2O/Na_2O-SiO_2 图解(图 4-17),样品多投在活动大陆边缘区,少数样品投在被动大陆边缘区。

综上所述,奥陶系—志留系变质碎屑岩形成于大陆岛弧-活动陆缘构造环境。

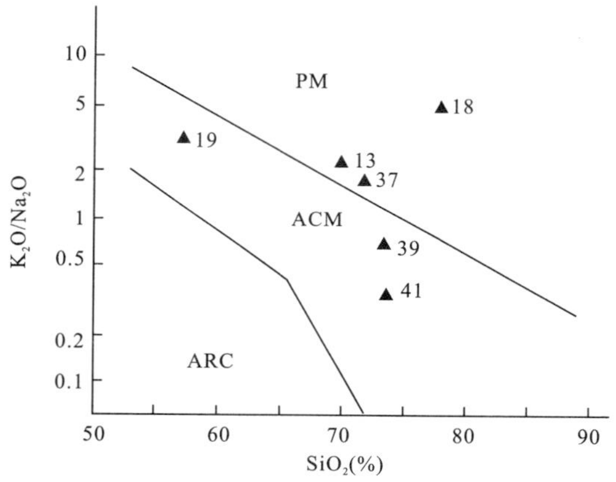

图 4-17　变质碎屑岩原区类型的 K_2O/Na_2O-SiO_2 图解

(据 Roser,1986)

PM. 被动大陆缘;ACM. 活动大陆边缘;ARC. 大洋岛弧

第二节　动力变质作用与动力变质岩

动力变质作用是在构造作用过程中所产生的强应力作用下,岩石发生破碎、变形,在破碎、变形的同时,伴有变质结晶、重结晶作用的一类变质作用。

测区动力变质作用形成的动力变质岩包括糜棱岩系列和碎裂岩系列两大类,其特征如下。

一、糜棱岩系列

糜棱岩系列主要分布于祁漫塔格山鸭子大坂-鸭子泉构造混杂岩带、白干湖断裂带,主要为超糜棱岩、糜棱岩、构造片岩三大类。就测区分布广泛、典型的几种岩石的特征叙述如下。

1. 超糜棱岩

长英质超糜棱岩　浅紫灰色,糜棱结构,细条纹状构造。长石及石英强细粒化,长石残斑小于 0.1mm,呈扁豆状,定向平行分布,部分残斑两端出现不对称拖尾,云母细条纹绕残斑分布,石英拉成细条纹发生静态重结晶,变为首尾相连的矩形颗粒条纹。绢云母、黑云母分别集结成条纹状,定向平行分布。

碳酸质超糜棱岩　深灰色,超糜棱结构,细条纹状构造。残斑为白云石,粒径小于 0.1mm,

呈扁豆状，定向平行分布。基质粒径小于0.03mm，白云石具强细粒化，并发生重结晶。

2. 糜棱岩

火山质糜棱岩　　糜棱结构，细条纹状—片状构造，残斑为玄武岩块及钠长石化斜长石斑晶，为自形—半自形板柱状，粒径0.8～1mm，呈眼球状及小透镜状体，被细条纹状次生矿物绕行而过，方解石残斑细粒状静态重结晶方解石边缘呈锯齿状接触。绿泥石、绿帘石、方解石、阳起石分别集中为细条纹状定向平行相间绕残斑分布。

碳酸质糜棱岩　　糜棱结构，细条纹状构造。方解石发生强烈细粒化，残斑含量占25%～30%，呈透镜状—眼球状，粒径大小不一，被细粒化后方解石发生静态重结晶，重结晶方解石微晶与残斑边缘接触呈锯齿状。

花岗质糜棱岩　　浅肉红色，糜棱结构，细片麻状构造。石英拉丝呈条纹状定向平行绕残斑分布，呈眼球状及小透镜体定向平行分布。

长英质糜棱岩　　糜棱构造，条纹状—片状构造。石英、斜长石及方解石为不等粒变晶，粒径0.02～0.6mm，石英明显拉长定向排列，个别石英出现不对称的两端拖尾，条纹状、片状矿物绕行通过，石英波状消光非常明显，反映岩石具明显糜棱岩化作用。

3. 构造片岩

呈条带状、透镜状展布，以鸭子泉构造混杂岩、白干湖断裂中绿泥绢云片岩、绢云石英片岩、绿泥绢云石英片岩为主体。石英为变晶结构，具压扁拉长现象；长石具滑移双晶及双晶折曲现象；片柱状矿物沿片理定向排列，与长英质浅色矿物呈条带相间排列；同构造分泌的长英质脉体变形发育。

二、碎裂岩系列

1. 构造碎裂岩

发育于脆性断裂带中，原岩经过脆性断裂改造发生破裂、破碎，碎块边缘产生不明显位移。岩石常具碎裂结构、碎斑结构、碎粒结构等；沿裂纹多有硅质、白云石及方解石、绿泥石、绢云母、铁质物、碳质物充填胶结。构造碎裂岩成分复杂，与脆性断裂带围岩密切相关，并保留原岩的特征。

2. 构造角砾岩

发育于脆(韧)性断裂带中，原岩在构造应力作用下，经过破碎、研磨、胶结，岩石碎块间发生明显位移，呈棱角状—次棱角状。角砾充填有断层泥、同岩碎粒和少量的石英脉；岩石碎块间多发生微弱蚀变，常混有围岩碎块，原岩特征仍部分保留。

3. 断层泥

发育于脆(韧)性断裂带中，原岩在构造动力作用下，经过强烈碎粒化研磨，形成细粉状碎屑物，部分具炭化。呈脉状、团块状、不规则状。

第三节　接触变质作用与接触变质岩

一、接触变质作用

接触变质作用是指在岩浆作用的影响下，围岩主要受岩浆体温度的影响而产生的一种局部性的变质作用。

二、接触变质岩

测区接触变质作用形成的接触变质岩主要分布于巴什尔希超单元、库木布拉格超单元、阿木巴勒阿土坎超单元与围岩接触带上。岩石类型有斑点板岩、角岩、大理岩和硅化岩等。

1. 斑点板岩

分布于泥质岩与侵入岩接触带上，一般宽几米至几百米。在岩浆热力作用下，泥质岩中粘土质矿物重结晶形成斑点状绢云母或绿泥石集合体。岩石多为浅灰—灰白色，显微鳞片变晶结构，斑点构造。斑点粒径 1～3.5mm 不等，呈椭圆—圆形，含量 10%～35%。

2. 角岩

分布在硅质岩、砂岩、粉砂岩、含钙泥岩、凝灰岩与侵入岩接触带上，一般宽度小于 50m。在热力作用下，原岩发生重结晶形成石英、长石、云母等矿物。岩石为浅灰色，角岩结构，块状构造、层状构造。岩石类型主要为长英质角岩、钙硅质角岩、透辉石角岩等。

3. 大理岩

分布在碳酸盐岩与侵入岩接触带上，一般宽几十米。方解石发生重结晶作用，粒度变粗，呈细—粗粒结构，块状构造，颜色较浅。

4. 硅化岩

主要分布于规模稍大的侵入岩与围岩接触带上，宽几十米至数百米，主要表现为硅质成分的带入。一般硅质含量 20%～40%。岩石硬度增大，性脆。

第四节　变质作用综述

一、变质相带及其分布特征

测区内经历了多期变质作用，变质程度差别较大。根据矿物组合及原岩建造，可划分低绿片岩相、高绿片岩相两个变质岩相(图 4-18)。

1. 低绿片岩相变质相

测区内中生代以前所有岩石均达低绿片岩相，进一步可分为以下两个带。

1)绿泥石＋绢云母带

变质矿物组合：绢云母＋石英；绿泥石＋绿帘石＋绢云母；阳起石＋绿泥石±钠长石；阳起石＋绿帘石＋钠长石；绿泥石＋阳起石＋石英；绿泥石＋滑石；方解石＋透闪石；蛇纹石±滑石。

2)黑云母(雏晶)带

变质矿物组合：黑云母(雏晶)＋绢云母＋石英。

2. 高绿片岩相变质相

主要分布于测区前寒武纪过渡基底，受晋宁运动和加里东运动作用，普遍发生了高绿片岩相区

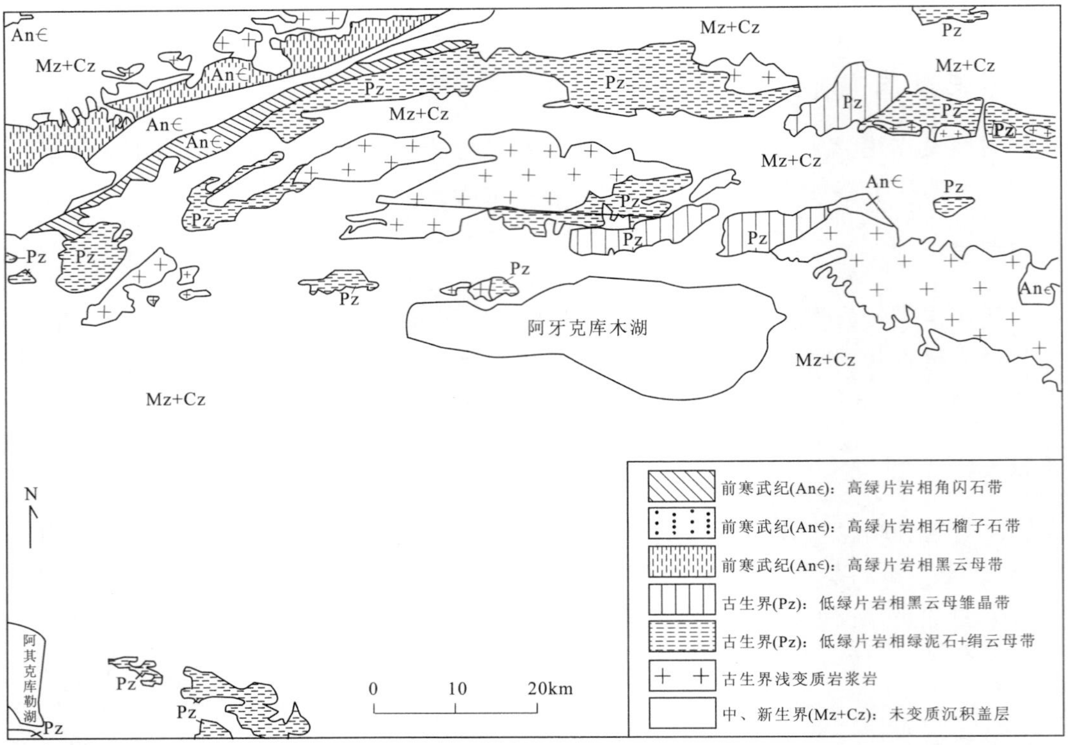

图 4－18　变质相带图

域变质作用，在鸭子泉构造混杂岩带中和部分古生界中零星分布高绿片岩相区域变质作用，测区高绿片岩相进一步划分为 3 个带。

1)铁铝榴石带

变质矿物组合：铁铝榴石＋阳起石；铁铝榴石＋黑云母。

2)角闪石带

变质矿物组合：角闪石＋石英；角闪石＋斜长石。

3)黑云母带

变质矿物组合：黑云母＋绿泥石±石英；黑云母＋斜长石＋石英；黑云母＋方解石＋石英。

二、变质相带的展布

测区岩石从中、新元古代过渡基底→古生代以来浅变质盖层，变质岩相由高绿片岩相→低绿片岩相递变，变质程度由早到晚依次变浅。

三、变质序列

根据测区变质岩特征，变质与变形关系，将测区变质岩划分为晋宁期、加里东期、海西期、印支期 4 个变质序列。

四、变质作用特征

1. 晋宁期变质作用特征

该期变质作用在中深构造层次、挤压体制下，岩石发生塑性流变、韧性逆冲推覆构造变形作用，受此影响，测区前寒武纪地层在较高地热梯度下，岩石发生高绿片岩相区域动力热流变质作用。原岩为基性火山岩的岩石沿流劈理、褶劈理形成高绿片岩角闪石带（角闪石＋石英或角闪石＋斜长石矿物组合）；原岩为碎屑岩的岩石形成高绿片岩相铁铝榴石带（铁铝榴石＋阳起石、铁铝榴石＋斜长石＋阳起石及铁铝榴石＋黑云母矿物组合）、黑云母带（黑云母＋绿泥石±石英、黑云母＋方解石＋石英及黑云母＋斜长石＋石英变质矿物组合）。其形成的温压条件大致为 $p=0.2\sim0.6$GPa，$T=500\sim575$℃。本次工作在小庙岩组中获变质年龄为(600±18)Ma。

该期变质作用后又叠加了后期低绿片岩相的退变质作用。

2. 加里东期变质作用特征

该期变质作用在中上构造层次、挤压机制下，岩石发生塑性流变、韧性逆冲推覆构造变形作用，其叠加于晋宁期变质作用之上。受此影响，测区早古生代所有地层均发生低绿片岩相区域变质作用，形成低绿片岩相绿泥石＋绢云母带及黑云母（雏晶）带，因原岩类型不同所形成的变质矿物组合各异，原岩为碎屑岩所形成的变质矿物组合为：黑云母（雏晶）＋绢云母＋石英、绢云母＋石英、绿泥石（或绿帘石）＋绢云母；原岩为基性—超基性岩所形成的变质矿物组合为：阳起石＋绿泥石±钠长石、阳起石＋绿帘石＋钠长石、绿泥石＋阳起石＋石英、绿泥石＋滑石、方解石＋透闪石、蛇纹石±滑石。并伴随基性-超基性、中-酸性岩浆岩侵入，发生接触变质作用。其形成的温压条件大致为 $p=0.2\sim1$GPa，$T=400\sim500$℃。

3. 海西期变质作用特征

该期变质作用在中上构造层次、挤压-走滑机制下，岩石发生韧性-脆韧性逆冲推覆-走滑构造变形作用，受此影响，测区上古生界及其以前地层均发生低绿片岩相区域变质作用，形成低绿片岩相绿泥石＋绢云母带，并产生黑云母退变为白云母或黑云母绿泥石等退变质作用。伴随中—酸性岩浆岩侵入，发生接触变质作用，并发生强烈的左旋走滑，形成鸭子泉构造混杂岩带、白干湖走滑断层等低温动力变质带，变质程度达黑云母雏晶带。其形成的温压条件大致为 $p=0.2\sim1$GPa，$T=400\sim500$℃。

4. 印支期变质作用特征

该期变质是在挤压体制下韧脆性推覆剪切构造作用下形成，属挤压动力热变质作用。变质作用主要发生在韧脆性剪节带 S_3 劈理带内，沿其产生新生矿物绢云母、白云母、绿泥石、石英等，该岩石类型主要有构造片岩、粗糜棱岩等，为带状分布低绿片岩相动力变质带。晚期伴随中—酸性岩浆岩、基性岩墙群侵入，发生接触变质作用。

第五章　地质构造及构造发展史

第一节　概　述

一、区域构造背景

测区位于东昆仑造山带的西部，北邻阿尔金地块，南与巴颜喀拉陆块接壤(图 5-1)。测区经历了漫长而复杂的地质演化，多期、多体制、多层次构造的相互叠加、干涉和改造，铸就了测区复杂的地质构造格局。

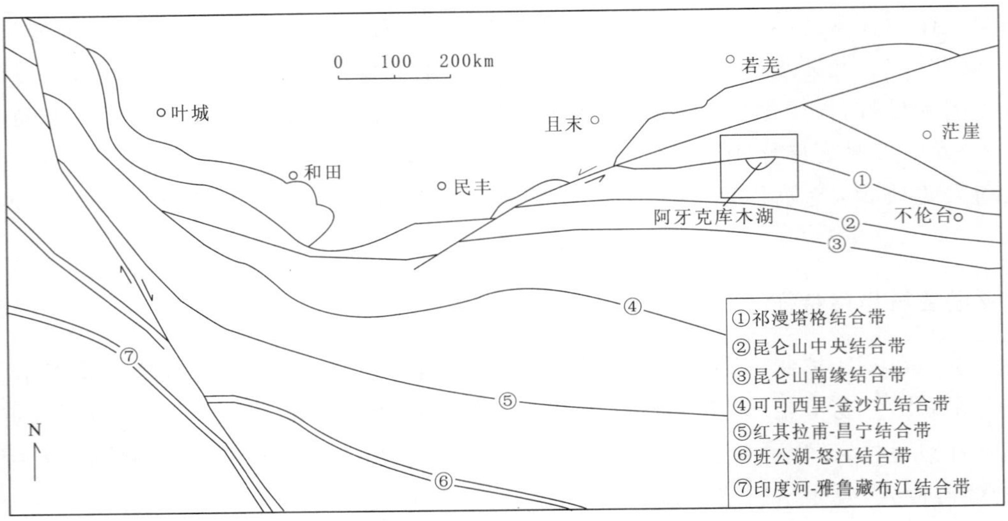

图 5-1　大地构造位置图

本区地壳演化主要经历了 3 个阶段：中元古代过渡基底形成阶段、新元古代—古生代洋陆转化阶段、三叠纪至第四纪陆内演化阶段。大致在中元古代末期开始，在下—中元古界基底之上开始裂解，形成祁漫塔格洋，志留纪祁漫塔格洋开始向北俯冲消减，在北侧祁漫塔格地区形成志留纪岛弧火山岩建造及弧后复理石沉积，至中泥盆世祁漫塔格洋最终闭合，并伴随俯冲-碰撞作用产生强烈的构造变形、岩浆作用和变质作用。三叠纪后测区开始转入陆内变形阶段。测区内构造特征表明，逆冲推覆-走滑作用是自海西期以来始终处于强烈活动和起主导作用的变形作用，而且有随着时间推移，渐趋强烈的演化趋势。上新世以来，由于青藏高原的总体隆升和后陆效应，形成一系列东西走向的新生代断陷盆地。

二、区域地球物理特征

测区所处的东昆仑一带的重力异常反映为东西向的梯度带特征(图 5-2),重力值为$(-450\sim-350)\times10^{-5}m/S^2$,由北往南重力异常值较均匀地逐渐降低。其重力值与北侧的阿尔金、东侧的柴达木具明显的差异。北侧的阿尔金山整体处在重力异常大梯度带上,走向北北东。

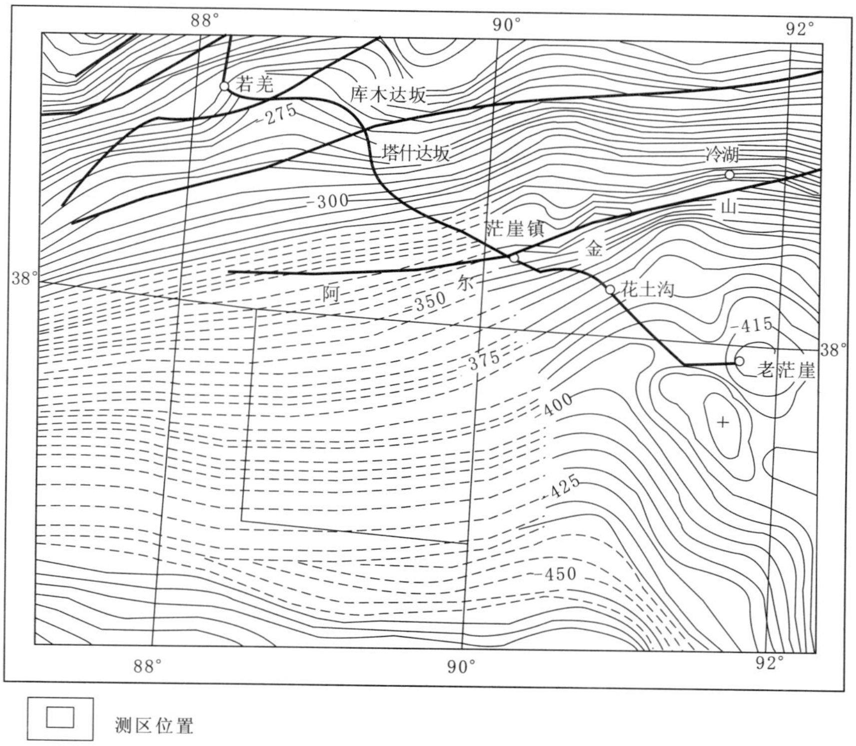

图 5-2　区域重力异常图

图 5-3 为青藏高原北部航磁异常图(熊盛青、周伏洪,2001)。东昆仑以强度不大的局部线性变化的磁异常为特征,总体磁异常强度较西昆仑地区弱,一般为 100nT,断续出现,呈东西走向延伸。东昆仑地区的磁异常主要是由古元古代变质岩和不同时代花岗岩类引起的。其中一些强度较大的局部线性异常基本上是不同时代花岗岩类的反映。祁漫塔格山表现为具一定强度的北西走向磁异常带,引起较强磁性的岩石主要为不同时代的花岗岩类,广泛分布的下古生界片岩、千枚岩等绿片岩相变质岩则为弱磁性岩石。测区北部的阿尔金山一带表现为强度很大,梯度剧烈变化的线性

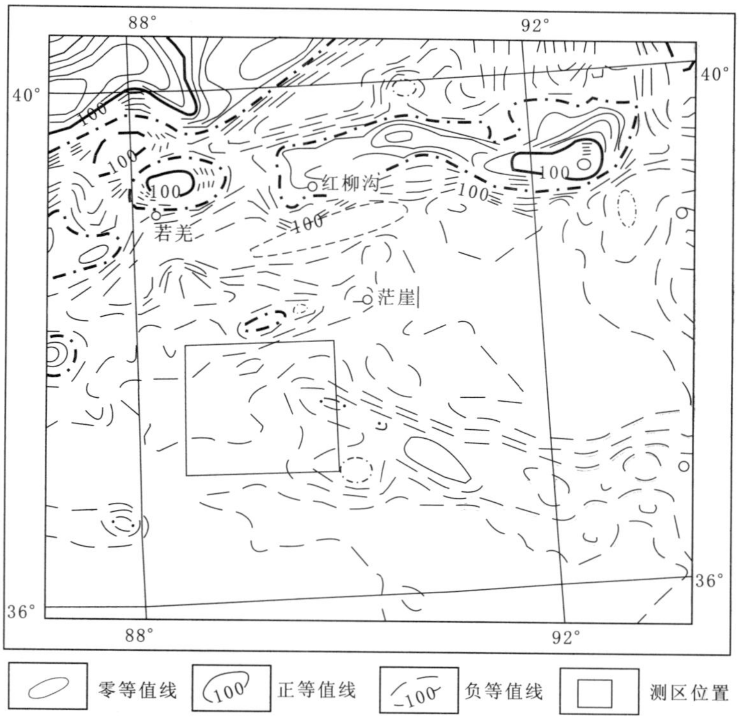

图 5-3　区域航磁异常图

磁异常。测区东北侧的柴达木盆地西部显示区域性负磁异常，被阿尔金、祁漫塔格强烈变化的线性正磁异常所围限。

库木库里盆地航磁异常反映为低缓的负磁异常，计算基底深度为 3～7km，由北向南逐渐加深。推测盆地基底也为软磁性的古生代浅变质岩，其盖层可能与柴达木盆地西部类似，以古近系—新近系为主。

三、构造单元划分

测区经历了多期、多旋回的“开、合”构造演化历史，对区内构造单元运用活动论思想进行动态划分，更能准确地反映区内不同演化阶段的构造格局。由此，根据区域地质构造背景，结合本区的地质组成及演化，划分如下（表 5－1、图 2－1）。

表 5－1　阿牙克库木湖幅断代构造单元划分表

断代	构造单元		
	华北板块		
	柴达木陆块		
新生代	祁漫塔格上叠盆地	库木库里上叠盆地	
中生代	华北统一板块		
晚古生代	柴达木统一陆块		
早古生代	柴达木陆块南缘	祁漫塔格结合带	东昆北微陆块
新元古代	中国联合古陆（Rodiner 的一部分）		
中元古代	柴达木古陆		

第二节　构造变形序列

对于测区内构造变形序列的分析和建立，就是在对不同地质体中发育的不同尺度、不同类型构造的构造样式的分析对比和构造变形相分析，以及各种构造之间的叠加复合或置换关系研究的基础上，结合区内的岩浆、变质、沉积和区域上重大地质事件的动态分析过程，划分构造演化的阶段性。

一、变形序列

区内不同地质体在其构造演化过程中，尽管多旋回、多体制构造相互叠加、干涉和改造，造成较为复杂的构造格局，但每一期构造所形成的不同尺度、不同类型的构造形迹或多或少均有残留，通过它们所反映出的生成环境和构造组合的分析，以及相互间的叠加序次关系，可以重塑其构造演化历程。

通过对区内不同构造的构造样式分析、对比，在这里构造样式的对比包括单个构造形迹和整个构造样式群的对比及纵向、横向上的对比，把具有密切共生组合关系和相似或相同的几何学、运动学特征的构造形迹，可以归纳为 4 个主体构造变形群落：①伸展体制下深层次固态流变群落；②挤压体制下中上构造层次韧性逆冲推覆构造群落；③挤压体制下中层次弹塑性纵弯曲变形群落；④浅层次脆性剪切构造群落。

测区内单个构造或构造群落之间普遍存在着叠加、复合、包容、置换、转换和改造等关系，具有不同类型的转换标志，如构造形迹的交切、叠加关系，变形面理的转换，运动方向的转换，变形机制的转换等。其中，构造形迹的交切、叠加关系是判别构造序次的重要标志，其基本准则是被变形构造早于变形构造，而切割或穿插构造则晚于被切割穿插构造。

由此，测区划分了从晋宁旋回到喜马拉雅旋回 6 个旋回 10 个世代的构造变形序列，见表 5－2。

表 5－2 测区构造变形序列及相关事件序列表

地质时代	构造旋回	构造事件					岩浆事件
		构造世代	主要构造类型	变形机制	变形相	构造层次	
新生代	喜马拉雅旋回	D10	①断陷盆地褶皱；②山体隆升；③Qp^2 磨拉石建造	收缩	脆性剪切破裂-弹塑性纵弯曲变形相	上部	
		D9	新生代断陷盆地	伸展			
中生代	燕山旋回	D8	断陷盆地褶皱、隆升	收缩			
		D7	①侏罗纪陆相中—酸性火山岩、基性岩墙群；②侏罗纪山间盆地	伸展			中—酸性火山岩、基性岩墙群 197 Ma
	印支旋回	D6	①东昆北陆块：叠瓦状韧性逆冲推覆剪切带；②柴达木陆块南缘：韧脆性左行走滑剪切变形	收缩	韧性逆冲推覆剪切变形相-走滑剪切	中—上部	
晚古生代	海西旋回	D5	糜棱岩化，片理、板理，剪切褶皱，脆韧性断裂，盖层褶皱	收缩	韧性-脆韧性逆冲推覆变形相	中—上部	中—酸性岩浆岩 312Ma
		D4	放射虫硅质岩	伸展			
早古生代	加里东旋回	D3	阿牙克库木湖蛇绿构造混杂岩带，边缘地质体褶皱变形，新生构造面理（片理、糜棱面理、板理）	收缩	韧性逆冲推覆剪切变形相	中—下部	中—酸性岩浆岩-火山岩 418～388Ma
		D2	顺层掩卧褶皱、流变褶皱、顺层流劈理、糜棱面理，蛇绿岩	伸展	塑性固态流变变形相	下部	蛇绿岩
中—新元古代	晋宁旋回	D1	残留钩褶皱，片麻理		塑性剪切	下部	

二、岩浆活动序列

测区区域性构造岩浆活动事件主要划分为 4 个岩浆活动事件序列：

DM1 新元古代—早古生代裂解事件有关的阿牙克库木湖蛇绿岩及板内火山岩，包括出露于黑山、鸭子大坂一带的超镁铁质岩、堆晶辉长岩、辉长岩、辉绿岩、变玄武岩，在巴什尔希形成板内花岗岩。

DM2 加里东末期—海西早期板块俯冲-碰撞有关的火山岩建造，包括库木布拉格超单元、阿木巴勒阿土坎超单元、鸭子泉火山岩组，获得单锆石 U－Pb(418.2±0.6)Ma、(405.3±1)Ma 同位素年龄。

DM3 岩浆活动形成于海西晚期，包括分布于黑山、鸭子大坂一带的二长花岗岩、钾长花岗岩等，单锆石 U－Pb 同位素年龄(312±9)Ma。本期岩浆活动与海西晚期的收缩构造活动有关。

DM4 零星分布于鸭子大坂一带的陆内裂谷火山岩建造，同位素年龄 197Ma，反映了燕山早期的伸展构造活动。

三、地层建造序列

根据测区地壳结构及时空分布可以划分 5 个建造序列。

第一建造序列为中新元古代过渡基底碳酸盐岩-陆源碎屑岩-火山岩建造，包括长城系小庙岩组变质火山岩-陆源碎屑岩建造、蓟县系狼牙山岩组碳酸盐岩建造和青白口系丘吉东沟岩组浅变质陆源碎屑岩-火山岩建造，总体反映为一套稳定台地盖层建造。

第二建造序列为早古生代测区广泛分布的火山岩-类复理石建造，包括奥陶纪滩间山群大陆边缘建造、志留纪的岛弧火山岩、弧后复理石浊积岩建造，反映为大陆裂解的一套岩石建造。

第三建造序列为晚三叠世陆内裂谷火山岩建造，零星分布于祁漫塔格南缘断裂北侧的鸭子大坂一带，为一套以流纹岩、安山岩、火山碎屑岩为主的陆相裂谷火山岩建造。

第四建造序列为晚古生代稳定型的碳酸盐岩-陆源碎屑岩-硅质岩建造，反映为碳酸盐岩台地到陆棚、斜坡、深海环境的稳定岩石建造。

第五建造序列为中新生代磨拉石建造，包括下中侏罗统大煤沟组山间盆地陆相含煤碎屑岩建造、古近系—新近系石马沟组、石壁梁组、红石梁组洪积扇粗碎屑岩、河湖相粗—细碎屑岩，系青藏高原在喜马拉雅运动期快速隆升形成的一套磨拉石建造。

四、变质事件序列

伴随测区前寒武纪、早古生代、晚古生代、晚三叠世 4 次强烈的构造变形事件，形成了与之相伴的 4 次变质事件。

1. 前寒武纪变质作用

长城系、蓟县系、青白口系是过渡基底的组成部分，岩石中很少残留原岩组构，变质矿物以黑云母、角闪石、绿泥石、石榴子石、斜长石为主。由于当时地热梯度较高，岩石以区域动力热流变质作用为主，变质年龄约(600±18)Ma。

2. 早古生代变质作用

早古生代测区主要形成洋盆及大陆边缘环境下的一套沉积建造，早期受拉张作用岩层发生顺层剪切作用，发生绿片岩相区域变质作用，变质矿物以绿泥石、绿帘石、绢云母为主。在后期的板块汇聚碰撞作用中，以动力变质作用为主，伴随岩浆侵入作用发生接触变质作用。

3. 晚古生代变质作用

晚古生代测区形成一套稳定型的碳酸盐岩-陆源碎屑岩建造，受阿尼玛卿运动影响测区岩石发生低温动力变质作用。

4. 晚三叠世变质作用

晚三叠世受巴颜喀拉运动影响，测区岩石发生低温动力变质作用。在中层次挤压体制的逆冲推覆作用下，在强应变带，主要是一些韧-脆性剪切带中发生低绿片岩相的变质作用，形成带状分布的动力变质带。

五、区域性不整合接触界面

区域性不整合接触界面是收缩构造运动的重要证据之一，对构造演化序列的分析和建立具有重要的意义。

(1)奥陶系—志留系滩间山群(原祁漫塔格群)与上泥盆统黑山沟组(相当于柴北缘的牦牛山组)之间的角度不整合接触界面。在东邻青海省茫崖镇南奥陶系—志留系滩间山群与上覆晚泥盆世的黑山沟组呈角度不整合接触,不整合面凹凸不平,不整合面之上为山麓-河湖相磨拉石沉积,它是加里东造山运动的有力证据。

(2)上三叠统与下伏地层之间的角度不整合接触界面:鸭子大坂一带分布的三叠系鄂拉山组与下伏地层之间的角度不整合接触界面,反映印支期收缩运动构造事件。

(3)侏罗系与下伏地层之间的角度不整合接触界面:在吊草滩东零星出露一套下中侏罗统大煤沟组山间盆地陆相含煤碎屑岩建造,与下伏白干湖组为角度不整合接触,区域上与上覆新近系油沙山组为角度不整合接触,是燕山运动第一构造幕的反映。

(4)古近系与下伏地层之间的角度不整合接触界面:古近系石马沟组是新生代出露的下部地层,虽然在阿牙克库木湖地区未见其与下伏地层的接触关系,但从石马沟组为一套磨拉石建造和构造事件分析,其与下伏基底地层为不整合接触关系;在祁漫塔格山地区见油沙山组与下伏志留系白干湖组、侏罗系大煤沟组呈角度不整合接触。它是喜马拉雅构造运动在测区的反映。

六、构造序列

通过以上对区内变形序列以及与之相关的变质事件、岩浆热事件、沉积事件及区域重大地质事件的分析,建立了区内的构造演化序列(见表 5 - 2)。

第三节　构造变形特征

对区内不同尺度、不同类型的构造形迹(褶皱、断裂、面理、线理等),从几何学、运动学、动力学等方面,按不同构造世代从早至晚阐述如下。

一、晋宁期——D1 世代构造变形

在托格热萨依河长城系金水口岩群小庙岩组、蓟县系狼牙山岩组中,残留有早期钩状褶皱、黏滞型香肠构造和片麻理等构造形迹,表现为强烈的塑性变形特征,可能反映了晋宁旋回地壳深部的构造表现形式。在长城系中获得的约(600±18)Ma 变质年龄,提供了这期构造变形的时间信息。由于受后期构造活动的多期叠加、改造,在测区有关晋宁期构造活动的记录残存很少,有待进一步的工作。

二、加里东早期拉张裂解——D2 世代构造变形

在测区,有证据表明加里东早期在前寒武纪基底上存在一次深切岩石圈的大“开”构造活动。分布于黑山—鸭子大坂一带的呈透镜状分布的蛇绿岩以及与拉张裂解有关的辉绿岩墙群(详见第三章)和反映地壳深部的伸展构造变形形迹,共同反映了晚古生代加里东早期裂解扩张作用和祁漫塔格洋的出现。与大陆裂解有关的地壳深部的分层拆离塑性剪切流变构造组合—深层固态流变构造变形群落。它们包括在几何学、运动学、动力学特征上相互间有着成生联系的顺层掩卧褶皱、流变褶皱、顺层流劈理、韧性剪切带等。在滩间山群及前寒武纪基底变质岩系中均有发育。伴随这期构造变形,发生早期低-高绿片岩相区域变质作用。

出露于黑山—鸭子大坂一带的呈透镜状分布的蛇绿岩,包括中基性火山岩、基性—超基性岩,其岩石组合及其岩石学、岩石化学、稀土元素、微量元素等特征均说明为蛇绿岩套的组成部分,为古洋壳残片物质,无疑为祁漫塔格洋的存在提供了有力的证据。

1. 褶皱

主要表现为顺层掩卧褶皱、流变褶皱。褶皱两翼拉长变薄，转折端急剧增厚，在几何学上多数呈非圆柱状，在横向和纵向上的不均匀性反映其塑性流变变形特征。褶皱两翼常被顺层韧性剪切带所限定，轴面与顺层流劈理平行，在转折端，顺层流劈理与变形面理近直交，翼部近平行或小角度相交。该类褶皱一般规模较小，常表现为露头尺度。在托格热萨依河一带的前寒武纪地层能干性强的岩石中有残留（图 5-4），图 5-5 为卷入阿牙克库木湖蛇绿混杂岩带中的前寒武纪大理岩岩片中顺层掩卧褶皱（图版Ⅱ-4），在滩间山群阿特阿特坎碳酸盐岩组及阿达滩碎屑岩组中发育顺层掩卧褶皱、肠状褶皱（图 5-5 至图 5-7）。

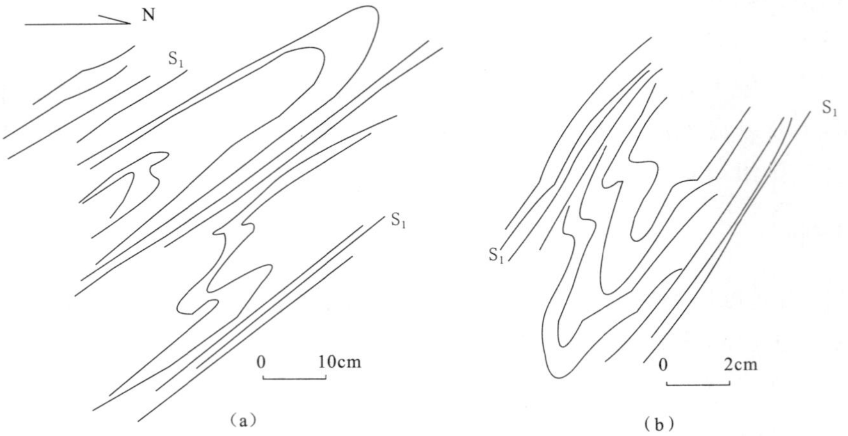

图 5-4　顺层掩卧褶皱样式

(a)3903 高点东；(b)托格热萨依河

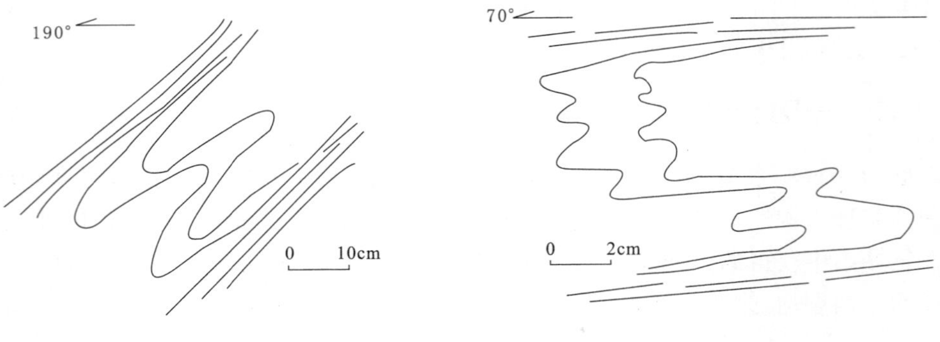

图 5-5　鸭子大坂东大理岩中顺层掩卧褶皱样式

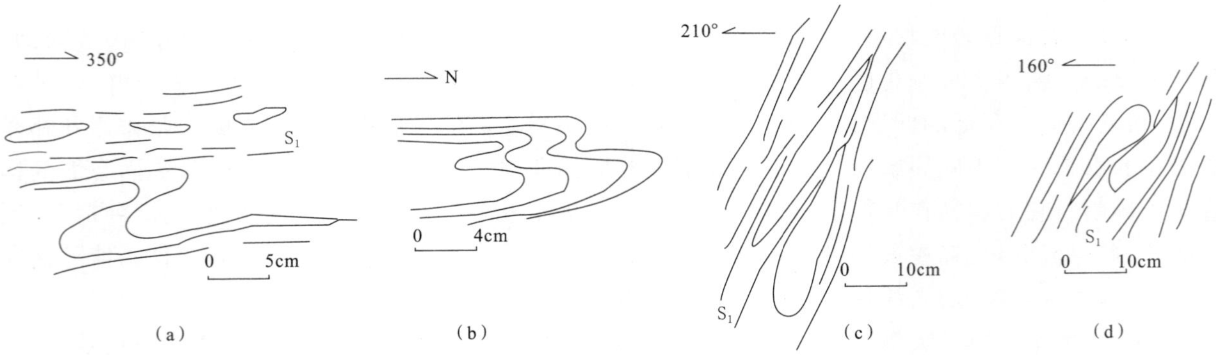

图 5-6　阿特阿特坎河口东碳酸盐岩中发育的塑性剪切流变构造样式

(a)、(b)顺层掩卧褶皱；(c)、(d)布丁构造

2. 横向构造置换作用与新生面理 S_1

伸展体制下分层剪切变形所产生的横向构造置换作用，在柴达木地块前寒武纪基底长城系金水口岩群小庙岩、蓟县系狼牙山岩组以及青白口系丘吉东沟岩组和滩间山群中广泛发育。其构造置换的强弱程度与变形岩石的能干性及构造强弱域有关，即变形岩石能干性低或处于弱构造域中，构造置换不强；变形岩石能干性强或处于强构造域中，构造置换则较彻底。新生 S_1 面理，由顺层流劈理、糜棱面理构成，宏观上表现为片理、千枚理；镜下绿泥石、绢云母、黑云母等片状矿物定向排列，而经塑性拉长的粒状矿物极具优选方位，并出现拔丝状石英。新生面理 S_1 成为后期变形的基础面理。

奥陶系—志留系滩间山群阿达滩碎屑岩组中，S_1 面理为成层面理，表现为板理、千枚理、片理。在片岩中沿片理发育浅色的石英分异条带，镜下片状矿物定向排布，面理环绕斜长石或石英晶屑生长。在阿特阿特坎河边绿泥石英片岩中发育同构造分泌石英脉构成的肠状褶皱，反映了面理置换过程中递进变形(图 5－7)。

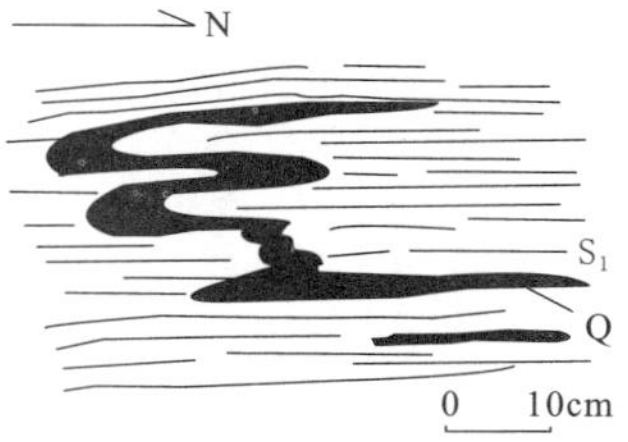

图 5－7　阿特阿特坎河同构造分泌石英脉构成的肠状褶皱
(据照片素描)

沿阿木巴勒阿土坎北缘断续分布的蓟县系冰沟岩群狼牙山岩组，其成层面理为片理、糜棱面理，表现为不同岩片的相互叠置。普遍遭受糜棱岩化，发育长英质糜棱岩、碳酸盐岩质糜棱岩，显示强烈的塑性剪切变形特征。在碳酸盐岩质糜棱岩中，残留的方解石碎斑呈眼球状，两端具不对称拖尾，细粒方解石呈条带状、条纹状，其构造特征反映了深层次的分层剪切变形特征。

3. 同构造分泌石英、方解石脉

伴随本期构造变形，同构造分泌石英、方解石脉形成布丁构造、香肠构造、肠状褶皱等。

4. 构造活动时限的分析

古大陆的拉张裂陷到裂解成洋盆，经历了漫长的地质历史。从目前的资料显示，至少从晚古生代末期就已经开始，早古生代晚期结束其扩张演化历史，转入收缩演化阶段。

(1)参入构造变形的最晚物质记录为奥陶纪—志留纪地层。

(2)与俯冲-碰撞有关的花岗岩同位素年龄为(418～388)Ma(锆石 U－Pb)以及滩间山群与上覆晚泥盆世的黑山沟组呈角度不整合接触，说明其扩张演化历史最晚应于中泥盆世末结束。

三、加里东晚期板块聚合碰撞——D3 世代构造变形

加里东晚期的板块聚合碰撞是区内重要的一次地质构造事件，导致祁漫塔格洋消亡，柴达木地块与东昆北微地块最终焊接为一体，成为统一的华北板块的组成部分。逆冲推覆构造是柴达木板块与东昆北微板块聚合碰撞造山的主要构造型式，在测区几乎卷入早古生代及其以前的所有地层，包括蛇绿岩的构造就位。在南北向收缩机制下形成的广泛发育于区内不同尺度、不同类型的、具共生联系的构造形迹(褶皱、韧性剪切带、面理等)，共同组成了板块聚合碰撞机制下的逆冲推覆构造变形群落，反映为下部构造层次的韧性推覆剪切变形到中上部构造层次弹塑性收缩变形环境。阿牙克库木湖蛇绿混杂岩是本期构造事件重要的物质记录。伴随这一重大构造事件发生强烈的岩浆活动，测区加里东-海西期的俯冲-碰撞型花岗岩就是其物质记录(详见第三章)。同时发生动力热变质作用。

1. 褶皱

该世代期区内的褶皱构造主要表现为两种类型：①与深部韧性剪切变形相关联的以塑性变形

为主的不对称剪切褶皱样式；②以中上部构造层次收缩应变为主的弹塑性纵弯褶皱样式。总体反映了在南北向收缩体制下构造样式的横向、纵向上的变化。

在托格热萨依河（柴达木地块）长城系金水口岩群小庙岩、蓟县系狼牙山岩组中广泛发育与①类有关的褶皱。褶皱规模小，多表现为露头尺度。以S_1为变形面，形成平卧褶皱、斜歪褶皱、被动剪切褶皱样式（图5－8、图版Ⅱ－3）。在鸭子大坂一带阿牙克库木湖蛇绿混杂岩带中，尽管受后期构造变形的强烈改造，但与深部韧性剪切带共生的以塑性变形为主褶皱构造仍有大量残留，如在构造片岩中石英岩及同构造分泌石英脉构成的钩状无根褶皱、剪切褶皱等等（图5－9、图5－10）。多为露头尺度，发育于韧性剪切带内或强构造域中进一步剪切，则呈斜列排布的构造透镜体。此类不对称褶皱的倒向常可作为构造运动学标志，区内此类褶皱的倒向基本一致，为北北西向，显示本期构造大致为由南往北的推覆剪切运动。

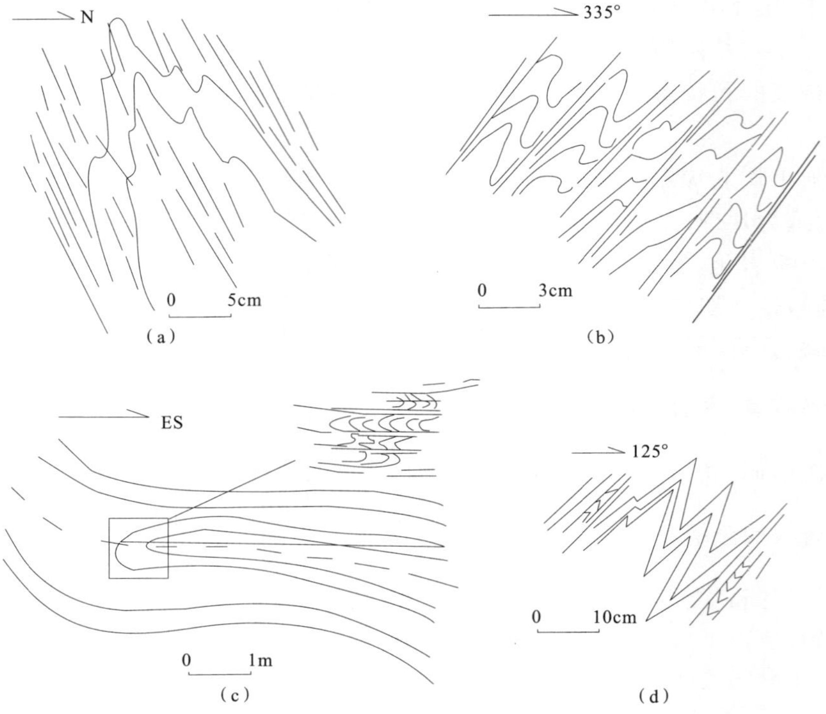

图5－8　S_2褶皱构造样式

(a)、(b)、(c)托格热萨依河：同斜褶皱、被动剪切褶皱、平卧褶皱；(d)3818高程点剪切尖棱褶皱

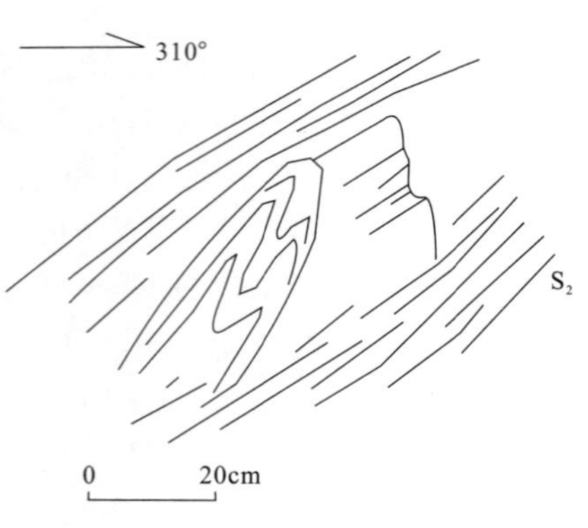

图5－9　鸭子大坂西绿泥钠长片岩中石英岩透镜体中的剪切褶皱

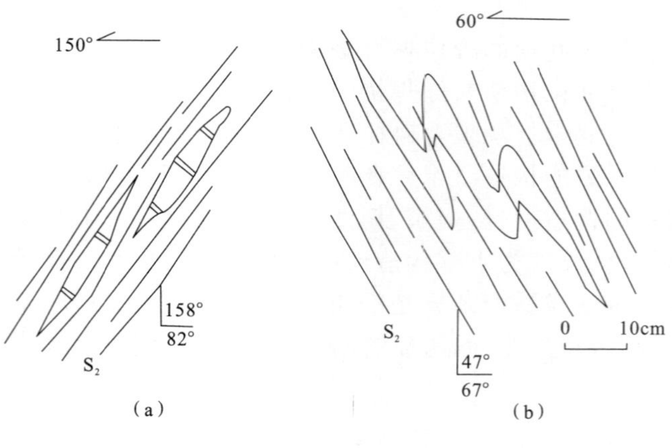

图5－10　鸭子大坂东推覆剪切变形特征

(a)斜列构造；(b)无根褶皱

在阿特阿特坎一带，由滩间山群阿达滩碎屑岩组构成了一背一向(图 5－11)。以 S_1 为变形面，褶皱宽缓，轴面近直立，轴迹走向北东东或近东西向。发育轴面劈理，褶劈理性质。

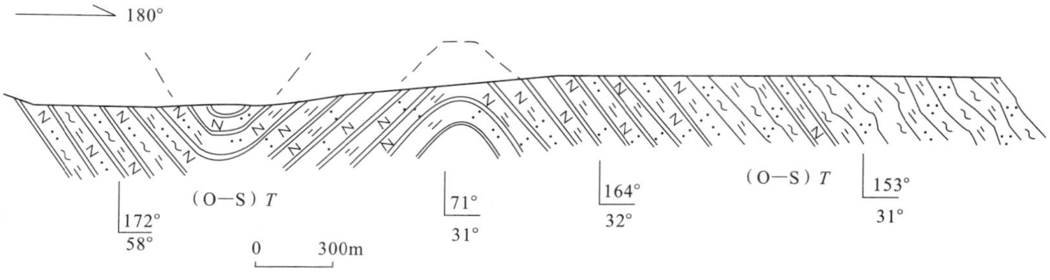

图 5－11　阿特阿特坎河实测地质剖面图

分布于白干湖、皮亚孜勒克塔格一带的为一套弧后盆地复理石建造的白干湖组，以中层状的杂砂岩为主，构成一系列的轴面近直立的背、向斜构造，变形面为 S_0(图 5－12)。其褶皱特征为中等紧闭等厚褶皱，轴面陡倾或近直立，圆柱状程度高(图 5－13)，局部发育扇形破劈理。其特征反映了挤压机制下的中上部构造层次弹塑性纵弯曲变形相。值得注意的是变形地质体为一套层状的复理石建造，缺乏典型的标志层，对区域性褶皱形态的恢复只能借助于露头尺度小构造的总体分析。通过路线和典型剖面的分析，在黑石口以北，发育一复式向斜构造(图 5－13)，两翼次级褶皱发育，轴迹走向北东。

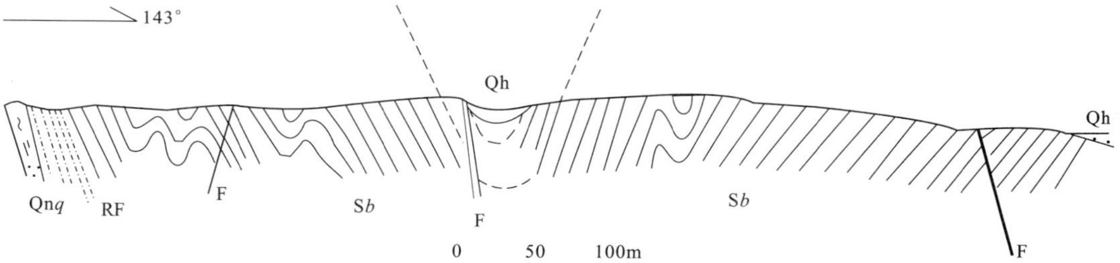

图 5－12　大沙沟构造变形剖面图

Qn*q*. 青白口系丘吉东沟组绢云石英片岩；S*b*. 志留系白干湖组薄—中厚层状杂砂岩、粉砂岩、泥质粉砂质板岩；Qh. 全新统冲洪积；RF. 韧性剪切带；F. 断层

2. 纵向构造置换作用与新生面理 S_2

伴随逆冲推覆构造变形，纵向构造置换作用强烈。纵向构造置换程度与岩石能干性及构造的强弱域有关。在弱能干性的岩石中，置换彻底，先期 S_1 面理基本消失殆尽；在强能干性岩石及弱构造域中残留有早期面理。纵向构造置换作用及其新生构造面理 S_2 在测区不同的构造块体中比比皆是。

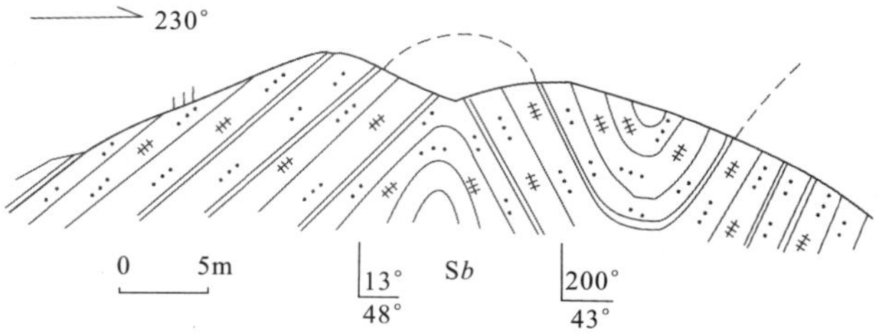

图 5－13　黑石口北褶皱样式

在托格热萨依河一带(属柴达木地块)长城系金水口岩群小庙岩组、蓟县系狼牙山岩组、青白口系丘吉东沟岩组中，广泛发育出露具推覆剪切型的片理、糜棱面理及千枚理，构造置换较强烈，并多

与被动剪切褶皱相伴生。局部可见区域组构特征，在微劈石域中残留有早期 S_1 面理(见图 5-7)。镜下新生片状矿物(绿泥石、绢云母、黑云母等)定向排列，塑性变形的粒状矿物(如长石、石英等)长轴方向顺 S_2 分布。在柯可卡尔德东 3903 高点北，S_2 面理切穿碎裂状钾长花岗岩(图 5-14)，显示较强的面理置换作用。新生面理 S_2 构成主导面理，面理走向总体北东向。

在鸭子大坂一带，S_2 面理构成韧性剪切带内的基础面理，为糜棱面理、片理。表现强烈剪切变形特征。其面理在后期构造变形中形成斜歪褶皱，倾竖褶皱。

在阿特阿特坎河一带的滩间山群中，发育一组间隔带状分布的褶劈理(图 5-15)，沿劈理有新生片状矿物分布(绿泥石、绢云母)。东沿祁漫塔格山北坡，发育一组产状稳定南倾板理、片理，产状 125°～155°∠58°～65°，发育较密集，显示较强的纵向构造置换作用。

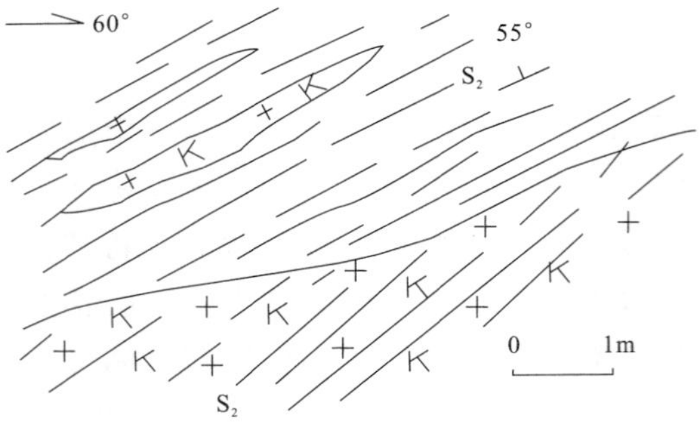

图 5-14　柯可卡尔德东 3903 高点北 S_2 面理发育特征

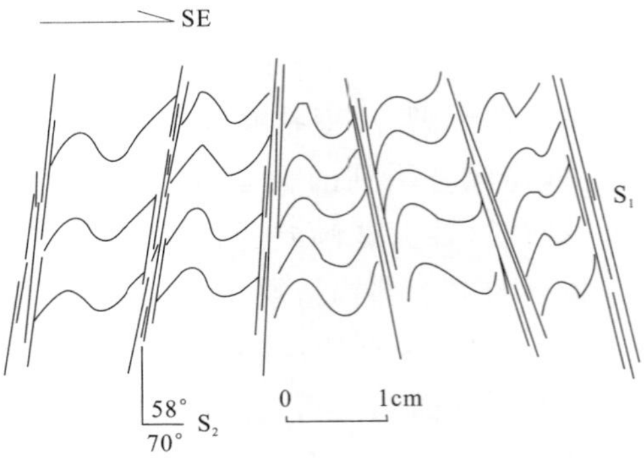

图 5-15　阿特阿特坎河 S_2 面理发育特征

分布于白干湖、皮亚孜勒克塔格一带的为一套弧后盆地复理石建造的白干湖组地层，以中层状的杂砂岩为主，成层面理为原生层理 S_0，构造置换作用弱，在靠近白干湖断裂，显示较强的面理置换。仅在弱能干性的泥质粉砂岩中发育与 S_0 斜交的板理面，局限在杂砂岩间，不切穿杂砂岩。局部在中—厚层砂岩中发育同褶皱期的板劈理(图 5-16)。

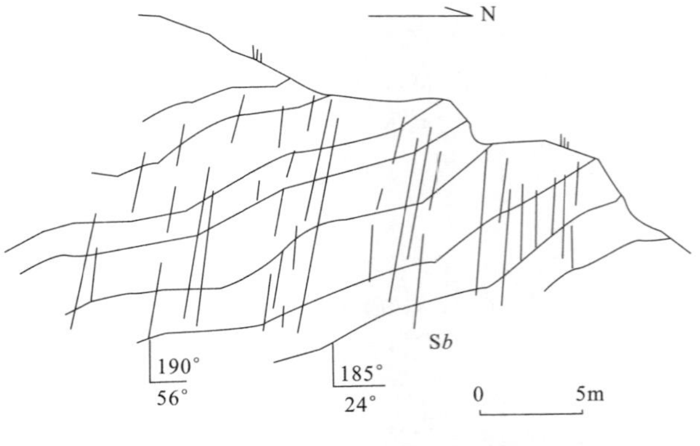

图 5-16　皮亚孜勒克塔格 3945 高点北白干湖组中两组面理交切关系

3. 阿牙克库木湖蛇绿混杂岩

阿牙克库木湖蛇绿混杂岩是祁漫塔格结合带重要物质组分，是在加里东晚期板块俯冲-碰撞过程中逐渐演化形成的，出露于黑山、鸭子大坂一带。祁漫塔格结合带沿祁漫塔格南缘分布，近东西向延伸，是分隔柴达木地块和东昆北地块的边界，阿牙克库木湖蛇绿混杂岩在测区大部被第三纪以来的地层所覆盖。正处于祁漫塔格结合带，其物质组成和构造变形特征为祁漫塔格结合带的形成演化提供了强有力的证据，它表明祁漫塔格结合带是从古俯冲带演化而来的。

蛇绿岩块(片)是构成阿牙克库木湖蛇绿混杂岩的重要组分，在黑山及鸭子大坂一带均有出露。由于多期的构造变形、改造，蛇绿岩各组分均以构造残片或透镜体产出，无一完整的剖面结构，但各组分均有零星出露。在黑山出露堆晶辉橄岩、堆晶辉石岩、堆晶辉长岩和变玄武岩，长几十米至几百米，宽几十米至几百米；在鸭子大坂由蛇纹岩、二辉橄榄岩、橄榄辉石岩、变玄武岩组成，呈透镜状产出，单个长度一般十几米，最长小于 40m，宽 1～3m。黑山与鸭子大坂出露的蛇绿岩在岩石学、岩石化学、稀土元素、微量元素等方面具有相同的特征，产于洋中脊环境，均说明为蛇绿岩套的组分（详见第三章），为古洋壳残片物质。而这些物质之间均以剪切面接触，其本身也遭受了强烈的变形变质作用，这一点在鸭子大坂表现尤为突出。

尽管鸭子大坂一带由于受后期构造叠加、改造，具明显的构造移置特征，但其物质组成更多地反映是阿牙克库木湖蛇绿混杂岩的重要组成成分（详见第三章）。除蛇绿岩组分外，还包括外来岩块（片）和陆源碎屑岩。大理岩岩块是卷入构造混杂岩带中的外来岩块（片），主要分布于鸭子大坂以东，大小不等，呈构造岩块或构造透镜体产于剪切基质中，其边界均为构造面。内部变形强烈，发育早期固态流变变形相的顺层掩卧褶皱、顺层流劈理，普遍遭受糜棱岩化，可能属基底岩片的组成物质（冰沟岩群狼牙山岩组）。遭受强烈变形变质的剪切基质中的绿泥石英片岩、绿泥钠长阳起石片岩、钠长绿泥石绿帘石片岩、绢云石英片岩，其原岩一部分可能属于岛弧火山岩岩片，一部分为陆源碎屑岩。

从鸭子大坂带早期构造变形形迹和相关地质体的构造变形特征上提供了不少关于阿牙克库木湖蛇绿混杂岩构造变形方面的信息。在鸭子大坂一带，宏观上表现为不同成因、不同时代或经历不同演化阶段的构造变形、变质岩片（岩块），以构造面（韧性剪切带、构造面理）相互拼贴、相互叠置，显示强烈的构造形变混杂特征。该带实际上表现为一个大规模的韧性剪切带，同时又是一个高度的物质混杂场，由构造片岩包绕刚性块体，其平面构造形态表现为以剪切基质环绕构造岩块，以主干韧性剪切带为骨架，形成强弱构造域相间排布的网络状的构造面貌。由此，构造混杂岩带根据构造变形特征可分为刚性构造块体和剪切基质两部分，分处于强、弱构造域中。刚性块体由上述所说的蛇绿岩块、大理岩块等，变形相对较弱；剪切基质是带内强构造域的组成物质，主要岩性为绿泥石英片岩、绿泥钠长阳起石片岩、钠长绿泥石绿帘石片岩、绢云石英片岩等。

在鸭子大坂一带发育一组早期面理 S_2，为主要成层面理，属片理、糜棱面理，在后期构造变形中形成无根褶皱、斜歪褶皱，倾竖褶皱。该构造面理表现强烈剪切变形特征，如在鸭子大坂西，构造片岩中石英岩构成的无根褶皱显示的残留面理（见图 5－9），而发育的 S－C 组构、云母“鱼”以及拔丝石英等（图版Ⅳ－1、图版Ⅳ－2），以及在递进变形过程中形成的剪切褶皱、钩状无根褶皱和斜列排列的构造透镜体，均反映了强烈的剪切变形机制（见图 5－10）和强烈的构造形变混杂作用，鸭子大坂西绿泥钠长片岩中卷入透镜状的石英岩中，在鸭子大坂东，蛇绿岩块呈透镜状混杂于构造片岩中，辉橄岩韧性剪切变形较强，发生糜棱岩化作用，残斑为透镜状、眼球状橄榄石，条纹状的蛇纹石、滑石定向平行分布，且包绕残斑，部分橄榄石呈多米诺骨牌构造。

黑山分布的蛇绿岩构造线走向近东西向，可能代表了祁漫塔格结合带的走向。从鸭子大坂所发育的构造运动学标志分析和区域构造所反映的构造极性，反映为由南向北的逆冲推覆变形。黑山-那棱格勒断裂带以北的包括白干湖组及滩间山群的褶皱变形显然与此相连，处于相同的构造变形机制，即南北向的挤压。

4. 构造运动时限的分析

柴达木陆块与东昆仑陆块之间的祁漫塔格洋俯冲-碰撞造山的时限为志留纪—早中泥盆世。其证据为：

（1）参与构造变形的最晚物质记录为志留系地层。

（2）在东邻青海省茫崖镇南奥陶系—志留系滩间山群与上覆晚泥盆世的黑山沟组呈角度不整合接触，是加里东末期收缩运动的有力证据。

（3）与本期俯冲-碰撞构造活动有关的花岗岩同位素年龄为 418～388Ma（锆石 U－Pb）。

（4）弧后盆地沉积岩中采集到早志留世笔石化石。

四、海西早期——D4 世代构造变形

在测区东邻青海祁漫塔格山东段，在晚泥盆世接受海陆交互相黑山沟组磨拉石-海陆交互相沉积，早石炭世为稳定型台地生物礁相碳酸盐岩沉积。在测区及西邻地区早石炭世有比较强烈的裂陷，出露于鸭子大坂—鸭子泉一带的代表深水相的放射虫硅质岩就是其物质记录。很显然，在海西早期测区存在着拉张裂陷的构造活动，而在库木库里—布伦台可能在早石炭世裂解出多个有限洋盆，沉积了蛇绿岩、火山岩和放射虫硅质岩。在鸭子大坂的硅质岩中发现早石炭世放射虫动物群（李日俊，1999），在测区独立山出露的晚石炭世海陆交互相的缔敖苏组代表了由拉张向收缩转换的沉积记录。本期拉张裂陷活动的时限应为晚泥盆世—早石炭世。

五、海西晚期——D5 世代构造变形

在海西晚期，测区由伸展向收缩机制转换，早石炭世（放射虫）硅质岩的构造变形、独立山断裂、褶皱构造以及早期构造形迹的旋转变位、叠加变形等等；在测区西邻图幅广泛分布的石炭纪地层构成的一系列背、向斜构造，以及与构造活动相关联的岩浆活动（详见第三章），共同反映了这一期收缩体制下的构造变形作用。

1. 早石炭世（放射虫）硅质岩的构造变形特征

分布于鸭子泉东—鸭子大坂一带的早石炭世（放射虫）硅质岩虽经后期构造变形、变位，但其构造变形特征仍反映曾经历过强烈的韧性剪切作用。如在鸭子泉东，硅质岩宏观上表现为浅色的分异石英呈条带状、透镜状、旋转布丁等，定向分布，显示较强的糜棱岩化作用；鸭子大坂西，硅质岩中发育石英分异条带和剪切褶皱（图 5－17）。

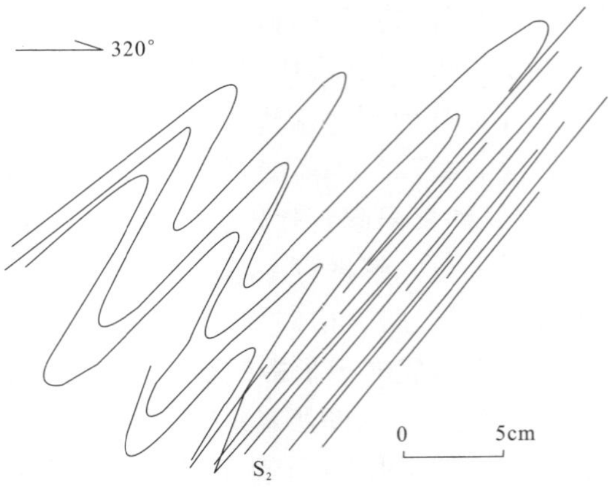

图 5－17　鸭子大坂西硅质岩中的剪切褶皱

虽经后期构造变形、变质作用的改造，从上述早石炭世（放射虫）硅质岩的构造变形特征上分析，不难发现挤压机制下强烈的韧性剪切变形的存在，反映了海西晚期的构造变形特征。

2. 独立山断裂、褶皱构造

独立山向斜构造由晚石炭世海陆交互相的缔敖苏组组成（图 5－18），向斜核部为灰质白云岩，两翼为长石杂砂岩、粉砂岩。北翼产状 153°∠55°，南翼 315°∠50°，轴迹走向北东东。

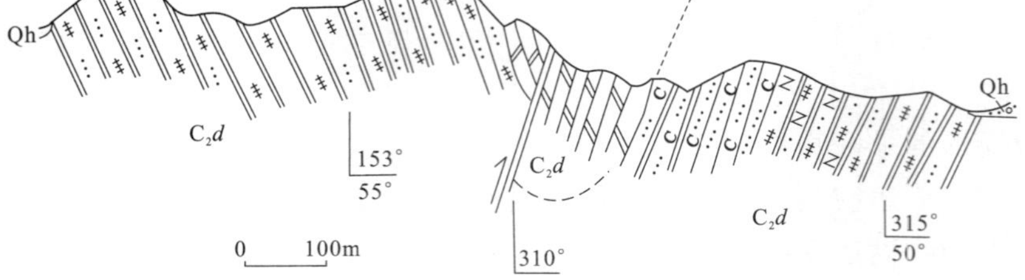

图 5－18　独立山石炭系实测地质剖面图

独立山断裂发育于向斜核部，为一条褶皱期后的脆韧性断裂，破坏了向斜构造的完整性。断裂带走向与向斜轴迹走向近一致，北东端被第三系掩盖，西端被第四系掩盖。带内表现为强劈理化带，沿劈理域发育石英细脉。带内揉皱发育，在断裂上盘发育牵引褶皱（图5－18）。剪切面产状310°∠75°。从不对称揉皱、牵引褶皱等运动学标志判断，为逆冲性质，运动指向南南东向。

六、印支期——D6世代构造变形

测区在印支期主要表现为收缩运动，其构造类型和表现形式在柴达木陆块南缘和东昆北陆块南缘存在差异，分别表现为走滑剪切构造和逆冲推覆构造。本期构造变形基本构成了测区主体构造格局，其后转入陆内演化阶段，不再反映以洋陆转化为主的大“开”、“合”构造运动，只表现为陆内逆冲、正滑和平移的断块运动为主的构造活动，形成推覆构造、走滑构造及大面积隆起。

1. 逆冲推覆构造

主要发育于东昆北陆块南缘，在本测区仅在青石山一带分布一小部分，主体位于鲸鱼湖幅北部，北侧以阿尔格山断裂与库木库里坳陷为界，南界位于鲸鱼湖幅北缘。受南部的昆中结合带的逆冲推覆构造作用，测区东昆北陆块南缘发育一系列“飞来峰”。其褶皱构造发育，为一系列舒缓的不对称的复式背、向斜构造，轴向南倾，背斜北翼较陡，南翼较缓。分布的地层可能属于外来系统，根据区域研究其可以与中泥盆统布拉克巴什组和青海省中二叠统马尔争组对比。

马尔争组厚层状、块状灰岩具很强的能干性，其构造变形、构造置换作用表现很弱，其构造形迹表现为表层次的剪切破裂相的变形，而在剪切带内及弱能干性岩层内则表现为较强的塑性变形和具绿片岩相的动力变质作用。在阿其克库勒湖东南，有两条韧性剪切带存在，北为层间韧性剪切带：两盘均为布拉克巴什组（D_2bl）灰岩（图5－19），剪切带由细条纹状碳酸盐岩质糜棱岩和构造片岩组成，剪切面产状165°∠58°，运动指向340°，显示为南盘相对北盘向北的逆冲推覆作用；南为边界韧性剪切带（图5－20），剪切带以南属于中二叠世马尔争组（P_2m），以北属布拉克巴什组（D_2bl），剪切带由细条纹状碳酸盐岩质糜棱岩和构造片岩组成，残留碎斑方解石呈眼球状，0.3～1.5mm，剪切面产状185°∠38°，运动指向345°，显示为南盘相对北盘向北的逆冲推覆作用。

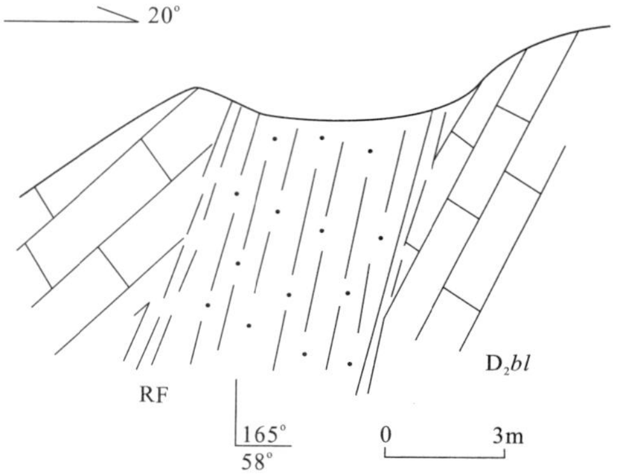

图5－19　阿其克库勒湖东南韧性剪切带素描图

D_2bl. 泥盆系布拉克巴什组；RF. 韧性剪切带

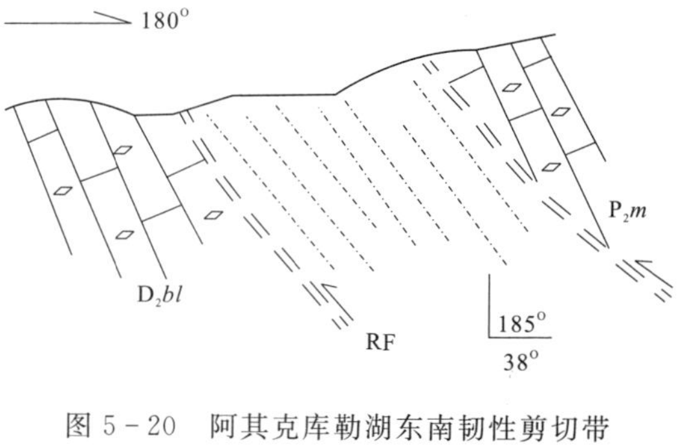

图5－20　阿其克库勒湖东南韧性剪切带

D_2bl. 布拉克巴什组；P_2m. 马尔争组

东昆北陆块南缘的逆冲推覆构造，反映了在三叠纪时昆南与巴颜喀拉地块碰撞造山的主要构造类型。

2. 走滑剪切构造变形

印支期东昆北陆块南缘又一次发生了较重大的构造调整，形成以白干湖断裂带和鸭子泉-

鸭子大坂构造混杂岩带为主的北东向走滑剪切变形带。

夹持于白干湖断裂带和鸭子泉-鸭子大坂构造混杂岩带间的白干湖组，在靠近白干湖断裂和鸭子泉构造带附近呈北东走向，中部则近东西走向，平面显示一反“S”形的构造形态。鸭子泉-鸭子大坂构造混杂岩带以东的滩间山群，从近鸭子泉构造混杂岩带向东，主构造线走向由北东向近东西向变化，构成向北顶出的弧形构造（图 5 - 21），如此的构造现象所反映的走滑构造活动是强烈的。

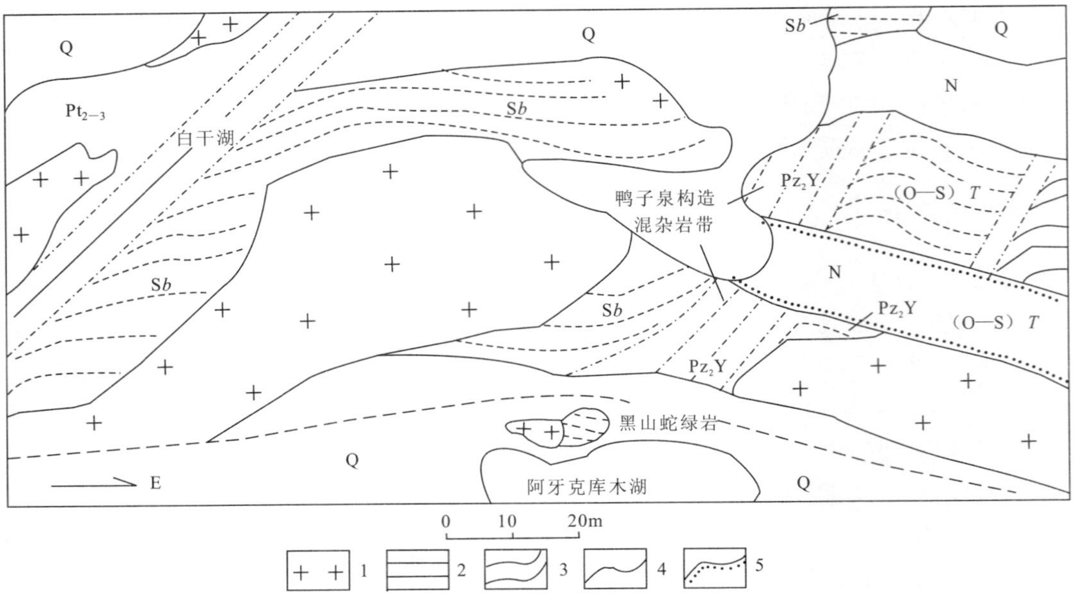

图 5 - 21　祁漫塔格山构造线走向分布示意图

1. 花岗岩；2. 剪切带；3. 层理；4. 地质界线；5. 不整合接触；

Q. 第四系；N. 新近系；Pz_2 Y. 鸭子泉构造混杂岩带；*Sb*. 白干湖组；(O—S) *T*. 滩间群；Pt_{2-3}. 中上元古界

北东向构造的出现与区域上的祁漫塔格近东西向的构造线相悖，却与阿尔金南缘断裂带的走向近一致，似乎预示着它们具有相同的动力学机制，同时也从一个侧面反映了阿尔金南缘断裂带可能形成于印支期。

鸭子泉-鸭子大坂构造混杂岩带呈北东向分布于祁漫塔格山鸭子大坂—鸭子泉一带。构造带宽 10～15km，延伸约 40km。北、南两端分别被祁漫塔格北缘断裂和黑山-那棱格勒河断裂（东昆北断裂）所截。

鸭子泉-鸭子大坂构造混杂岩带历经了自加里东旋回—海西旋回的多期、多体制、多层次的构造变形，显示强烈的多期构造混杂特征。印支期走滑剪切构造变形对先存地质体及构造进行了强烈的改造和叠加、干涉，因此在其内部组成及构造变形特征上显示较为复杂，包含了不同成因、不同时代或经历不同演化阶段的构造变形、变质岩片（岩块），以构造面（韧性剪切带、构造面理）相互拼贴、相互叠置，以及多期、多样式褶皱和多期面理的叠加、改造。内部物质组成包括基底岩片物质及早古生代的蛇绿岩组分、岛弧火山岩、陆源碎屑岩以及早石炭世（放射虫）硅质岩等，呈构造透镜体分布的早古生代蛇绿岩及早石炭世（放射虫）硅质岩，具明显的移置、改造和构造侵位的特征。现今北东向构造带是陆内变形的产物，以走滑为主包容了早期的逆冲推覆构造变形。

构造混杂岩带是一个规模较大的左行走滑剪切带，由一系列不同规模的脆-韧性走滑剪切带构成。多表现为对早期韧性剪切带的继承、复合、叠加和改造。较大规模的在鸭子大坂段发育 9 条（RF_6、RF_7、RF_8、RF_9、RF_{10}、RF_{11}、RF_{12}、RF_{13}、RF_{14}），鸭子泉段发育 2 条（RF_4、RF_5），剪切带均表现这样的特征：剪切带由构造片岩、糜棱岩、粗糜棱岩组成；发育近水平的拉伸线理，S - C 组构；以早期剪切面为变形面形成小尺度的斜歪褶皱、倾竖褶皱，枢纽倾伏向 50°～65°，倾伏角 40°～74°；剪切面产状 130°～160°∠55°～80°；伴随剪切带的活动，早期剪切面理卷入褶皱变形中，在上盘形成斜歪褶皱。各种运动学标志反映为以左行走滑为主，兼有逆冲推覆剪切变形。

如发育于鸭子大坂西的走滑剪切带(RF_7)：剪切带宽 20m，带内由绿泥构造片岩和透镜状硅质板岩组成，发育近北东向的拉伸线理，剪切面倾角近直立，产状 165°∠80°，剪切带的北西盘发育由硅质板岩夹绿泥钠长片岩构成的一系列斜歪褶皱、倾竖褶皱，枢纽倾伏向 50°～65°，倾伏角 53°～70°，轴面劈理产状 290°∠70°。运动学标志反映为以左行走滑为主，兼有逆冲推覆剪切变形。

发育于鸭子大坂以东的东回头沟脑走滑剪切带(RF_{13})：带宽近 50m，带内组成物质为绿泥绢云构造片岩和大理岩透镜体，并发育同构造北东向杆状石英脉，带内发育的揉皱枢纽近直立(图 5-22)。剪切面产状 340°∠75°。运动学标志显示为左行走滑性质。

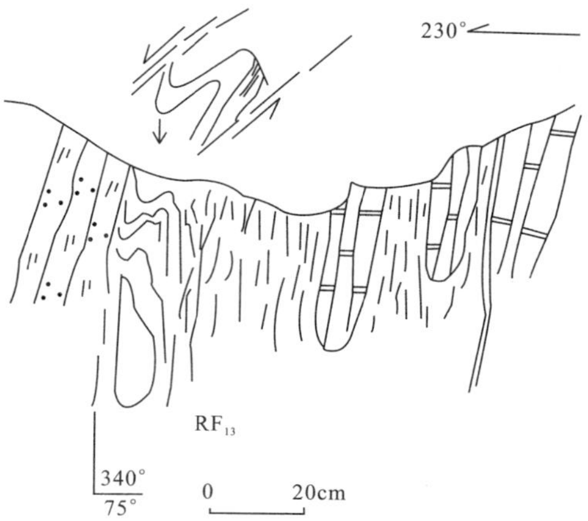

图 5-22　东回头沟西走滑剪切带素描图

图 5-23、图 5-24 为构造带内斜歪褶皱、倾竖褶皱样式，发育于鸭子大坂，褶皱枢纽倾伏向 50°～65°，倾伏角 40°～74°，发育北东向轴面劈理。属中上部构造层次弹塑性纵弯曲变形，与带内韧性逆冲-走滑剪切带相伴生。

在构造带内形成一组与走滑剪切作用相关联的弥散型的北东向构造面理，表现为强置片理化带、构造片理、糜棱面理，切割早期面理。产状稳定，为 130°～150°∠55°～70°。

图 5-23　鸭子大坂西绢云石英片岩中的倾竖褶皱样式

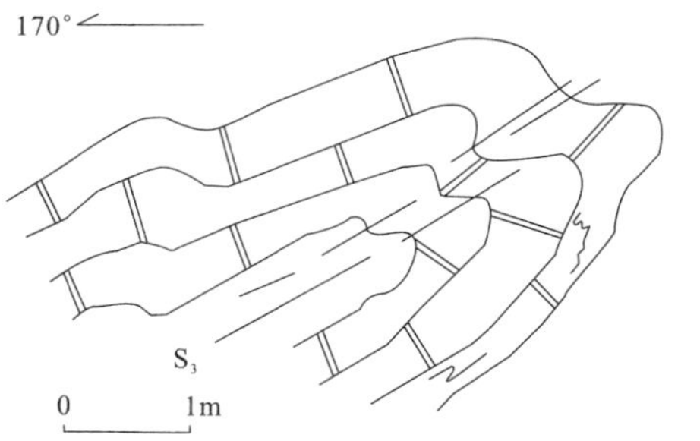

图 5-24　鸭子大坂东由大理岩片构成的斜歪褶皱样式

鸭子泉-鸭子大坂左行走滑剪切带的构造效应使测区内地质体发生较大的调整，剪切带以西地质体由北向南滑移，同时地质体本身发生旋转和挠曲变形，在平面上形成一反“S”形构造；剪切带以东地质体向北东挤出，地质体本身也发生旋转和挠曲变形(见图 5-21)。黑山蛇绿混杂岩带(祁漫塔格结合带)的组成物质沿走滑剪切带向北发生迁移，因此在鸭子大坂一带出露黑山蛇绿混杂岩的组成物质也不足为怪了。

构造混杂岩带形成时限应在三叠纪，理由如下：①北东向的构造并没有影响到晚三叠世的中—酸性火山岩，次火山岩呈岩墙穿切北东向的构造面理；②参与变形的最晚物质记录为已经变形、变质的早石炭世(放射虫)硅质岩。

白干湖断裂带：分布于白干湖一带，呈北东向延伸。在本期显示强烈的左行走滑活动（详见本章第四节），与鸭子泉-鸭子大坂构造带共同组成测区内主要的北东向走滑断裂带，区内地质块体沿两条主要走滑带滑移变形、旋转变位，使区内构造面貌基本定型。

七、燕山早期——D7世代构造变形

分布于鸭子大坂一带的晚三叠世鄂拉山组（C_3e），为一套陆相中—酸性火山岩，以及同期形成的基性岩墙群和侏罗纪山间断陷盆地，共同反映了测区在燕山旋回早期与伸展体制有关的构造活动。晚三叠世鄂拉山组（C_3e）与下伏构造混杂岩不整合接触或断层接触。

晚三叠世鄂拉山组（C_3e）在区域上沿黑山-那棱格勒断裂呈东西向分布，可能反映了近南北向的拉张作用。测区由收缩向伸展机制的转换至少在晚三叠世就已经开始，在鄂拉山组（C_3e）火山岩中获得197Ma的同位素年龄，提供了这期构造活动的时间信息。

八、燕山晚期——D8世代构造

在测区及邻区侏罗纪山间断陷盆地的褶皱隆升，以及与上覆第三系地层的角度不整合接触关系，反映了本区由先期的伸展向收缩转换。

九、喜马拉雅早期断陷盆地——D9世代构造

自上新世以来，由于青藏高原的总体隆升和后陆效应，测区总体处于拉张体制，形成一系列东西走向的新生代断陷盆地。从北往南为古尔嘎新生代断陷盆地、祁漫塔格山间断陷盆地、库木库里断陷盆地。

1. 古尔嘎新生代断陷盆地

分布于测区的北部，夹持于阿尔金山与祁漫塔格山之间，测区只涉及盆地南侧一部分。盆地内充填自上新世以来的新生代沉积地层（油沙山组 N_2y），从盆地内呈孤岛状分布的构造层及接触关系来分析，盆地的基底组成物质与祁漫塔格微陆块相同。油沙山组（N_2y）与南侧地层（祁漫塔格构造层）呈断层接触。可能在上新世，受阿尔金南缘断裂及祁漫塔格北缘断裂的联合控制，开始下沉，形成断陷盆地。

2. 祁漫塔格山间断陷盆地

分布于祁漫塔格山中诺勒更阿勒克—阿达滩一带，呈东西向分布。盆地西部靠近白干湖断裂一带，向南旋转呈一弧形。盆地内充填上新统油沙山组泥岩、砂砾岩。在盆地西部，上新统油沙山组角度不整合在志留系白干湖组、侏罗系大煤沟组之上。盆地的形成受控于基底隐伏断裂。

3. 库木库里断陷盆地

分布于测区的中南部，夹持在祁漫塔格山与阿尔格山之间。呈东西向展布。盆地大部分海拔大于4 000m，西高东低，西部约在4 300m以上，东部最低处3 800m。由于新构造运动强烈，晚更新世地层在库木布彦山顶已抬升到5 511m，第三系露头多在4 000～5 000m之间。

根据区内目前唯一的物探资料《青藏高原中西部航磁异常调查》（熊盛青等，2001）显示，库木库里盆地航磁异常反映为低缓的负磁异常，计算基底深度为3～7km，由北向南逐渐加深。推测盆地基底也为软磁性的古生界的浅变质岩，其盖层可能与柴达木盆地西部类似，以古近系—新近系为主。

库木库里盆地自渐新世以来，充填了初始裂陷期下部石马沟组砂砾岩、含铜砂砾岩、细砂岩组

成的冲积体系域沉积，中部石壁梁组下段粗砂岩、钙质粉砂岩、泥岩组成强裂陷早期水进体系域沉积，中上部石壁梁组上段粉砂岩、钙质粉砂岩、泥岩夹细砂岩和石膏层组成强裂陷中期丰水体系域沉积，上部红石梁组巨厚膏盐层、粉砂质泥岩、砂岩、巨厚砂砾岩，代表强裂陷晚期水退体系域沉积，湖泊萌芽期冲积体系域中形成含铜砂砾岩沉积，湖泊萎缩期水退体系域中形成膏盐矿沉积。

盆地的形成与演化受控于黑山-那棱格勒河断裂和阿尔格山断裂(东昆中大断裂)。

十、喜马拉雅晚期——D10 世代构造

本期构造变形表现为以挤压机制为主导，以脆性断裂构造和纵弯曲褶皱变形为主要构造类型，在测区广泛发育。北部新生代断陷盆地的沉积盖层表现为掀斜构造；南部库木库里断陷盆地以褶皱形变为主；断裂构造则广泛发育于前新生代基岩和上叠新生代地层中。

1. 北部断陷盆地中的掀斜构造

在古尔嘎新生代断陷盆地的南部，上新统油沙山组地层向南发生掀斜，总体向南或南南东向缓倾，倾角 5°～20°，与南侧地层(祁漫塔格构造层)呈断层接触。

在祁漫塔格山间断陷盆地中，西部上新统油沙山组角度不整合在志留系白干湖组、侏罗系大煤沟组之上，岩层总体向北西方向掀斜，产状 150°∠35°。在阿达滩一带，上新统油沙山组地层总体向北缓倾，产状 190°∠32°，南部发育山前冲断层，老地层逆冲在盆地内的第三系地层之上。

上述掀斜构造表现为盆地北部抬升和南部下降。

2. 库木库里断陷盆地的褶皱构造

盆地内褶皱构造很发育。沿花条山—大黑山一带表现为一明显的褶皱隆起带，由一系列背、向斜构成一两翼不对称的复式背斜构造，两翼发育次级褶皱。核部剥蚀出老地层(渐新统石马沟组)，出露于白土滩西南和大黑山、条石山 3 地，在平面上呈雁列式排布，向东斜列。地层出露大体表现为由南向北、由老到新的趋势。总体表现了这样的特征：整个背斜向西抬起，向东急剧倾伏，百泉河以东，地层渐趋平缓；褶皱变形由西向东、由南向北衰减，即西部褶皱构造较紧闭，褶皱带宽；东部为短轴；北部则表现为宽缓波状褶曲，形成长垣、构造盆地，两翼倾角小于 10°。很显然，盆地内的褶皱构造变形与南部边界断裂—昆中大断裂的活动有必然的联系。

盆地褶皱主要表现为以下几种类型：

紧闭、等厚褶皱：分布在白土滩一带(图 5－25、图 5－26)，褶皱为中等紧闭、等厚褶皱样式，轴面近直立，圆柱状程度高(图版Ⅱ－1)，枢纽倾伏角一般小于 15°，轴迹走向近东西向。主要次级褶皱构造见表 5－3。

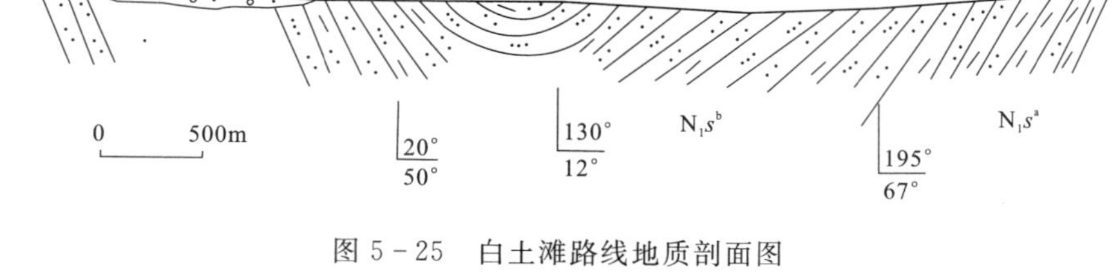

图 5－25　白土滩路线地质剖面图

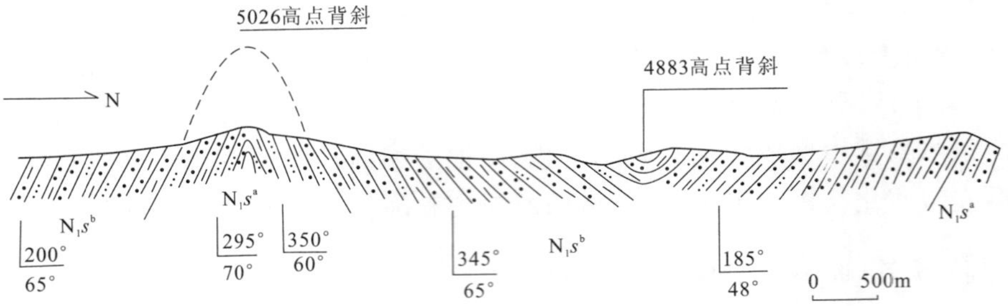

图 5-26　(X4138,Y15638)至(X4164,Y15640)路线地质剖面图

表 5-3　库木库里盆地主要褶皱构造一览表

褶皱名称	规模	出露地层	两翼产状	轴向	倾伏方向	其他
4883 高点向斜	出露长 10km 西段出图幅	核部 N_1s^b 翼部 N_1s^a	北翼 195°∠45° 南翼 345°∠65°	近东西向	向东翘起	转折端产状 270°∠13°
5026 高点背斜	出露长 10km	核部 N_1s^a 翼部 N_1s^b	北翼 350°∠60° 南翼 200°∠65°	近东西向	向西倾伏	褶皱紧闭，枢纽产状 70°∠15°
白土滩向斜	出露长 25km 西段出图幅	核部 N_1s^b 翼部 N_1s^a	北翼 283°∠70° 南翼 19°∠63°	近东西向	向东翘起	
4721 高点破背斜	出露长 15km	核部 E_3s^a 翼部 E_3s^b N_1s^a	北翼 210°∠42° 南翼 10°∠49°	近东西向	向东倾伏	东、南被第四系覆盖， 次级小褶皱发育

短轴背斜构造：出露于黑石崖、条石山、碱土梁 3 地。

条石山短轴背斜：分布于条石山一带，(图 5-27)由石马沟组地层组成背斜核部，两翼地层为石壁梁组。由转折端向两翼产状由陡变缓至近水平，倾角 10°～30°变化。背斜南部被一条近东西向断层所切割，造成核部地层在转折端部两侧不对称出露。据背斜的区域展布特征，表现为一短轴背斜构造，长短轴比为 6∶1。

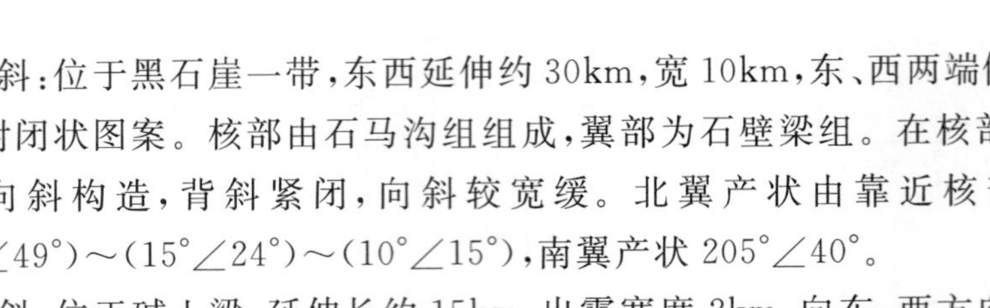

图 5-27　条石山背斜转折端素描图

黑石崖短轴背斜：位于黑石崖一带，东西延伸约 30km，宽 10km，东、西两端倾伏，轴迹走向近东西向，平面上为一封闭状图案。核部由石马沟组组成，翼部为石壁梁组。在核部发育次级褶皱，表现为两背斜夹一向斜构造，背斜紧闭，向斜较宽缓。北翼产状由靠近核部向北倾角变缓：(30°∠56°)～(25°∠49°)～(15°∠24°)～(10°∠15°)，南翼产状 205°∠40°。

碱土梁短轴背斜：位于碱土梁，延伸长约 15km，出露宽度 2km，向东、西方向倾伏，西端受梯子梁-碱土梁西断裂影响，向北旋转。褶皱由红石梁组地层组成。平面上，由石膏矿层为标志层构成一半封闭状图案。南翼产状由北向南变化:(185°∠70°)~(170°∠45°),北翼产状45°∠32°。该褶皱构造的形成受控于基底断裂的活动。

3. 断裂构造

脆性断裂是测区喜马拉雅晚期的主要构造类型,在测区内广泛分布,包括早期断裂构造的复活和新断裂的形成,多数断裂显示多期活动的特征。按断裂的走向可划分为3组:北东向、北西向、东西向或近东西向。

值得注意的是测区内多数断裂组合表现为共轭性质,如皮阿斯里克塔格北西、北东向断裂(F_9、F_{10}、F_{11}、F_{12}),属于共轭断层系统,统一于南北向的挤压应力场,表现为差异性的断块升降。

1)北东向断裂

较大规模的有大沙沟断裂、梯子梁-碱土梁西断层、鸭子大坂断裂等,其他见表5-4。发育于库木库里盆地不同尺度的北东向断层,横向切割岩层,断面近直立,多表现为以左行走滑活动为主(图5-28),晚期则显示逆断层性质。

表5-4 北东向脆性断裂一览表

编号	名称	规模	性质	主要特征
F_5	黑石口北1断裂	出露长7.5km,宽5m	左行走滑兼有逆冲性质	断面产状305°∠60°,碎裂状杂砂岩,断层泥
F_6	黑石口北2断裂	出露长7.5km,宽10m		北东走向,破碎带,碎裂状石英脉,航、卫片线性构造特征清晰
F_7	黑石口北3断裂	出露长10km,宽20m	正断层	断面产状145°∠56°,炭化带,断层碎裂岩,充填石英脉
F_{11}	皮亚孜勒克塔格4084高点断裂	出露长9km 宽20m	逆断层	断面产状150°∠70°,断层破碎带线状负地形航、卫片线性构造特征清晰
F_{12}	皮亚孜勒克塔格4124高点断裂	出露长10km,宽150m	逆断层	断面产状165°∠80°,炭化带,碎裂状闪长岩、杂砂岩,北东向线状负地形,航、卫片线性构造特征清晰
F_{21}	鸭子大坂西断层	延伸6km,宽25m	逆断层	断面产状160°∠56°,断层碎裂岩,炭化断层泥,航、卫片北东向线性构造清晰
F_{14}	鸭子泉西4020高点断层	延伸15km,宽50m	逆断层兼具左行走滑	断面产状330°∠76°,断层碎裂岩,炭化断层泥,揉皱,发育石英脉,航、卫片北东向线性构造清晰
F_{18}	阿特阿特坎河东断裂	延伸6km,宽5m	正断层	断面产状140°∠60°,断层破碎带,带内:断层碎裂岩,炭化断层泥。航、卫片北东向线性构造清晰
F_{29}	十字沟断裂	延伸6km,宽80m	逆断层	断面产状140°∠48°,断层破碎带,断层角砾岩,破劈理化带,航、卫片北东向线性构造清晰
F_{35}	石膏梁断裂	延伸7.5km,宽5m	早期左行走滑,晚期逆断层	断面产状310°∠40°,石膏层强烈片理化及揉皱,牵引褶皱发育

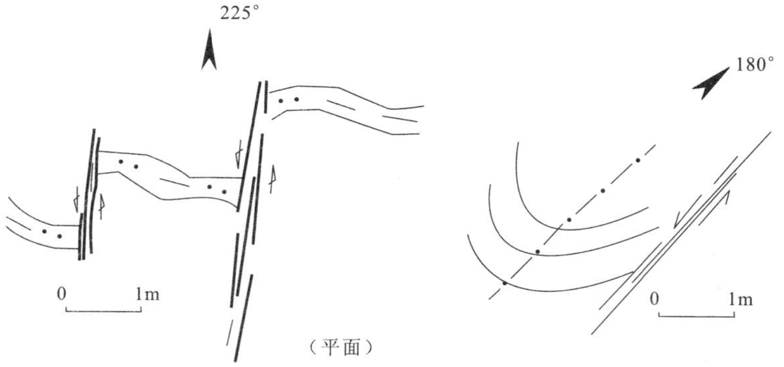

图5-28 左行走滑断层运动学标志
(红石梁)

大沙沟断裂(F_8):分布于大沙沟东南,航、卫片影像特征清晰,表现为线性分布的断层崖、槽形谷地。走向 45°,东西延伸约 45km。西南端隐伏于第四系地层之下,可能与黑山-那棱格勒河断裂相交,向东延伸于皮亚孜勒克塔格山。在大沙沟,断裂带由杂砂岩构成的破碎带最宽处可达 250m。南为二长花岗岩构成的主脊北东向延伸的山梁,北为负地形。断面产状 140°∠85°。早期表现为左行走滑,晚期表现为逆冲性质,北盘下降,南盘上升,形成大沙沟一带呈北东向分布的凹陷谷地。

东回头沟断裂(F_{24}):长 11km,北端被东西向山前断裂所截,南段被第四系覆盖。断层带内发育断层碎裂岩、断层泥及炭化带。在东回头沟,可以发现:蛇绿岩块逆冲于花岗岩之上;在断层南段:绢云石英片岩掩覆于三叠纪火山岩之上。断面产状 310°～335°∠50°～65°,断层表现为指向南东向的逆断层性质。

鸭子大坂断裂(F_{22}):呈北东向横穿鸭子大坂,两端被第四系覆盖。出露长 6.5km,断面产状 330°∠55°,断层带宽 2～10m,断层带内发育断层碎裂岩、断层泥,沿裂隙有石英脉充填。根据断面擦痕和带内不对称构造判断,显示为指向南东向的逆断层性质,在鸭子大坂南可见到硅质岩逆冲于三叠纪火山岩之上。

梯子梁-碱土梁西断层(F_{34}):北东向延伸,西端隐伏于中更新统地层之下,东端隐伏于现代冲洪积层之下。出露长度约 28km,断层带宽 5～40m 不等。断面产状 300°∠(55°～83°)。在梯子梁段,弱能干性的石膏层显示强烈的韧性变形特征,片理化带宽 30～40m,发育牵引褶皱。在碱土梁西,发育线性分布的断层三角面。据断层带内发育的运动标志判断,早期以左行走滑为主,错断走向断裂和地层,碱土梁西端向北旋转扭动;晚期则以向东南方向的逆冲为主(图 5-29)。

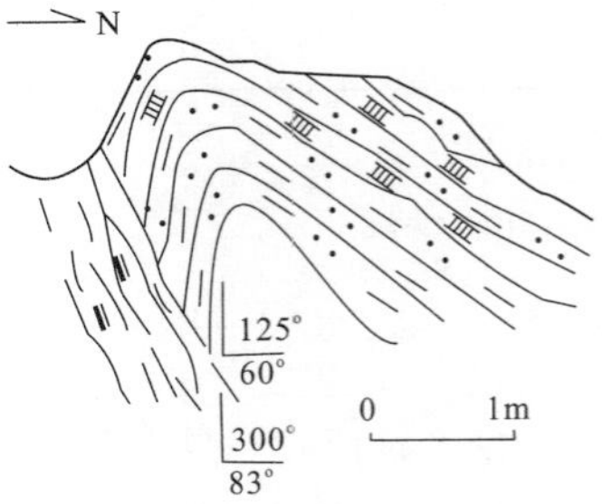

图 5-29 梯子梁断层素描图

2)北西向断裂

较大规模的有石牙子沟-野牛沟断裂(F_{26})、红石梁中脊断裂(F_{33})。其他见表 5-5。

表 5-5 北西向脆性断裂一览表

编号	名称	规模	性质	主要特征
F_9	皮亚孜勒克塔格 4547 高程点断裂	出露长 23km,宽 30m	正断层	断面产状 230°∠65°,炭化带,断层碎裂岩,擦痕
F_{11}	皮亚孜勒克塔格 3856 高程点断裂	出露长 18.5km,宽 100m	逆断层	断面产状 225°∠78°,炭化带,断层破碎带,线状负地形,航、卫片线性构造特征清晰
F_{13}	祁漫塔格雪峰北断裂	出露长 10km,宽 50m	逆断层	断面产状 220°∠78°,密集发育破劈理化带,线状负地形,航、卫片线性构造特征清晰
F_{28}	深沟断裂	延伸 11km,宽 40m	逆断层	断面产状 60°∠70°,断层碎裂岩,炭化断层泥,揉皱,发育石英脉,上盘发育牵引褶皱
F_{32}	红石梁北断裂	延伸 40km,宽 5～30m	逆断层	断面产状 200°～220°∠65°～80°,断层泥,断层角砾岩

石牙子沟-野牛沟断裂(F_{26}):分布于阿木巴勒阿土坎北缘,北西向延伸 25km,断层带宽 10～50m。在西段石牙子沟一带,断裂切割东西向的东回头沟口断裂(F_{23}),断裂北盘为第三系地层,南盘为蓟县系冰沟岩组;向东延伸于泥盆纪花岗岩体中,切割岩体。带内发育断层角砾岩、炭化断层

泥，在熊沟口发育透镜状的灰岩岩块。在断裂南侧发育一系列的小型逆断层，北西向平行分布。断面产状 25°～45°∠60°～74°。断面上发育两组擦痕，近于直交，反映该断裂至少存在两期活动，早期以右行走滑为主，晚期则表现为正断层性质。

红石梁中脊断裂(F_{33})：西段沿红石梁中脊延伸，东段沿梯子梁西北麓延伸，总体走向北西西向，被北东向横向断裂切割成多段。图内延伸约 50km，断面产状 15°～25°∠55°～60°，带内为断层角砾岩、断层泥，通过石膏层段，则显示韧性变形，表现为强烈的片理化和揉皱，上盘多发育拖曳褶皱，逆断层性质，运动方向 220°。

3)东西向、近东西向断裂

东回头沟口断裂(F_{23})：分布于鸭子大坂北至东回头沟一线，沿山脉北缘呈近东西向分布。出露长度 17km，东端被石牙子沟-野牛沟断裂(F_{26})所截。断裂横向切割鸭子泉构造混杂岩带，断裂带宽 140m，为一破碎带，带内发育炭化断层泥、断层角砾岩以及碎裂状岩块(图版Ⅱ-6)。断裂带次级滑动面发育，多呈弧形，刚性岩块沿滑动面逆冲楔入(图 5-30)断面产状 175°∠(47°～70°)。该断裂为逆冲性质，运动方向 5°。

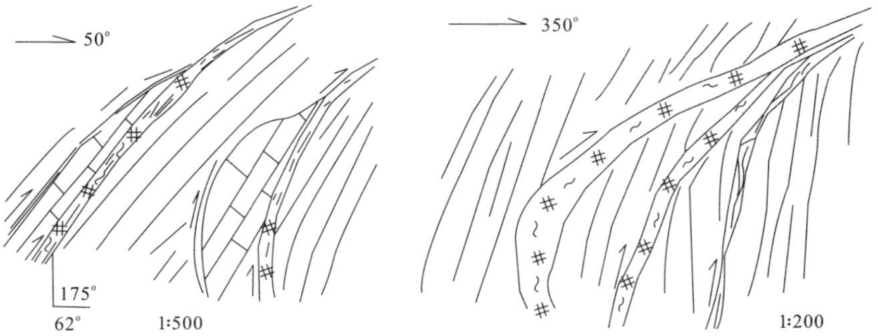

图 5-30　东回头沟口断裂带内特征

4514 高程断裂(F_2)：发育于托格热萨依河西 4514 高点南，延伸 11km。地貌显示为线状负地形，沿断裂山脊错位，发育断层崖。断面产状 350°∠70°，逆断层性质。

其他东西向脆性断裂见表 5-6。

表 5-6　东西向脆性断裂一览表

编号	名称	规模	性质	主要特征
F_1	4402 高程断裂	延伸约 11km，西端出图幅	逆断层	断面产状 195°∠60°，地貌显示为线状负地形，沿断裂山脊错位
F_{20}	祁漫塔格雪峰南断裂	出露长 20km，宽 20m	正断层	断面产状 170°～200°∠45°～65°，断层破碎带，线状负地形
F_{36}	黑石崖断裂	延伸 12.5km，宽 5m	逆断层	断面产状 190°∠75°，断层泥，断层角砾岩
F_{37}	百泉河断裂	延伸 6km，宽 10m	逆断层	断面产状 190°∠55°，断层泥，断层角砾岩，构造透镜体

4)大沙沟南北向破劈理

局限在白干湖断裂与大沙沟断裂之间(图 5-31)，为一组近南北向的破劈理，与早期的褶皱轴近于直交，横向切割岩层呈薄片状，产状 80°～95°∠85°～90°，此面理的形成与白干湖断裂和大沙沟断裂的左行走滑活动有关。

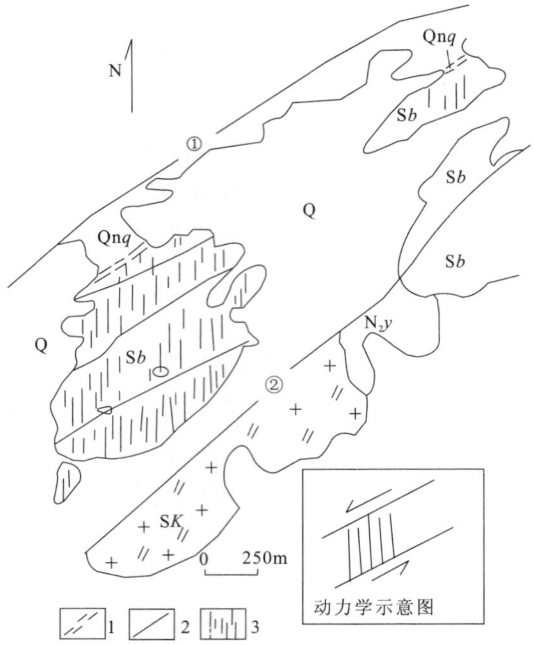

图 5-31　黑石口一带构造纲要图

1. 韧性剪切带；2. 脆性断层；3. 南北向直立劈理；①白干湖断裂；②大沙沟断裂

Qnq. 青白口系丘吉东沟岩组；Sb. 白干湖组；SK. 库木布拉格超单元；N_2y. 渐新统油砂岩组；Q. 第四系

第四节　主要断裂特征

一、祁漫塔格北缘断裂(F_{16})

出露于鸭子泉东—阿特阿特坎河，沿祁漫塔格山北缘分布，走向近东西向。东端出图幅，向西隐伏于第四系之下，北为新生代断陷盆地，南为祁漫塔格山，横向切割鸭子泉构造混杂岩带。航、卫片影像特征清晰，显示为差异性色带；不同地貌单元的直线型接触。断裂在阿特阿特坎河东有出露：出露宽度约 100m，由数条断层夹持已旋转变位的断块组成；断块中片理化带发育，沿片理发育布丁构造和剪切褶皱，反映了早期脆韧性剪切变形特征，由于受后期断裂的影响已变位，运动学标志无指向意义，但总体反映了上盘相对于下盘的逆冲性质；脆性断层主要有 3 条，产状分别为北断层 180°∠44°、中断层 335°∠69°、南断层 5°∠70°，在中断裂带中发育表现为左行走滑性质的运动学标志(图 5-32)。断裂总体走向近东西向，其特征显示 3 期活动：正滑—走滑—逆冲。

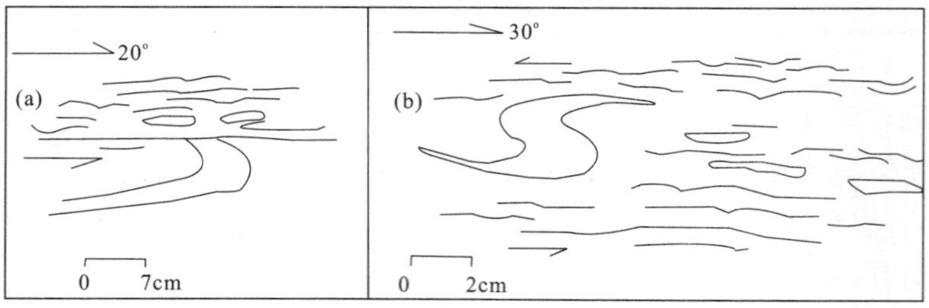

图 5-32　祁漫塔格北缘断裂运动学标志

(a)牵引褶皱；(b)旋转碎斑

祁漫塔格北缘断裂的左行走滑，最主要的表现为南部块体整体向东挤出，发生旋转作用，形成与区域上的东西构造线不协调性。晚期随着祁漫塔格山的快速抬升，差异性的重力负荷作用造成向北部盆地的冲断。

二、白干湖断裂带

为区内重要的线性构造。分布于测区的西北部，断裂北西为前寒武纪地层；东南为志留系白干湖组。断裂带总体走向 60°，与阿尔金南缘断裂带一致。图内延伸 72km，两端出图幅。航、卫片影像特征清晰：直线型谷地；线性分布之断层崖、断层三角面；色调差异；断层带宽，多条线性体平行分布；平行式结构模型；在东、西两端第四系覆盖上显示色调差异性线性构造，反映出新构造活动的痕迹。

白干湖断裂为具有多期活动的复合型断裂构造，其断裂带的组成复杂：糜棱岩、构造片岩、千糜岩；后期脆性变形的断层角砾岩、断层泥、炭化带。

1. 韧性剪切系统

由千糜岩、构造片岩、糜棱岩组成的剪切带宽 2～5km，其内夹杂大小不等的透镜状岩块（岩片）：如在白干湖以西，绿泥钠长透闪石片岩呈透镜状分布，长约 50m，其长轴平行于剪切带延伸方向，其内部发育反映深层次变形的揉皱与剪切构造面理呈交切关系；在北东段发育透镜状大理岩岩片。其构造岩主要有片状长石绿泥绢云糜棱岩、绿泥绢云石英千糜岩、细条带纹状—片状玄武质糜棱岩、黑云石英糜棱岩、绿泥绢云石英片岩等。镜下发育拔丝石英、云母“鱼”及 S－C 组构。剪切面产状 130°～160°∠55°～70°，局部由于后期构造的破坏，出现产状不一致。据多项运动学标志显示，运动指向北北西向。

在测区，白干湖组地层（S*b*）与青白口系丘吉东沟组（Qn*q*）地层的接触关系是一个较为重要的问题。种种证据表明，它们以韧性剪切带（RF_3）相接触。

在白干湖西，白干湖组地层（S*b*）与北侧的青白口系丘吉东沟组（Qn*q*）地层的接触带呈渐变过渡的关系，并没有一个明显的断裂面，从南部的杂砂岩—片理化杂砂岩—绿泥绢云石英片岩变化，上下面理平行一致，而其间存在着大套地层的缺失。在接触带两侧的变质程度上也有很大差异，南变质程度浅，北变质程度深。发育的绿泥绢云石英千糜岩，在宏观、微观上均显示较强的韧性剪切变形特征。

2. 脆-韧性剪切系统

表现为对早期韧性剪切带的继承、复合、叠加。可以发现在剪切带的不同地段，发育以早期剪切面为变形面形成的向北东陡倾的倾竖褶皱（图 5－33）；在东北段，发育碳质绿泥石构造片岩组成的平行式分布的断裂带，其内发育的同构造石英脉呈杆状北东向延伸，发育近水平的拉伸线理。白干湖断裂东南皮阿斯里克断褶岩片的岩层走向在近断裂一带呈北东走向，中部则近东西走向，平面显示一向北顶出的弧形构造形态，早期的褶皱轴迹亦随之发生了旋转。种种迹象表明，白干湖断裂带在经历早期的韧性逆冲推覆活动后，左行走滑作用则占据主导地位。

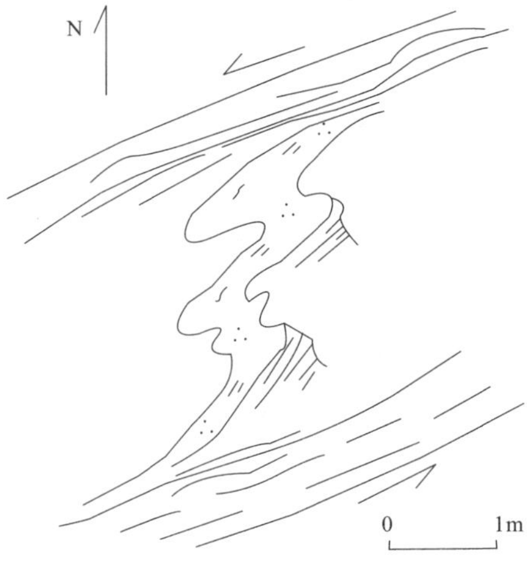

图 5－33　柯可卡尔德东 3869 高点南白干湖断裂带中的倾竖褶皱

枢纽产状：倾伏向 40°，倾伏角 60°

3. 脆性断裂系统

由多条脆性断层平行式分布，切割早期断裂系统。形成北东向展布的断层崖、断层三角面及直线状凹形谷地。规模较大的断裂有 F_3、F_4，断裂带宽 2～100m 不等，带内发育断层角砾岩、断层泥、断层碎裂岩和炭化带，在白干湖断裂的东北端发育的硅化白云岩质断层角砾岩最具代表性。断层面产状 320°～350°∠50°～70°。根据断面擦痕和上盘拖曳褶皱判断(图 5－34)，显示为指向东南的逆断层性质。

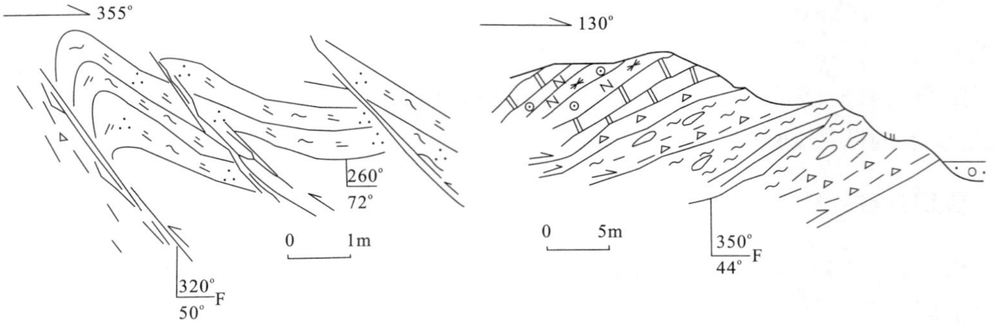

图 5－34　白干湖断裂带特征

三、黑山-那棱格勒河断裂(F_{31})

分布于祁漫塔格山南缘，近东西向延伸，两端出图幅。断裂沿线均被第四系覆盖，航、卫片显示线性色调差异和地貌差异性特征，沿断裂带盆地海拔最低，最低处仅 3 870m。断裂带北部为山前冲洪积扇裙，向东沿依协克帕提河、那棱格勒河延伸。

黑山-那棱格勒河断裂在漫长的地质演化历史中长期起着控制性作用。在黑山发现的具洋中脊环境的蛇绿岩块，可能反映了该断裂是从古俯冲带演化而来。从黑山蛇绿岩中基性火山岩、基性—超基性岩的岩石组合及其岩石学、岩石化学、稀土元素、微量元素等特征均说明为蛇绿岩套的一部分，为古洋壳残片物质。

新生代以来，断裂的活动控制了南部盆地的形成与演化，南盘的持续下沉，接受巨厚的磨拉石沉积，至今沿断裂带仍为盆地的汇水中心。

四、阿尔格山断裂(东昆中北缘断裂)(F_{38})

沿青石山北缘分布，横过阿其克库勒湖，呈近东西向分布。为区域上昆中大断裂的中段，断裂北为阿牙克库木新生代断陷盆地；南为昆中结合带。断裂沿线均被第四系地层覆盖，在航、卫片上表现为线状色调差异。盆地内的新近系沉积地层没有越过断裂以南。

从区域资料分析，该断裂是具有重要意义的控制性断裂，分隔了南、北两个性质极不相同的构造单元。断裂北侧前寒武纪的变质基底岩系广泛出露；不同时代的花岗岩体分布广泛；从奥陶纪、石炭纪以及三叠纪等各个时代火山活动十分强烈；在断裂以南，分布最老的地层为泥盆系，泥盆纪、石炭纪、二叠纪地层均表现为一套正常沉积的碳酸盐岩和碎屑岩建造，基本上没有火山活动，岩浆活动微弱，变质程度较低。物探资料显示，是一条明显的重力梯度带，两侧的地壳结构有差异，南为重力低，显示大面积的宽缓负异常；北为重力高，显示东西向线状正负异常相间的大梯度正异常。两侧的重力异常值，差 80Mgal 以上，也是带状强磁区与宽缓、广阔磁场区的分界地带。从断裂以南的以逆冲推覆构造为主要变形特征来看，该断裂在二叠纪末强烈活动，为一重要的主断裂带。

断裂的活动控制了北部盆地的沉积和变形。从盆地分析的结果来看，盆地中心从南西向北东迁移，其物源主要来自于南部的阿尔格山；其褶皱构造变形显示南部应变较强，北部则较弱，西部强，东部弱。种种迹象表明，断裂在第三纪早期表现为具走滑拉张环境的正断层性，晚期则表现为具走滑挤压冲断性质。

第五节　构造发展史

一、中元古代过渡基底形成阶段

新太古代—古元古代柴达木古陆核（结晶基底）形成，黑山堆晶辉长岩锆石 U－Pb 测年中获得的上交点 2 380Ma 的年龄值，可能提供了柴达木古陆核固结成陆的信息。中元古代长城纪—蓟县纪在新太古代—古元古代柴达木古陆核结晶基底的基础上形成金水口岩群变质火山-变质陆源碎屑岩建造和狼牙山岩组碳酸盐岩建造。中元古代末，柴达木古陆核可能与中国其他古陆一起受格林威尔造山作用，拼合成全球超级大陆——罗迪尼亚（Rodinia）的一部分。

二、新元古代大陆裂解阶段

8 亿年左右的新元古代，罗迪尼亚超大陆解体，中国古陆所属的劳伦古陆与南美、澳大利亚古陆分离，昆仑地区也开始裂解扩张，在北部裂解出古昆北洋，在南部裂解出祁漫塔格洋，其间分布有库木库里-布伦台（东昆中）中间地块，形成以多岛洋为特征的古昆仑洋。测区黑山-鸭子大坂蛇绿构造混杂岩带中出露的变质橄榄岩、堆晶杂岩系、拉斑玄武岩残片，就是大陆裂解的物质记录，此外在大陆边缘的青白口纪丘吉东沟岩组的陆源碎屑沉积中夹的裂谷型变质玄武岩也是大陆裂解的证据。黑山堆晶辉长岩锆石 U－Pb 测年中获得的下交点 816Ma 的年龄值，可能提供了大陆裂解祁漫塔格洋形成的时间信息，它与全球罗迪尼亚超大陆解体的时间是基本同步的。

三、早古生代洋陆转化俯冲-碰撞造山阶段

奥陶纪受南部古特提斯洋扩张效应，昆仑多岛洋南部古昆中洋向北俯冲于库木库里-布伦台（东昆中）中间地块之下，北部祁漫塔格洋沿现在的那陵格勒河一线向北俯冲于柴达木地块之下，在北侧祁漫塔格地区形成中晚奥陶世滩间山群岛弧火山岩建造及其北的志留纪弧后复理石沉积，并伴随俯冲作用产生强烈的岩浆侵入作用、构造变形和变质作用，晚志留世祁漫塔格洋通过弧-陆碰撞洋盆闭合，并抬升成陆，形成沿那陵格勒河东西向展布的祁漫塔格蛇绿构造混杂岩带和其北的祁漫塔格岩浆岛弧带。

加里东运动使测区缺失下中泥盆统，滩间山群（原祁漫塔格群）在青海省茫崖南与上泥盆统黑山沟组（相当于柴北缘的牦牛山组）磨拉石建造之下的角度不整合接触界面就是昆仑多岛洋盆闭合的证据；此外在祁漫塔格山分布大面积的 432～418Ma 碰撞型花岗岩也表明该时期发生了强烈的碰撞造山作用。

四、晚古生代被动大陆边缘形成阶段

中泥盆世昆仑地区再度由南向北海侵，中泥盆世在阿尔格山地区已出现稳定型陆棚到斜坡相碳酸盐岩建造，地势较高的祁漫塔格山直到晚泥盆世海水才浸没，在青海祁漫塔格山东段接受海陆交互相黑山沟组磨拉石-海陆交互相沉积，早石炭世为稳定型台地生物礁相碳酸盐岩沉积，早石炭世在祁漫塔格山西段（新疆境内）可能有比较强烈的裂陷，局部水体较深形成放射虫硅质岩（李日

俊,1999)。库木库里-布伦台(东昆中)中间地块南部可能在早石炭世裂解出多个有限洋盆,沉积了蛇绿岩、火山岩和放射虫硅质岩,二叠纪沉积了稳定型的台地相碳酸盐岩建造。测区在晚古生代属被动大陆边缘。

晚二叠世特提斯洋闭合形成康西瓦-木孜塔格-阿尼玛卿蛇绿岩(可能还有东昆中蛇绿岩),阿尼玛卿运动最终使昆仑地区隆起成陆,受阿尼玛卿运动影响沿阿尔金南缘断裂、白干湖断裂、鸭子泉断裂发生强烈的左行走滑运动,形成北东向的构造线(许志琴,1997;任纪舜,1981)。

五、三叠纪陆内造山阶段

三叠纪后本区进入陆内变形阶段,伴随南部的巴颜喀拉运动,晚三叠世形成一套陆内裂谷火山岩及基性岩脉,零星分布于祁漫塔格南缘断裂北侧的鸭子大坂一带,为一套以流纹岩、安山岩、火山碎屑岩为主的陆相火山岩和辉绿岩建造;晚期形成强烈的逆冲推覆构造。

六、侏罗纪—新近纪陆内断陷-推覆造山阶段

中新生代磨拉石沉积建造,包括下中侏罗统大煤沟组山间盆地陆相含煤碎屑岩建造、古近系—新近系石马沟组、石壁梁组、红石梁组洪积扇粗碎屑岩、河湖相粗—细碎屑岩,系青藏高原在喜马拉雅运动期快速隆升形成的一套磨拉石建造。

受喜马拉雅运动影响,中新生代测区发生了强烈的陆内造山作用。

七、第四纪断块隆升造山阶段

第四纪受印度板块向北俯冲的强大区域应力作用,青藏高原强烈隆升,青藏高原海拔高度总体上升了 1 500m 以上,形成了多级夷平面和多级阶地,并使气候、环境发生重大变化。

第六节　遥感解译

测区遥感解译利用 1∶10 万黑白航空照片和 1∶25 万假彩色合成卫星照片,采用以目视解译的方法为主。通过野外多次验证、补充和详译工作,建立了测区地层、岩浆岩、构造遥感解译标志。

总体上,测区可划分为南、北两个解译单元:北为祁漫塔格变质岩-岩浆岩区;南为库木库里沉积岩区。北区解译效果较差,各影像单元特征不突出,边界较模糊;南区解译效果较好。

一、地层遥感解译标志

各类正式或非正式填图单元在 1∶25 万卫星照片上宏观影像特征比较明显,结合 1∶10 万黑白航空照片,建立了测区地层遥感解译标志(表 5-7)。

二、岩浆岩遥感解译标志

测区内的岩浆岩主要分布于测区北部祁漫塔格山,主要存在 3 个大型岩体,即阿木巴勒阿土坎岩体、雪莲沟岩体和克列蒙勒山岩体,在皮亚孜勒克塔格也有零星分布。总体上,其可解译程度中等,大型岩体的分布范围基本可以确定,但其内部自然分解的影像标志较模糊,解译效果相对较差(表 5-8)。

在解译过程中发现,祁漫塔格山属高原山区,植被稀少,山体裸露,以物理风化为主。在山脉的南、北坡地貌特征差异较大,北坡缓,南坡陡,多峭壁。这种地貌特征上的差异更多的原因是构造作用和外营力作用所造成的。

表 5-7 测区地层遥感解译标志一览表

地层单位		主要影像特征	解译效果
Qh^{apl}		浅灰色调，地貌单元为冲—洪积扇，分布海拔较低。麻点状影纹	较好
Qh^{eol}		灰白—浅色调，发育新月形丘链。光滑状影纹	
Qh^{h}		白—灰白色调。发育于平原区，影像边界清晰。斑点状影纹	
Qh^{ch}		白色。影像边界清晰，发育于平原区。光滑状影纹	
Qp^{3apl}		灰白色。分布海拔较高，羽状水系，切割较深。斑点状影纹	
Qp^{2apl}		灰白—深灰色。分布海拔较高，切割深。羽状水系。斑点状影纹	
N_2y	油沙山组	浅灰色、色调不均匀，单元边界较清晰。多为低矮丘陵，无明显脊线，山顶圆滑。沟谷分布杂乱，较密集。层状影像特征模糊，地貌单元形态呈带状或透镜状。水系发育密集，平面形态多样，杂乱。斑块状影纹	
N_2h^1	红石梁组	深灰色、色调分布不均，影像单元边界较清晰，深色带（线）平行密集分布。山脊线为直线或曲线状，山坡平直，山脊尖棱状，沟谷平行分布。平行线状密集分布的凹沟显示层状岩石的走向。发育密集格栅状—平行状水系。线状—麻点状影纹	
N_1s	石壁梁组	浅灰—深灰色，单元边界模糊，深浅调色带（线）平行分布。直线状山脊线，山脊呈尖棱状，次脊线与主脊线近正交。发育与主脊线平行的平行分线状凹沟。冲沟发育多呈“V”形。水系发育较密集，多为网格结构，格栅状—平行状水系。格栅状—线状影纹	
E_3s	石马沟组	深灰色调，正地形。麻点状或斑点状影纹，层状影像特征清晰	
$J_{1-2}d$	大煤沟组	分布范围较小。平面形态呈封闭的椭圆状，灰—深灰色，光滑状影纹	
Ty	鸭子大坂火山岩组	浅灰—灰白色，色调单一，单元边界清晰。宏观地貌单元清晰。凸型山坡，山顶为次尖棱状—圆滑状。冲沟发育稀疏，为开阔“U”形谷。水系发育稀疏。格栅状—斑块状	
P_2m	马尔争组	灰黑—深灰色，色调单一，单元边界清晰。分布于测区南部。峰林地貌单元，山势陡峭。山坡倾角陡，似刀削状，无明显主脊线。脊线呈多中心放射状。层状地貌特征模糊。水系较稀疏，切割深度较大，冲沟短而深。树枝状—放射状影纹	
C_2d	缔敖苏组	浅灰色，单元边界清晰。发育深灰色带，间隔较大。山脊呈尖棱状，平直型山坡，主脊线呈直线状。硬质岩层形成线状分布的凸垄，平行于主脊线分布，间隔较大。发育较密集，羽状水系，冲沟呈“V”形。光滑—麻点状影纹	
D_2bl	布拉克巴什组	灰黑—深灰色，色调单一。分布于测区南部。山势陡峭，山脊尖棱状，山坡倾角陡，似刀削状，主脊线呈折线状。层状地貌特征模糊。水系较稀疏，切割深度较大，冲沟短而深。麻点状影纹	较差
Sb	白干湖组	深灰色，发育色异常带，影像单元边界较模糊。山脊尖棱状—次尖棱状，主脊线呈折线状，脊线分叉较密集。直线型山坡，多陡坎、峭壁，沟谷呈“V”形。水系发育较密集，平行状—羽状水系	
OT	滩间山群	深灰色，单元边界模糊。分布于区内主山脉，主脊线折线状，脊线分叉较稀疏，尖棱状山脊，平直型山坡，多陡坎，沟谷较开阔。水系发育较稀疏，平行状—格栅状水系。格栅状影纹	
Qnq	丘吉东沟岩组	浅灰—深灰色，单元边界模糊，深浅色带（线）平行分布。直线状山脊线，山脊呈尖棱状，发育平行线状凹沟。冲沟发育，多呈“V”形。麻点状影纹	
Jxl	狼牙山岩组	深灰色，断续发育色异常带。主峰色调深，边坡较浅。主脊线呈折线状，脊线分叉稀疏，尖棱状山脊，平直型山坡，多峭壁、陡坎。断续发育线状分布的凸垄。沟谷较开阔。水系发育稀疏，树枝状—格栅状水系	
Chx	金水沟岩群小庙岩组	灰—深灰色，色调均一，边界较清晰。主脊呈尖棱状；次脊线稀疏，多呈尖棱状—圆滑状。冲沟发育稀疏开阔状“U”形。发育稀疏。羽状—树枝状水系，麻点状影纹	

表 5－8　测区内岩浆岩各岩石填图单元的解译标志一览表

岩浆岩单元		主要影像特征	解译效果
(S—D)ξγK	宽沟中粗粒钾长花岗岩单元	灰—深灰色，色调均一，多呈现封闭的长椭圆形—长条形，边界较清晰。脊线分叉密集，山脊次尖棱状—尖棱状，冲沟发育密集。斑块状影纹。主要以色调和影纹特征的差异相区别	较差
(S—D)ηγSh	水晶沟中粗粒二长花岗岩单元	灰黑色，边界较清晰。主脊线呈折线状，山脊呈次尖棱状；次脊线稀疏，山脊多呈次尖棱状—圆滑状。冲沟发育稀疏，呈开阔“U”形。水系发育稀疏，羽状—树枝状水系。麻点状影纹	
(S—D)δoSh	石牙子沟中粗粒石英闪长岩单元	浅灰—灰白色，色调单一，单元边界清晰。宏观地貌单元清晰。凸形山坡，山顶为次尖棱状—圆滑状。主脊线折线状—曲线状。树枝状水系，光滑状影纹。主要以水系发育相对密集和色调、影纹特征相区别	
SξγL	乱石沟中粗粒钾长花岗岩单元	灰—深灰色，色调均一，边界较清晰。脊线分叉密集，山脊尖棱状—次尖棱状，冲沟发育密集。格栅状水系（构造型）。格栅状—斑块状影纹	
(S—D)δψY	野牛沟中粗粒英云闪长岩单元	浅灰—灰白色，色调单一，单元边界清晰。宏观地貌单元清晰，冲沟发育稀疏，为开阔“U”形谷。凸形山坡，山顶为次尖棱状—圆滑状。主脊线折线状—曲线状。水系发育稀疏。光滑状影纹	
(S—D)ηγK	枯草沟似斑状二长花岗岩单元	灰黑色，边界较清晰。多组成祁漫塔格主峰，主脊线呈折线状，山脊呈次尖棱状—尖棱状；次脊线稀疏，山脊多呈次尖棱状—圆滑状。冲沟发育稀疏，呈开阔“U”形。水系发育稀疏，羽状—树枝状水系。麻点状—斑块状影纹	
(S—D)ηγD	诺勒更阿勒克中粗粒二长花岗岩单元	灰—浅灰色调，单元边界清晰，呈封闭形态。山脊呈次尖棱状—圆滑状，冲沟开阔，发育稀疏。光滑状影纹	
(S—D)δoP	皮亚孜勒克塔格中粒石英闪长岩单元	浅灰—灰白色，色调单一，单元边界清晰。宏观地貌单元清晰。山顶为次尖棱状—圆滑状。主脊线折线状—曲线状。树枝状水系。光滑状影纹	
Sr	阿特阿特坎基性岩	深灰色调，平面形态呈封闭的长椭圆形—长条形，山脊为次尖棱状—圆滑状，冲沟开阔状。光滑状影纹。	较好
Tμβ	小尖山基性岩墙群	灰黑色，色调单一。单个影像单元规模小，成群分布。平面形态多呈条带状，边界清晰	

运用影像综合标志信息对岩浆岩岩性解译和侵入体单元划分，是遥感解译的主要目的和任务。主要做法是：①侵入体的空间形态标志，划分岩体并勾绘其概略边界；②依据复合岩体内部的色调、地貌形态、影纹结构等影像标志的差异界线，对岩体进行自然分解；③初步建立测区岩浆岩岩性解译标志和单元划分；④野外验证，补充和完善解译标志；⑤室内综合解译、详译阶段。

岩浆岩岩性解译标志如下：

(1)钾长花岗岩：灰—深灰色，色调均一，边界较清晰。脊线分叉密集，山脊尖棱状—次尖棱状，冲沟发育密集。格栅状水系（构造型）—树枝状水系。格栅状—斑块状影纹。

(2)二长花岗岩：灰黑色，边界较清晰。主脊线呈折线状，山脊呈尖棱状；次脊线稀疏，山脊多呈次尖棱状—圆滑状。冲沟发育稀疏，呈开阔“U”形。水系发育稀疏，羽状—树枝状水系。麻点状影纹。

(3)闪长岩：浅灰—灰白色，色调单一，单元边界清晰。宏观地貌单元清晰，冲沟发育稀疏，为开阔“U”形谷。凸形山坡，山顶为次尖棱状—圆滑状。主脊线折线状曲线状。水系发育稀疏。光滑状影纹。

(4)基性脉岩:灰黑色,色调单一。单个影像单元规模小,多呈条带状,边界清晰。

由此,建立了测区内岩浆岩各岩石填图单元的解译标志。

三、构造遥感解译标志

利用1∶10万黑白航空照片和1∶25万卫星照片对测区构造进行解译,以目视解译为主,辅以计算机图像处理技术。通过野外工作多次验证、补充和详译工作,建立了测区构造遥感解译标志。

总体上,北部变质岩区线性、环形构造影像标志较明显,褶皱构造解译效果差;南部沉积岩区褶皱、线性构造解译效果较好。

1.褶皱构造

(1)识别标志:由地质、地貌及线状(带状)色调差异显示的褶皱形态,转折端形态;岩层产状的区域性变化;标志层反映出褶皱形态等。

(2)测区内主要褶皱的影像特征:在南部沉积岩区,主要是岩层互层区,地质地貌景观反映出的褶皱几何形态在影像特征上非常明显,转折端出露较完整;在北部变质岩区褶皱影像特征不明显。

①红石梁、白土滩褶皱束:由一系列背、向形构造组成,褶皱形态简单,为直立对称褶皱,协调性好,平行式分布,褶皱紧闭状。轴迹走向近东西向,轴线平直。褶皱群南及东部被断裂所切割。

②拐子梁北:微地貌特征及岩层影像标志层特征反映出一复式背斜构造,协调—半协调,褶皱西段较紧闭,东段较宽缓。走向东西向。北翼被断裂所切,南翼被不整合面所掩覆。

③碱土梁短轴背斜:轴迹走向近东西向,两端倾伏。轴迹两端有向北翘起的趋势,可能受西部横向走滑断裂的影响。背斜北翼被第四系覆盖。

④百泉河短轴背斜:长轴近东西向延伸,东、西转折端部位清晰,分别显示向东、西方向倾伏。长短轴比为6∶1。

2.线性构造

(1)识别标志:①色调标志。浅色背景上的深色带异常,深色背景上的浅色异常,色调反差界面色异常带。②地质—地貌综合标志。断层崖、断层三角面、线状谷地、窄凹地、山脊错位等。构造形迹突然中断,岩层走向不协调(斜交、中断等)。地层横向错位、重复或缺失,不同岩石单元的直线性接触等。③水系网标志。格状水系网反映了近正交的一组断裂结构,菱形水系网反映了斜交共轭断裂结构,平行状水系网反映了平行式的断裂和其他地质结构,环状水系网反映了环形断裂结构特征。同时,水的流向异常和交汇异常,往往反映了断层的发育。

(2)测区线性构造特征:线性构造在区内北部很发育,南部则相对发育稀疏。解译出不同规模的断裂近40条,区域性的大断裂有白干湖断裂、鸭子大坂断裂、祁漫塔格北缘断裂、黑山-那棱格勒河断裂、阿尔格山断裂等,其他多为局部性断裂。

北部变质岩、岩浆岩区线性构造发育密集,大、中、小线性体影像特征均很发育。主要表现为脆性断裂体系,而韧性剪切带的影像特征不清。构造平面形态多为直线性,断面倾角陡。群体结构为斜交共轭模式,主要以北东及北西走向断裂斜交,并具等间距分布。大于10km的大型线性体分布较广泛,这类局部或区域性断裂的分布对区内地层分布起着重要的控制作用。

南部沉积岩区断裂构造发育相对稀疏,主要为与岩层走向垂直的横向断裂,切割岩性层,造成岩性层的错位及缺失等。断裂走向北西或北东向。规模一般1～10km。

白干湖断裂为区域性大断裂,延伸长度大于70km。地貌上为直线分布的谷地,微地貌上为线性分布的断层崖、断层三角面。断层带较宽,显示多条线性体平行分布,影像特征为平行式结构模型。断裂走向为北东向。在断裂西段和东段的戈壁滩上,第四系覆盖层上显示色调差异性线性体,反映出它的新构造运动性质。

3. 环形构造

(1)识别标志:主要以地貌形态标志和色调标志为主,以及环形的地质地貌影像特征,环形的色调差异,环状水系网等。

(2)主要构造特征:在区内识别出规模不同的7个环形构造,最大直径小于5km。主要为构造型,与线性构造或褶皱构造密切相关,多处在多组断裂交汇处或褶皱的转折端部位。其次为侵入岩出露边界形态,环内部由色调或影纹显示。

第六章　国土资源概况

由于测区自然条件恶劣，矿产资源及其他资源工作程度很低。通过本次 1∶25 万区域地质调查，新发现了色斯克亚河砂砾岩型铜矿、碱土梁石膏矿等一批矿产资源，初步查明了测区的铜、砂金、铁、石膏、石盐、板材等矿产资源状况，对国土资源、高原原始生态、旅游资源等进行了初步评价。

第一节　矿产资源概况

通过本次 1∶25 万区调和前人工作，初步查明了测区金属矿产资源潜力矿种以砂金、铜、铁为主，非金属矿产以石膏、石盐及板材为主，其他矿种有金红石、水晶、煤、石盐等。

（一）砂金

砂金主要分布于大沙沟—库木布彦山一带，冲洪积、阶地堆积中分布较多的砂金采坑，据资料砂金矿品位较高，一般砂金品位为 1～3g/m^3，富者可达 10g/m^3 到近百克/立方米。砂金颗粒大，粒径常见 1～3mm，大者 10mm，多呈粒状、浑圆状、不规则等。所有砂金矿均产于第四系全新统冲洪积、阶地及现代河床砂砾石层中。规模属小型矿床，为冲洪积成因。

（二）铜

区内铜矿类型主要为砂砾岩型铜矿，赋存于古近系—新近系石马沟组、石壁梁组中。本次区测工作在对克其卡勒克铜矿点外围检查中，于库木库里盆地古近系石马沟组上部新发现了 4 个砂砾岩型铜矿（化）点，与原来已有的克其卡勒克铜矿点组成长 70km、累计厚度达 10m 的砂砾岩型铜矿化带，这个矿化带的发现对区域找矿提供了重要线索，指明了找矿方向，具有良好的找矿前景。此外在黑山祁漫塔格构造混杂岩中新发现一处与超基性岩有关的铜矿化点。测区矿点特征见表6－1。

1. 砂砾岩型铜矿

（1）地质特征：矿体位于古近系石马沟组下段复成分砂砾岩、紫红色中厚层状砂岩夹泥岩中。经初步检查，圈出铜矿（化）体 4 条，矿（化）体呈透镜状，南部走向由近东西向转为近南北向再到近东西向，矿体产状与围岩产状一致，倾向 45°～75°，矿（化）体出露长大于 30～50m，矿化体两侧被残坡积覆盖，延伸不清，品位 0.8%～1.2%，厚度 0.5～2.0m，矿石矿物主要为孔雀石，以粉末状、土状分布于砂砾岩胶结物中。

（2）矿石组构：铜矿石为含铜砂砾岩、砂岩。铜矿石矿物有自然铜、赤铜矿、黑铜矿、孔雀石、铜蓝。自然铜为丝状，铜黄色，丝粗 1mm 左右，丝长 2～10mm；赤铜矿为赤铜色，以细粒集合体分布；孔雀石为翠绿色，呈粉末状、土状；蓝铜矿为暗绿色，呈粉末状、土状；自然铜、赤铜矿、孔雀石、蓝铜矿以胶结物分布于砂砾岩基质中。

表 6-1　测区矿点特征一览表

序号	名称	矿种	地质、矿化、蚀变特征	规模与质量	成因类型	工作单位
1	克其克铜矿点	铜	位于库木库里盆地中。出露地层为新近系石壁梁组下段砂岩、泥岩中，夹少量薄层石膏，地层走向 40°∠48°，矿体位于粗砂岩、含砾砂岩中，矿体呈透镜状，矿石矿物主要为孔雀石，呈星散状	本次检查发现矿（化）体 3 条，厚度 0.5m、0.6m、0.6m，厚度因地表第四系冲积物覆盖不详。铜品位 1.64%、4.4%、2.2%	砂砾岩型铜矿	解放前牧民发现，1958 年青海省地质矿产局对该矿做过工作
2	散丘沟铜矿点	铜	位于库木库里盆地中。出露地层为古近系石马沟组地层中，近矿围岩为红色、棕红色粗砂岩、泥岩地层产状 40°～70°∠50°～60°，赋铜岩石为含铜砂砾岩。矿石矿物主要有自然铜、赤铜矿、孔雀石，矿石呈结核状、星点状	矿体长 2～5m，厚 3～20m	砂砾岩型铜矿	1959 年库巴地质队对其进行了检查
3	库木库里硼矿点	硼矿	位于库木库里盆地，阿牙克库木湖东全新统沼泽盐湖化学沉积中的水坑中，水样分析含硼，但地表未发现硼砂	矿（化）点	沉积成因	
4	库木布拉格石膏矿点	石膏	该石膏矿点位于新近系油沙山组砂砾岩、粉砂岩、泥岩中，石膏矿呈层状、似层状，与地层产状一致，产状 250°∠21°，为硬石膏，呈细粒结晶结构	见有 3 层石膏矿，石膏矿层厚度 0.2～0.8m，地表出露长度大于 400m，$CaSO_4$ 含量 84.73%	沉积成因	本次区调工作新发现
5	独立山石膏矿点	石膏	该石膏矿点位于新近系油沙山组砂砾岩、粉砂岩、泥岩中，石膏矿呈层状、似层状，与地层产状一致，产状 230°∠40°，以硬石膏为主，呈细粒结晶结构	经稀疏的地表工程控制，圈定石膏矿体 1 条，石膏矿体厚度 4～5m，地表出露长度大于 500m，$CaSO_4$ 含量 69.53%～81.28%	沉积成因	本次区调工作新发现
6	库木库里岩盐矿床	岩盐	矿体赋存于新近系红石梁组（N_2h）薄层状砂岩、粉砂岩、泥岩中，矿体呈似层状、层状，矿体产状 160°～180°∠50°～70°，与围岩产状一致。近矿围岩为粉砂岩、砂岩、泥岩互层。石膏呈细粒结晶结构，地表淋滤后呈蜂窝状，石膏矿体呈厚层状—块状构造	经初步踏勘检查，发现 6 条矿（化）体，矿（化）体长 2 000～28 000m，厚 1.5～2m，NaCl 96.87%，按推深 200m，体重 $2t/m^3$ 计算，地质储量1.023亿吨，属大型矿床	沉积成因	1958 年库巴地质大队检查
7	风尘口石膏矿化点	石膏	位于石壁梁组下段粉砂岩、泥岩中，石膏矿呈层状、似层状，与地层产状一致，石膏矿体产状 5°∠42°，石膏为硬石膏，呈细粒结晶结构	见有 1 层石膏矿，矿层厚度 3m，地表出露长度大于 300m，$CaSO_4$ 含量 86.72%	沉积成因	本次区调工作新发现
8	红石梁北石膏矿化点	石膏	石膏矿点位于石壁梁组下段粉砂岩、泥岩中，石膏矿呈层状、似层状，与地层产状一致，石膏矿体产状 25°∠41°，石膏为硬石膏，呈细粒结晶结构	见有 1 层石膏矿，矿层厚度 2m，地表出露长度由于第四纪覆盖不清，$CaSO_4$ 含量 87.49%	沉积成因	本次区调工作所发现
9	风尘口东石膏矿化点	石膏	位于石壁梁组下段粉砂岩、泥岩中，石膏矿呈层状、似层状，与地层产状一致，石膏矿体产状 190°∠70°，石膏为硬石膏，呈细粒结晶结构	见有 2 层石膏矿，矿层厚度 0.6～3m，地表出露长度由于第四纪覆盖不清，$CaSO_4$ 含量 91%	沉积成因	本次区调工作新发现

矿石呈条带状、结核状、浸染状、星点状、团块状构造（图 6-1）。铜矿物分布极不均匀，导致其铜品位变化较大；矿石结构以填隙结构为主。铜矿物全部赋存于砂砾岩或砂岩的胶结物中。

镜下可见黑铜矿交代赤铜矿、赤铜矿交代自然铜，自然铜在其中呈星散状。铜矿物组合简单，从矿物交代顺序看部分赤铜矿、黑铜矿由自然铜氧化形成，代表了地表氧化带的矿物生成顺序，由于高原地区干旱少雨，氧化界面较浅，约几十厘米。较深部矿石矿物为自然铜、孔雀石、黑铜矿。

（3）成因类型：该铜矿属沉积成因，按岩石结构分为砾岩型铜矿石和砂岩型铜矿石。

（4）控矿因素：主要有地层、岩性和物源 3 个方面。

①地层的控制作用。砂砾岩型铜矿（化）点，矿化均赋存于石马沟组上段及石壁梁下段底部，主要为与两地层接触界线附近，严格受地层控制。

渐新统石马沟组下段（E_3s^1）岩性为暗红色厚—块状复成分砾岩、暗红色厚层含砾砂岩夹粉砂

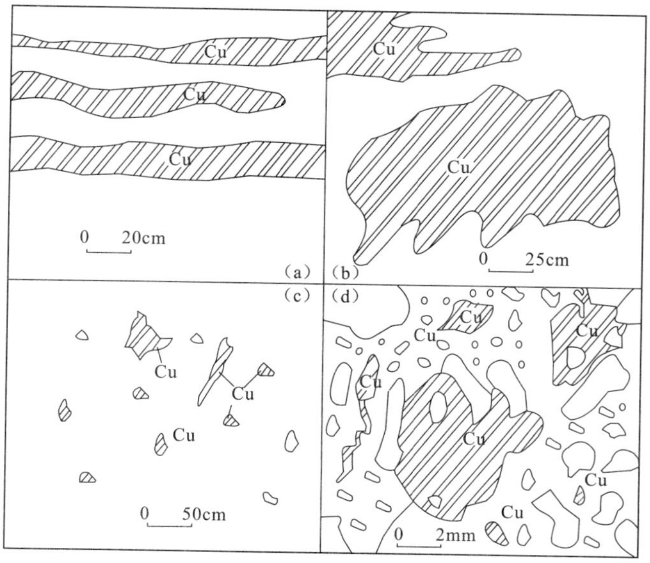

图 6-1　铜矿石构造素描图

(a)条带状构造；(b)团块状构造；(c)浸染状构造；(d)浸染状构造(镜下)

岩。碎屑分选中等、磨圆较好，砾石 2～50mm 为主，砾石含量 40%～65%，颗粒支撑，孔隙式钙质砂质压实胶结。沉积构造不发育，偶见粒序层理、冲刷构造、叠瓦构造，属冲积相扇缘亚相。

渐新统石马沟组上段(E_3s^2)为灰色厚—块状复成分砾岩、灰色厚层含砾砂岩、灰色厚层钙质粉砂岩夹铜矿化砂砾岩。砾石 2～20mm 为主，砾石含量 30%～60%，颗粒支撑，孔隙式钙质粉砂质压实胶结。与石马沟组下段(E_3s^1)比较碎屑粒度明显减小，分选性好，粉砂岩较多，沉积构造较发育。石马沟组上段主要沉积构造有斜层理、平行层理、槽状层理、包卷层理、冲刷构造、钻孔构造等，属湖泊三角洲相，包括三角洲平原亚相和三角洲前缘亚相，古流向总体为由南往北。三角洲前缘亚相又分为近岸砂坝微相、远岸砂坝微相。近岸砂坝微相主要岩性为复成分砾岩、含砾粗砂岩、中砂岩，呈透镜状，发育大型斜层理、平行层理，碎屑分选、磨圆好，呈长透镜状；远岸砂坝微相主要岩性为中—细砂岩、粉砂岩，呈似层状、长透镜状，发育小型斜层理、平行层理、不对称小型波痕，碎屑分选、磨圆好，呈似层状。

中新统石壁梁组上段(E_3s^2)为灰色厚层粉—粗砂岩、灰色厚层钙质粉砂质泥岩夹铜矿化砂砾岩，石壁梁组上段主要沉积构造有斜层理、平行层理、槽状层理、包卷层理、冲刷构造等，属湖泊三角洲相，包括三角洲平原亚相和三角洲前缘亚相。

已发现的铜矿化均产于三角洲前缘的近岸砂坝、远岸砂坝的砂体中，显示本区铜矿(化)受湖泊三角洲相控制(图 6-2)。这也就决定了矿体多处于石马沟组上段及石壁梁组下段底部的原因。

②岩性的控制作用。铜矿化赋存于灰色厚—块状复成分砾岩、灰色厚层含砾砂岩、灰色厚层钙质粗砂岩中，泥岩中未见铜矿化，表明铜矿化与盆地边缘粗粒沉积有关，与浅湖、深湖相细粒沉积无关。

③物源的控制作用。测区以南的阿尔格山为一铜等多金属成矿带，在其中的基性、超基性岩与围岩接触带部位围岩蚀变铜矿化较为发育，且在库木库里盆地塞斯克亚、黑山等铜矿南部的大九坝、木孜塔格火箭山等地已发现有燕山期斑岩型铜矿(化)体(新疆区调队，2001)，这个信息表明，盆地岩石铜背景虽然较低，不能直接形成矿源层，但新生代以来青藏高原的急剧隆升，基底大量剥蚀，为新生代盆地输送了充足的物源，这些物质经过搬运分选富集，可以形成较好的矿源，为其提供了成矿物质。从砂砾岩型铜矿化分布于冲积物入湖处的三角洲环境，古流向研究盆地物质来自南部阿尔格山一带，说明铜来自盆地周围山地，并非来自盆地内部。显然，本区铜成矿物质受周围山地

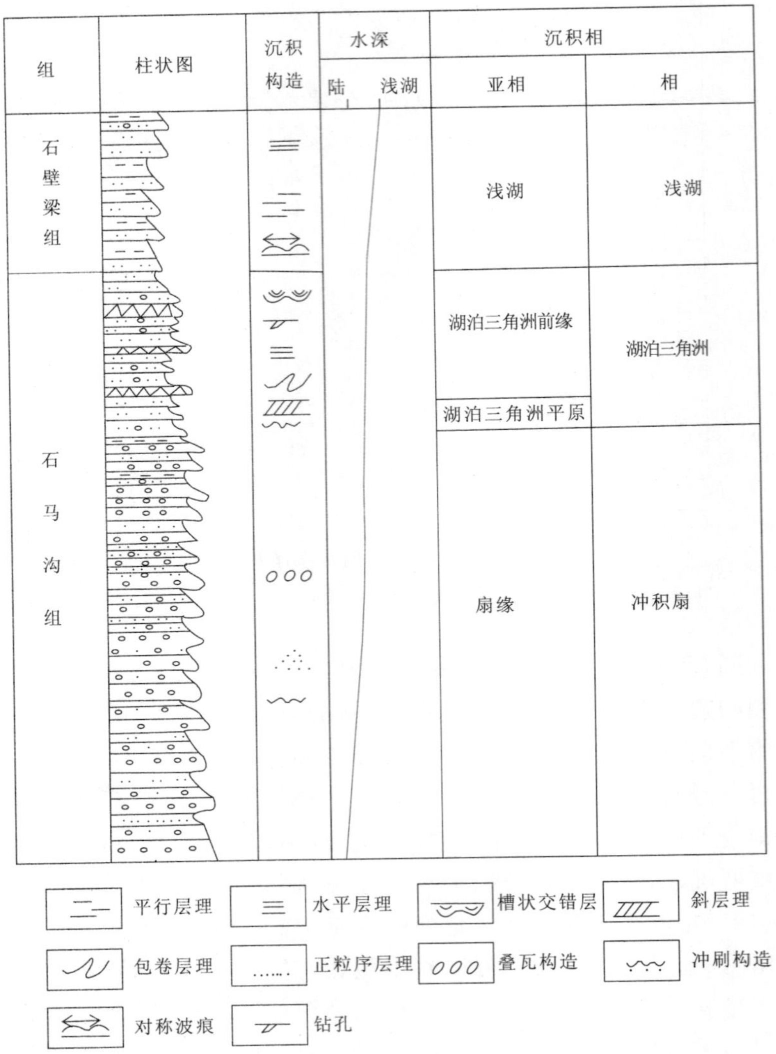

图 6-2　铜矿区沉积相柱状图

的物源控制，是周围山地原生铜矿氧化经搬运、富集、沉积形成。

2. 黑山与超基性岩有关的铜矿化

位于新疆若羌县祁漫塔格区黑山一带，由若羌县依吞布拉格镇经鸭子泉、鸭子大坂至大黑山有汽车便道可通行。铜矿化体赋存于堆晶辉长岩裂隙中，孔雀石沿岩石裂隙呈薄膜分布。矿石矿物为孔雀石(未见原生矿物)，孔雀石近矿围岩为堆晶辉长岩。经初步踏勘，圈定铜矿化体一条，矿化体出露长度 30m，矿化体产状 30°∠40°，品位 0.5%。规模属矿化点，成因属与超基性岩有关的铜镍矿化。

(三)铁

位于新疆若羌县依吞布拉格镇西南阿特阿特坎河，由依吞布拉格镇至阿特阿特坎河铁矿点有简易公路可通行。

该矿由青海地质队发现，新疆地质矿产局于 1959 年 10 月进行了评价。矿体产于奥陶系阿达滩碎屑岩组中，矿体为含铁方解石脉，近矿围岩为浅绿色变砂岩、绿泥绢云石英片岩、凝灰质变砂岩。岩石中发育 S_1 面理，岩层产状 110°∠25°，含铁方解石脉与其呈微角度相交，含铁方解石脉呈透镜状，透镜长 6～165m，宽 0.5m，矿石矿物为磁铁矿、赤铁矿、镜铁矿，脉石矿物为石英、方解石、云母等，铁品位 33.15%～49.22%，属中低温热液成因，该矿化带圈定 3 个矿化体。

（四）石膏

为本次区调工作首次发现，经追溯、采样控制，其规模达到大型。

位于新疆若羌县祁漫塔格地区，石膏矿位于库木库里复式向斜北翼，赋存于新近系红石梁组（N_2h）薄层状砂岩、粉砂岩、泥岩中，石膏矿体呈似层状、层状，地表呈近东西向展布。矿体东西长约 14km，矿体产状 160°～180°∠50°～70°，与围岩产状一致。近矿围岩为粉砂岩、砂岩、泥岩互层。石膏呈细粒结晶结构，地表淋滤后呈蜂窝状，石膏矿体呈厚层状—块状构造。经追溯、取样等检查，圈定石膏矿体 3 条，矿（化）体 12 条。$CaSO_4$ 品位 50%～98%。估算远景储量超过 1.95 亿吨。规模属大型矿床，属沉积型矿产。

（五）石盐

主要分布于阿牙克库木湖一带，与石膏矿产于同一矿区，其赋存层位、近矿围岩及构造位置与石膏矿相同。该矿床系由前人发现，经野外初步踏勘检查，圈定石盐矿体 1 条，矿体可见长度大于 12 600m，厚度 0.5～2.0m。石盐呈青灰色，层状、块状结构，结晶好的成正方形，由于风化淋滤作用常形成大小不等的岩溶漏斗，NaCl 含量 90%～99%。规模达到大型，属沉积型成因。

（六）煤

分布于新疆若羌县祁漫塔格地区吊草滩东。由若羌县依吞布拉格镇至矿点有汽车便道可通行。本矿点由前人工作发现，含煤层位为侏罗系大煤沟组，见两层煤矿化，煤矿化层厚度分别为 0.9m、0.4m，出露长度大于 400m，煤层产状 15°∠30°，与围岩产状一致。侏罗系为一单斜地层，地层倾向北或北东，倾角 25°～30°。煤为黑色、褐黑色，呈层状构造，围岩为薄层状粉砂岩、泥岩等。规模属矿化点，为沉积型成因。

（七）金红石

位于新疆若羌县祁漫塔格地区托格热萨依一带，矿化体赋存于小庙岩组中浅变质岩二云石英片岩、黑云石英片岩、绿泥石英片岩之中。金红石多呈细小针状。岩石中钛元素含量大多数大于 $1\,000\times10^{-6}$，最高 $14\,127\times10^{-6}$，含矿岩系厚度 5～80m，区域延伸性较稳定，提供了金红石的重要找矿线索。属矿化点，为变质成因，受基底变质岩系控制。

（八）水晶矿

分布于新疆若羌县祁漫塔格地区阿牙克库木湖北水晶沟一带，该矿点由前人工作发现，水晶矿化产于阿木巴勒阿土坎超单元的伟晶岩囊状小晶洞中，分布无规律，一般晶洞长 0.9～2m，深 0.6～1.5m；水晶为黑水晶，最大直径 33cm，长轴 45cm，为方柱和六方锥聚形晶。规模属矿点，成因为伟晶岩型。

（九）板材

测区库木布拉格花岗岩体、阿木巴勒阿土坎花岗岩体中的二长花岗岩、似斑状二长花岗岩，分布广泛，其中不稳定矿物无或很少、块度大、节理不发育、埋藏浅、色彩鲜艳、光泽细腻、储量巨大，是较为理想的板材原料产地。规模属矿点，为花岗岩成因。

（十）水资源

调查区水资源较为丰富，但可供饮用的水资源不多。水资源按赋存部位可分为地表水和地下水。测区水资源主要以地下水为主，一般埋深较大，矿化度较高，难以利用。可直接供使用的主要为地表水。

测区地表水按赋存状态可分为固体水、液态水两类。

测区固态水分布于祁漫塔格山高山区，包括东部祁漫塔格山山岳冰川、雪被和西部克蒙列克山岳冰川、雪被。测区祁漫塔格山、克蒙列克山山岳冰川、雪被，出露宽度1km左右、长度10km，厚度十几米至近百米。冰舌发育，冰面、冰内比较纯净。这些冰川、雪被融水，补给河流、湖泊，形成地表水和地下水，流向山前平原广大地区，供人们利用。鸭子泉河、托格热萨依河就是由冰川融水补给的河流，初步估算测区固态淡水资源量达3×10^8吨。

测区液态水按水质可分为淡水和咸水两大类。淡水主要分布于祁漫塔格山以北的阿特阿特坎河、鸭子泉河和东北大沙沟河、托格热萨依河一带及发源于昆仑山流经测区西南部的色斯克牙河、皮提勒克河。咸水主要分布于阿牙克库木湖、阿其克库勒湖以及淡水河流经膏盐区河流。测区各地主要水资源水质特征见表6-2、表6-3。

表6-2　测区水质特征表　(mg/L)

取样位置	K^++Na^+	Ca^{2+}	Mg^{2+}	Cl^-	SO_4^{2-}	HCO_3^-	CO_3^{2-}	矿化度	总硬度
大沙沟河	20.7	35.1	1.2	24.8	28.8	88.5	0.0	199.1	92.6
托格热萨依河	28.8	36.1	4.9	42.5	33.6	94.6	0.0	240.0	110.0
古尔嘎赫德达里西河	26.2	45.1	1.2	29.8	33.6	119.0	0.0	254.9	117.6
依恰克帕提河	31.1	31.1	14.0	37.2	38.4	134.2	0.0	286.0	135.1
鸭子泉河	46.0	70.1	10.9	69.1	93.7	152.5	0.0	442.3	220.2
阿特阿特坎河下游	150.7	60.1	12.2	198.5	115.3	155.6	0.0	692.4	200.2
皮提勒克河下游	38.2	40.1	6.7	40.8	36.0	141.0	0.0	302.8	127.6
色斯克亚河上游	113.6	44.1	43.7	127.6	79.3	335.0	0.0	743.3	290.3
阿其克库勒湖	23 989.0	250.0	3 281.0	38 108.8	9 246.0	1 586.0	960.0	77 421.0	14 137.7
阿牙克库木湖	41 870.4	751.5	7 139.3	82 421.3	5 043.3	533.9	201.0	137 960.7	31 278.1

表6-3　测区水质特征表

取样位置	暂硬度(mg/L)	水硬度(mg/L)	pH	水质	温度(℃)	颜色	透明度	气味	流量(L/min)	水文类型
大沙沟河	72.6	20.0	6.0	好	8	无色	半透明	无	48 000	径流
托格热萨依河	77.6	32.5	6.0	好	8	无色	透明	无	36 000	潜流
古尔嘎赫德达里西河	97.6	20.0	5.5	好	8	无色	半透明	无	96 000	径流
依恰克帕提河	110.1	25.0	7.7	好	10	无色	透明	无	3 000	径流
鸭子泉河	125.1	95.1	6.0	好	5	无色	透明	无	24 000	潜流
阿特阿特坎河下游	127.6	72.6	5.0	好	6	无色	透明	无	24 000	径流
皮提勒克河下游	115.6	12.0	5.5	较好	5	无色	半透明	无	120 000	径流
色斯克亚河上游	274.7	15.6	6.5	好	7	无色	透明	无	60 000	径流
阿其克库勒湖	1 301.2	12 836.5	8.9	咸	9	无色	透明	无		湖泊
阿牙克库木湖	437	30 840.1	8.3	咸	7	无色	透明	无		

从表 6-2、表 6-3 中可以看出鸭子泉河、阿特阿特坎河、托格热萨依河、大沙沟河上游的水质含 K^+、Na^+、Ca^{2+}、Mg^{2+}、Cl^-、SO_4^{2-}、HCO_3^-、CO_3^- 含量较低，矿化度、硬度较低，无色、无味，pH 值为 7 左右，水质较好且资源量大，适于饮用；而色斯克亚河中下游、皮提勒克河流经库木库里盆地古近系、新近系膏盐地层后，则变为咸水，不可饮用。阿其克库勒湖、阿牙克库木湖湖水含盐度极高，且主要为含 K^+、Na^+ 离子，K^+ 与 Na^+ 总量分别为 23 989.0mg/L、41 870.4mg/L，Cl^- 分别为38 108.8mg/L、82 421.3mg/L，湖水矿化度分别为 77 421.0mg/L、137 960.7mg/L，湖水硬度分别为 14 137.7mg/L、31 278.1mg/L，湖水矿化度、硬度极高，pH 值分别为 8.9、8.3，呈碱性，为非饮用水。

地下水以孔隙水、裂隙水、岩溶-裂隙水为主，包括第四系松散岩类孔隙水，碎屑岩类、变质岩类、花岗岩类裂隙水和碳酸盐岩类岩溶-裂隙水 3 种类型。

第四系松散岩类孔隙水主要分布于祁漫塔格山前冲积平原、阿尔格山前冲积平原、库木布彦山前冲积平原和克蒙列克山前冲积平原等第四系松散堆积区。该类型地下水较为丰富，埋深由冲积平原根部向外缘变深。水质较好，单位体积含水量大。

碎屑岩类、变质岩类、花岗岩类裂隙水主要分布于祁漫塔格山基岩区，库木布彦山等地区有少量分布。该类型地下水分布最为广泛，埋深相对较深，水质好，单位体积含水量较低。

碳酸盐岩类岩溶-裂隙水主要分布于阿尔格山碳酸盐岩类岩石分布区。该类型地下水分布范围较窄，埋深相对较浅。矿化度较高，水质中等，单位体积含水量较高。

第二节　找矿方向

测区矿点、矿化点、岩石微量元素测量、分散流测量等资料表明，祁漫塔格地区为与岩浆热液、区域变质有关的铜、钨、钛、铁等内生矿产较发育；库木库里盆地以砂砾岩型铜矿、砂金、石膏、石盐等外生矿产发育为特征。根据测区地质特征、异常特征，已有矿(化)点、矿床的数量等矿化信息的综合分析研究，初步提出如下找矿方向。

一、铜找矿方向

库木库里盆地南部的色斯克亚河—大黑山—白土滩一带为找铜远景区。区内出露地层为石马沟组及石壁梁组下段地层。该地层岩相古地理对砂砾岩型铜矿成矿极为有利；区内已发现砂砾岩型铜矿严格受地层、岩性控制，且其矿石铜品位较高，矿石质量较好；该远景还分布有良好的铜次生晕异常，具有良好的找铜前景。

二、砂金找矿方向

测区西部库木布彦山—大沙沟一带为砂金找矿远景区。该区民采砂金矿坑遍及第四纪河流阶地及现代河床中，古采坑宽十几米至上百米，长几十米到几百米至上千米不等，砂金矿点极多，已探明小型砂金 1 处，分布有面积较大、分带良好的次生晕异常。

因此，该区具有优越的砂金成矿地质条件，分布较多砂金矿点，金次生晕异常好，找矿前景较好。

三、蒸发盐类矿产找矿方向

阿牙克库木湖南碱土梁一带为蒸发盐类矿产找矿远景区。该区出路地层为红石梁组砂岩、泥岩，属盆地萎缩期产物，古气候研究表明当时气候干燥、湖水大量蒸发，为盐类矿产的形成提供了良好的成矿环境。该远景区对蒸发型盐类成矿地质条件极为有利，已发现的蒸发盐类矿床、矿化体数量多、规模大，矿化类型好，其蒸发盐类资源潜力巨大。

四、金红石找矿方向

测区西北部托格热萨依河一带为金红石找矿远景区。区内地层为基底变质岩系小庙岩组，其经历了高绿片岩相变质作用，岩石定量光谱测量显示钛含量较高。钛平均含量为 $5\ 099\times10^{-6}$，最高含量达 $14\ 127\times10^{-6}$，显示岩石原生晕异常较高，在小庙岩组绿泥石英片岩、钠长石英片岩中发现有针状金红石矿物，该地层区域延伸稳定，经历的区域变质作用对金红石成矿提供了合适的温度、压力条件。

因此，该成矿远景区对金红石成矿较为有利，具有良好的找矿前景。

第三节　土壤资源概况

测区基岩区占 65%，第四纪松散堆积占 35%，土壤可粗分为砂质土、砾质土和黏质土 3 种类型。

砂质土壤集中分布于较大河流冲积平原下游、河漫滩和沙漠分布区，如色斯克亚河中下游、皮提勒克河下游、秋拉克布拉克沙漠等，约占测区各类土壤的 20%。

砾质土壤集中分布于山前洪积-冲积平原，如祁漫塔格山山前洪-冲积平原、阿尔格山山前洪-冲积平原、库木布彦山山前洪-冲积平原等，是测区最主要的土壤类型，约占测区各类土壤的 70%。

黏质土壤集中主要分布于依协克帕提沼泽、阿其克库勒湖盐沼区，包括沼泽土、盐碱土类，是测区次要的土壤类型，约占测区各类土壤的 10%。

第四节　高原原始生态资源概况

测区库木库里盆地周缘极为恶劣的自然地理条件和高山深壑使这里人迹罕至，成为世界上少有的几个自然地理区之一，因此一个典型的接近原始的高原生态群落得以保存，也正是此种原因，1983 年 5 月中国建立了世界上内陆最大的阿尔金山自然保护区，测区属该保护区中北部范围。近年来，随着阿尔金自然保护区的科学研究不断深入证实：测区受到人类的干扰较少，这里高原动植物生态系统结构保存极为完整，动植物资源极为丰富。阿尔金自然保护区高原生态群落的潜在价值已逐步得以体现，它将为促进人类社会繁荣进步，造福于人类作出巨大的贡献。

一、高原植物资源

植物以禾本科、菌科、十字花科、毛良科和莎草科、蔷薇科种类为主，已发现 250 多种，主要有红柳、细裂补血茸、细茎鸢尾、硬叶苔草、镰形棘豆、帕米尔点地梅、紫苑、单头亚菊、宽叶葱、铁线莲、水柏枝、异叶青兰、千里光、长叶顶冰花、茸肖鸢尾等。海拔从低到高植物具有如下垂直分带现象：

(1)河流平原红柳灌丛带；

(2)冲积平原低矮灌丛带；

(3)中高山山前冲积平原高寒针茅苔草草原带；

(4)中高山寒冻地衣、垫状植被带。

二、高原动物资源

测区分布着各种各样的珍禽异兽，这里有“天然动物园”、“有蹄类动物世界”和“鸟类天堂”的美誉。其中属国家级保护的珍稀野生动物有野牦牛、藏野驴、藏羚、藏原羚、盘羊、岩羊、雪豹、猞猁、兔狲、石貂、棕熊、赤狐等49种。有蹄类动物最大群落主要分布于青石山以东的大九坝草原及祁漫塔格山与皮亚孜勒克塔格之间的山间盆地。

阿牙克库木湖、阿其克库勒湖则是候鸟的天堂。已发现有斑点雁、黑颈鹤、棕头鸥、毛腿沙鸡、长嘴百灵、渡鸭、秃鹫等92种鸟类。每年6—8月温度适宜、气候凉爽季节，阿牙克库木湖东沼泽地及阿其克库勒湖周围沼泽为候鸟的栖息地，常可见到成千上万只鸟，最多在阿其克库勒湖东有数万只鸟栖息。

测区内丰富的生物资源，保存完好的高原生态系系统，使区内成为一个重要的生物基因库。它对人类和自然界本身都将是非常重要的；随着中国地质调查局青藏高原空白区国土资源大调查项目逐步地开展，阿尔金自然保护区的科学研究的不断深入，库木库里盆地的奥秘正被逐步揭开。它是亚洲中部干旱地区丰富多彩的地貌天然景观的天然"陈列馆"，它是珍稀野生动物免遭人类威胁的避难所，为今后发展青藏高原的旅游、探险、科考提供了理想的场所，为地方经济增加了新的增长点，它将更好地服务于人类。

第五节　旅游资源概况

区内独特而丰富的地质地貌景观、完整与典型的高原生态系统，种类繁多的珍禽异兽，丰富多彩的高原湖光山色，吸引了一大批外国游客到测区进行高原的生态、探险旅游。

一、地学景观

地学景观包括地貌景观和地质景观。

1. 地貌景观

包括祁漫塔格极高山冰川地貌、山前冲洪积地貌、河流阶地地貌、雅丹地貌、风蚀地貌、风积地貌、岩溶地貌等。

2. 地质景观

建造类包括花岗岩、火山岩建造、复理石建造、蛇绿岩建造，碳酸盐岩建造；构造类包括褶皱(顺层掩卧褶皱等)、断裂；古生物类包括志留纪笔石，泥盆纪—二叠纪腕足、螺、珊瑚、䗴等化石；矿产类包括砂砾岩型铜矿、石膏等矿产。

二、水文景观

阿牙克库木湖、阿其克库勒湖面积分别为650km^2、250km^2，是我国海拔最高、面积最大的内陆湖泊之一，湖面宽阔、水体清澈透明、湖水碧波荡漾，与高原山地构成一幅湖光山色的美丽风景画。

三、生物景观

测区大九坝草原是一个典型的接近原始的高原生态群落，这里保存有完整高原动植物生态系统，动植物资源极为丰富，有细颈鸢尾、鞘鸢尾、硬叶苔草、镰形棘豆、紫宛、长叶顶冰花、千时光等珍贵独特的稀有植物，可见到成群的藏羚羊、野牦牛、野驴及罕见的棕熊、雪豹、高原鼠兔等珍稀动物，是人们了解高原的窗口。

四、人文景观

在测区祁漫塔格山北坡发现一处藏刻碑文堆放地，保存有 50 多块藏刻碑文碎片，表明很早以前本区就有人类活动，对研究晚近时期本区人类活动历史具有重要意义。

五、旅游路线设计

根据测区旅游资源的特点，我们初步设计了如下地质旅游、探险旅游和生态旅游路线（图 6－3）。

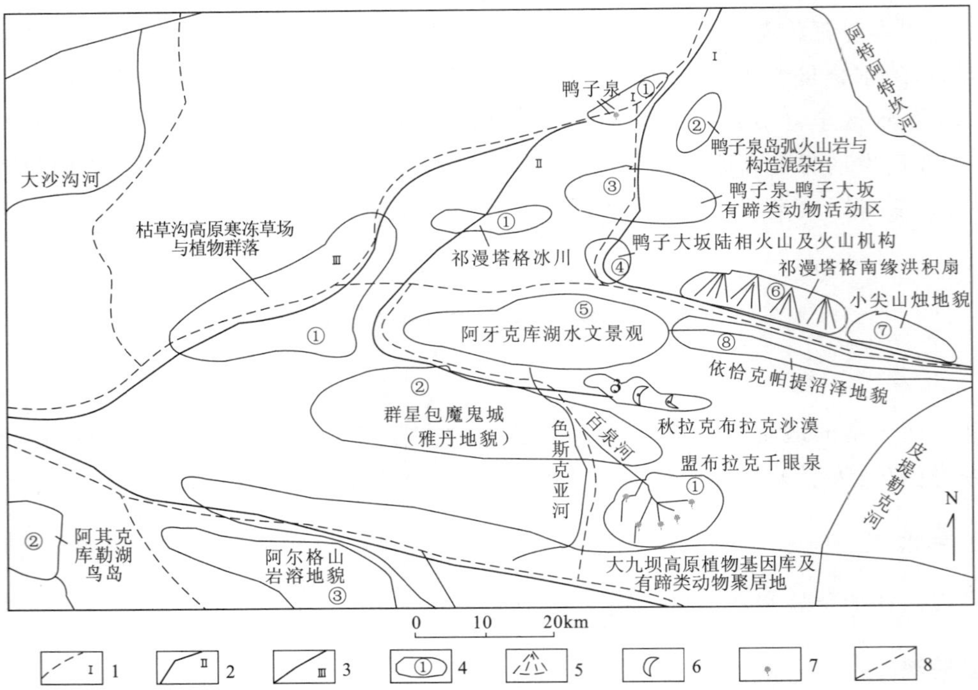

图 6－3　测区旅游路线与景点设计图

1. Ⅰ号地质旅游路线；2. Ⅱ号探险旅游路线；3. Ⅲ号生态旅游路线；4. 景点编号；5. 洪积扇；6. 沙丘链；7. 泉；8. 汽车压道

1. 鸭子泉—鸭子大坂—阿牙克库木湖—依协克帕提地质旅游路线

景点 1：鸭子泉四季不断流的泉水及三级河流阶地考察；

景点 2：鸭子泉岛弧火山岩考察；

景点 3：鸭子泉—鸭子大坂野驴和牦牛群活动区考察；

景点 4：鸭子大坂三叠纪陆相火山岩、火山机构考察；

景点 5：阿牙克库木湖高原湖光山色、候鸟风光考察；

景点 6：祁漫塔格山南坡冲洪积扇群考察；

景点 7：小尖山花岗岩“石蘑菇”、“风蚀柱”、“石窝”等风蚀地貌考察；

景点 8：依协克帕提沼泽地貌及高原生态系统考察。

2. 祁漫塔格雪山—群星包魔鬼城—秋拉克布拉克沙漠探险旅游路线

探险项目 1：祁漫塔格雪山探险

巍巍祁漫塔格山海拔 5 642m，山顶常年冰盔雪衫、白雪皑皑，发育着数十平方千米的冰川，气势磅礴，颇为壮观，它是区内动植物群生命的源泉——水的来源。

探险项目 2:群星包魔鬼城雅丹探险

在阿牙克库木湖以南,黑石崖以北广泛发育雅丹地貌(一种垄槽相间的风蚀地貌),它是固结程度不好的红石梁组砂岩、泥岩被风雕筑成风蚀柱、风蚀洞、风蚀城等千姿百态的自然景观,当你行走于其中就像在古城废墟中穿行、犹如在神话迷宫中漫游,如果不借助于 GPS 接收机你将不辨方向、无法返回。

探险项目 3:秋拉克布拉克荒漠探险

在阿牙克库木湖西南部秋拉克布拉克分布着两片面积约 $20km^2$ 的沙漠,该沙漠多呈新月形沙丘,沙丘高 5～80m,长几十米至几百米不等,当你爬上沙丘顶部,放眼一望无际的沙丘如莽莽瀚海、波涛滚滚,像新月移动、似巨蟒蜿蜒,你将领略到世界上海拔最高沙漠残酷的生存环境。

3. 枯草沟—阿其克库勒湖—青石山—大九坝草原高原生态旅游路线

景点 1:枯草沟高原寒冻草场与植物群落

在巍峨的祁漫塔格山间谷地枯草沟几百平方千米范围内分布着高原寒冻草场,你可看到低矮灌丛、高原苔草植物群落。

景点 2:阿其克库勒湖看高原湖泊、观万只候鸟

在巍巍昆仑山与祁漫塔格山之间,有一个湖面达 $250km^2$ 的阿其克库勒高原不冻咸水湖泊,湖水碧蓝清澈,湖面波光粼粼,在河流入湖口的三角洲地带有丰富的生物。夏季有成千上万的水鸟不远万里来这里觅食、筑巢、繁殖,湖面上到处是戏水的海鸥,天空中布满了飞翔的大雁,这里成了鸟的天堂。

景点 3:青石山喀斯特岩溶地貌及古生物群落

青石山峰丛林立、溶洞遍布、怪石嶙峋,发育有良好的喀斯特岩溶地貌;同时你可看到保存完好的古生代螺、珊瑚、鲢、海百合等组成的生物礁灰岩,如果幸运的话还可看到“登山健将”岩羊等珍稀野生动物。

景点 4:大九坝草原高原原始生态系统与野生动物群

面积达 $700km^2$ 规模巨大的大九坝草原,每到夏季到处是红的、绿的、黄的野生植物,有细颈鸢尾、鞘鸢尾、硬叶苔草、镰形棘豆、紫宛、长叶顶冰花、千时光等稀有植物。在广阔的大九坝草原上,分布着高密度的藏羚羊、野牦牛、野驴、狼、棕熊、雪豹、鼠兔等珍稀动物;你会看到成群的野驴、野牦牛在草原上奔驰,机警的藏羚羊在草原上觅食,凶猛的棕熊在猎杀黄羊,这一切会令你流连忘返。

第七章　青藏高原隆升与环境地质

资源与环境是21世纪社会发展的主题。随着世界人口的增长和工业化程度的提高，地球表层资源日趋枯竭，地球环境日益恶化，特别是青藏高原隆升对环境产生了深远的影响，因此进行环境地质调查、保护生态环境具有重要的现实意义。

第一节　青藏高原隆升的时间

青藏高原的隆升留下了深深的物质印记，在沉积方面表现为造山磨拉石建造的强烈发育。在测区发现了 E_3、Qp^2、Qp^{3-4} 三套山间磨拉石建造。库木库里陆相盆地沉积总厚度达7 000多米，是青藏高原北缘快速隆升过程中山盆耦合的产物。

E_3 磨拉石建造对应地层为石马沟组，分布于测区南部白土滩、亚鲁古祖布拉克、条石山一带。地层走向近北西西—南东东向，分为上、下两段。主要岩石类型有块状复成分中—细砾岩、钙质含砾粗砂岩、钙质中—细砂岩等，砾石2～500mm，从下到上砾石砾径减小，砾石成分主要有碳酸盐岩、花岗岩、火山岩、粉砂岩等，分选磨圆较差，地层厚度878～1 779.6m。

Qp^2 磨拉石建造对应地层为中更新统（Q^{2apl}），分布于测区西南角拐子梁及库木布彦山风尘口一带，地层出露海拔高程为4 500～5 000m，出露面积450km²，岩性主要为灰色半固结中—细砾岩，灰色半固结砂岩等岩性组成，岩性单一，由下至上粒度由粗变细，地层厚度1 521m。

Qp^{3-4} 磨拉石建造分布于阿牙克库木湖以西的风尘口以北及阿牙克库木湖东南的长沙梁东部，一般海拔4 000～4 300m。主要岩性为松散、半固结砂砾石层，砂、粉砂等，为冲洪积环境，属山前-山间磨拉石建造，厚度一般20～80m，最厚150m。

因此，青藏高原的隆升在渐新世已经开始，经过了多阶段振荡式上升。

第二节　青藏高原隆升的幅度与速率

一、青藏高原隆升的幅度

云杉、铁杉等山地针叶树花粉含量的高低，常作为气温冷暖的标志，也作为海拔高度的标志。这是因为它们生态幅度较窄，对温度、湿度、海拔要求比较严格所致。现代云杉，分布于暖温带西南部靠近北亚热带的秦岭太白山，生长于海拔2 500～3 200m，在北亚热带秦岭南坡，生长于海拔2 600～3 000m；而在北亚热带至中亚热带西部的岷山，生长于海拔2 500～3 600m。由此可知，在我国，云杉在北亚热带及其附近，一般生长于海拔2 500～3 600m处。它是反映高海拔山地的标志植物。

松属、铁杉属树种是温性针叶林树种，生长于北亚热带和中亚热带北缘的湖北神农架、四川大巴山区等地，生长在 1 000～2 500m 处的低中山上。

石马沟组下段，松粉属占 2%～14.3%，云杉粉属占 0～2.4%，盆地的海拔大约为 1 000～2 000m。在石马沟组上段，松科花粉剧增，占 36.9%，其中云杉粉属占 13.4%，盆地的海拔超过 2 500m。云杉粉属的剧增是喜马拉雅第二幕运动引起了盆地周围山系的抬升的结果。随后由于构造运动的减弱，山区逐渐有所夷平，石壁梁组下段云杉粉属减少至 0.6%～9.7%，松粉属含量大于 90%，盆地的海拔小于 2 000m。石壁梁组上段云杉粉属增加到 29.8%，松粉属含量3%～14.3%，盆地的海拔又上升到 3 000m 左右，暗针叶林花粉的繁盛与喜马拉雅运动第三幕的活动有关。红石梁组下段气囊花粉的含量又显著下降，云杉粉属减少至 9.7%～11.0%，松粉属含量减少至 7.1%～8.0%，盆地的海拔小于 3 000m。红石梁组上段受喜马拉雅运动第四幕运动的影响，气囊花粉的含量又显著上升，云杉粉属增加至 20.8%～44.4%，松粉属含量增加至17.7%～22.6%，盆地的海拔大于 3 000m。

因此，库木库里盆地到上新世晚期盆地周围山系海拔已上升到 3 500m 左右，自渐新世以来到上新世晚期上升幅度达 1 500～2 000m。

上新世晚期至今，测区最高海拔达 6 000m，因此，更新世—全新世高原又隆升了约 2 500m。

二、青藏高原隆升的速率

渐新世至上新世，高原隆升了约 2 000m，估算平均隆升速率为 0.7mm/a；更新世至全新世，高原隆升了约 2 500m，估算平均隆升速率为 1mm/a。

我们对测区发育较好的鸭子泉三级阶地（图 7－1）测定了阶地形成的光释光年龄（表 7－1）。由表 7－1 可知，从上新世开始，青藏高原隆升速率是越来越强烈的。由图 7－2 可知，从 46.4～10.4ka B P、10.4～5.7ka B P、5.7ka B P 至现在，青藏高原的隆升速率有愈来愈强烈的特点。

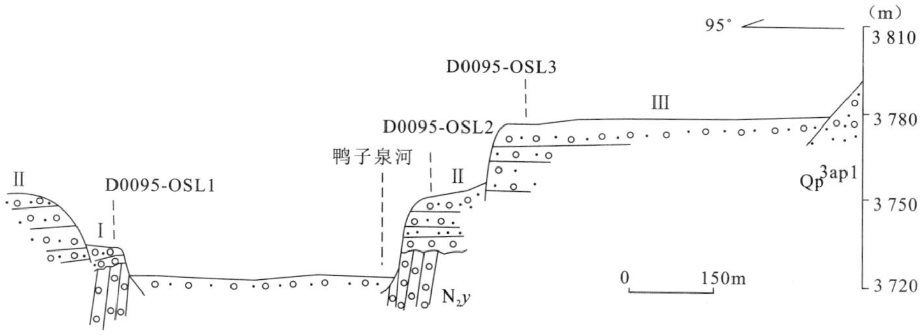

图 7－1　鸭子泉河第四系地质地貌实测剖面图

Ⅰ. 一级阶地；Ⅱ. 二级阶地；Ⅲ. 三级阶地；D0095－OSL3 光释光样；Qp^{3apl}. 晚更新统；N_2y. 油沙山组

表 7－1　鸭子泉三级阶地光释光年龄测定结果表

地貌单元	海拔(m)	光释光年龄(ka B P)	高差(m)	年龄差(ka)	隆升速率(mm/a)	平均隆升速率(mm/a)
河漫滩	3 734		15	5.7	2.63	0.92
一级阶地	3 749	5.7±1.34	10	4.7	2.12	
二级阶地	3 759	10.4±1.58	19	36.0	0.52	
三级阶地	3 778	46.4±5.26				

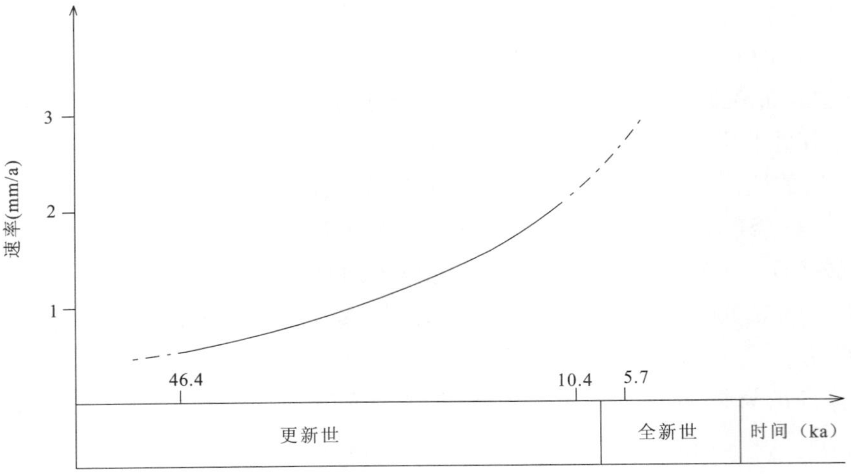

图 7-2 鸭子泉三级阶地隆升速率变化图

第三节 青藏高原隆升的过程

青藏高原的隆升不是一蹴而就的，而是经过长期间歇式多阶段振荡上升才造就成“世界屋脊”的。

一、早中渐新世——早期隆升期

古近纪早期，印度板块向欧亚板块俯冲碰撞，引起青藏高原的隆升和中新生代地层的褶皱，造成本区渐新世长期处于隆升剥蚀夷平阶段。在快速隆升过程中高原内部和边缘产生扇形开裂，导致库木库里盆地断陷，盆地开始发育，在盆地南部形成早中渐新世石马沟组下段冲积体系域快速近源堆积的山间磨拉石建造。

二、晚渐新世—早中新世早期——稳定剥蚀夷平期

晚渐新世—早中新世早期随着高原隆升作用的减弱，夷平作用逐渐趋于减弱。库木库里盆地出现了稳定型的石马沟组上段三角洲相含砾砂岩、砂岩沉积和石壁梁组下段底部高成熟度的浅湖、半深湖相沉积。该时期孢粉组合表现为森林环境，反映气候较为温暖潮湿。

三、早中新世中晚期——小幅隆升期

早中新世中晚期由于高原的构造隆升，使库木库里盆地发生湖退作用，形成石壁梁组下段上部泥岩、砂岩、含砾砂岩沉积。沉积相由半深湖、浅湖发展为三角洲环境，沉积物表现为从下到上由细变粗、层理厚度由薄变厚、成分成熟度和结构成熟度降低，但该次隆升并未使湖水完全退出，说明这次隆升幅度不大。该时期在孢粉组合上表现为草原森林环境，出现了较多耐旱花粉种属，反映气候较为干旱，代表高山环境的云杉花粉含量有较大增加，也反映该时期地势抬升幅度较大。

四、中中新世——较稳定剥蚀夷平期

中中新世库木库里盆地湖相沉积几乎占据了湖泊面积的 80%，只在西部花条山北出现了少量三角洲相沉积，反映当时盆地范围扩大，达到湖相沉积的鼎盛期，形成石壁梁组下段上部泥岩、粉砂岩等慢速沉积，说明该时期处于构造相对稳定阶段，隆升作用较弱，剥蚀速率很低，物源供给不足，达到了准夷平化。孢粉组合表现为草原森林环境，温带花粉种属有所增加，反映气候较为温暖湿润。

五、晚中新世——振荡隆升期

晚中新世库木库里盆地沉积相由浅湖到三角洲环境频繁变化，沉积物由泥与砂交互发育，由下到上总体表现为碎屑粒度逐渐变粗的湖进沉积组合，三角洲沉积范围有所增加，沉积速率时快时慢，表明该阶段构造变动频繁，以短时间快速隆升和快速夷平为特征，反映这个时期为振荡隆升的特点。孢粉组合表现为森林草原植被，由松、云杉、冷杉、雪松等针叶树种，少量桦树和藜、蒿、菊科、禾本科、毛莨科、麻黄科等植物灌木及草本植物组成。花粉浓度很低，植被覆盖率低，乔木以喜寒的云杉等针叶树种为主，草本植物主要是耐旱的藜、蒿、菊科、麻黄科植物。从孢粉植物群的生态来看，气候较寒冷干燥。

六、上新世——快速隆升期

上新世沉积相分异显著，在盆地边缘为三角洲、河流相甚至为冲积相沉积，出现了较大粒径的砾石，从下到上碎屑粒度、层理厚度明显变粗变厚，沉积速率增大；而在盆地中心，主要为一套潟湖相的膏盐沉积建造，湖相沉积分布面积大大减少。反映此阶段高原快速隆升，造成盆地与山体之间的高差愈来愈大，剥蚀速度增加，物源供给加快，快速充填盆地，最终导致湖泊水体全部快速退出，上升为陆地。该时期孢粉组合以荒漠草原为特征。主要由旱生灌木和草本植物组成，花粉浓度极低，植被覆盖率低，气候炎热干燥。红石梁组下段所含的巨厚层石膏、石盐等蒸发盐类矿产，也证明当时气候非常炎热干燥。

七、更新世—全新世——强烈隆升期

更新世—全新世高原强烈隆升，形成中更新世、全新世磨拉石建造和第四纪多级阶地堆积及多个不整合面，并使下伏地层褶皱变形。现在有的中更新世冲洪积砾岩已上升到海拔 4 800m，正遭受新的夷平剥蚀作用。青藏高原周边地区的青藏运动等可能就是该时期多次强烈隆升的反映。因此，更新世—全新世以来的高原隆升是上升幅度最大、影响最深刻、最为强烈的隆升作用，在气候、环境、生态等方面产生了深远的影响。

第四节　青藏高原隆升的机制

青藏高原是如何由海洋隆升为目前世界上最高、最大、最平的世界屋脊的，对这样大规模的、如此壮观的造山作用如何解释？近半个世纪以来，一直是一个谜。随着新一轮国土大调查的开展，青藏高原的神秘面纱将逐渐会被勇于攀登的地质学家所揭开。

回顾半个世纪以来，中外地质学家提出过许多模式来描述和解释青藏高原的隆升。例如 Tapponnier(1976)和 Molnar(1988)提出了滑线场模式，认为塑性的亚洲大陆被刚性的印度大陆挤入以后，不仅形成了喜马拉雅山脉和青藏高原的隆升，而且使青藏高原发生向东的横向挤出，形成青藏高原东缘和北缘一系列大型走滑断层。England(1988)和 Houseman(1996)根据连续介质力学原理，提出了均匀变形模式，解释青藏高原巨厚的地壳和高的高程。他们认为青藏高原作为一个整体发生均匀缩短和均匀加厚。一些学者则认为青藏高原的隆升是拆沉作用的结果(Bird，1978；Zhao and Morgan 1985)。而有些学者认为是地幔向下对流造成的(Morlnar，1990)，而有些学者提出是地幔柱作用的结果，尽管不同学者对青藏高原隆升的机制观点不同，但绝大多数地质学家都认为青藏高原的隆升是大陆之间板块碰撞的结果。

根据近年来的地表地质和深部地球物理探测成果，证实：

(1)印度大陆向北朝喜马拉雅-青藏高原之下俯冲(国际 TNDRPTH 计划,1993)。

(2)印度大陆俯冲的北界可能不超过雅鲁藏布江(吕庆田,1998)。

(3)欧亚大陆(塔里木、祁连)也向青藏高原之下俯冲(高锐,1995)。

(4)欧亚大陆从青藏高原西部的塔里木南缘向青藏高原之下俯冲(Morlnar,1988)。

鉴于最新研究成果,我们从板块构造体制出发,认为青藏高原的隆升是青藏高原南北缘的印度板块和欧亚板块相向朝青藏高原之下俯冲的动力学背景下形成的。印度板块向北俯冲形成冈底斯等中新生代岩浆弧带,欧亚板块由西部塔里木地块向青藏高原下部俯冲,形成昆仑中新生代火山岩浆弧带和地震频发区。由于双向俯冲作用造成地壳强烈缩短增厚,导致青藏高原的快速隆升(图 7-3)。

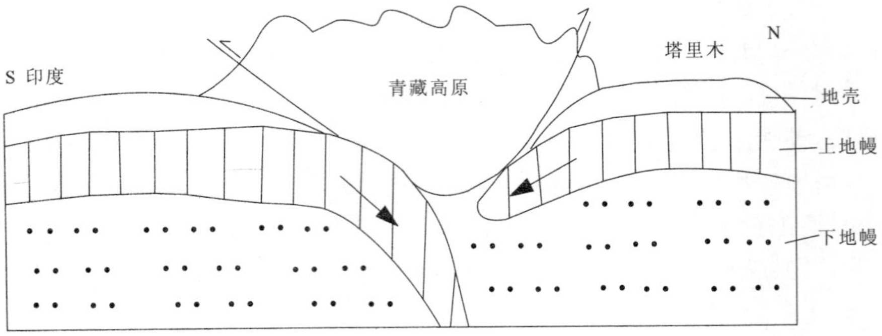

图 7-3　青藏高原形成机制示意图

第五节　青藏高原隆升的环境效应

青藏高原的强烈隆升,引起气候干燥、生物灭绝、荒漠化等多种环境效应。

一、气候效应

青藏高原的强烈隆升,引起印度洋湿润空气被隔,降雨量减少,导致西北地区气候干旱;青藏高原强烈隆升后,高原的自然落差加大,引起顺高原面活动的季风增强,大风天气增加、沙尘暴加剧;高原隆升后,由于自然增温梯度的作用,导致气温降低,大气含氧量减少,环境质量显著降低。

二、生物效应

青藏高原的强烈隆升,引起高原内部气候垂直分带更加显著,导致在高原内部耐寒耐冷的植物逐渐取代喜温喜湿植物。从孢粉分析可知:古近纪—新近纪温带乔木所占比重越来越小,耐寒耐旱的灌木数量愈来愈大,发展到现在的青藏高原北坡,耐旱的灌木占据了统治地位。如原来较高大的驼绒藜灌木,为了适应高原低温、大风等恶劣的环境,逐渐矮化,叶片逐渐变为针状,垫状生长。青藏高原的强烈隆升,气候的恶化,引起动物数量的大大减少、生物丰度的显著降低。

青藏高原的隆升与盆地充填、构造运动、气候、植被等耦合关系如表 7-2。

表 7-2　青藏高原隆升与库木库里盆地充填耦合关系表

时间	盆地海拔(m)	盆地充填	构造运动	气候	植被	隆升阶段
全新世 更新世	5 200	冲积扇		北亚热带 干旱气候	荒漠草原	强烈隆升期
上新世	3 500	冲积扇 三角洲-浅湖 蒸发岩	喜马拉雅运动Ⅳ幕	北亚热带 干旱气候	荒漠草原 稀疏草原	快速隆升期
中新世	3 000	三角洲-浅湖		温带 半干旱气候	稀疏草原	振荡隆升期
	2 500	浅湖		温带 半干旱气候	森林草原	剥蚀夷平期
	3 000	三角洲	喜马拉雅运动Ⅲ幕	温带 半干旱气候	稀疏草原	小幅隆升期
	2 000	浅湖-深湖		中亚热带 湿润气候	森林	剥蚀夷平期
渐新世	2 500 1 000～2 000	三角洲 冲积扇	喜马拉雅运动Ⅱ幕	北亚热带 半干旱气候	稀疏草原	早期隆升期

三、荒漠化效应

青藏高原的强烈隆升，引起自然生态环境恶化，气候变化无常，植被减少，草场退化，物理风化增强，沙质荒漠化加剧。

第六节　地貌类型

测区位于青藏高原北缘的东昆仑西部，总体上属于藏北高原低山丘陵-盆地地貌。对于第四纪以前出露的基岩分布区，以物理风化、外营力地质作用为主，以风化剥蚀为特征，主要形成构造剥蚀地貌，称为剥蚀区。它是第四纪沉积物的主要物质来源之一。根据海拔高度、切割深度等可将测区地貌划分为冰川雪被地貌、高原极高山地貌、高原高山地貌、高原中山地貌、高原低山地貌、高原丘陵地貌 6 种地貌类型。对于第四系分布区，以沉积作用为主，主要形成堆积地貌，称为沉积区，根据成因类型可以划分为冰碛地貌、冲积地貌、冲洪积地貌、沼泽地貌、盐碱地貌和风积地貌 6 种类型，其特征见表 7-3。

表 7-3 测区地质地貌类型一览表

成因类型	地貌类型	地貌特征	分布
构造剥蚀地貌	高原极高山地貌	海拔高于5 000m,切割深度大于1 000m,以风化剥蚀作用为主,发育"V"形谷、"U"形谷	祁漫塔格山主峰
	高原高山地貌	海拔3 800～5 000m,切割深度大于1 000m,以风化剥蚀作用为主,发育"V"形谷	祁漫塔格山、阿木巴勒阿土坎一带
	高原中山地貌	海拔3 600～4 500m,切割深度小于1 000m,以风化剥蚀作用为主,发育"V"形谷、"U"形谷	皮亚孜勒克塔格山一带
	高原低山地貌	海拔3 600～5 220m,切割深度小于500m,以风化剥蚀作用为主,发育"V"形谷	祁漫塔格山、乱石包、独立山、青石山一带
	高原丘陵地貌	海拔3 500～4 300m,切割深度小于100m,以风化剥蚀作用为主,发育"U"形谷及雅丹地貌	红土园包、群星包、红石梁一带
堆积地貌	冰碛地貌	海拔5 000m以上,冰碛物呈弧形、扇型分布于冰川边部形成堆积地貌	冰川边部
	冲积地貌	海拔3 600～4 500m,冲积物呈长条状、面状堆积	尤素浦阿勒克、阿达滩、大沙沟、须须坪、鸭子泉、普里斯基德克累克、皮提勒克、百泉河、色斯克亚河
	冲洪积地貌	海拔4 000～4 400m,冲洪积物呈扇形、面状、带状分布	阿木巴勒阿土坎山南、青石山、白云山、色斯克亚河、三河滩
	沼泽地貌	海拔3 880m左右,以粘土矿物、有机质、淤泥等沉积物为主,呈带状分布	依协克帕提
	盐碱地貌	海拔3 900～4 300m,呈带状沿湖边、沼泽边部分布,发育化学沉积、盐碱沉积	依协克帕提河南岸、阿其克库勒湖边部
	风积地貌	海拔3 900～4 000m,风成砾石、砂、粉砂等沉积物主要沿湖边、川道等开阔区分布	鸭子泉北、秋拉克布拉克、长沙梁

第七节 工程地质与水文地质条件

一、工程地质条件

测区岩石物理风化强烈,松散堆积较厚。第四纪强烈隆升,切割较大,自然边坡较陡,基岩区约占60%,液化砂土、淤泥分布占一定比例,地质灾害较多。根据测区岩土分布状况,结合测区实际将测区岩土类型划分如下。

(1)块状花岗岩类:主要分布于测区北部祁漫塔格山一带,构成了测区的极高山、高山地貌,在中山地貌区也有少量分布,岩石能干性强、稳定性好。

(2)层状复理石碎屑岩类:主要分布于祁漫塔格山大沙沟、乱黑包一带,构成了测区高原低山地貌,在鸭子大坂以西高山地貌区亦有少量出露,岩石能干性较强、稳定性较好。

(3)块状火山岩类:主要分布于鸭子大坂及鸭子泉东一带,出露面积较小,是构成测区高原高山地貌、高原低山地貌的主要岩土类型之一,岩石能干性较强、稳定性较好。

(4)半固结层状—块状粗碎屑岩类:主要分布于测区南部白土滩、大黑山一带,构成了测区的高原低山地貌，岩石固结程度低、稳定性差。

(5)糜棱岩、构造碎裂岩类：主要分布于鸭子大坂到鸭子泉及白干湖断裂一带，由于岩石较破碎，构造裂隙、断层泥、碎裂岩较发育，岩石稳定性较差。

(6)层状浅变质碎屑岩类：主要分布于测区西北角，是构成测区高原高山地貌的岩土类型之一，岩石片理较发育，能干性中等、稳定性中等。

(7)松散堆积砂砾石、砂、亚粘土类：主要分布于河谷、河漫滩、冲积平原、高原戈壁，形成冲洪积扇、冲洪积扇群、冲洪积平原等堆积地貌，岩土结构松散，稳定性差。

二、水文地质条件

区内水系总体不发育，季节性河流较多，中北部祁漫塔格山区基本为淡水河，有古尔嘎赫德达里希河、托格热萨依河、阿特阿特坎河、鸭子泉河和大沙沟河等，属高原内陆河流。中南部库木库里盆地基本为半咸水—咸水河，有依协克帕提河、皮提勒克河和色斯克亚河等，其均汇聚于阿牙克库木湖。二者以库木布彦山—祁漫塔格山—阿木巴勒阿土坎山脊一线为分水岭，西南部的阿其克库勒湖与中部的阿牙克库木湖则以红石梁—青石山一线为分水岭，各主要河流冬、春季封冻，夏、秋季解冻。除鸭子泉河为泉水补给外，其他均为地表径流、潜流补给，且主要由降雨(雪)和冰川融水补给。

分布于库木库里盆地南北两隅的阿其克库勒湖和阿牙克库木湖为高原不冻内陆咸水湖，水源以地表径流补给为主。测区河流、湖泊的水质、矿化度特征值见表 6-2、表 6-3。

可供人、畜饮用的河水有古尔嘎赫德达里希河、托格热萨依河、阿特阿特坎河、鸭子泉河和大沙沟河等，依协克帕提河和皮提勒克河上游的水也基本可供人、畜饮用。

第八节 气候及动植物

一、气候

调查区属青藏高原气候分区北羌塘高寒带干旱气候小区，为典型的高原大陆荒漠干旱气候。年平均气温－2～2℃，7 月温度最高，1 月温度最低，昼夜温差极大。一年没有四季之分，只有冷半年和暖半年之别，4 —10 月为暖半年，11 月至次年 3 月为冷半年。北部靠阿尔金山一带年降水量 50mm，中部祁漫塔格山一带年降水量为 100～200mm(一半以上为固态降水)，南部接近昆仑山麓降水量为 200～350mm(绝大部分为固态降水)，降水量由北向南逐步递增，湿度由南向北降低。终年有降雪，年蒸发量大于降雨量。山间谷地和平川多数是干旱、半干旱荒漠草场。每年 7 月是洪水期。测区四季大风，沙尘暴天气常见。气温垂直分带显著：从低到高分为寒温带、寒带、寒冻带，祁漫塔格山以北基本为寒温带，以南基本为寒带，5 000m 以上的高原极高山区、冰川雪被区为寒冻带。

二、动物分布

测区属新疆维吾尔自治区阿尔金山国家级自然保护区范围，有丰富的珍稀野生动物资源。图幅北侧干旱缺水，动物稀少；而南部阿尔格山山前大九坝冲洪积平原，水草丰茂，动物较多。动物有藏羚羊、野牦牛、野驴、狼、棕熊、艾虎、狐狸、老鼠、鼠兔等，湖泊周围各种水鸟数以千万。有关资料显示，保护区范围内的动物，有兽类 49 种、鸟类 92 种、爬行类动物 4 种、两栖类动物 1 种，共计 146 种，另外还有昆虫、蝶类 114 和蝗虫 3 种。在保护区内供食用的鸟类有 26 种，羽绒用的鸟类有 24 种，药用的鸟类有 15 种，对农业和卫生有益的鸟类有 20 种，观赏的鸟类有 22 种。

测区内的动物多数体色浅淡，有蹄类动物奔跑力强，鼠类冬眠期长，鸟类则以候鸟占多数，并能在短暂的夏暖季完成整个繁殖周期。这些功能是为了适应浩瀚戈壁的单调、开阔和高原温差大的恶劣环境而产生的。大型动物毛皮发达（如野牦牛），齿类动物挖掘力强，在日间活动，多种雀形目鸟类营巢在旱獭和鼠兔洞穴旁，这些特征与该区景观开阔、植被稀疏而低矮及气候高寒有关，是对山区高寒、干旱两种特殊自然环境适应的结果。

根据动物活动特征，测区可以划分为阿其克库勒湖、阿牙克库木湖水鸟栖息地、大九坝草原有蹄类动物聚居地、依协克帕提有蹄类动物活动区和黑山—枯草沟有蹄类动物活动区。

三、植物分带

沿祁漫塔格山主脊以南分布有世界上独一无二的、很少受人为扰动的高原原始生态系统。沿山前冲洪积平原和较大沟谷植被相对发育，阿特阿特坎河、鸭子泉河谷等地有季节性草场分布；阿尔格山山前冲洪积平原有大九坝高寒针茅苔草草原，草本植物发育。测区主要植物有低矮灌丛和草本植物，低矮灌丛计有红柳、驼绒藜，草本植物有点地梅、异叶青兰、羊茅、针茅、雪莲等 250 余种。从低到高植物具有如下垂直分带现象。

（1）河流平原红柳灌丛带：海拔一般在 3 400～3 900m 之间为河流平原区，以发育红柳为特征，主要分布于阿特阿特坎河、皮提勒克河下游。植物生长茂盛，植被覆盖率高。它是牧民畜牧草场和野生动物的主要食物来源地之一。

（2）冲积平原低矮灌丛带：海拔一般在 3 500～4 500m 之间为山前冲积平原区，以发育驼绒藜、针叶茅为特征，主要分布于尤素甫阿勒克、阿达滩—鸭子泉、祁漫塔格南坡、碱土梁北西、阿其克库勒湖北等地，是野生动物的主要食物来源地之一，在阿达滩—鸭子泉一带有少量牧民放牧。

（3）中高山山前冲积平原高寒针茅苔草草原带：海拔一般在 3 900～4 400m 之间，以发育针叶茅、苔草为特征，主要分布于大九坝、依协克帕提、阿其克库勒湖北、库木布拉格、阿达滩、黄草滩、吊草滩、风尘口北东、古尔嘎南等地，是野生动物的主要食物来源基地。

（4）中高山寒冻地衣、垫状植被带：海拔一般在 4 000m 以上，以发育寒冻地衣、垫状植被为特征，主要分布于中高山冲沟较缓处，一般规模较小。

海拔一般在 4 500m 以上地区以基岩风化、岩石裸露为特征，属高山荒漠裸露带。

第九节　环境地质灾害

本区地处中央造山带东昆仑西段的青藏高原北部，是自然灾害的多发区。受基岩组成的多样性，构造活动的复杂性，地貌、气候、自然地理因素的特殊性以及近年来人类活动的影响，产生了本区独特的环境地质灾害，使其具有多样性、多发性和显著性的特点，揭示其形成、发生和分布规律，有助于认识灾害本身的特点，而且也为减灾防灾提供科学依据。

一、山地地质灾害组合

属物理性地质灾害，主要分布于测区的高原高山、中山、低山地貌区，由于植被不发育，岩石裸露，物理风化作用较强，基岩能干性低，多级各向断裂活动造成基岩破碎，地貌梯度增大，地质灾害以滑坡、崩塌、泥石流为主。如在红土沟口，由于构造发育，岩石破碎，尤其是能干性差的泥质岩石形成的断层泥构成滑移面，形成滑坡；在岔河口、碱土梁西南、色斯克亚河上游等地，由于基岩能干性差，多为细碎屑岩，河流侵蚀强烈，加之地形梯度增大，极易发生崩塌、滑坡等重力地质灾害；在各冲沟、河流之中，受基岩、地貌、气候、水文、构造活动的影响，以发生向源侵蚀地质作用和泥石流地质灾害为主，且具群发性、突发性特点。

二、岩溶地质灾害组合

主要分布于测区西南青石山一带碳酸盐岩分布区的高原低山地貌区，由于地下水、雨水、岩溶水与碳酸盐岩发生反应，使之溶蚀，造成地下水渗漏、地面沉降等地质灾害。

三、河湖地质灾害组合

主要分布于河流入湖处及湖泊四周，以河岸侵蚀、泥沙淤积、湖岸侵蚀等地质灾害为主。

四、沼泽地质灾害

主要分布于湖泊边部的沼泽区，以液化沙土、淤泥、软土地基为特征。

五、冰川地质灾害组合

主要分布于祁漫塔格山主峰北坡，由于近年来全球气温升高，导致雪线上升，加之青藏高原昼夜温差较大，每当7—8月份气温升高时，冰雪消融，使冰川雪被失稳，极易引起雪崩，夏季高温期冰川融水也可引起山洪暴发等灾害。

六、风力地质灾害组合

受青藏高原大气环流的影响，测区大风天气较多，根据沙丘表面发育的沙波纹判断风向以西北向为主。大风是沙丘移动的动力源泉，而沙丘则是浮尘、沙尘暴的物质来源，所以大风、移动沙丘、沙尘暴也是测区不可低估的地质灾害类型之一，给人类生活带来很大影响。

七、盐类水化学污染灾害组合

主要分布于测区中南部，由于测区新生代沉积物中含有大量的膏盐矿物，当地表流水流过时会溶蚀一部分盐碱，使其盐碱含量增高，淡水变为半咸水、咸水，如色斯克亚河上游的水，其水源来源于泉水，当流经第三系基岩区几千米后河水就变为半咸水，当流到碱土梁一带时水就变成了苦涩的咸水。阿牙克库木湖、阿其克库勒湖均为咸水湖，在湖的四周第四系分布区地下水全被污染成咸水，给人类生存、科学考察带来很大的困难。

八、地球化学污染灾害组合

通过U、Cl、As、F、P等有害元素在测区的含量与人类、动物、植物的致病含量的比较发现：As元素在构造碎裂岩(66×10^{-6})、变火山岩(45×10^{-6})及浅变质岩(34.1×10^{-6})中含量高出人类、动物、植物的致病含量的几倍至几十倍；F元素在块状花岗岩类(1.36×10^{-5})、块状火山岩类(1.12×10^{-5})、层状浅变质岩(1.32×10^{-5})中的含量是人类、动物、植物的致病含量的2～4倍；P元素在块状花岗岩类(2.014×10^{-3})、构造破碎带(1.716×10^{-3})、块状火山岩(4.407×10^{-3})及浅变质岩(6.11×10^{-3})中的含量是人类、动物、植物的致病含量的1～5倍。总体显示出测区存在As、F、P的地球化学污染。

印度板块向欧亚板块俯冲碰撞作用的远程效应，引起青藏高原周缘山系的强烈隆升。青藏高原隆升的时间、幅度和过程等问题是世界地学界举世瞩目的热点，高原隆升对环境的影响问题也是全球地质学家正在致力研究解决的难题。

第十节　环境地质评价

根据测区地质、地貌、地球化学背景，工程地质条件，水文地质类型，植被类型、密度、覆盖率，气候特征和地质灾害组合类型、破坏性、危害性、频率等各类环境要素因子特征，对测区生态环境结构单元进行划分与评价，其特征见表 7－4。

表 7－4　测区生态环境结构及评价类型一览表

结构类型	环境因子					问题因子	质量评价
	地貌类型	工程地质条件	水文类型	气候	植被类型		
Ⅰ	高原山前冲洪积平原、河流平原，海拔高度较低，地势较平坦	松散堆积砂砾石	大气降雨、冰川融水补给，淡水丰富	温寒带	植被发育，覆盖率高，主要有红柳灌丛、低矮灌丛、针茅苔草	山洪、泥石流、决口洪灾、沙尘暴、大风	优良
Ⅱ	山前冲积平原、海拔高度较低，地势较平坦	松散堆积砂砾石	大气降雨、有淡水	温寒带	植被较发育，覆盖率较高，以低矮灌丛为主、针茅苔草为主	山洪、泥石流、大风、沙尘暴	良好
Ⅲ	高原低山岩溶地貌区、高原丘陵地貌区、河流阶地、冲积平原地貌区、沼泽湿地	碳酸盐岩、松散堆积砂砾石、沼泽湿土	冰川融水、大气降雨、淡水贫乏	寒带	植被发育一般，覆盖率中等，局部发育较好且以发育寒带低矮灌丛为特征	崩塌、滑坡、地下水渗漏、地面沉降、泥石流	一般
Ⅳ	高原盆地低山丘陵地貌区、高原中高山地貌区、山脊平缓、发育“V”形谷，高原湖泊、盐碱湿地	浅变质岩、半固结碎屑岩、复理石碎屑岩、层状火山岩、块状花岗岩、构造碎裂岩、淤泥、盐碱化学沉积	大气降雨、淡水贫乏、半咸水－咸水	寒带	植被不发育，覆盖率低，零星分布有少量寒冻地衣、垫状植被、雪莲等植物	风蚀、崩塌、滑坡、泥石流、水土流失、干旱、化学污染、咸水、盐碱化、湖岸侵蚀、泥沙淤积、液化沙土、淤泥、软土地基	较差
Ⅴ	移动沙丘、沙链、极高山冰川地貌区	冰积砾岩、砂	冰川融水、大气降雨、淡水贫乏或丰富	寒带、寒冻带	植被总体不发育	移动沙丘、沙尘暴、雪崩、冰川融水引发的山洪暴发	极差

经过对测区生态环境结构的评价发现，测区环境质量分布梯度较大，区域分异规律明显，总体格局是南北较优而中间较差，低优高劣。

生态环境较优的Ⅰ、Ⅱ结构类型，主要分布于测区南北的大九坝草原、阿特阿特坎及鸭子泉一带，海拔一般在 3 400～4 500m 之间，地貌以高原山前冲洪积平原、河流平原地貌为主；岩土类型以松散堆积的砂砾石为主；水文地质以大气降水、冰川融水、泉水补给、淡水丰富为特征；植被较发育、覆盖率高，且以寒带低矮灌丛、针茅苔草为主，是动物的主要食物来源，其中阿特阿特坎及鸭子泉一带分布有少量牧民；环境问题除在暴雨季节易发生山洪、泥石流，在大风季节以沙尘暴天气发育外，整体生态环境质量优良。

生态环境一般的Ⅲ结构类型，主要分布在吊白滩、红土包、阿达滩、独立山、吊草滩、秋拉克布拉克和青石山一带，海拔一般在 3 400～4 900m 之间；地貌以河流阶地地貌、冲洪积平原地貌、高原丘陵地貌、沼泽地貌和岩溶地貌为特征；岩土类型以松散堆积的砂砾石、半固结砂砾岩、沼泽湿土和碳酸盐岩为主；水文地质以冰川融水、大气降水、岩溶水为主，淡水较丰富；植被发育一般，局部地方发育较好，以发育寒带低矮灌丛为特征，植被覆盖率中等，是动物的活动场所之一；环境问题以泥石流、崩塌、滑坡、地下水渗漏、地面沉降为主，整体生态环境质量一般。

生态环境较差的Ⅳ结构类型，主要分布在祁漫塔格山、群星包、须须坪一带，海拔一般在3 500～5 000m之间，地貌以发育高原高、中、低山地貌，高原丘陵地貌，高原湖泊，盐碱湿地地貌为特征；岩土类型以浅变质碎屑岩、半固结碎屑岩、复理石碎屑岩、层状火山岩、块状花岗岩、构造碎裂岩、化学沉积、淤泥发育为特征；水文地质以大气降水为主，水资源以淡水贫乏、半咸水、咸水发育为特征；植被不发育，零星分布有少量寒冻地衣等垫状植物；环境问题以滑坡、崩塌、泥石流、风蚀、湖岸侵蚀、泥砂淤积、砂土液化、软土地基、水化学污染发育为特征，水土流失严重，整体生态环境质量较差。

生态环境极差的Ⅴ结构类型，主要分布在祁漫塔格山主背、鸭子沟口和长沙梁一带，海拔一般在4 000m左右和5 000m以上；地貌类型以及高原冰川地貌、移动沙丘、沙链地貌为特征；岩土类型以冰碛、风积为特征；地下水补给以冰雪融水、大气降水为主，冰川可视为高原的固体水库，有丰富的淡水资源，而沙丘地貌区则以严重缺水为特征；植被无或不发育；环境问题以冰川融水引发的山洪暴发、雪崩及大风引起的沙丘移动、沙尘暴、冻胀为特征，总体生态环境质量极差，环境问题较多。

第十一节　可持续发展与环境治理

测区属新疆维吾尔自治区阿尔金山国家级自然保护区，分布有世界上独一无二的高原原始生态系统和珍稀野生动物资源，多年来，一直吸引着世界各地的科学工作者和旅游探险者，并为世人所关注。在测区北缘由于部分牧民过度放牧，导致草场退化，致使野生动物不得不向南迁移，从而加剧了南部草场的退化，野生动物的食物链受到影响，其生存环境遭到破坏，野生动物的种类及数量急剧下降，引起恶性循环。加之近年来大量非法采金者和捕捞卤虫人员进入阿尔金山国家级自然保护区，使阿尔金山国家级自然保护区接近原始状态的生态系统遭到破坏，尤其是在风尘口、大沙沟等采金区，使本来就很稀少的植被遭到灭顶之灾，使高原脆弱的生态系统难以复苏，引起严重的滑坡、崩塌、泥石流、沙尘暴、大风、沙丘移动等灾害，这无疑是对高原恶劣的自然环境雪上加霜。

为保护高原脆弱的生态环境、维持本区的可持续发展，建议退牧还草，在畜牧发展上要有所节制，要有计划地进行发展；在矿产开发方面，做到有计划、有步骤地进行开采，要充分考虑到矿业"三废"对环境的影响，并加以治理；严禁非法采金和捕捞卤虫；严禁狩猎；除一些科学考察、探险旅游外，应避免过多的人为扰动，使高原脆弱的生态系统逐步复苏，尽可能地保持原有的高原原始生态系统，从战略的高度给予重视，使该区的生态环境治理步入法制化轨道；提高全民的法律意识，使该区的生态地质环境可持续发展并形成良性循环。

第八章　结　论

第一节　取得的主要成果与进展

经过3年的野外地质调查和室内综合整理研究工作，取得下列新进展、新成果和新认识：

(1)建立了测区地层系统，首次在东昆仑原划奥陶系祁漫塔格群第一亚群(下部碎屑浊积岩)中采集到 *Monoclimacis griestoniensis*(Nicol)(格雷斯顿单栅笔石)，*Monograptus priodon*(Brow)(锯形单笔石)，*Monograptus* sp.(单笔石未定种)，*Streptograptus* cf. *becki*(Barrande)(贝克卷笔石比较种)，*Tornquigraptus* cf. *arcuafus*(Borrade)(弓形汤尼笔石比较种)等早志留世笔石化石组合，这是首次证实东昆仑地区存在志留系地层，为祁漫塔格地区早古生代地层划分对比、构造演化提供了重要新证据。

(2)首次在祁漫塔格山南缘黑山-那棱格勒断裂带(东昆北断裂带)发现蛇绿岩残片，其由堆晶辉橄岩、堆晶辉石岩、堆晶辉长岩和枕状玄武岩组成，变玄武岩地球化学特征与大洋玄武岩相似；其北的祁漫塔格地区火山岩经对比研究属岛弧火山岩，其构造环境属岛弧环境；祁漫塔格北缘地区白干湖一带为弧后盆地环境；它们共同组成早古生代沟-弧-盆体系。得出蛇绿岩形成于南华-奥陶纪，构造就位于志留纪—早中泥盆世。为东昆仑构造演化提供了重要新资料

(3)区调找矿方面取得重大进展。在库木库里盆地第三系石马沟组上部发现断续长70km、累计厚度达10m的砂砾岩型铜矿化带，已发现4个铜矿化点，3个矿化层位，初步圈定铜矿化体3条，其中Ⅲ号矿化体长1 200m，厚0.7～5.5m，铜品位一般0.5%～4%，最高15.2%，初步估算铜远景资源量大于50万吨，经过2002年钻探证实矿化较好，矿体较连续，具有良好的找矿前景。

新发现石膏矿点10余处，其中在红石梁组底部发现长度12km、厚度120～420m巨厚—块状层石膏矿体，初步控制矿体3个，矿化体10个，其中最大的矿体长度12 600m，厚度122～425m，其产状180°～195°∠55°～65°，远景资源量达38亿吨。

(4)合理地解体了祁漫塔格群，厘定了东部滩间山群，建立了西部白干湖组弧后盆地复理石沉积、中部鸭子泉组岛弧火山岩、中南部鸭子泉-鸭子大坂构造混杂岩(非正式构造地层单位)和上叠的鄂拉山组，对本区地层划分对比具有重要意义。

(5)查明了新生代库木库里陆相盆地由裂陷初始期冲积体系域沉积、中部强裂陷水进体系域沉积、丰水体系域沉积、水退体系域沉积和上部水退体系域沉积。从古流向、物质组成和碎屑粒度变化等分析盆地的物源主要来自西南方，由早到晚其沉积中心由南向北迁移。建立了库木库里盆地从渐新世形成，经历了渐新世—早中新世盆地萌芽阶段、中中新世—晚中新世盆地的生长发育阶段、上新世盆地萎缩阶段的3阶段盆地演化模式，它是青藏高原北缘快速隆升过程中山盆耦合的产物。

(6)根据侵入岩将测区划分为两个构造岩浆岩带，由3个超单元17个单元组成。对各期、次岩浆岩进行了详细岩石学及地球化学研究。论证了黑山镁铁质-超镁铁质岩具蛇绿岩特征；志留纪—石炭纪中酸性侵入岩具俯冲-碰撞型和板内花岗岩特征，奥陶纪和中生代存在裂谷型基性侵入岩。在巴什尔希超单元中获得(432.3±0.8)Ma(锆石U-Pb)、库木布拉格超单元中获得

(418.2±0.6)Ma(锆石 U－Pb)和阿木巴勒阿土坎超单元中获得(388.6±0.7)Ma(锆石 U－Pb)同位素年龄值。

(7)初步建立了测区构造格架，首次在测区发现了横向构造置换形成的固态流变构造形迹，初步建立了加里东期、海西期、印支期、燕山期和喜马拉雅期 5 个旋回 10 个世代的构造变形序列。查明白干湖断裂早期表现为韧性左行走滑性质、晚期表现为脆性逆冲特征的多期活动断层。祁漫塔格北缘断裂亦为具走滑、正滑、推覆特征的多期活动断层，并控制了祁漫塔格北缘新生代盆地的沉积。

(8)在测区发现了 E_3、Qp^2、Qp^{3-4} 等山间磨拉石沉积建造，表明从渐新世开始青藏高原北缘受印度板块向北汇聚的远程效应快速抬升，并且表现为脉动式隆升；通过盆山耦合的研究得出青藏高原隆升经历了早中渐新世早期隆升期、晚渐新世—早中新世早期稳定剥蚀夷平期、早中新世中晚期小幅隆升期、中中新世较稳定剥蚀夷平期、晚中新世振荡隆升期、上新世快速隆升期、更新世—全新世强烈隆升期共 7 个隆升阶段，并研究了高原隆升引起的气候干燥、生物灭绝、荒漠化等多种环境效应。

(9)通过孢粉学研究得出库木库里盆地古近纪—新近纪由森林草原→森林→稀疏草原→荒漠草原→稀疏草原的古植被更替和由早到晚表现为半干旱→湿润→半干旱→干旱→半干旱的古气候演化特点，并得出到上新世末期盆地周围山系海拔已上升到 3 500m 左右，自渐新世以来到上新世晚期上升幅度达到 1 500m 以上的结论。

(10)总结了测区的矿产、动植物、旅游等国土资源分布特征，对区内国土资源进行了评价和预测，为国土资源的开发提出了合理的建议。

(11)首次在测区祁漫塔格山北坡发现藏刻碑文碎片 50 多块，对研究挽近时期本区人类活动历史提供了重要新资料。

第二节　存在的主要问题及建议

(1)祁漫塔格山南缘黑山发现的蛇绿岩在测区出露零星，对其区域延伸、物质组成应在更大范围作进一步工作。

(2)根据区域构造发展演化，祁漫塔格山解体后的滩间山群可能包含有南华系、震旦系、寒武系，应在区域上作进一步的工作。

主要参考文献

崔军文,唐哲民.阿尔金断裂系统[M].北京:地质出版社,1999
戴自希,白冶,等.中国西部和毗邻国家铜金找矿潜力的对比研究[M].北京:地震出版社,2001
单文琅,宋鸿林,傅昭仁,等.构造变形分析的理论、方法和实践[M].武汉:中国地质大学出版社,1991
房立民.变质岩区 1∶5 万区域地质填图方法指南[M].武汉:中国地质大学出版社,1991
贺同兴.变质岩岩石学[M].北京:地质出版社,1987
姜春发.昆仑开合构造[M].北京:地质出版社,1992
李日俊,贾承造,郝杰,等.东昆仑铁石达斯群发现放射虫动物群[J].科学通报,2000,45(2):205-208
李亚琴,夏德清.地史学[M].北京:地质出版社,1985
刘廷栋.昔格达组下部的孢粉组合及其对第四纪早期古气候演变的意义[J].中国第四纪冰川地质文集,1977
青海省地质矿产局.青海省多重地层划分对比[M].北京:地质出版社,1991
青海省地质矿产局.青海省区域地质志[M].北京:地质出版社,1987
青海石油管理局勘探开发研究院.柴达木盆地第三纪孢粉学研究[M].北京:石油工业出版社,1985
邱家骧.火山岩的研究方法[M].北京:冶金部地质技术干部进修学校,1982
沈超远,杨金中,王岳军,等.新疆东昆仑祁漫塔格地区上三叠统火山岩成因初探[J].大地构造与成矿学,1999,23(1):50-57
宋之琛,郑亚,李曼英,等.孢子花粉分析[M].北京:科学出版社,1965
孙昭宸,刘兰锁.青藏高原地质文集(18):从昆仑山—唐古拉山晚第三纪、第四纪孢粉组合讨论青藏高原的隆起[D].北京:地质出版社,1984
魏家庸.沉积岩区 1∶5 万区域地质填图方法指南[M].武汉:中国地质大学出版社,1991
新疆地质矿产局.新疆维吾尔自治区多重地层划分对比[M].北京:地质出版社,1998
新疆地质矿产局.新疆维吾尔自治区区域地质志[M].北京:地质出版社,1993
徐仁,宋之琛,周和仪,等.柴达木盆地第三纪中的孢粉组合及其在地质学上的意义[J].古生物学报,1958,6(4):429-439
杨金中,沈远超,刘铁兵,等.新疆东昆仑祁漫塔格群火山岩建造成因初析[J].新疆地质,2000,18(2):105-112
杨金中,沈超远,李光明,等.新疆东昆仑鸭子泉蛇绿岩的基本特征及其大地构造意义[J].现代地质,1999,13(3):309-314
杨森楠,杨巍然.中国区域大地构造学[M].北京:地质出版社,1984
中国国土资源航空物探遥感中心.青藏高原中西部航磁调查[M].北京:地质出版社,2001
中国科学院青藏高原科考队.喀喇昆仑山一昆仑山地区地质演化[M].北京:科学出版社,1990
Hugh R. Rollison.岩石地球化学[M].杨学明,杨晓勇等译.北京:中国科学技术大学出版社,2000

图版说明及图版

图版Ⅰ

图版Ⅰ-1.黑山堆晶杂岩系
图版Ⅰ-2.黑山枕状玄武岩
图版Ⅰ-3.红石梁组、石壁梁组波痕
图版Ⅰ-4.红石梁组、石壁梁组泄水构造
图版Ⅰ-5.白干湖组浊积岩底面印模
图版Ⅰ-6.白土滩石壁梁组大型斜层理

图版Ⅱ

图版Ⅱ-1.石壁梁组宽缓褶皱
图版Ⅱ-2.小庙岩组紧闭褶皱
图版Ⅱ-3.小庙岩组剪切褶皱
图版Ⅱ-4.狼牙山岩组顺层掩卧褶皱
图版Ⅱ-5.白干湖断裂S-C组构造
图版Ⅱ-6.东回头沟口逆冲推覆断层

图版Ⅲ

图版Ⅲ-1.色斯克亚河砂砾岩型铜矿条带状构造
图版Ⅲ-2.色斯克亚河砂砾岩型铜矿浸染状构造
图版Ⅲ-3.色斯克亚河砂砾岩型铜矿条带状构造
图版Ⅲ-4.色斯克亚河砂砾岩型铜矿浸染状构造
图版Ⅲ-5.阿木巴勒阿土坎超单元二长花岗岩与钾长花岗岩脉动接触界线
图版Ⅲ-6.库木库拉克超单元英云闪长岩与二长花岗岩脉动接触界线

图版Ⅳ

图版Ⅳ-1.鸭子泉构造混杂岩带糜棱岩中的旋转碎斑与剪切面理,+偏光,×73
图版Ⅳ-2.鸭子泉构造混杂岩带糜棱岩中的矩形石英,+偏光,×73
图版Ⅳ-3.黑山玄武岩中的玄武结构,+偏光,×33
图版Ⅳ-4.鸭子泉安山玄武岩中的玻基斑状结构,+偏光,×73
图版Ⅳ-5.库木布拉格二长花岗岩中的花岗结构,+偏光,×33
图版Ⅳ-6.黑山堆晶辉长岩中的包含结构,+偏光,×33

图版Ⅴ

图版Ⅴ-1.白干湖组锯形单笔石,*Monograptus priodon*(bronn),×3

图版Ⅴ-2. 白干湖组格雷斯顿单栅笔石，*Monoclimacis griestoniensis*(nicol)，×8
图版Ⅴ-3. 白干湖组格雷斯顿单栅笔石，*Monoclimacis griestoniensis*(nicol)，×5
图版Ⅴ-4. 白干湖组弓形汤泥笔石，*Trngnigraptus* cf. *arcuatus*(Barrade)，×5
图版Ⅴ-5. 青石山树维门科组米克螺属(未定种)*Meekospira* sp.，×3
图版Ⅴ-6. 青石山树维门科组莫氏螺属(未定种)*Murchisonia* sp.，×5
图版Ⅴ-7. 阿其克库勒湖东布拉克巴什组蜂巢珊瑚(未定种) *Favosites* sp.，×15
图版Ⅴ-8. 阿其克库勒湖东布拉克巴什组双形珊瑚(未定种)*Disphyllum* sp.，×15
图版Ⅴ-9. 阿其克库勒湖东布拉克巴什组准沟孔珊瑚(未定种) *Parastriatopora* sp.，×15

图版Ⅵ

图版Ⅵ-1. 青石山马尔争组巨形纺锤䗴 *Parafuslina gigantean* (Deprat)，×10
图版Ⅵ-2. 青石山马尔争组希瓦格䗴(未定种) *Schwagerina* sp.，×25
图版Ⅵ-3. 青石山马尔争组假纺锤䗴 *Pseudofuslina* sp.，×25
图版Ⅵ-4. 青石山马尔争组苏伯特䗴(未定种)*Schubertella* sp.，×25
图版Ⅵ-5. 青石山马尔争组杨铨䗴(未定种)*Yangchienia* sp.，×25
图版Ⅵ-6. 青石山马尔争组网格身贝(未定种)*Dictyoclostus* sp.，×2
图版Ⅵ-7. 青石山马尔争组分喙石燕 *Choristites* sp.，×1
图版Ⅵ-8. 青石山马尔争组齿纹皱贝 *Plicatifera crenulata Graban* sp.，×1
图版Ⅵ-9. 青石山马尔争组树维门科组全形贝 *Enteletes* sp.，×1

图版 I

图版Ⅱ

1

2

3

4

5

6

图版Ⅲ

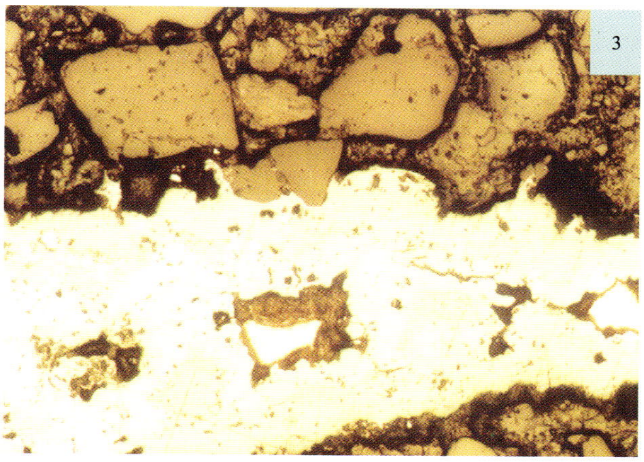

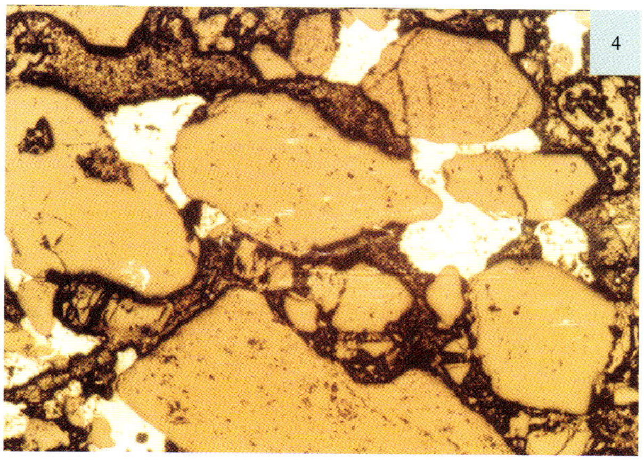

图版Ⅳ

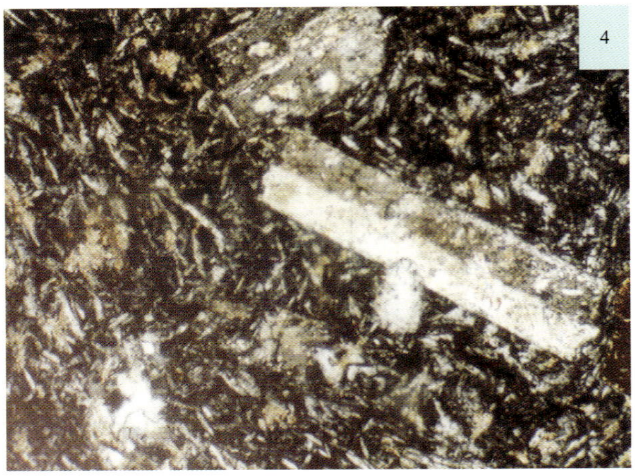

图版Ⅴ

1

2

3

4

5

6

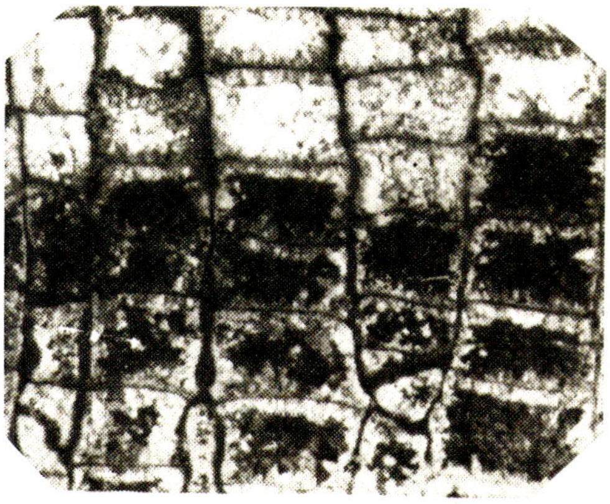
7

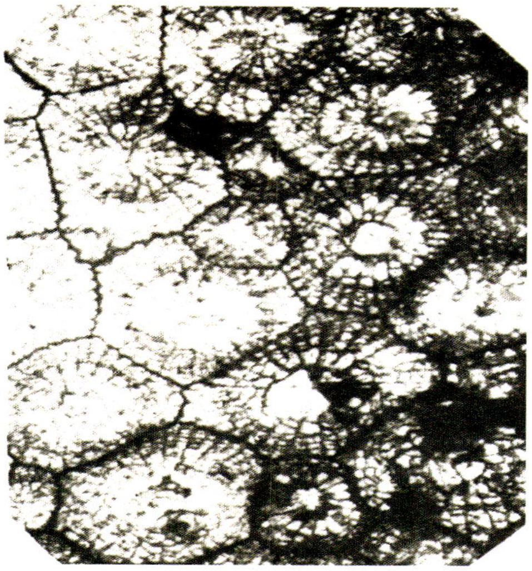
8

9

图版Ⅵ

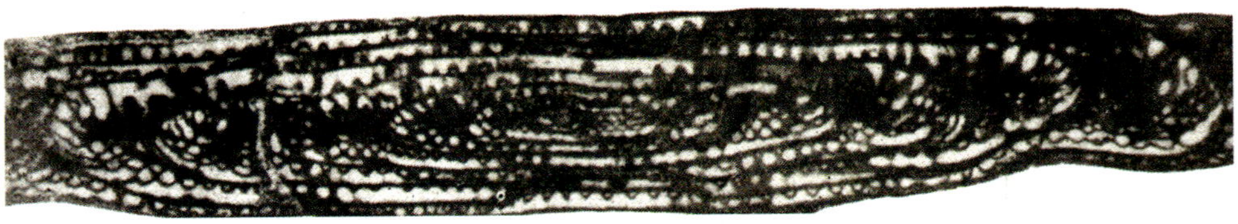

1

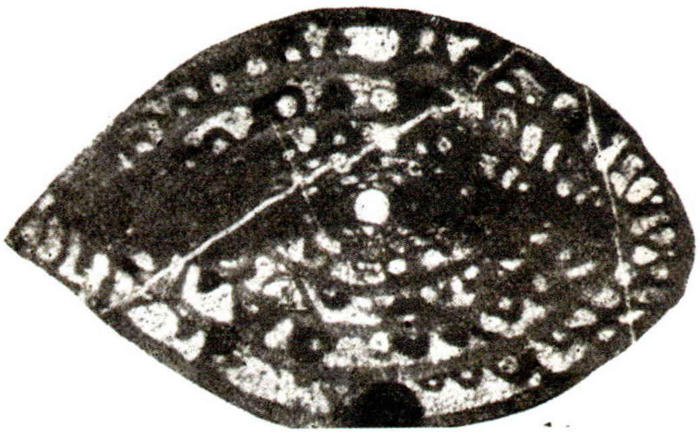

2

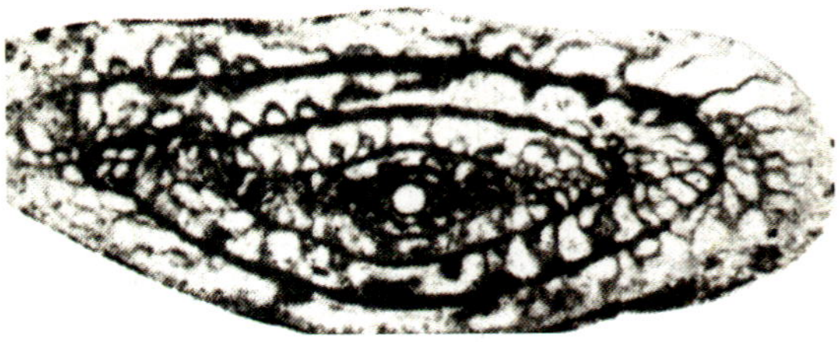

3

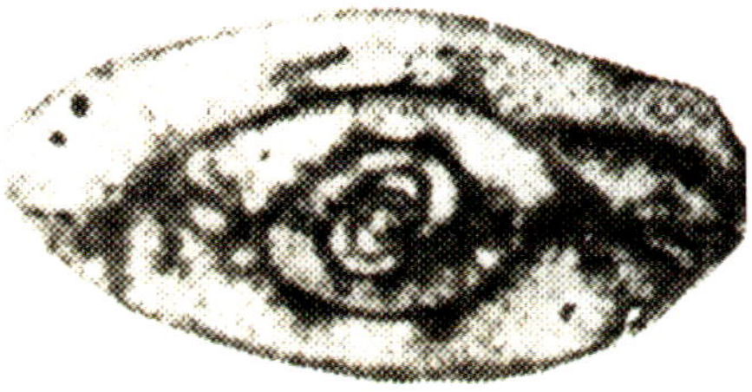

4

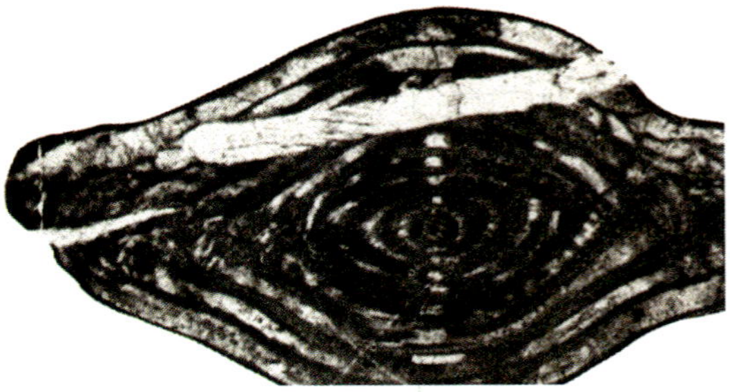

5

6

7

8

9